Allgemeine Pathologie

Autorenverzeichnis

David, Heinz, Prof. Dr. sc. med., Institut für Pathologische Anatomie der Humboldt-Universität zu Berlin

Guski, Hans, Dr. sc. med., Institut für Pathologische Anatomie der Humboldt-Universität zu Berlin

Hecht, Arno, Prof. Dr. sc. med., Institut für Pathologische Anatomie der Karl-Marx-Universität Leipzig

Kunz, Jochen, Dozent Dr. sc. med., Institut für Pathologische Anatomie der Humboldt-Universität zu Berlin

Lunzenauer, Kurt, Prof. Dr. sc. med., Institut für Pathologische Anatomie der Humboldt-Universität zu Berlin

A. Hecht und K. Lunzenauer (Hrsg.)

Allgemeine Pathologie

Eine Einführung für Studenten

Mit Beiträgen von
fünf Fachwissenschaftlern

Fünfte Auflage

Springer-Verlag Wien New York

Die vorliegende fünfte Auflage stellt einen unveränderten Nachdruck der vierten, erweiterten, neugestalteten Auflage 1986 dar.

Das Werk erscheint als Gemeinschaftspublikation
im Springer-Verlag Wien–New York und im
VEB Verlag Volk und Gesundheit Berlin
und ist urheberrechtlich geschützt.
Die dadurch begründeten Rechte, insbesondere die der Übersetzung,
des Nachdrucks, der Entnahme von Abbildungen, der Funksendung,
die Wiedergabe auf photomechanischem und ähnlichem Wege und
der Speicherung in Datenverarbeitungsanlagen, bleiben,
auch bei nur auszugsweiser Verwertung, vorbehalten.

Vertriebsrechte für alle Staaten
mit Ausnahme der sozialistischen Länder:
Springer-Verlag Wien–New York

Vertriebsrechte für die sozialistischen Länder:
VEB Verlag Volk und Gesundheit Berlin

Mit 94 teils farbigen Abbildungen und 30 Tabellen

CIP-Titelaufnahme der Deutschen Bibliothek

Allgemeine Pathologie : e. Einf. für Studenten / Arno Hecht u.
Kurt Lunzenauer (Hrsg.). Mit Beitr. von 5
Fachwissenschaftlern. – 5. Aufl., unveränd. Nachdr. d. 4., erw.,
neugestalteten Aufl. – Wien ; New York : Springer, 1989
  Gemeinschaftsausg. mit d. Verl. Volk u. Gesundheit, Berlin
   ISBN-13: 978-3-7091-7530-9   e-ISBN-13: 978-3-7091-7529-3
   DOI: 10.1007/978-3-7091-7529-3
NE: Hecht, Arno [Hrsg.]

© 1973, 1977, 1979, 1986, and 1989 by VEB Verlag Volk und Gesundheit Berlin
Softcover reprint of the hardcover 5th edition 1989
Gesamtherstellung: INTERDRUCK Grafischer Großbetrieb Leipzig

Vorwort zur 4. Auflage

Seit der letzten Auflage sind 7 Jahre vergangen, so daß sich eine gründliche Überarbeitung des Textes erforderlich machte unter Berücksichtigung des wissenschaftlichen Fortschritts. Wenn auch der Grundgedanke beibehalten wurde, die Allgemeine Pathologie in ihrer Einheit von funktioneller und struktureller Betrachtungsweise zu sehen, so erfolgte doch eine Konzentration auf ihre morphologischen Aspekte. Die Notwendigkeit hierzu ergab sich aus der inzwischen erfolgten Präzisierung der Studienpläne und der Tatsache, daß sich die Pathobiochemie und Pathophysiologie als eigenständige Fachdisziplinen herausgebildet und auch eigene Lehrbücher geschaffen haben. Das Buch befaßt sich daher stärker als in der Vergangenheit mit dem Lehrgegenstand des Faches Pathologische Anatomie. Damit hoffen wir, den Studenten, an die sich diese „Einführung" in erster Linie richtet, die Arbeit mit dem Buch zu erleichtern. Es muß der Vorlesung vorbehalten bleiben, das hier dargestellte Wissen zu vertiefen und die Einheit der Allgemeinen Krankheitslehre zu bewahren.

Bei unserer Lektorin, Frau Lieselotte Wietstruck, bedanken wir uns sehr für die sorgfältige Durchsicht des Manuskripts und die daraus resultierenden Hinweise. In gleicher Weise gilt unser Dank dem Verlag.

Leipzig und Berlin, im März 1985

Arno Hecht
Kurt Lunzenauer

Inhaltsverzeichnis

1.	Der Krankheitsbegriff (H. Guski)	15
1.1.	Gesundheit und Krankheit – Grundbegriffe der Medizin	15
1.2.	Vom Wesen der Krankheit	17
1.3.	Krankheitserkennung	23
1.4.	Krankheitsentstehung (Ätiologie und Pathogenese)	24
1.4.1.	Ätiologie	24
1.4.2.	Pathogenese	26
1.5.	Krankheitsverlauf	27
1.6.	Krankheitsausgänge und -folgen	29
1.7.	Besondere Aspekte menschlicher Krankheit	31
1.8.	Begriffsbestimmung	33
2.	Ätiologie – Lehre von den Krankheitsursachen und -bedingungen (A. Hecht)	34
2.1.	Innere Krankheitsursachen	34
2.1.1.	Genetische Faktoren bei der Entstehung von Krankheiten	34
2.1.1.1.	Veränderungen der genetischen Information (Mutation) Chromosomenmutation, Genmutation	35
2.1.1.2.	Störungen der Genexpression	38
2.2.	Innere Krankheitsbedingungen	39
2.2.1.	Bedeutung der inneren Krankheitsbedingungen	39
2.2.2.	Regulative Mechanismen des Ausgleichs von Störungen	39
2.2.2.1.	Stoffwechselregulation	40
2.2.2.2.	Epigenetische Regulation	40
2.2.2.3.	Genetische Regulation	41
2.2.2.4.	Adaptabilität Bedeutung der Mutation, Bedeutung der Genexpression	41
2.3.	Äußere Krankheitsursachen	48
2.3.1.	Unbelebte Krankheitsursachen	48
2.3.1.1.	Störungen der Nahrungsaufnahme Mangelernährung, Überernährung, Fehlernährung (Eiweißmangel, Hypovitaminosen)	48
2.3.1.2.	Mechanische Krankheitsursachen	51
2.3.1.3.	Strahlenbedingte Krankheitsursachen	51
2.3.1.4.	Thermische Krankheitsursachen Hitzefolgen, Kältefolgen	52
2.3.1.5.	Chemische Krankheitsursachen	53
2.3.2.	Belebte äußere Krankheitsursachen	54
2.3.2.1.	Viren als Krankheitserreger	55
2.3.2.2.	Bakterienähnliche Erreger	58
2.3.2.3.	Bakterien	58
2.3.2.4.	Pilze	59

2.3.2.5.	Protozoen	59
2.3.2.6.	Würmer	59
2.4.	Biologische und pathologische Aspekte des Alterns	60
2.4.1.	Definition	61
2.4.2.	Alternstheorien	61
2.4.2.1.	Fundamentaltheorien	62
2.4.2.2.	Epiphänomenale Theorien	62
2.4.2.3.	Molekulare Theorien	62
2.4.3.	Erscheinungsformen des Alterns (sekundäres Altern)	63
2.4.3.1.	Allgemeine Veränderungen	63
	Metabolische Veränderungen, Strukturelle Veränderungen, Regulationsprozesse	
2.4.3.2.	Spezielle Veränderungen	64
	Herz, Gefäße, Andere Organe	
2.4.4.	Beeinflussung von Alternsveränderungen	65
2.4.5.	Altern und Krankheit	65
2.4.5.1.	Altersnorm	66
2.4.5.2.	Biologisches und kalendarisches Alter	66
2.4.5.3.	Problematik der Alterskrankheiten	66
	Polypathie, Alterstod	
3.	**Pathologie der Zelle** *(H. David)*	68
3.1.	Vorbemerkung	68
3.2.	Zellvermehrung und ihre Störungen	68
3.2.1.	Entwicklung, Wachstum und Differenzierung der Zelle	68
3.2.2.	Ablauf des Mitosezyklus	69
3.2.3.	Störungen des Mitosezyklus	69
3.2.4.	Morphologie des Zellkerns bei Störungen des Mitosezyklus	71
3.2.5.	Chromosomenanomalien und Krankheitsbilder	72
3.2.6.	Riesenzellen	73
3.3.	Pathologie des Zellkerns	74
3.3.1.	Karyoplasma	74
3.3.2.	Kerninklusionen	76
3.3.3.	Nucleolus	76
3.3.4.	Kernmembran	76
3.4.	Pathologie des endoplasmatischen Retikulums – Ribosomen	77
3.4.1.	Ribosomen/Polysomen	77
3.4.2.	Granuläres endoplasmatisches Retikulum	78
3.4.3.	Agranuläres endoplasmatisches Retikulum	80
3.5.	Pathologie des Golgi-Apparats	81
3.6.	Pathologie der Mitochondrien	82
3.6.1.	Struktur- und Funktionsveränderungen	82
3.6.2.	Mitochondriopathien	85
3.7.	Lysosomen und pathologische Prozesse	87
3.7.1.	Struktur- und Funktionsveränderungen	87
3.7.2.	Zelluläre Autophagie	88
3.7.3.	Heterophagie (Phagozytose)	91
3.7.4.	Speicherkrankheiten	94
3.7.5.	Pigmente	96
3.8.	Pathologie der Peroxisomen	99
3.9.	Mikrofilamente, Mikrotubuli und pathologische Prozesse	100
3.9.1.	Mikrofilamente, Intermediärfilamente	100
3.9.2.	Mikrotubuli	101

3.10.	Zellveränderungen bei Störungen des Kohlenhydratstoffwechsels	102
3.10.1.	Glycogen	102
3.10.2.	Glycoproteine, Glycosaminoglycane (Mucopolysaccharide), Schleim	103
3.11.	Zellveränderungen bei gestörtem Lipidstoffwechsel	103
3.12.	Pathologische Verhornungsprozesse	106
3.13.	Zelluläre Hyalinablagerungen	106
3.14.	Pathologie des Grundplasmas (Hyaloplasma)	107
3.14.1.	Flüssigkeitszunahme	107
3.14.2.	Zytoplasmainklusionen	108
3.15.	Plasma(zell)membran und pathologische Prozesse	109
3.15.1.	Struktur- und Funktionsveränderungen	109
3.15.2.	Mikrovilli und Fortsätze	110
3.15.3.	Zellkontakt	112
3.15.4.	Membranverlust und Ruptur	112
3.15.5.	Zilien	112
3.16.	Zelluläre und suprazelluläre Grundprozesse und ihre Störungen	113
3.16.1.	Quantitative Charakterisierungsversuche	113
3.16.2.	Regeneration	113
3.16.3.	Hypertrophie, Hyperplasie	114
3.16.4.	Atrophie, Hypoplasie	114
3.16.5.	Altersveränderungen der Zelle	115
3.16.6.	Degeneration	116
3.16.7.	Zelluntergang – die tote Zelle	117
4.	**Pathologie des Bindegewebes** *(J. Kunz)*	119
4.1.	Bestandteile und strukturelle Organisation des Bindegewebes	119
	Altersbedingte Veränderungen des BG	
4.2.	Regressive Veränderungen des Bindegewebes	122
4.2.1.	Mukoide Degeneration	122
4.2.2.	Fibrinoide Degeneration	123
4.2.3.	Gesteigerter Kollagenabbau	124
4.2.4.	Bindegewebiges Hyalin	124
4.3.	Pathologische Einlagerungen ins Bindegewebe	125
4.3.1.	Amyloid	125
4.3.2.	Calciumsalzablagerungen (Verkalkung)	127
	Örtliche dystrophische Verkalkungen, Metastatische Verkalkungen	
4.3.3.	Uratablagerungen (Gicht)	128
4.4.	Fibrosen	129
4.4.1.	Morphologische Erscheinungsformen der Fibrose	129
4.4.2.	Ätiologie und Pathogenese der Fibrosen	129
	Fibromatosen	
4.4.3.	Diagnostische Parameter des gestörten Kollagenstoffwechsels	134
4.5.	Pathologie elastischer Fasern und Membranen	135
4.6.	Pathologie der Basalmembranen	135
4.7.	Immunreaktiv ausgelöste Bindegewebserkrankungen	135
4.7.1.	Rheumatische Erkrankungen	136
4.7.2.	Progressive Systemsklerose (Sklerodermie)	137
4.7.3.	Dermatomyositis	137
4.7.4.	Lupus erythematodes	137
4.8.	Erbkrankheiten des Bindegewebes	138
5.	**Pathogenetische Prinzipien krankhafter Störungen**	140
5.1.	Stoffwechselstörungen *(J. Kunz)*	140

5.1.1.	Störungen des Lipidstoffwechsels	141
5.1.1.1.	Adipositas	141
5.1.1.2.	Pathologische Zellverfettung	142
5.1.1.3.	Resorptive Zellverfettung	143
5.1.1.4.	Lipide und Arteriosklerose	144
5.1.1.5.	Lipidspeicherungskrankheiten	145
5.1.2.	Störungen des Proteinstoffwechsels	146
5.1.2.1.	Proteinmangel – Hunger – Hypovitaminosen	146
5.1.3.	Störungen des Kohlenhydratstoffwechsels	147
5.1.3.1.	Diabetes mellitus	147
	Pathomorphologie der Pankreasinseln beim Diabetes mellitus, Extrainsuläre Befunde beim Diabetes mellitus	
5.1.3.2.	Hyperglycämie – Hypoglycämie	154
5.1.3.3.	Glycogenspeicherung – Glycogenschwund	155
5.1.4.	Störungen des Mineralstoffwechsels	155
5.1.4.1.	Eisenstoffwechselstörungen	155
5.1.4.2.	Kupferstoffwechselstörungen	156
5.1.5.	Zelltod – Nekrose	157
	Morphologie der Nekrose, Das mikroskopische Bild der Nekrose (Zellkernveränderungen, Zytoplasmaveränderungen), Ätiologie und Pathogenese der Nekrose, Reparatur von Nekrosen	
5.1.6.	Allgemeiner Tod	162
5.2.	Störungen der äußeren und inneren Atmung und ihre Folgen *(A. Hecht)*	164
5.2.1.	Normale Sauerstoffversorgung	164
5.2.2.	Störungen der äußeren Atmung	165
5.2.2.1.	Störungen der Atemluft	165
5.2.2.2.	Ventilationsstörungen	166
	Obstruktive Ventilationsstörungen, Restriktive Ventilationsstörungen	
5.2.2.3.	Diffusionsstörungen – Pneumonosen	167
5.2.2.4.	Perfusions- und Verteilungsstörungen	168
5.2.2.5.	Störungen des Sauerstofftransports	168
5.2.2.6.	Diffusionsstörungen in der Gefäßperipherie	168
5.2.2.7.	Störungen der zellulären Atmung	168
5.2.3.	Folgen einer gestörten Sauerstoffversorgung	169
5.2.3.1.	Faktoren, die die Folgen eines Sauerstoffmangels bestimmen	169
	Dauer eines Sauerstoffmangels, Intensität des Sauerstoffmangels, Empfindlichkeit des Gewebes	
5.2.3.2.	Hypoxydose	170
	Hypoxische Hypoxydose, Histotoxische Hypoxydose, Hypoxydose bei Substratmangel	
5.2.3.3.	Akuter Sauerstoffmangel	172
	Metabolische Veränderungen, Ultrastrukturelle Veränderungen, Histochemische Veränderungen, Histologisch-morphologische Veränderungen, Pathogenese des Zelltodes bei Sauerstoffmangel, Örtliche Toleranz bei akutem Sauerstoffmangel, Reversibilität der Veränderungen nach einem Sauerstoffmangel	
5.2.3.4.	Chronischer Sauerstoffmangel	174
	Sauerstofftransport, Sauerstoffverwertung	
5.2.3.5.	Training der physischen Ausdauer	175
5.2.3.6.	Bedeutung der Adaptationsvorgänge bei chronischem Sauerstoffmangel	176
5.3.	Kreislaufstörungen *(A. Hecht)*	177
5.3.1.	Pathogenetische Grundlagen und Morphologie	177
5.3.1.1.	Allgemeine Kreislaufstörungen	177

5.3.1.2.	Örtliche Kreislaufstörungen	177
	Hyperämie (Aktive Hyperämie, Passive oder venöse Hyperämie, Terminale Hyperämie), Arterielle Durchblutungsstörungen (Ischämie) (Totale Ischämie, Relative Ischämie)	
5.3.1.3.	Thrombose	184
	Ursachen der Thrombose, Formale Genese der Thrombose (Weißer Thrombus, Roter Thrombus), Sekundäre Veränderungen des Thrombus, Folgen eines Thrombus	
5.3.1.4.	Embolie	188
	Embolie fester Körper, Embolie flüssiger Körper, Embolie gasförmiger Körper, Folgen der Embolie	
5.3.2.	Störungen des Blutdrucks und ihre Folgen	189
5.3.2.1.	Hypertonie im großen Kreislauf	190
	Symptomatische Hypertonie (Renale Hypertonie, Endokrine Hypertonie, Kardiovaskuläre Hypertonie, Neurogene Hypertonie), Essentielle Hypertonie, Folgen des Hochdrucks	
5.3.2.2.	Hypertonie im kleinen Kreislauf	192
5.3.2.3.	Hypertonie im Portalkreislauf	192
5.3.3.	Blutungen	193
5.3.3.1.	Ursachen von Blutungen	193
5.3.3.2.	Folgen einer Blutung	194
5.3.4.	Schock	195
5.3.4.1.	Definition und formale Genese	195
5.3.4.2.	Ätiologie und Einteilung des Schocks	196
	Kardiogener Schock, Hypovolämischer Schock, Schock bei relativem Volumenmangel, Endotoxinschock	
5.3.4.3.	Folgen des Schocks	197
5.4.	Das Ödem *(A. Hecht)*	199
5.4.1.	Ätiopathogenese des Ödems	199
5.4.2.	Ätiologie des Ödems	200
5.4.2.1.	Entzündliches Ödem	200
5.4.2.2.	Stauungsödem	200
5.4.2.3.	Mechanisches Ödem	200
5.4.2.4.	Renales Ödem	201
5.4.2.5.	Hungerödem und Ödem bei Leberschäden	201
5.4.2.6.	Angioneurotisches Ödem	201
5.4.3.	Folgen des Ödems	201
5.5.	Die Entzündung (Inflammatio, Phlogosis) *(K. Lunzenauer)*	202
5.5.1.	Einleitung	202
5.5.1.1.	Die Entzündung als reaktiver Vorgang	202
5.5.1.2.	Die entzündliche Reaktion	203
5.5.1.3.	Kennzeichnung der Entzündung	203
5.5.2.	Definition der Entzündung	204
5.5.3.	Kausale Pathogenese (entzündungserregende Reize)	204
5.5.3.1.	Innere, endogene, autogene Reize	204
5.5.3.2.	Äußere, exogene, heterogene Reize	205
5.5.4.	Formale Pathogenese (das regulative System der Reizbeantwortung)	205
5.5.4.1.	I. Phase: Alteration (biochemische Phase)	206
5.5.4.2.	II. Phase: Durchblutungsstörung (Mikrozirkulationsstörung)	207
5.5.4.3.	III. Phase: Proliferation	210
5.5.4.4.	Wirkung der Reize	210
5.5.5.	Am Entzündungsgeschehen beteiligte Zellen	211
5.5.5.1.	Die Granulozyten	212

5.5.5.2.	Die Monozyten/Makrophagen	212
5.5.5.3.	Die Lymphozyten	212
5.5.6.	Das klinische Bild der Entzündung	213
5.5.6.1.	Einteilung der Entzündung	213
5.5.6.2.	Die exsudative Entzündung	213
	Einteilung nach Art und Zusammensetzung des Exsudats, Einteilung nach Art und Lokalisation der exsudativen Reaktion	
5.5.6.3.	Die proliferative Entzündung	216
5.5.6.4.	Die proliferierende Entzündung bei chronischen Gewebsdefekten	217
5.5.7.	Besonders charakterisierte Entzündungsformen	218
5.5.7.1.	Die tuberkuloseähnlichen Granulome	219
	Das tuberkulöse Granulom, Die Tuberkulose, Das sarkoidöse Granulom, Das pseudotuberkulöse Granulom	
5.5.7.2.	Die tuberkuloseunähnlichen Granulome	223
	Das rheumatische Granulom, Das rheumatoide Granulom (Rheumaknoten), Das Fleckfiebergranulom, Das Fremdkörpergranulom	
5.5.8.	Allgemeine Reaktion des Gesamtorganismus	224
5.5.8.1.	Änderung der Körpertemperatur	224
5.5.8.2.	Änderung des zellulären Blutbilds	224
5.5.8.3.	Änderung in der Zusammensetzung der Plasmaproteine	225
5.5.8.4.	Änderung des immunologischen Verhaltens	225
5.5.8.5.	Änderung des psychischen Verhaltens	225
5.5.8.6.	Änderung des neuroendokrinen Verhaltens	225
5.5.9.	Komplikationen und Folgen der Entzündung	226
5.5.9.1.	Bakteriämie und Sepsis	226
5.5.9.2.	Septikopyämie	226
5.5.9.3.	Chronische Entzündung	226
5.5.9.4.	Chronisch-rezidivierende Entzündung	226
5.5.9.5.	Auslösung immunologischer Vorgänge	226
5.5.10.	Die Heilung	227
5.5.10.1.	Restitutio ad integrum	227
5.5.10.2.	Die Heilung mit Defekten	227
5.5.11.	Biologische Bedeutung der Entzündung	228
5.6.	Immunpathologie (pathogene immunologische Reaktionen) *(K. Lunzenauer)*	229
5.6.1.	Das menschliche Abwehrsystem	229
5.6.2.	Die immunologische Abwehr	229
5.6.3.	Das Immunsystem (Struktur und Funktion)	230
5.6.3.1.	Entwicklung der immunkompetenten Zellen	230
5.6.3.2.	Die immunologischen Effektorsysteme	233
5.6.3.3.	Die Zellen des Immunsystems	233
5.6.4.	Defektimmunopathien	235
5.6.5.	Proliferative Entgleisung des Immunsystems	236
5.6.5.1.	Pathologische Lymphozytenproliferation	236
	Undifferenzierte maligne lymphoidzellige Lymphome (non-T, non-B), Maligne T-Zellenlymphome, Maligne B-Zellenlymphome, Hodgkin-Lymphom, Angioimmunoblastische Lymphadenopathie, Mononucleosis infectiosa	
5.6.5.2.	Pathologische Plasmazellenproliferation	238
	Multiples Myelom, Makroglobulinämie Waldenström, Schwere-Ketten-Krankheit (heavy chain disease)	
5.6.6.	Abklärung des Begriffs der pathogenen Reaktionen	238
5.6.7.	Formen der pathogenen Immunphänomene	239

5.6.8.	Pathogene Immunphänomene durch humorale Antikörper (= Soforttyp)	239
5.6.8.1.	Anaphylaktische Reaktion (Typ I)	242
	Pathogenese	
5.6.8.2.	Durch humorale Antikörper vermittelte zytotoxische bzw. zytolytische Reaktionen (Typ II)	244
	Pathogenese	
5.6.8.3.	Immunkomplex-Reaktion (Typ III, Antigen-Antikörper-Komplex-Reaktion)	245
	Pathogenese	
5.6.9.	Pathogene Immunphänomene vom zellvermittelten Typ, Typ IV (= Spättyp)	247
5.6.10.	Weitere mögliche Reaktionen	249
5.6.10.1.	Pathogene Reaktionen durch Immunstimulation (fragl. Typ V)	249
5.6.10.2.	Pathogene Reaktionen durch antikörperabhängige zelluläre Zytotoxizität (antibody-dependent cell mediated cytotoxicity = ADCMC (fragl. Typ VI)	249
5.6.11.	Die Bedeutung der Immuntoleranz bei pathogenen Immunreaktionen	250
5.6.12.	Zellvermittelte Infektallergie (Allergie durch Mikroorganismen)	251
5.6.13.	Kontaktüberempfindlichkeit	251
5.6.14.	Autoaggressionskrankheiten (Autoimmunkrankheiten)	252
5.6.14.1.	Mechanismen der Autosensibilisierung	252
5.6.14.2.	Klinische Formen der Autoaggressionskrankheiten	253
5.6.15.	Tumorimmunologie	254
5.6.15.1.	Die Antigene bei Tumoren	254
5.6.15.2.	Immunologische Reaktionen gegen Tumoren	254
5.6.15.3.	Mögliche Faktoren, die zum Versagen der immunologischen Abwehr führen	255
5.6.16.	Transplantationsreaktion	255
5.6.16.1.	Formen der Gewebsübertragung	255
5.6.16.2.	Transplantationsreaktion	256
	Genetische Steuerung, Transplantationsantigene, Reaktion gegen das Transplantat, Reaktion gegen den Empfänger, Mögliche Ausschaltung der immunologischen Abwehr	
5.7.	Das gestörte Wachstum *(A. Hecht)*	258
5.7.1.	Das normale Wachstum und seine Regulation	258
5.7.2.	Allgemeine Wachstumsstörungen	259
5.7.3.	Wachstum als Anpassungsreaktion	259
5.7.3.1.	Kausale Genese	260
5.7.3.2.	Formale Genese	261
5.7.3.3.	Reversibilität des Anpassungswachstums	261
5.7.4.	Das Tumorwachstum	261
5.7.4.1.	Definition des Tumors	261
5.7.4.2.	Epidemiologie	262
5.7.4.3.	Kriterien der Malignität	264
	Infiltrationswachstum, Destruierendes Wachstum, Wachstumsgeschwindigkeit, Zytologische Kriterien der Malignität, Vorhandensein von Nekrosen, Entzündliche Umgebungsreaktion, Metastasierung, Rezidiv, Lokale und Allgemeinwirkungen	
5.7.4.4.	Morphologische Einteilung der Tumoren	270
	Nichtepitheliale Tumore, Epitheliale Tumore	

5.7.4.5.	Kausale Genese der Tumorentstehung	271
	Exogene Faktoren (Chemische Faktoren, Physikalische Faktoren, Wirkung von Viren, Biologische Faktoren), Endogene Faktoren	
5.7.4.6.	Kanzerogenese	278
5.7.4.7.	Formaler Ablauf der Kanzerogenese	282
	Initiierungsphase, Promotionsphase, Progressionsphase, Präkanzerose	
5.7.4.8.	Tumorimmunologie	285
5.7.4.9.	Chemotherapie von Tumoren	288
	Antimetabolite, Hemmer der DNA-Aktivität	
5.8.	Fehlbildungen *(A. Hecht)*	289
5.8.1.	Definition	289
5.8.2.	Häufigkeit	290
5.8.3.	Ätiologie – kausale Teratogenese	291
5.8.3.1.	Endogene Ursachen	292
	Genanomalitäten, Chromosomenanomalitäten, Genetisch bedingte Fehlbildungen (Störungen des Kohlenhydratstoffwechsels, Störungen des Eiweiß- und Aminosäurenstoffwechsels, Störungen des Lipidstoffwechsels, Störungen des Mucopolysaccharidstoffwechsels), Chromosomenanomalien (Gonosomale Ursachen, Autosomale Ursachen)	
5.8.3.2.	Exogene Faktoren	296
	Chemische Faktoren, Infektionen, Ionisierende Strahlen, Sauerstoffmangel, Alimentäre Schäden, Alter der Mutter, Mechanische Faktoren	
5.8.4.	Einteilung	300
5.8.4.1.	Einteilung entsprechend dem Stadium der Keimesentwicklung	300
5.8.4.2.	Doppelbildungen	303
	Zusammenhängende asymmetrische Doppelbildungen, Zusammenhängende symmetrische Doppelbildungen, Freie asymmetrische Doppelbildungen, Freie symmetrische Doppelbildungen	
5.8.4.3.	Einzelfehlbildungen	305
	Spaltbildungen (Ventrale Spaltbildungen, Dorsale Spaltbildungen), Hemmungsfehlbildungen, Chorestien, Nicht klassifizierbare Einzelfehlbildungen	
5.8.5.	Folgen von Fehlbildungen	307
5.8.6.	Fetopathien	307
5.8.6.1.	Entzündliche Fetopathien	307
	Lues connata, Zytomegalie, Listeriose, Toxoplasmose	
5.8.6.2.	Hämolytische Fetopathien	308
5.8.6.3.	Diabetische Fetopathie	309
5.9.	Die Regeneration und ihre Störungen *(J. Kunz)*	309
5.9.1.	Prinzipien des Zellersatzes	310
5.9.2.	Physiologische Regeneration	312
5.9.3.	Reparative Regeneration	314
5.9.3.1.	Heilung von Hautwunden	314
5.9.3.2.	Reparative Regeneration in verschiedenen Geweben	315
5.9.3.3.	Regeneration mit Differenzierungsstörungen	318
5.9.4.	Regenerationssteuernde Faktoren	319
Sachwortverzeichnis		321

1. Krankheitsbegriff

1.1. Gesundheit und Krankheit – Grundbegriffe der Medizin

Alles medizinische Forschen und ärztliche Handeln steht in Beziehung zur menschlichen Gesundheit und Krankheit. Insofern grenzen die Begriffe Gesundheit und Krankheit den Gegenstandsbereich von medizinischer Wissenschaft und praktischer Medizin gedanklich ab. Die *medizinische Wissenschaft* erforscht die objektiven Gesetzmäßigkeiten, die Gesundheit und Krankheit des Menschen bedingen und bestimmen. In der *praktischen Medizin* werden die Möglichkeiten zur Erhaltung und Wiederherstellung der Gesundheit und Leistungsfähigkeit und der damit verbundenen Lebensfreude nach den Erkenntnissen der medizinischen Wissenschaft angewendet und erprobt. Gesundheit und Krankheit sind also nicht nur erkennbar, sondern auch durch menschliches Handeln beeinflußbar.

Aus der gesellschaftlichen Daseinsweise des Menschen folgt, daß Gesundheit und Krankheit einen biologischen und einen sozialen Aspekt besitzen.

In Verbindung mit der besonderen Entwicklung des Menschen als arbeitendes, sprechendes und denkendes Lebewesen haben sich eine Reihe von Gesundheits- und Krankheitsmerkmalen herausgebildet, die nur für den Menschen zutreffen (s. 1.7.). Der Zusammenhang zwischen den biologischen Eigenschaften des Menschen und seiner gesellschaftlichen Daseinsweise bedeutet, daß menschliche Krankheit nicht allein naturwissenschaftlich erkannt, sondern ihrem Wesen nach nur in Verbindung von Natur- und Gesellschaftswissenschaften begriffen werden kann.
Die Begriffe Gesundheit und Krankheit sind korrelative Begriffe, die Formen des individuellen Lebens bezeichnen, welche einander ausschließen und ineinander übergehen. Es sind zwei Seiten eines dem Leben innewohnenden dialektischen Widerspruchs. Gesundheit und Krankheit stellen also qualitativ verschiedene Formen des Lebens dar. Zwischen ihnen gibt es keine scharfen Grenzen, sondern fließende Übergänge. Das hebt jedoch die Objektivität der Unterscheidung von Gesundheit und Krankheit nicht auf. Jeder Organismus lebt in ständiger Wechselwirkung mit seiner Umwelt. Er verarbeitet die Einwirkungen aus der Umwelt in der Gesamtheit seiner aktiven und reaktiven Lebensäußerungen. Gesundheit ist das funktionelle Optimum des lebenden Systems in der Gesamtheit seiner auf Selbsterhaltung und Arterhaltung gerichteten Lebensäußerungen. Demgegenüber ist Krankheit eine meist zeitlich begrenzte, labile Form des Lebens, die durch strukturell und funktionell bedingte Disproportionen mit Einschränkungen der Lebensäußerungen und durch auf Wiederherstellung der Gesundheit gerichtete Prozesse gekennzeichnet ist. Dabei muß man prophylaktische, d. h. vorbeugende, von metaphylaktischen,

d. h. Abwehrreaktionen unterscheiden. Die Gesamtheit dieser protektiven, antipathischen Reaktionen und Leistungen (Phylaxien) wird als *Resistenz*, ihr Gegenteil als Krankheitsanfälligkeit oder *Disposition* bezeichnet. Die der Resistenz und der Anpassung des Organismus gegenüber erhöhter Leistungsbeanspruchung zugrunde liegenden Reaktionen *(Adaptation)* sind die entscheidenden Mechanismen, die der Krankheitsentstehung entgegenwirken. Überwiegen die Krankheitsursachen, so entsteht Krankheit (Abb. 1.1).

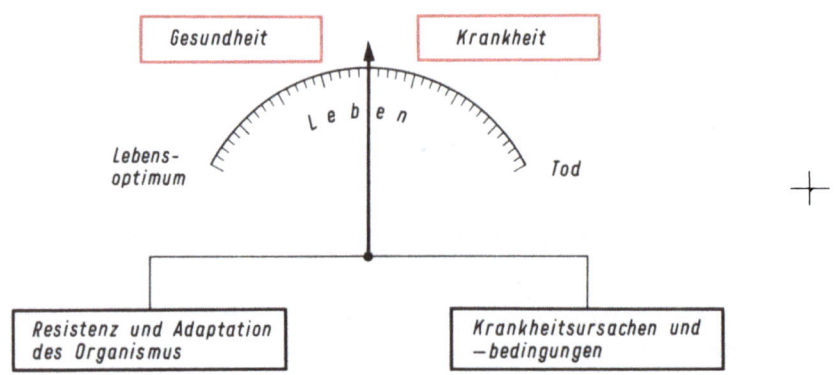

Abb. 1.1 Beziehung zwischen Gesundheit und Krankheit als Erscheinungsformen des Lebens

Mit der Evolution der Organismen entfalteten sich nicht nur neue Anpassungsmechanismen, sondern auch zahlreiche neue Krankheitsformen. Die alten wurden in den neuen Evolutionsstufen jedoch nicht einfach aufgehoben, sondern wirkten im Sinne der Dialektik von Kontinuität und Diskontinuität weiter fort. Durch Erweiterung der Krankheitsmöglichkeiten bildeten sich immer neue Prinzipien der Krankheitsentstehung und ihr analoge Krankheitsphänomene heraus. Demgegenüber führte die natürliche Auslese auf jeder Entwicklungsstufe zu einer *qualitativ einheitlichen* Form des Lebens, der Gesundheit. Der allgemeine Begriff der Krankheit ist der Oberbegriff für verschiedene Krankheitsformen. Die Dialektik von Allgemeinem, Besonderem und Einzelnem zeigt sich darin, daß es weder zwei gesunde noch zwei kranke Lebewesen gibt, die einander völlig gleichen. Sie besitzen sowohl gemeinsame als auch unterschiedliche Eigenschaften. Wiederkehrende Muster von Krankheitszeichen *(Symptome)* ermöglichen die Unterscheidung bestimmter Krankheiten. Krankheitsbilder, die sich meist in Form zahlreicher Symptome, d. h. als Symptomenkomplexe *(Syndrome)* äußern, stellen in bezug auf den allgemeinen Krankheitsbegriff Besonderes, in bezug auf die Befunde, die ein einzelnes Lebewesen als krank erkennen lassen, aber Allgemeines dar. Die speziellen Krankheitsbezeichnungen entstehen also durch Analyse und Synthese aus der Vielfalt der Krankheitszeichen und -verläufe.

Im allgemeinen Begriff der Krankheit wird hingegen das Gemeinsame all der verschiedenen besonderen und einzelnen Krankheiten widergespiegelt.

1.2. Vom Wesen der Krankheit

Die Erkennung des Wesens von Gesundheit und Krankheit ist an die Beantwortung der Frage gebunden, welchen Gesetzen die ihnen zugrunde liegenden biologischen Prozesse gehorchen und welche Beziehungen zwischen Leben, Gesundheit, Krankheit und Tod einerseits und zwischen dem Organismus und seiner Umwelt andererseits bestehen. Dieses Verständnis stützt sich auf die Anerkennung einiger wichtiger Prinzipien, wie das der **Evolution** (alle gesunden und krankhaft gestörten Strukturen und Funktionen sind nur unter Berücksichtigung ihrer evolutionären Entstehung verständlich), des **Determinismus** (alle normalen und pathologischen Prozesse setzen Ursachen und Bedingungen voraus) und des **Dynamismus** (alle Lebensprozesse sind einer systemeigenen Regulation unterworfen). Da das biologische System, der Organismus, ein gegenüber der Umwelt teiloffenes (durch Regulationsvorgänge abgegrenztes) Kausalsystem ist, lassen sich Gesundheit und Krankheit nur aus der dialektischen Einheit von Organismus und Umwelt begreifen. Beim Menschen wird die Beantwortung der Frage nach dem Wesen der Krankheit dadurch erschwert, daß zwischen den objektiven biologischen Krankheitsprozessen, deren subjektiver Widerspiegelung im Bewußtsein und der Störung des sozialen Wohlbefindens zu unterscheiden ist. Anlage, Persönlichkeit und (natürliche und gesellschaftliche) Umwelt stehen in einer engen Wechselbeziehung zueinander. Eine Antwort auf die Frage: *Was ist Krankheit?* muß deshalb alle drei Ebenen berücksichtigen. Jedoch ist es zweckmäßig, die für Mensch, Tier und Pflanze gleichermaßen gültigen, also allgemeinbiologischen Gesetzmäßigkeiten ihrer Existenz und Organisation getrennt zu erläutern, um zu einem wissenschaftlichen Verständnis menschlicher Gesundheit und Krankheit zu gelangen. Wenden wir uns zunächst der oben gestellten Frage zu:

Welche Beziehungen bestehen zwischen Leben, Gesundheit, Krankheit und Tod?

> Gesundheit und Krankheit sind biologische Phänomene und als solche unabdingbar an lebende Strukturen gebunden. *Sie stellen zwei alternative Erscheinungsformen des Lebens dar.* Es gibt kein Leben ohne Gesundheit oder Krankheit.

Krankheit ist eine Existenzform des Lebens, die mit der Zellbildung in der Evolution entstanden und wahrscheinlich so alt wie das Leben selbst ist. Krankheit als Erscheinungsform des Lebens kann insofern nicht grundsätzlich ausgeschaltet, sondern nur eingeschränkt werden. Krankhafte Störungen (z. B. durch Virusbefall) gab es wahrscheinlich schon bei den Urprotozoen. Mit der Entwicklung differenzierter Strukturen über die Organisationsstufe der Einzeller hinaus und mit Zunahme des Integrationsgrades durch stufenweise Zusammenfassung von Teilleistungen zu höheren Ordnungssystemen nahm die Störanfälligkeit des Organismus aber bedeutend zu. Die Möglichkeiten der Krankheitsentstehung sind deshalb wesentlich von der Organisationshöhe des Organismus abhängig.
So ist beispielsweise eine Gewächsbildung erst bei Metazoen möglich (außer bei allen Wirbeltieren, wurde sie auch bei Knorpelfischen, Insekten, Muscheln, Schnecken und sogar bei höheren Pflanzen nachgewiesen). Die Entstehung von Tumorzellen ist eng an das Wachstum gebunden und insofern ein biologisches

Grundphänomen (s. 5.7.4.). Die in der Evolution der Organismen fortschreitende Gewebs- und Organdifferenzierung führte zu immer neuen Konstruktionsprinzipien. Arten, die die Erprobung ihrer Lebensfähigkeit in der natürlichen Umwelt nicht bestanden, erkrankten und starben aus. Die mit der Entwicklung besonderer Steuerungs-, Kreislauf-, Atmungs- und Ausscheidungsorgane verbundene Leistungssteigerung brachte neue Krankheitsmöglichkeiten in Form typischer Krankheiten des Zentralnerven- und Herz-Kreislauf-Systems, der Lungen und Nieren mit sich. Bestimmte Krankheiten sind demnach an eine bestimmte Entwicklungshöhe des Organismus gebunden.

Gesundheit und Krankheit können alle Merkmale des Lebens betreffen. Zum Verständnis des Wesens der Krankheit ist deshalb eine nähere Betrachtung der **Eigenschaften und Wirkungsprinzipien biologischer Systeme** als den Grundlagen von Leben und Gesundheit unerläßlich. Die Beantwortung der Frage, was Krankheit ist, führt nur über die Beantwortung der Frage nach den Gesetzmäßigkeiten (Prinzipien), die den Organismus als lebendes System charakterisieren und seine Gesundheit aufrechterhalten. Dazu gehören:

● **das Prinzip der Strukturiertheit.** Die Ausbildung differenzierter Strukturen (Makromoleküle, Zellorganellen, Zellen, Gewebe, Organe, Organismen) erfolgt in gesetzmäßiger Einheit von Struktur und Funktion. Krankhafte Störungen betreffen deshalb immer Struktur *und* Funktion. Sie können grundsätzlich auf allen strukturellen Ebenen angreifen;

● **das Prinzip der biologischen Ordnung** *(Teleonomie)*. Das Ordnungsprinzip findet sich durchgängig von den einzelligen Lebewesen bis zu hochdifferenzierten Organisationsstufen. Es umfaßt die *räumliche* (z.B. geordnete Schaltung der Atmungsenzyme an den Cristae der Mitochondrien), *zeitliche* (z. B. zeitgerechte Induktion differenzierungsbereiter Keimblattzonen während der Embryonalentwicklung) und *funktionsdienliche* Ordnung. Unter der letzteren versteht man die „planvolle" Abstimmung, die Zuordnung und das Zusammenwirken der Strukturen und Vorgänge *zu biologischen Leistungen*. Die in lebender Materie existierenden Kausalzusammenhänge treten also *zweckgerichtet* zu Ordnungsgefügen und Leistungen zusammen, die der Erhaltung des Lebens und der Gesundheit dienen. Dieses fundamentale Prinzip aller lebenden Systeme wird auch als *bionome Organisation* bezeichnet. Damit unterscheidet sich die biologische Ordnung grundlegend von der Ordnung anorganischer Materie, bei der zufällige Kausalzusammenhänge vorherrschen. Der Sinn bionomer Organisation liegt in dem Vollzug von Lebensleistungen. Das sind energieabhängige Prozesse. Die Leistungsbereitschaft des Organismus kann also nur durch ständigen Stoffwechsel und Energieumsatz erhalten werden. Die bionome Organisation ist eine wesentliche Voraussetzung für die besondere Störanfälligkeit *(Pathibilität)* biologischer Systeme;

● **das Prinzip der Reaktivität und Reagibilität.** Unter *Reaktivität* wird die Reaktionsbereitschaft des Organismus verstanden, seine Fähigkeit, auf einen Reiz mit der Entfaltung einer Eigenaktivität, d.h. mit Reaktionen und Regulationen zu antworten. Voraussetzung dafür sind sensible Strukturen, die in der Lage sind, spezifische (meist energieschwache) Einflüsse (Lichtquanten, Frequenz-, Druck-, Spannungsänderungen usw.) aufzunehmen (Rezeptoren, z.B. der Sinnesorgane) und zu richten (z. B. mittels Nervenbahnen). Die örtlichen Reaktionen und Regulationen unterliegen wiederum übergeordneten Regulationsmechanismen (Fernsteuerung über ZNS, endokrines System usw.). Ihr Ergebnis kann Erhaltung oder Wiederher-

stellung eines ursprünglichen Zustands, Anpassung oder schließlich Änderung der Reaktionsbereitschaft selbst (z. B. bei pathogenen Immunreaktionen) sein. Die biologische *Reagibilität* („Reagierbarkeit") ist der Ausdruck der durch Vererbung, Umwelt und Erleben geprägten Struktur-Funktions-Beziehung und insofern individualspezifisch. Sie entspricht der *individuellen Reaktivität*;
- **das Prinzip der Regulation.** Biologische Regulationsprinzipien umfassen alle Lebenserscheinungen (Selbstreproduktion, Stoffwechsel, Wachstum und Differenzierung usw.) und Organisationsstufen (Zellen, Gewebe, Organsysteme). Ihre Bedeutung liegt in der Konstanthaltung der Lebensvoraussetzungen und -bedingungen. Regelungs- und Steuerungsprozesse (s. 2.2.2.) dienen in erster Linie der *Stabilität* des lebenden Systems (physikalisch gesehen widerspricht Leben und Gesundheit, ja schon die Synthese eines Eiweißmoleküls dem Prinzip der Entropie und ist damit „unwahrscheinlich"), der Aufrechterhaltung des inneren Milieus *(Homöostase)* und der Anpassung gegenüber verstärkten Einflüssen und Beanspruchungen *(Adaptation)*. Darüber hinaus dienen sie als *Pro-* und *Metaphylaxien* aber auch dem Schutz gegenüber Störungen (z. B. Hunger, Durst, Husten-, Nies-, Pupillenreflex usw.), der Beseitigung aufgetretener Störungen und der Restitution (z. B. im Rahmen von Regeneration, Reparation, Wundheilung, Infektionsabwehr usw.). Andererseits können Regulationsvorgänge selbst gestört sein (Regulationsstörungen) oder über die chronische Einwirkung von Störgrößen auch zu einer Anpassung der Regulationssysteme führen (s. 2.2.2.3.);
- **das Prinzip der Adaptation.** Die Anpassungsfähigkeit des Organismus gegenüber veränderten Bedingungen und Leistungsanforderungen wird über seine Regulationsfähigkeit realisiert und ist deshalb von dieser nicht grundsätzlich zu trennen. Beide sind in der Evolution der Organismen entstanden und haben gesundes Leben überhaupt ermöglicht. Auf zellulärer Ebene vollzieht sich die Adaptation im Rahmen metabolischer, epigenetischer und genetischer Regulationssysteme (s. 2.2.2.). Die Adaptation ist am ehesten als eine Form der Beanspruchungsregulation zu beschreiben und dient der Leistungsangleichung. Sie erstreckt sich auf strukturelle, funktionelle und metabolische Bereiche, z. B. Hypertrophie des Herzmuskels bei chronischer Druckbelastung, Erhöhung des Herzminutenvolumens bei Training oder Umstellung der aeroben auf anaerobe Glycolyse bei Sauerstoffmangel. Die selbstregulatorische Anpassungsfähigkeit ist ein Prinzip des Organismus, das in besonderem Maße bei krankhaften Störungen wirksam wird (als solches wurde es bereits von Virchow erkannt). Trotz vielfältiger, im genetischen Code allerdings teilweise blockierter *Anpassungsmöglichkeiten* ist die realisierbare Anpassungsfähigkeit des Organismus grundsätzlich begrenzt. Zu große Beanspruchungen führen deshalb zur Einschränkung der Stabilität des Organismus und damit zur Krankheit (s. auch 2.2.2.);
- **das Prinzip der genetischen Determiniertheit.** Darunter versteht man die in der Evolution erworbene Fähigkeit des Organismus, seine spezifische morphophysiologische Struktur auf der Grundlage beständiger Selbstreproduktion zu bewahren *(identische Reduplikation)*. Bewährte (sog. *archetypische*) Strukturen und Funktionen blieben so über Jahrmillionen erhalten, wie die einheitliche Strukturierung der organismischen Bauelemente (Zelle) und die biochemische und physiologische Identität entscheidender Lebensvorgänge (z. B. Grundstoffwechsel, Erregungsleitung) bei Arten aller Entwicklungsstufen beweisen.

Leben und Gesundheit beruhen also auf einem geordneten, hinsichtlich der Leistungen (Koordination, Integration usw.) kausal und zugleich zweckmäßig aufeinander abgestimmten Struktur- und Funktionsgefüge aller Einzelglieder des Organismus. Die Stabilität des Gefüges wird durch die erläuterten biologischen Wirkungsprinzipien, insbesondere durch Regulations- und Anpassungsmechanismen, erhalten, kontrolliert und geschützt. Bei Störung dieser Prinzipien entsteht Krankheit.

Worin liegen die Ursachen der besonderen Störanfälligkeit lebender Systeme?

Einmal in phylogenetischen und ontogenetischen *Adaptationsmängeln*, zum anderen in der Tatsache, daß der Organismus ein umweltoffenes System darstellt, das aus *hochempfindlichen Eiweißstrukturen* aufgebaut ist. Eine Hauptursache der *Pathibilität liegt jedoch in der Relativität und Unvollkommenheit der bionomen Organisation selbst.* Sie beruht auf der weitgehenden Leistungsaufteilung und Differenzierung und hinsichtlich der Gesamtleistung hochgradigen strukturell-funktionellen, räumlich-zeitlichen Abstimmung. Daraus resultieren zahlreiche Funktions-, Regulations-, Adaptations-, Informationsstörungen usw. Insofern bedeutet Krankheit eine Desorganisation des bionomen Ordnungsgefüges. Dies heißt jedoch nicht Chaos der Lebensvorgänge (Davydovskij). *Wie die gesunden, so sind auch alle krankhaften Prozesse kausal determiniert.* Zwischen den der Krankheit zugrunde liegenden Vorgängen bestehen Kausalitäts-, d. h. Ursache-Wirkungs-Beziehungen. Diese Beziehungen sind in der Regel komplexer Natur und damit schwer überschaubar. Eine wesentliche Ursache dafür liegt darin, daß der Organismus kein passives störanfälliges System, sondern ein reaktives System ist.

Sind krankhafte Prozesse sinnvoll?

Viele schlechthin als krankhaft bezeichnete Prozesse, wie Entzündung, Thrombose, Hypertrophie oder auch der Schmerz sind nicht nur biologisch zweckmäßig, sondern z.T. sogar lebensnotwendig. Die Unfähigkeit des Organismus, bei einer Infektion mit Entzündung, bei einer Gefäßwandverletzung mit intra- und extravasaler Blutgerinnung, bei einer chronischen Überbeanspruchung (z.B. des Herzens) mit Hypertrophie oder auf eine thermische Einwirkung mit Schmerz zu reagieren, kann den Tod bedeuten. Die Prozesse, wie z.B. die Muskelhypertrophie (Sportlerherz) oder der Schmerz (Geburt), müssen also nicht notwendigerweise einen pathologischen Charakter tragen. Dazu kommt, daß bestimmte Krankheitsursachen tatsächlich eine scheinbar sinnvolle Wirkung, beispielsweise in Form von Abwehr- oder Anpassungsmechanismen, auslösen können. Diese Kausalitätsbeziehungen sind aus der evolutionären Entstehung pathologischer Prozesse durchaus verständlich. Die ihnen zugrunde liegenden Mechanismen sind z.T. als genetisch fixierte Anpassungsvorgänge erhalten geblieben. *Die biologische Zweckmäßigkeit ist jedoch relativ und begrenzt,* denn Lebewesen sind weder immer zweckmäßig organisiert, noch reagieren sie bei Störungen immer zweckmäßig. Es gibt im Gegenteil zahlreiche Beispiele biologischer Unzweckmäßigkeit. Das Finalitätsprinzip hat also keine allgemeine Gültigkeit.

So entsteht z. B. Blutgerinnung als Prinzip lebensnotwendiger Blutstillung nicht nur bei Gefäßwandverletzung zum Zweck der Gefäßabdichtung, sondern auch unter den Bedingungen einer anderweitig geschädigten Gefäßwand, einer gestörten

Hämodynamik oder Blutzusammensetzung. Die Folgen einer solchen Thrombose können in örtlichen Kreislaufstörungen oder auch in einer tödlichen Embolie bestehen (s. 5.3.1.4.).

Die Ursache der Systemwidrigkeit mancher biologischer Reaktionen (z. B. Verwachsungen nach Entzündungen) liegt in dem zeitlichen, örtlichen und quantitativ inadäquaten Auftreten dieser Reaktionen (Mängel bionomer Organisation).

Vom Standpunkt des dialektischen Materialismus aus haben sich die Wirkungsprinzipien und Reaktionen biologischer Lebensformen, ihrer Gesundheit und krankhaften Störung nicht zielgerichtet oder zweckbestimmt entwickelt, sondern sie haben sich entsprechend ihrer Zweckmäßigkeit im Sinne der Erhaltung des Lebens im Verlaufe der Evolution durchgesetzt.

Warum reagieren Lebewesen unter gleichen Bedingungen verschieden?

Neben den genannten Wirkungsprinzipien, die das Allgemeine biologischer Systeme charakterisieren, gibt es Faktoren, die das Besondere und Einzelne, also die Individualität gesunder und kranker Lebewesen bedingen. Sie können die systemeigenen (endogenen) Möglichkeiten der Krankheitsentstehung erweitern, also zu einer Verstärkung der Pathibilität beitragen und werden unter den Begriffen *Disposition* und *Konstitution* zusammengefaßt. Sie beinhalten wesentliche *innere Krankheitsbedingungen* (s. 2.2.).

Die **Disposition** *ist eine bestimmte Körperverfassung, das das Wirksamwerden äußerer Krankheitsursachen erleichtert und als eine vorübergehend oder auch dauernd gesteigerte Anfälligkeit gegenüber Krankheiten in Erscheinung tritt* (bei einer fixierten Krankheitsneigung spricht man von *Diathese*). Wir kennzeichnen die Disposition kurz als *Krankheitsaufnahmebereitschaft*. Sie kann als ein Bereich zwischen Gesundheit und Krankheit aufgefaßt werden. Ihr liegt im wesentlichen eine Einschränkung der Adaptationsfähigkeit zugrunde.

Die gesteigerte Anfälligkeit gegenüber Krankheit wird von zahlreichen Faktoren bestimmt, wie Art (*Artdisposition*, s. humanspezifische Krankheiten), Rasse (*Rassendisposition*, z. B. Sichelzellanämie bevorzugt bei Afrikanern), Geschlecht (*Geschlechtsdisposition*, z. B. Geschlechtsverteilung bei Karzinomen, 5.7.4.2.), Alter (*Altersdisposition*, z. B. Krankheiten des Säuglings-, Kindes- und Greisenalters), bestimmten vorübergehenden pathogenen Bedingungen wie Übermüdung, Erschöpfung, Erkältung, Durchnässung, Fehlernährung, Stress usw. *(zeitliche Disposition)*, Vorkrankheiten, z. B. Nephritis gehäuft nach Scharlach, Tuberkulose oder Furunkulose gehäuft bei Diabetes mellitus *(pathologische Allgemeindisposition)*, Organvorschädigung, z. B. Leberkarzinom bevorzugt bei Leberzirrhose, Lungentuberkulose bevorzugt bei Lungensilikose *(pathologische Organdisposition)* und Konstitution *(individuelle* und *konstitutionelle Disposition)*.

Unter **Konstitution** *versteht man die Gesamtheit aller körperlichen und psychischen Eigenschaften und Merkmale des Organismus, die seine besondere Reaktivität, Leistungsfähigkeit und Verhaltensweise gegenüber der Umwelt bestimmen.* Die Konstitution wird durch genetische und nachhaltige Umwelteinflüsse geprägt (Genotyp + Paratyp = Phänotyp). Sie bestimmt die Individualität: Es gibt keine Konstitution eines Organismus, die mit der eines anderen absolut identisch ist! Trotzdem kann man die Vielzahl der Konstitutionen nach Typen klassifizieren.

Die gebräuchlichste Einteilung ist die nach dem Psychiater E. Kretschmer in Leptosome, Pykniker, Athletiker und Normosome. Neben diesen *physiologischen Konstitutionstypen* kann man solche unterscheiden, die pathogenetische Beziehungen zu Krankheiten in statistisch nachweisbaren Häufungen erkennen lassen. Diese *pathologischen Konstitutionstypen* zeigen eine Korrelation zu bestimmten pathologischen Prozessen oder abgegrenzten Krankheitsbildern. So z. B. bestehen Zusammenhänge zwischen asthenischer Konstitution und Bindegewebskrankheiten wie dem Marfan-Syndrom (s. 4.8.), zwischen rheumatischer Konstitution (übersteigerter pyknischer Typ, Typ Bouchard) und Gelenkrheumatismus sowie Stoffwechselstörungen (Gicht, Diabetes mellitus, Arteriosklerose, Steinleiden u. a.), zwischen präseniler Konstitution und der Hutchinson-Gilfordschen Krankheit (Progerie-Syndrom), zwischen neurasthenischer Konstitution und vegetativer Dystonie, Angina pectoris vasomotorica, Ulkuskrankheit, Neurosen u. a.

Das individuell unterschiedliche Ansprechen auf Krankheitsursachen unter gleichen Bedingungen, d. h. die Individualspezifität krankhafter (oder auch gesunder) Reaktionen beruht auf der *konstitutionellen Disposition*. Sie wird heute z. T. mit der individuell unterschiedlichen Anpassungsfähigkeit (Adaptabilität) und Reagibilität erklärt, deren konkrete Ursachen in der genetischen Regulationsebene liegen könnten (s. 2.2.2.4.). Daneben spielen wahrscheinlich auch Unterschiede in der angeborenen Immunität und Resistenz eine Rolle.

Sind Krankheit und Tod notwendig?

Zu den Grundphänomenen des Lebens gehören nicht nur Krankheit, sondern auch Altern und Tod. Krankheit, Altern und Tod sind notwendige Bedingungen der phylogenetischen Entwicklung.
Alle Lebensprozesse sind irreversibel und daher endlich. Der Tod nimmt dabei mit zunehmendem Alter an Wahrscheinlichkeit zu. Zwischen Altern und Tod besteht eine gesetzmäßige Beziehung. Die Alternsvorgänge setzen mit dem Abschluß von Entwicklung und Wachstum ein (s. 2.4.). Dieser Zeitpunkt ist u. a. deshalb wahrscheinlich, weil die Mortalität erst nach Abschluß des Wachstums zunehmend ansteigt. Die Resistenz nimmt proportional dazu ab. Altern und Tod des Organismus sind vermutlich die Folge seiner strukturellen Differenzierung und funktionellen Spezialisierung und des damit verbundenen Verlusts der unbegrenzten Teilungsfähigkeit der Zellen. Die Zellen unterliegen durch die ständige Wechselwirkung mit der Umwelt einem dauernden Verschleiß. Wenn eine für die Existenz des Organismus notwendige Zellart und damit lebensnotwendige Funktion vollständig ausfällt (z. B. die Inselzellen des Pankreas), erfolgt der Tod. *Krankheit, Altern und Tod liegen also in der Relativität („Unvollkommenheit") des Lebendigen begründet und sind deshalb unabdingbar an das Leben gebunden.* Die dialektisch-materialistische Auffassung vom Leben betrachtet seine Negation, den Tod, als wesentliches Moment des Lebens. In jedem entstehenden Leben liegt also bereits der Keim des Todes: Leben heißt Sterben (Engels). Der Tod bildet den gesetzmäßigen Abschluß der individuellen Entwicklung. Er folgt der absteigenden Phase dieser Entwicklung, dem Altern, mit innerer Notwendigkeit *(physiologischer Tod)*. Jedoch kann er die Individualentwicklung jederzeit abbrechen, wenn er unmittelbar durch äußere Einwirkung (z. B. Unfall, Seuche) verursacht wird *(pathologischer Tod)*. Der physiologische Tod (sozusagen aus „Altersschwäche") ist jedoch, zumindest beim hochentwickelten Orga-

nismus, höchst selten (s. 2.4.5.3. Alterstod). Solange es Leben gibt, wird es demnach Krankheit, Altern und Tod geben. *Das schließt aber nicht aus, daß bestimmte Krankheiten eingeschränkt oder verhindert, Alternsvorgänge verzögert und der Tod zeitlich hinausgeschoben werden können.* Setzt man das artspezifische biologische Höchstalter beim Menschen mit nur 120 Jahren an, so liegt die durchschnittliche Lebenserwartung heute noch etwa 50 Jahre unter der erreichbaren Lebensdauer. Im Gegensatz zum Altern und zum Tod ist Krankheit in ihren konkreten Erscheinungsformen durchaus vermeidbar (Infektionskrankheiten!). Die Praxis beweist, daß es möglich ist, durch eine Vielzahl vorbeugender Maßnahmen, also durch *Prophylaxe,* Krankheiten zu verhüten und so gesundes Leben zu verlängern.

1.3. Krankheitserkennung

Krankhafte Prozesse weichen von der geordneten Regelhaftigkeit der Gesundheit ab.

Auf Grund der dialektischen Einheit von Struktur und Funktion bedingen strukturelle Änderungen stets auch Änderungen der Funktion und umgekehrt. Jedoch müssen nicht alle funktionellen Prozesse strukturell sichtbar in Erscheinung treten.

Oft fehlt den funktionellen Veränderungen ein entsprechendes *morphologisches Substrat.* Seine Erkennung hängt allerdings sehr vom Entwicklungsstand der zur Verfügung stehenden Methoden ab. Besonders kraß tritt die Diskrepanz zwischen funktionellen und morphologischen Veränderungen bei vielen psychischen Erkrankungen hervor. Andererseits können auch morphologische Veränderungen ohne funktionelle Entsprechung bleiben (z. B. bestimmte Speicherungsnephrosen). Objektiv, oft auch subjektiv „stumm" verlaufende Krankheiten verdeutlichen die Relativität der Krankheitserscheinungen und markieren die Grenzen der Krankheitserkennung.
Krankheit äußert sich in strukturellen und funktionellen Atypien. Darunter versteht man über bestimmte Grenzen der Norm, ihre physiologische Breite, hinausgehende morphologische und funktionelle Abweichungen. Da zwischen Gesundheit und Krankheit fließende Übergänge bestehen, bedient man sich in der medizinischen Praxis gewöhnlich statistischer Normen. Krankheiten können also an Abweichungen von einer Durchschnittsnorm *(Heterologien)* erkannt werden. Die Abweichung kann Ausmaß *(Heterometrie),* Ort *(Heterotopie)* und eine bestimmte Zusammensetzung, eine „Mischung" *(Heterokrasie)* betreffen. Neben diesen meßbaren Kriterien gibt es eine Reihe von Hinweisen und Krankheitszeichen *(Symptomen),* die je nach Wissen und Erfahrung für die Krankheitserkennung ausgewertet werden. Sie sind Gegenstand *klinischer Untersuchung* (d. h. direkter Krankenuntersuchung durch Inspektion, Palpation, Perkussion, Auskultation usw.) und *paraklinischer Untersuchungsverfahren* (Labor-, Röntgen-, Elektro-, Biopsie-, Computerdiagnostik usw.). Weitere Informationen über pathologische Abweichungen werden aus der gezielten Krankenbefragung, der *Anamnese* (Anamnesis, griech. Erinnerung), gewonnen, die in der Regel am Anfang jeder Untersuchung steht. *Die Erkennung einer Krankheit auf der Grundlage der verfügbaren Informationen und ihre Benennung bezeichnen wir als*

Diagnose, den Vorgang, der dazu führt, als *Diagnostik*. Die Klärung einer Diagnose kann direkt durch Anwendung der genannten Untersuchungsmethoden, aber auch indirekt über eine bestimmte Behandlungsmethode (ex juvantibus) erfolgen. Die Abgrenzung ähnlicher, aber verschiedener Krankheitsbilder *(Differentialdiagnose)* wird durch die Lehre von den subjektiven und objektiven Krankheitszeichen *(Symptomatologie)* und durch die Beschreibung charakteristischer Krankheitsbilder *(Nosographie)* und ihrer morphologischen Grundlagen durch die spezielle Pathologie wesentlich erleichtert. Die systematische Ordnung *(Klassifikation)* der Krankheiten erfolgt nach internationalen Richtlinien, ihre Revision nach dem Erkenntnisstand der medizinischen Wissenschaft alle 10 Jahre durch die WHO (9. Revision 1975).

Nicht alle atypischen Prozesse bedeuten schon Krankheit. Die meisten atypischen Prozesse können sich aber doch im Verlauf ihrer Entwicklung über eine Störung der komplexen, überwiegend zentralnervösen und hormonellen Regelungsvorgänge auf den Gesamtorganismus als Krankheit auswirken. Damit ist ein allgemeines Krankheitsempfinden *(Aegritudo)* verbunden.

Beispielsweise ist ein kleines, lokal begrenztes, langsam wachsendes, gutartiges Gewächs (z. B. ein Harnblasenpapillom) nur als atypischer Prozeß anzusehen. Bei maligner Umwandlung und Entwicklung eines echten Harnblasenkarzinoms wird aber rasch der ganze Organismus in Mitleidenschaft gezogen, und der zuerst lokale atypische Prozeß schlägt in Krankheit um. *Krankheit bedeutet also stets Einbeziehung des Gesamtorganismus*, auch wenn dies nicht immer erkennbar ist. Ein Organ oder eine Zelle können also streng genommen nicht krank, sondern nur pathologisch verändert sein.

1.4. Krankheitsentstehung (Ätiologie und Pathogenese)

1.4.1. Ätiologie

Die Krankheitsentstehung läßt sich auf zwei wesentliche Ursachenkomplexe zurückführen, die äußeren Krankheitsursachen (natürliche und gesellschaftliche Umwelt) und die inneren Krankheitsbedingungen des Organismus (Abb. 1.2).

Die Gesamtheit dieser äußeren Ursachen (s. 2.3.) und inneren Bedingungen (s. 2.2.), die Krankheit hervorrufen, faßt man als pathokinetische oder ätiologische Faktoren zusammen, den Entwicklungsprozeß von ihrem Wirkungsbeginn bis zum Auftreten der ersten pathischen Erscheinungen nennen wir *Pathokinese* (kineo, griech. veranlassen). *Die **Ätiologie** ist die Lehre von Krankheitsursachen, sie bezeichnet schlechthin die Krankheitsverursachung*. Die Ätiologie stellt also die Frage nach den *primären*, die Krankheit auslösenden Ursachen („*wodurch* entsteht eine Krankheit?"). Oft müssen sich pathokinetische Faktoren summieren, um krankhafte Wirkungen zu entfalten. Krankheiten haben deshalb häufig mehrere verschiedene Ursachen, die in ihrer Kopplung einen komplexen Charakter annehmen können *(Polyätiologie)*. Die Analyse der Verursachung von Krankheiten mit einer Polyätiologie hinsichtlich der Bedeutung und Wirkung der einzelnen ätiologischen Faktoren ist äußerst

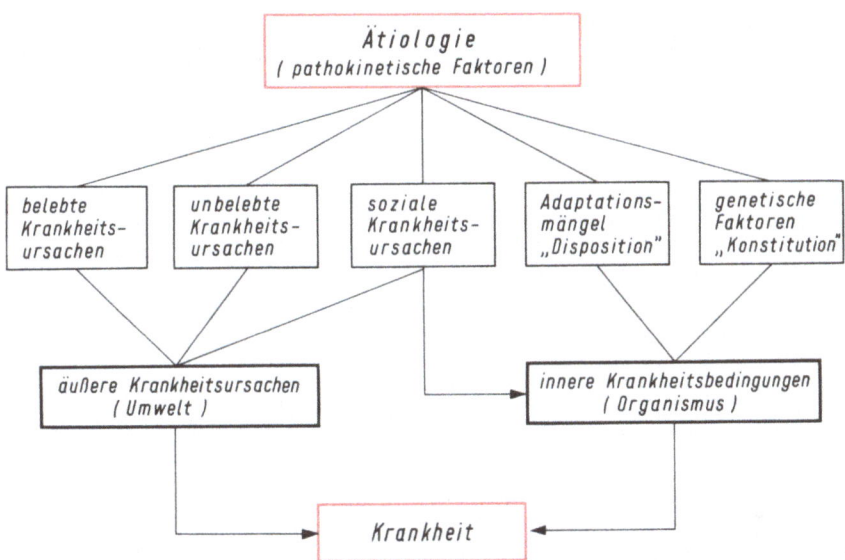

Abb. 1.2 Vereinfachte Darstellung der Faktoren, die Krankheit verursachen und bedingen können

schwierig (Beispiel: Arteriosklerose). Bei Infektionskrankheiten ist die Ätiologie dagegen meist klar, da sie mit dem Infektionserreger identisch ist.
Weniger häufig ist eine rein *endogene* Krankheitsverursachung, etwa auf Grund eines Enzymdefekts (z. B. Föllingsche Krankheit) oder einer chromosomalen Genanomalie (z. B. Hämophilie). Neben Krankheiten mit bekannter endogener Ursache gibt es zahlreiche, bei denen eine solche nur vermutet wird, deren Ätiologie also unbekannt ist. Man nennt diese Krankheiten auch *idiopathisch, essentiell, kryptogen* usw.
Da der Organismus ein reaktives System ist, entsteht Krankheit immer in der Wechselwirkung exogener und/oder endogener Ursachen mit seiner unterschiedlich großen Anpassungsfähigkeit, unter der in diesem Zusammenhang die Gesamtheit der lebensdienlichen Reaktionen und Regulationen, nicht nur die Adaptation im engeren Sinn verstanden werden soll. Da die exogenen Krankheitsursachen (Umwelteinflüsse) dominieren, läßt sich die Krankheitsentstehung stark vereinfacht auf das Mißverhältnis zwischen Umwelteinwirkung und Anpassungsfähigkeit des Organismus reduzieren. Die Schwere der Krankheit hängt dabei von der Art und Stärke der Umwelteinflüsse und dem Ausmaß der Anpassungsfähigkeit ab. Bei stark pathogenen Umwelteinflüssen (z. B. extreme Hitze, hochgradiger Stress, massive Infektion mit virulenten Bakterien) und verringerter Anpassungsfähigkeit (Versagen der Wärmeregulation oder der unspezifischen und spezifischen Abwehrmechanismen) entsteht *immer* Krankheit.

1.4.2. Pathogenese

Die Krankheitsursachen rufen nach Auslösung der primären Störung (z. B. Gallengangsstenose) in der Regel eine Kette sekundärer Folgereaktionen hervor. *Diese Prozeßkette der Krankheitsentstehung von der primären Störung bis zur vollständigen Krankheitsmanifestation* (z. B. biliäre Leberzirrhose) *bezeichnen wir als* **Pathogenese**. Die Pathogenese fragt nicht nach der Entstehungsursache, sondern nach der Entstehungsweise einer Krankheit („wie entsteht eine Krankheit?"). Sie beschreibt den *Krankheitsentstehungsablauf*, die einzelnen Vorgänge und Phasen der Krankheitsentstehung in ihrem morphologischen und funktionellen Erscheinungsbild *(formale Pathogenese)* und zugleich deren kausalen Zusammenhänge, die das Fortschreiten der Krankheitsentstehung bedingen *(kausale Pathogenese)*. In der Komplexität der Pathogenese liegt die Schwierigkeit ihrer Erkennung.

Das Ergebnis der Pathogenese ist das **Pathos** (griech. das Leiden), der *objektive pathologische Befund*, oftmals im Sinne eines End- oder Restzustands (z. B. ein Herzklappenfehler als Ergebnis einer Endokarditis). Dem jeweiligen Pathos als morphologisch-funktioneller Grundlage der Krankheit (morphologisch z. B. als Herzklappendeformation, funktionell als gestörte Hämodynamik) entspricht ein bestimmtes klinisches Erscheinungsbild, das *Nosos* (griech. die Krankheit), in unserem Beispiel also das klinische Bild der Endokarditis und deren Folgen (Klappenstenose und -insuffizienz). Nosos (lat. *Morbus*) ist der Begriff für die Krankheit schlechthin (*Nosologie* = Lehre von den Krankheiten). Sie erhält ihr spezifisches Gepräge durch die Art und Konstellation der Symptome. Diese sind der sichtbare Ausdruck der Pathogenese (teilweise auch der Reaktion des Organismus). Ein Teil der pathogenetischen Einzelvorgänge läuft jedoch ohne sichtbare oder nachweisbare Zeichen im Verborgenen ab (man spricht von „verborgenen Symptomen"). Zwischen Ätiologie und Pathogenese, Nosos und Pathos besteht ein dialektischer Zusammenhang (Abb. 1.3).

Je nach Art und Angriffspunkt der Krankheitsursachen sind allgemein drei Typen der Pathogenese zu unterscheiden, die zu sog. organischen, psychischen und psychosomatischen Krankheiten führen. Der *erste Pathogenesetyp* spielt sich überwiegend im Bereich vegetativer (somatischer, „körperlicher") Organfunktionen ab, die zugrunde liegenden Prozesse verlaufen in meist schon bekannten Kausalzusammenhängen. Im Ergebnis der Kausalkette entstehen *organische Krankheiten*, etwa nach dem Muster: Infektion – Entzündung – Organzerstörung oder -umbau (z. B. akute Virushepatitis – chronische Hepatitis – Leberzirrhose; Streptokokkeninfektion – Endokarditis – Herzklappenfehler) oder: molekulare Regulationsstörung – zelluläre Transformation – Wachstumsentgleisung (z. B. onkogene Faktoren – Präkanzerose – Karzinom). Ihre Erforschung steht seit langem im Mittelpunkt der kausalanalytisch untersuchenden Medizin, eine Behandlung ist deshalb heute in vielen Fällen erfolgreich und lebensrettend. Der frühzeitigen Diagnostik und Behandlung kommen dabei eine besondere Bedeutung zu, insbesondere dann, wenn eine kausale Therapie noch nicht möglich ist (z. B. bei malignen Gewächsen). Der *zweite Pathogenesetyp* im Bereich ideatorischer Lebensvorgänge und des psychischen Erlebens beinhaltet Störungen der zentralnervösen Integrationsleistungen, meist Störungen der Informationsverarbeitung mit oder ohne Veränderungen des stofflich-energetischen Substrats. Im ersten Fall ist die Störung der Informationsverarbeitung sekundär (z. B. bei Hirnkontusion, zerebralem Sauerstoffmangel, zentral-

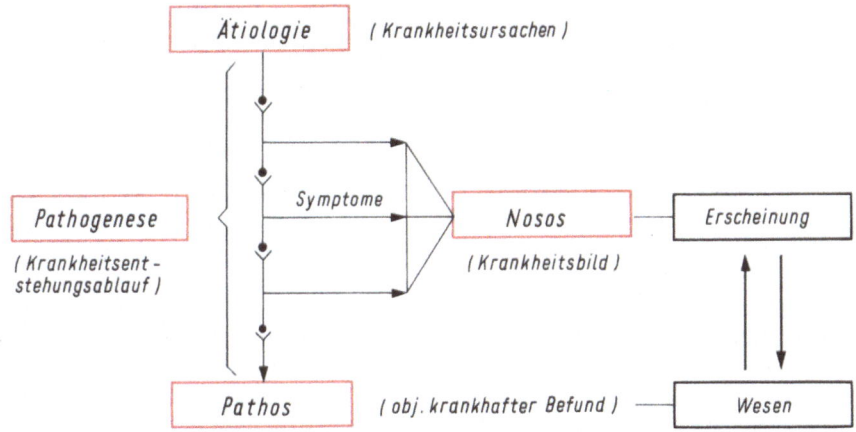

Abb. 1.3 Zusammenhang zwischen Ätiologie und Pathogenese. Nosos und Pathos und das dialektische Wechselverhältnis von Wesen und Erscheinung im Krankheitsprozeß. Das Schema symbolisiert außerdem die einzelnen Stadien der Krankheitsentstehung (formale Pathogenese), die miteinander kausal verknüpft sind (kausale Pathogenese).

nervösen Giften), im zweiten Fall primär (z. B. bei Wahnvorstellungen). Die kausale Pathogenese *psychischer Krankheiten*, die auf primären Informationsfehlverarbeitungen („Erregungsirrtürmern") beruhen, ist vielfach noch ungeklärt. Der *dritte Pathogenesetyp* im Bereich psychosomatischer Vorgänge betrifft Funktionsstörungen innerer Organe, die auf der Grundlage einer affektiv oder emotional (z. B. durch Konflikte, Enttäuschungen, Ärger, Stress) bedingten Innervationsstörung entstehen. Dazu gehören bestimmte Herzrhythmus-, Verdauungs- oder Schlafstörungen, Blutdruckveränderungen, psychische Fehlhaltungen u. a., die sich chronisch manifestieren, als psychosomatische Störungen Krankheitswert erlangen und dann als *psychosomatische Krankheiten* in Erscheinung treten können. Als Beispiel seien bestimmte Formen des Bluthochdrucks, chronische Magen- oder Duodenalgeschwüre und Neurosen genannt (s. auch neurasthenische Konstitution und humantypische Krankheiten, 1.7.).

1.5. Krankheitsverlauf

Gesundheit und Krankheit sind nichts Statisches, Unveränderliches, sondern beinhalten im Sinne des dialektischen Gesetzes von der Einheit und dem Kampf der Gegensätze Bewegung, Entwicklung und Dynamik. Dabei wird Gesundheit besser als *dynamischer Zustand*, Krankheit als *dynamischer Vorgang*, als *Prozeß* charakterisiert. Krankheit stellt gegenüber der Gesundheit eine *neue Qualität* dar.

Der qualitative Umschlag, der im wesentlichen von der Art der Krankheitsursachen bestimmt wird, ist bei Heilung der Krankheit und Wiederherstellung der Gesundheit nicht einfach umkehrbar. Der Organismus erfährt durch die Krankheit eine „Umstimmung" (Allergie) in Form funktioneller (seltener auch morphologischer) Veränderungen, die sich z. B. als erworbene Immunität infolge Antikörperbildung oder als pathologische Allgemein- oder Organdisposition äußern können.

Eine *völlige* Wiederherstellung des normalen Zustands *(Restitutio ad integrum)* ist also im allgemeinen unwahrscheinlich. Wir grenzen deshalb eine *scheinbare* von der seltenen *echten* Restitutio ad integrum ab, die allerdings oft vorgetäuscht wird, wenn nach überstandener Krankheit keine morphologisch sichtbaren Veränderungen zurückbleiben.

Krankheit entwickelt sich gesetzmäßig über verschiedene, mehr oder weniger ineinander übergehende und in Erscheinung tretende Stadien. Sie beginnt urplötzlich oder auch schleichend, schwillt zu einem Höhepunkt an und verebbt. Krankheiten können akut dramatisch (z. b. Typhus, Leberdystrophie, Meningitis) oder auch weniger eindrucksvoll (chronisch) verlaufen, sofern keine Komplikationen eintreten (z. B. Arteriosklerose, Lungenemphysem, Ulkuskrankheit). In der Regel lassen sich vier allgemeine **Krankheitsstadien** unterscheiden, in besonders typischer Weise bei Infektionskrankheiten:

- Im **Latenzstadium** oder dem verborgenen (symptomlosen), zeitlich sehr variablen Anfangsstadium (bei Infektionskrankheiten mit der Inkubationszeit identisch) vollzieht sich der qualitative Umschlag zur Krankheit oder auch nicht (fehlender Krankheitsausbruch bei Kompensation der Krankheitsursachen).
- Das **Prodromalstadium** (prodromus, lat. Vorbote) geht dem Krankheitshöhepunkt voraus und reicht vom Auftreten der ersten Symptome bis zu ihrer vollständigen Ausbildung.
- Im **Manifestationsstadium**, dem Hauptstadium der Krankheit, entfalten sich alle die Krankheit bestimmenden und charakterisierenden funktionellen und morphologischen Erscheinungen.
- Im **Rekonvaleszenzstadium**, dem Stadium der Genesung, vollzieht sich entweder der qualitative Umschlag zur Gesundheit (Restitutio ad integrum) oder er bleibt aus. Der qualitative Umschlag kann auch reversibel sein, ein Vorgang, der als **Rezidiv** (Rückfall) bezeichnet wird.

Da die Reaktionsweise des Organismus gegenüber Krankheitsursachen zwar individuell verschieden, aber prinzipiell gleichförmig verläuft, lassen sich bestimmte Krankheitsverläufe typisieren und so Krankheitsbilder deskriptiv gegeneinander abgrenzen *(Nosographie)*. Rein nosographisch sind viele Krankheiten als *nosologische Entität* seit Jahrhunderten in unveränderter Form bekannt, z. B. Epilepsie, Gicht, Diabetes, Angina pectoris, Rachitis, Syphilis, Tuberkulose u. a. Allerdings haben die modernen Methoden der Vorbeugung und Behandlung einen Wandel des klinischen und Morphologischen Erscheinungsbildes vieler Krankheiten bewirkt (Panoramawandel). So ist beim Diabetes mellitus infolge der Insulinbehandlung und der dadurch verlängerten Lebenserwartung eine Verschiebung von der Koma-Gefährdung zu den diabetischen Angiopathien eingetreten, und bei der Lungentuberkulose sind die exsudativ und progressiv verlaufenden Formen, wie z. B. die früher so gefürchtete „galoppierende Schwindsucht", selten geworden und zugunsten ausgeheilter Narbenstadien (anthrakotisch-zirrhotische Spitzentuberkulose) in den Hintergrund getreten.

Krankheiten können also in ihren Voraussetzungen, ihrer Entstehung und vor allem in ihrem Verlauf objektiv durch Arzt und Gesellschaft beeinflußt werden. *Die Gesamtheit der Maßnahmen, die dem Ziel der Krankheitsbeseitigung, also der Heilung des Kranken dienen, bezeichnen wir als* **Therapie**. Oberster Leitspruch jeder Therapie ist das *Nil nocere* (Nicht schaden).

> Das Risiko der Behandlung (z. B. einer Operation) darf das mit der Krankheit verbundene Risiko nicht übersteigen. Der Erfolg einer Therapie hängt in erster Linie von der richtigen Diagnose ab.

Die *kausale Therapie* behandelt die Krankheitsursachen. Sie fußt auf der Kenntnis der Ätiologie und kausalen Pathogenese. Eine *symptomatische Therapie* zielt nur auf die Behandlung der Symptome ab, z. B. bei unheilbaren Krankheiten. Sie ist auch die Therapie der Wahl bei Krankheiten mit unbekannter Ätiologie und Pathogenese.

Auf der Grundlage einer richtigen Diagnose, des notwendigen Fachwissens und der ärztlichen Erfahrung lassen sich Rückschlüsse auf den wahrscheinlichen Krankheitsverlauf und, unter Einbeziehung des (individuell unterschiedlichen) Krankheitsverlaufs, auch auf den Ausgang einer Krankheit ziehen. *Die Voraussage des wahrscheinlichen Verlaufs und Ausgangs einer Krankheit nennen wir* **Prognose**. In bezug auf den Krankheitsverlauf unterscheidet man eine gute, unsichere, zweifelhafte (eher schlechte) und schlechte, infauste (wörtl. unheilvolle) Prognose. Über den Einfluß des subjektiven Krankheitsbewußtseins auf den Krankheitsverlauf s. 1.7.

1.6. Krankheitsausgänge und -folgen

Eine akute Krankheit kann bei Überwiegen der gegenläufigen Anpassungs- und Abwehrreaktionen mit der Wiederherstellung der Gesundheit, der **Restitutio ad integrum**, enden, einem Vorgang, den wir als Genesung bezeichnen. Krankheit ist also prinzipiell *reversibel*. Krankheit kann aber auch zum Zusammenbruch der Regulationssysteme und zum Erlöschen des Stoff- und Energiewechsels, dem vollständigen Verlust der Wechselbeziehung zwischen Organismus und Umwelt, zum **Tod** führen.

Mit der Beendigung der Herztätigkeit und Kreislaufbewegung und mit dem Aussetzen der Atmung ist der *klinische* Tod eingetreten. Der Übergang vom Leben zum Tode, das Sterben des Organismus, erfolgt selten schlagartig. Dem Tode geht vielmehr ein klinisch charakteristisches Stadium, die *Agonie*, voraus. Nach Eintritt des klinischen Todes wird die Schwelle zum irreversiblen Tod in den einzelnen Organen unmerklich und zu verschiedener Zeit überschritten. Diese endgültige Funktionseinstellung, welcher der Strukturverlust folgt (postmortale Autolyse), entspricht dem *biologischen Tod*. Nach Eintritt des biologischen Todes (dessen Zeitpunkt nicht sicher zu bestimmen ist) ist jede Wiederbelebung zwecklos. Der biologische Tod kann als *allgemeiner Tod* den ganzen Organismus betreffen und ist grundsätzlich vom *örtlichen* Tod (Nekrose) der Zellen und Gewebe, bei dem vitale Reaktionen auftreten, zu unterscheiden (3.16.7., 5.1.5., 5.1.6.).

Neben den konträren Möglichkeiten des Krankheitsausgangs Gesundheit und Tod gibt es einen Zwischenbereich im Sinne eines bedingt angepaßten Zustands, den wir als **chronische Krankheit** bezeichnen. Eine akut verlaufende Erkrankung kann unter bestimmten Bedingungen (anhaltende Wirkung der Krankheitsursache, z. B. Dauerreizung bei Steinkrankheiten oder ungenügende Abwehrreaktionen, z. B. infolge Antikörpermangels, Auftreten von Autoimmunreaktionen u. a.) nicht ausheilen und über verschiedene Stadien (subakut, subchronisch) zur Chronizität führen (typisches Beispiel: Glomerulonephritis). Krankheit kann schließlich auch so ausheilen, daß sie einen „krankhaften Restzustand" hinterläßt. Sie kann also in **Defektheilung** *(Restitutio cum defectu)* ausmünden. Der Defekt tritt morphologisch meist als Narbenzustand in Erscheinung (z. B. Herzklappenfehler nach Endokarditis, chronisches Herzwandaneurysma nach Myokardinfarkt, Pylorusstenose nach Ulcus ventriculi) und kann selbst wieder Ursache einer Krankheit sein.

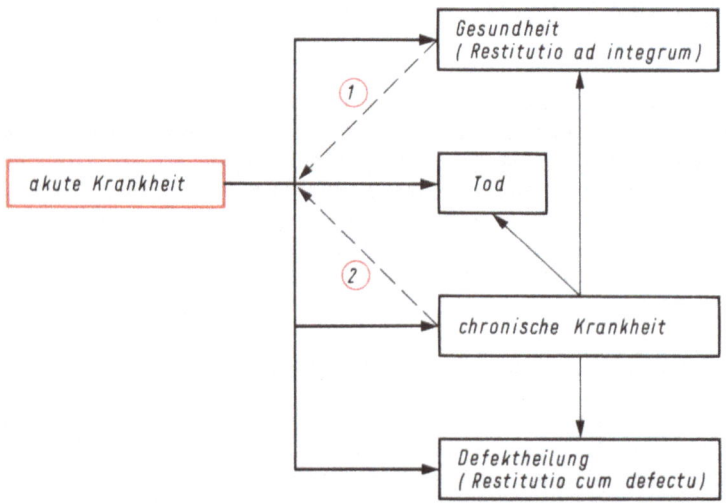

Abb. 1.4 Möglichkeiten des Ausgangs einer (akuten) Krankheit und ihre Beziehungen zueinander
Die gestrichelten Linien kennzeichnen die Reversibilität des Prozesses im Sinne eines akuten Krankheitsrezidivs *(1)* bzw. einer chronisch-rezidivierenden Krankheit *(2)*

Zwischen den prinzipiellen Möglichkeiten des Ausgangs einer akuten Krankheit gibt es bestimmte Beziehungen (Abb. 1.4). Die chronische Krankheit ist in den meisten Fällen eher eine Komplikation und ein Übergangsstadium als ein endgültiger Krankheitsausgang. Sie kann zur Defektheilung oder zum Tod führen, seltener auch mit Restitutio ad integrum ausheilen. Sie muß sich nicht immer aus einer akuten Krankheit entwickeln, sondern kann auch schleichend (primär chronisch) beginnen, während des Verlaufs akute Rezidive aufweisen und/oder einen progredienten Verlauf nehmen (Beispiel: chronisch-aggressive Hepatitis). Krankheitsfolgen im engeren Sinne hängen von der Art, Lokalisation und Schwere der Erkrankung ab (s. Lehrb. d. Speziellen Pathologie). Im weiteren Sinne beeinflussen sie nicht nur den Menschen, sondern auch die Gesellschaft.

1.7. Besondere Aspekte menschlicher Krankheit

Der Krankheitsbegriff nimmt in seiner Anwendung auf *menschliche* Krankheit eine besondere Stellung ein: Krankheit wird vom Standpunkt des Kranken, des Arztes und der Gesellschaft aus unterschiedlich bewertet (Abb. 1.5). Ein Krankheitsbegriff, der das Wesen menschlicher Krankheit richtig widerspiegeln soll, muß alle Ebenen berücksichtigen: den Menschen mit seiner komplizierten Psyche und seinem subjektiven Empfinden, Erleben und Bewußtsein der Krankheit, den Menschen mit seinen objektiv nachweisbaren Störungen und den Menschen in seiner gesellschaftlichen Daseinsweise und sozialen Bindung. Daraus ergeben sich die Schwierigkeiten einer exakten Begriffsbestimmung.

Gesundheit und Krankheit des Menschen als biologische Phänomene wurden bereits insofern erörtert, als die biologischen Grundprinzipien für den Menschen wie für alle anderen Lebewesen zutreffen. *Unterschiede gegenüber dem tierischen Organismus* ergeben sich aus den spezifisch menschlichen Eigenschaften und Fähigkeiten. Diese sind das Ergebnis der biologischen und gesellschaftlichen Entwicklung des Menschen. Phylogenetisch beruhen sie auf der Befreiung der Hände (Arbeit!), dem aufrechten Gang, der progressiven Zerebralisation (Zahl der Ganglienzellen beim Menschenaffen schätzungsweise 3,5 Milliarden, beim Menschen 14 Milliarden) und auf der Retardation seiner Entwicklung („physiologische Frühgeburt"). In der Entwicklung des Menschen hat die gesellschaftliche Seite die biologische entscheidend geprägt. Beim *einzelnen Menschen* wird diese Prägung durch Familie und Ge-

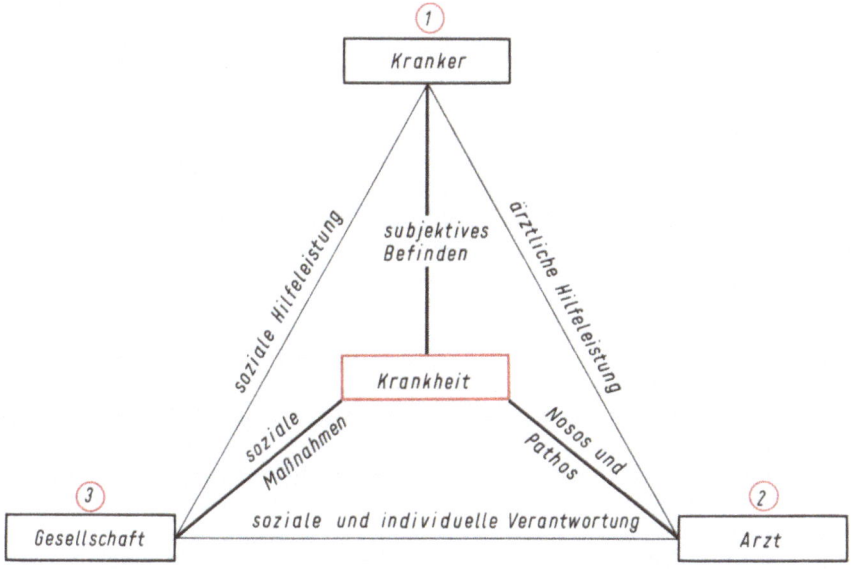

Abb. 1.5 Das Diagramm veranschaulicht die unterschiedliche Bewertung der Krankheit: aus der Sicht des Kranken als subjektives Krankheitsgefühl und Befinden *(1)*, aus der Sicht des Arztes als Nosos und Pathos *(2)* und aus der Sicht der Gesellschaft als Objekt sozialer und gesundheitspolitischer Maßnahmen *(3)* (modifiziert nach Rothschuh, 1972)

sellschaft, durch seine biologische Sonderstellung (insbesondere durch die überlange Reifungs- und Wachstumsphase) ermöglicht. *Gesundheit und Krankheit des Menschen sind überwiegend der Ausdruck seiner Wechselbeziehung mit der natürlichen und gesellschaftlichen Umwelt, weniger das Ergebnis genetischer Bedingungen allein.* Die *Besonderheiten* der Gesundheit und Krankheit des Menschen beruhen nicht allein auf seiner *biologischen Sonderstellung.* Menschliche Gesundheit oder Krankheit ist vor allem deshalb nicht mit derjenigen anderer Arten gleichzustellen, weil sich der Mensch durch Arbeit, Sprache und Denken, durch Bewußtsein und Schöpfertum und durch seine *gesellschaftliche Daseinsweise* qualitativ von allen anderen Lebewesen unterscheidet. Krankheit des Menschen stellt somit eine *neue Qualität* dar, die entsprechend den in Entwicklungsprozessen auftretenden Negationen die Aufhebung der Krankheitsqualität niederer Organisationsformen unter Erhaltung wesentlicher Charakteristika derselben einschließt. Die gesellschaftliche Daseinsweise des Menschen hat neue Krankheitsmöglichkeiten eröffnet. Bestimmte soziale Faktoren (z. B. eine akute oder chronische Überforderung oder einseitige Arbeitsbelastung, soziale und psychische Isolierung oder Diskriminierung, schlechte Arbeits- und Lebensbedingungen u. a.) stehen in einem ursächlichen Zusammenhang zu bestimmten Krankheiten. Zivilisation und Technik haben die Anzahl der Krankheitsursachen beträchtlich erhöht.

Die biologischen Besonderheiten des Menschen, seine Organisationshöhe und die Speziesspezifität bestimmter Krankheiten (die auf der Stufe der Zelle, Gewebe und Organe noch nicht nachweisbar ist und sich nach Doerr erst auf der Stufe der Systeme ausbildet) einerseits und die menschliche Existenzweise andererseits haben Bedingungen geschaffen, die eine Entstehung humanspezifischer und humantypischer Krankheiten ermöglicht haben. Bestimmte Krankheiten kommen *nur* beim Menschen vor, andere sind beim Menschen ungleich *häufiger* als beim Tier. Zu den *humanspezifischen Krankheiten* sind bestimmte psychische Erkrankungen (Psychosen, z. B. Schizophrenie), haltungsbedingte Krankheiten (z. B. Spondylosis deformans, Koxarthrose), Störungen vegetativ-hormoneller Regulationen (z. B. glandulär-zystische Hyperplasie des Endometriums, Adenomyomatose der Prostata) und besondere Entzündungen, wie der fieberhafte Rheumatismus, zu rechnen. *Humantypische Krankheiten* sind Neurosen und psychosomatische Störungen (z. B. essentielle Hypertonie, Ulkuskrankheit) sowie Berufskrankheiten, Unfall-Leiden und Zivilisationsschäden (z. B. Ernährungsschäden, Suchten). Auch viele organische Krankheiten (ischämische Herzkrankheit, Bronchialkarzinom u. a.) sind durch ihre z. T. rasante Zunahme zu typisch menschlichen Krankheiten geworden (andere, wie z. B. Diabetes mellitus zeigen nur eine scheinbare Zunahme infolge verbesserter Diagnostik und Einführung von Screening-Methoden.) Falsche Lebensweise (Bewegungsmangel, Fehlernährung, Reizüberflutung) und schädliche Lebensgewohnheiten (Rauchen!) haben mit dazu beigetragen. Um die *biologische Selbstgefährdung* des Menschen zu verhindern, bedarf es einer gezielten Gesundheitserziehung und Krankheitsvorbeugung.

Eine besondere Bedeutung für die Spezifität der Krankheit beim Menschen ist dem bewußten Erleben der Krankheit *(Krankheitsbewußtsein)* beizumessen. Gesundheit wird dagegen nicht bewußt empfunden, weil dem gesunden Menschen ein Organgefühl fehlt. Allerdings gibt es viele Krankheiten, die nicht nur lange symptomlos (latent) verlaufen, sondern auch subjektiv nicht oder erst sehr spät ins Bewußtsein treten, häufig auf Grund der fehlenden Warnfunktion des Schmerzes in den ersten

Krankheitsstadien, z. B. bei bösartigen Gewächsen (Magenkrebs!), primär-chronischen Entzündungen oder bei Stoffwechselstörungen *(Relativität des Krankheitsbewußtseins).* Andererseits kann Krankheit in Abhängigkeit von vorhandenen Bewußtseinsinhalten, von Dauer und Schwere der Erkrankung und anderen Faktoren das individuelle Krankheitsbewußtsein verändern (Krankheitseinsicht, Wille zur Krankheitsbewältigung u. ä.). Dieses kann wiederum auf die Krankheit zurückwirken und ihren Verlauf maßgeblich beeinflussen. Ausbildung und Wirkung bedingter und unbedingter Reflexe, zerebroviszerale Reaktionen und andere, speziell zentralnervöse Vorgänge spielen hier eine bedeutende Rolle. Beim Menschen verschmelzen objektiver Tatbestand (als objektiv nachweisbarer pathologischer Befund) und reflektierendes Bewußtsein (als subjektive Empfindung und inneres Erleben) zu einem *einheitlichen Prozeß.*

1.8. Begriffsbestimmung

Fassen wir die bisherigen Ausführungen zusammen, so gelangen wir zu der Feststellung, daß Krankheit eine Existenzform des menschlichen Lebens ist, die infolge des *eingeschränkten Leistungsvermögens* und der *Hilfsbedürftigkeit* des kranken Menschen sowohl seine subjektive Situation als auch seine Funktion in der Gesellschaft wesentlich verändert und beeinträchtigt. Hier setzt die Hilfe von Arzt und Gesellschaft ein, die im Humanismus, in der sozialen Verantwortung und Sorge unserer Gesellschaft gegenüber dem Einzelnen und im Verantwortungsbewußtsein des Einzelnen gegenüber der Gesellschaft wurzelt. Kehren wir abschließend zu der eingangs gestellten Frage: Was ist Krankheit? zurück, so kommen wir zu folgender Aussage:

> **Krankheit** ist eine natürliche *Erscheinungsform des Lebens,* die sich *qualitativ* von der Gesundheit unterscheidet und auf einer *temporären* und grundsätzlich *reversiblen Störung der lebensdienlichen Prozesse und Wirkungsprinzipien* des Organismus, insbesondere seiner *bionomen Organisation,* beruht. Sie ist das Ergebnis einer gegenüber der Resistenz und Anpassungsfähigkeit des Organismus *dominierenden Wirksamkeit äußerer und/oder innerer Krankheitsursachen und -bedingungen.* Krankheit ist ein *dynamischer Prozeß,* der unter dem Bild *funktioneller und morphologischer Atypien* verläuft und dabei den *Gesamtorganismus einbezieht.* Ihr liegt nicht nur eine Störung der *somatischen* und/oder *psychischen* Lebensvorgänge, sondern beim Menschen stets auch eine Störung seiner *Beziehung zur gesellschaftlichen Umwelt* und seines sozialen Wohlbefindens zugrunde.

Definieren wir menschliche **Gesundheit** als Zustand des subjektiven und objektiven körperlichen, geistigen und sozialen Wohlbefindens und der vollen körperlichen und geistigen Leistungsfähigkeit, so können wir **Krankheit** auch kurz als eine **Störung der körperlichen und/oder geistigen Gesundheit des Menschen, seiner gesellschaftlichen Beziehung und seines sozialen Wohlbefindens** und als **Zustand subjektiver und/oder objektiver Hilfsbedürftigkeit und eingeschränkter Leistungsfähigkeit** bezeichnen.

2. Ätiologie – Lehre von den Krankheitsursachen und -bedingungen

Die Kenntnis der Ätiologie von Krankheiten ist eine wesentliche Voraussetzung für die erfolgreiche Prävention und Therapie von Krankheiten, auch für ihre Diagnostik und Prognose. Unter Beachtung der im Kapitel 1 gemachten Ausführungen unterscheiden wir die
- inneren Krankheitsursachen,
- inneren Krankheitsbedingungen,
- äußeren Krankheitsursachen.

Diese drei Grundkategorien einer ätiologischen Betrachtungsweise sind nicht isoliert zu sehen, vielmehr stehen sie in enger Wechselbeziehung zueinander. Insbesondere die inneren Krankheitsursachen und vor allem die Krankheitsbedingungen sind häufig eine wesentliche Voraussetzung für das Wirksamwerden äußerer Krankheitsfaktoren. Man kann letztere mehrheitlich auch als die Realisationsfaktoren für die inneren Krankheitsbedingungen auffassen. Nur bei einer deutlich kleineren Zahl der Fälle haben wir es mit der alleinigen Wirkung von äußeren Faktoren oder inneren Bedingungen zu tun.

2.1. Innere Krankheitsursachen

Die **inneren Krankheitsursachen** sind in den genetischen Abweichungen mit verändertem Informationsgehalt der DNA zu sehen, wobei grundsätzlich zwischen *Veränderungen der genetischen Information* (Mutation) und *Störungen der Genexpression* zu unterscheiden ist.

2.1.1. Genetische Faktoren bei der Entstehung von Krankheiten

Der metabolische wie strukturell-funktionelle *Phänotyp* des Organismus und damit seine Verhaltens- und Reaktionsweise in der Auseinandersetzung mit seiner Umwelt werden durch den *Genotyp*, d. h. die Gesamtheit der in der DNA des Kernes enthaltenen Informationen bestimmt.

> Die Reaktionsweise des Organismus hängt dabei einmal von der Qualität und Quantität der den Genen innewohnenden Informationen und zum anderen vom Prozeß ihrer Verwirklichung durch den Mechanismus der Genexpression oder auch -realisation ab.

Jede Veränderung der genetischen Information wie auch Abweichungen in ihrer Realisierung bedeuten Informationsverlust oder -wandel. Letztere können zu schwerwiegenden Folgen für den Organismus führen. Das ist allerdings dann nicht der Fall, wenn ihre Umsetzung in den Phänotyp ausbleibt *(Expressivität)*.

Unter Berücksichtigung dieser Tatsache überrascht es nicht, daß bis jetzt mehr als 1 500 *genetisch bedingte Erkrankungen* bekannt sind, von denen etwa 10 % als *Stoffwechselanomalien* in Erscheinung treten. Diese Zahl steigt mit fortschreitender Erkenntnis ständig an. Infolge genetischer Störungen sterben 25 % aller befruchteten Eier in utero ab, und 60 % aller *Frühaborte* sind auf morphologisch nachweisbare Chromosomenaberrationen zurückzuführen. Die Zahl der Neugeborenen, die mit einem *genetischen Defekt* zur Welt kommen, beträgt etwa 5 %. 50 % aller Erwachsenen leiden an einer durch genetische Faktoren zumindest mitbestimmten Erkrankung. Bei diesen Zahlen handelt es sich um die unmittelbaren Auswirkungen genetischer Anomalien, die bereits pränatal irreversibel determiniert sind und sich spätestens in der frühen Kindheit manifestieren. Darüber hinaus ist der Genotyp und seine Expression bei jedem Menschen entscheidend für sein individuelles Verhalten gegenüber den in seinem postnatalen Dasein einwirkenden krankheitsauslösenden Ursachen. Dieser Aspekt wird unter dem bereits erwähnten Begriff der *Disposition* zusammengefaßt (s. 1.2.).

2.1.1.1. Veränderungen der genetischen Information (Mutation)

Unter einer **Mutation** sind die Veränderungen des Informationsgehalts der DNA zu verstehen. Sie stellen die Ursache für erbliche Störungen dar. Grundsätzlich unterscheidet man die

- *Keimzellmutation*, bei der das mutierte Gen auf die nächste Generation übertragen wird und somit vererblich ist, und die
- *somatische Mutation*. Hier treten die Veränderungen während der Differenzierung der Zellen auf. Sie sind nicht vererblich.

Entsprechend dem Entstehungsmechanismus unterscheidet man zwischen den *spontanen* und den *induzierten Mutationen* und unter Beachtung der Erscheinungsformen zwischen den *Gen-* und den *Chromosomenmutationen*.

Zu **Spontanmutationen** kommt es, ohne daß ein nachweisbarer Zusammenhang zu Einflüssen aus der Umwelt besteht. Ein großer Teil von ihnen ist sicher nur scheinbar spontan, weil der mutagene äußere Reiz nicht zu erfassen ist. Spontanmutationen lassen sich durch *Störungen der DNA-Reparaturmechanismen* wie auch *Ablesefehler der DNA* während der identischen Reduplikation erklären.

Exogen induzierte Mutationen sind vor allem durch *physikalische* und *chemische Reize* bedingt. Zu ersteren gehört die *ionisierende Strahlung*. Unter den **chemischen Substanzen** sind bedeutsam *alkylierende Verbindungen* und auch *halogenierte Basen* und *Nucleoside*. Sie bieten die Möglichkeit zu erklären, warum die Mutationsrate mit steigendem Lebensalter zunimmt, nämlich als Ergebnis einer Kumulation dieser Substanzen in Abhängigkeit von der Zeit. Eine Mutation liegt auch dann vor, wenn der *Einbau von viraler DNA* in eine Wirtszell-DNA erfolgt, ein Vorgang, der insbesondere im Rahmen der *Kanzerogenese* und möglicherweise auch der *Teratogenese* bedeutsam ist.

Die Veränderungen der genetischen Information äußern sich in Stoffwechseldefekten (s. 5.8.3.1. Genetisch bedingte Fehlbildungen), Immundefekten (s. 5.6.4.) und spielen eine Rolle bei der Entstehung von Tumoren (s. 5.7.4.6.) sowie von Fehlbildungen (s. 5.8.). Auch Alternsprozesse (s. 2.4.) beruhen möglicherweise auf Veränderungen der DNA.

Chromosomenmutationen. Es wird zwischen morphologischen und numerischen Chromosomenaberrationen unterschieden. Die *morphologischen Abweichungen*, die sich bei entsprechender Methodik lichtmikroskopisch nachweisen lassen, äußern sich als
- Deletion,
- Inversion (intrachromosomale Umbauvorgänge im Einzelchromosom),
- Translokation,
- Duplikation (intra- oder interchromosomale Strukturumbauten).

Unter **Deletion** ist der Verlust eines Chromosomenabschnitts zu verstehen. Das Chromosom erscheint bei der Betrachtung entsprechend deformiert, und das Ergebnis ist ein *inkomplettes Chromosom* (Abb. 2.1). Manchmal geht die Deletion mit der Bildung eines *ringförmigen Chromosoms* einher, dessen pathogene Bedeutung nicht in der abweichenden Struktur, sondern im Verlust eines Chromosomenteils zu sehen ist.

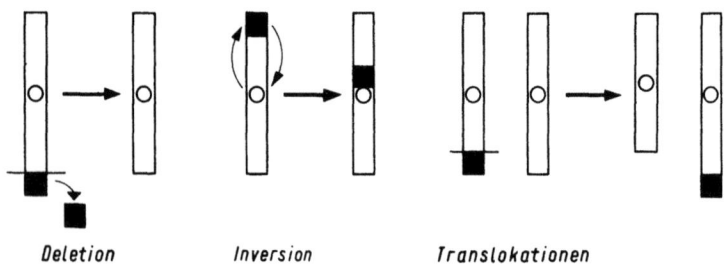

Deletion   Inversion   Translokationen

Abb. 2.1   Deletion, Inversion und Translokationen als Beispiel für strukturelle Chromosomenaberrationen

Bei der **Inversion** (s. Abb. 2.1) wird ein Chromosomensegment (eine bestimmte Nucleotidsequenz) um 180% gedreht und am Ursprungsort mit umgekehrter Genfolge wieder eingebaut.
Unter der **Translokation** (s. Abb. 2.1) ist eine Lageveränderung zu verstehen. Diese kann bestehen
- in einer Lageveränderung innerhalb des Chromosoms,
- in einer Lageveränderung auf ein anderes Chromosom,
- in einem Stückaustausch zwischen zwei Chromosomen.

Bei der **Duplikation** ist im Genom zusätzlich ein Chromosomensegment vorhanden (partielle Trisomie).
Es ist weiter zu unterscheiden zwischen einer *balancierten Translokation* ohne Stückverlust und einer *unbalancierten Translokation* mit einem Stückverlust oder -zuwachs. Die balancierte Translokation bleibt meist ohne phänotypische Auswirkungen. Unter Querteilung kann es zur Ausbildung von *Isochromosomen* kommen, indem sich jeweils die beiden kurzen und die beiden langen Arme des Chromosoms zusammenlagern (Abb. 2.2).
Unter *numerischen Chromosomenaberrationen* versteht man eine Abweichung von der normalen Zahl der Chromosomen. Der Mensch hat bekanntlich 44 Autosomen und

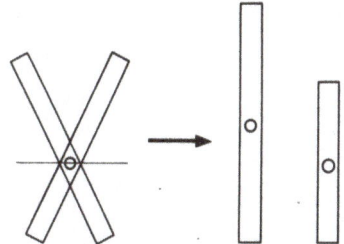

Abb. 2.2 Bildung von Isochromosomen

die beiden Geschlechtschromosomen. Zahlenmäßige Differenzen leiten sich aus dem Vorgang der *Non-disjunction* (Nichttrennung) in der Mitose und Meiose ab (Abb. 2.3). Bei der Zellteilung erfolgt so eine ungleichmäßige Verteilung der Chromosomen auf die Tochterzellen. Die Folge ist, daß eine Tochterzelle nach der Befruchtung im Vergleich zur Mutterzelle ein Chromosom zuviel hat, die andere eins

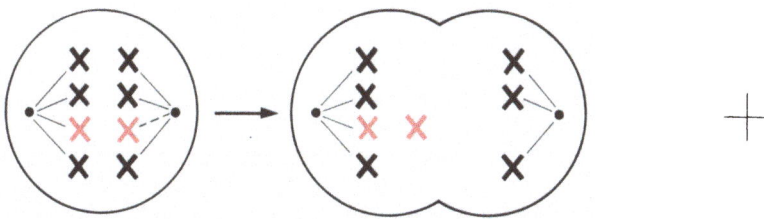

Abb. 2.3 Non-disjunction mit dem Ergebnis einer ungleichmäßigen Aufteilung der Chromosomen auf die Tochterzellen

zuwenig. Diese Befunde treten bei Autosomen und auch bei Geschlechtschromosomen auf. Den Zustand mit nur einem Chromosom nennt man *Monosomie*. Die andere Zelle weist entsprechend drei Chromosomen auf, was als *Trisomie* bezeichnet wird. Auf Grund derartiger Teilungsstörungen kann es zur sog. *Mosaikbildung* kommen (Abb. 2.4), jenachdem ob die Non-disjunction bei der ersten oder einer späte-

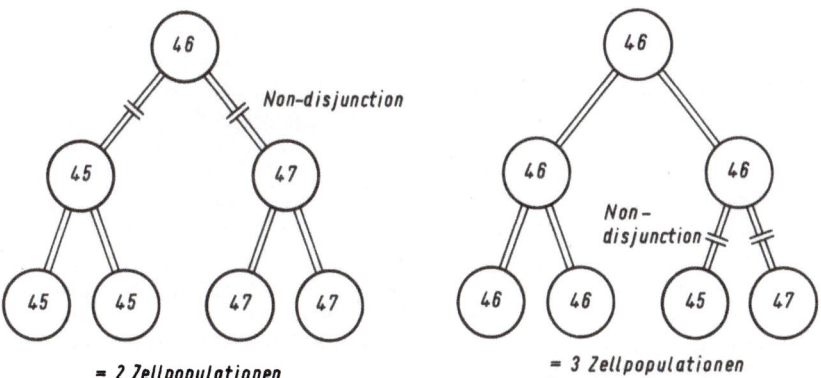

Abb. 2.4 Beispiele für Mosaikbildung mit der Herausbildung von 2 (li.) bzw. 3 (re.) Zellpopulationen mit unterschiedlicher Chromosomenzahl

ren Mitose der Zygote auftritt. Es gibt so zwei oder mehr Zellpopulationen mit unterschiedlichem Chromosomengehalt.
Eine Vermehrung der DNA ohne Zellteilung führt zu einem Vielfachen des normalen Chromosomensatzes, was als *Polyploidie*, z. B. *Triploidie, Tetraploidie* usw. bezeichnet wird. Unter *Aneuploidie* versteht man eine völlig abnorme Zahl von Chromosomen, was vor allem bei bösartigen Gewächsen zu beobachten ist.
Aus dem bisher Gesagten geht hervor, daß die Chromosomenmutationen Abschnitte der DNA umfassen, die mehreren hundert oder tausend Genloci entsprechen. **Chromosomenstörungen verlaufen daher meist letal**, und auch Keime mit einer Monosomie sterben vielfach vorzeitig ab.

Genmutation. Bei den Genmutationen lassen sich *Punktmutationen* (Veränderungen einer Base) von *Blockmutationen* (mehrere Genloci betroffen) abgrenzen. Entsprechend dem formalen Entstehungsmechanismus unterscheidet man die
- **Deletion** (Verlust eines oder mehrerer Basenpaare),
- **Insertion** (Einbau zusätzlicher Basen in den DNA-Strang),
- **Transition** (Austausch von gleichen Basen),
- **Transversion** (Austausch von ungleichen Basenpaaren).

Die **Folgen** dieser Veränderungen hängen davon ab, ob eine solche Mutation ein Regulator-, Operator- oder Strukturgen verändert. Veränderungen des Regulatoroder Operatorgens können zu einer gestörten Repressorbildung führen und damit eine ungehemmte Proteinbiosynthese bewirken. Dazu kommt es, wenn ein kataboler Stoffwechselschritt betroffen ist. Bezieht sich die Störung auf einen anabolen Stoffwechselschritt, so ist eine Unterdrückung der Eiweißsynthese die Folge. Betreffen die Veränderungen ein Strukturgen, so ist die Bildung eines anderartigen Eiweißes die Folge.
Auch ist ein Einfluß auf die Transkription und Translation durch die Mutation von DNA-Abschnitten zu erwarten, die z. B. die rRNA kodieren.

2.1.1.2. Störungen der Genexpression

Bei dieser Gruppe von Störungen ist zwar der Informationsgehalt der DNA nicht verändert, aber die Realisation dieser Informationen, d. h. ihre Umsetzung in das Genprodukt, ist gestört. Die **Genexpression** ist auf die Mechanismen der *Induktion* und *Repression* zurückzuführen, und die Folgen manifestieren sich in der Regel erst beim adulten Organismus. Die Expression kann auf der Ebene der Transkription, aber auch der Translation beeinträchtigt sein.
Die Vorgänge des *Wachstums*, des *Alterns*, der *Differenzierung* und auch der *Adaptation* und *Adaptabilität* als physiologische Prozesse beruhen auf der Genexpression. Ihre Beeinträchtigung wie auch pathologische Geschehnisse, z. B. das gestörte *Wachstum bei Gewächsen*, sind neben Änderungen der genetischen Information auf Störungen der Genexpression zurückzuführen. Wie im Kapitel zur Pathologie der Reaktionen ausgeführt (s. 2.2.2.4. Bedeutung der Genexpression), spielt die individuell unterschiedliche Genexpression im Ergebnis intraorganismischer Wechselbeziehungen wie auch in der Auseinandersetzung mit der Umwelt eine wichtige Rolle für die unter dem Begriff der *Disposition* zusammengefaßten Eigenschaften des Organismus.

Während wir auf die Veränderungen des genetischen Informationsgehalts der DNA gegenwärtig keinen Einfluß nehmen können und uns in der Praxis nur der Weg der genetischen Beratung offen steht, lassen sich die Vorgänge der Genexpression beeinflussen und selbst nach ihrer phänotypischen Manifestation zumindest modulierend verändern (s. 2.2.2.4. Bedeutung der Genexpression).

2.2. Innere Krankheitsbedingungen

2.2.1. Bedeutung der inneren Krankheitsbedingungen

Wie dem einleitenden Kapitel zum Krankheitsbegriff zu entnehmen ist, wird die Krankheit durch die Wechselbeziehungen Organismus/Umwelt geprägt, d. h. durch die Beziehungen zwischen **äußeren Krankheitsursachen** und **inneren Krankheitsbedingungen**. Das therapeutische und präventive Konzept der Medizin wird gegenwärtig noch von der Bedeutung der äußeren Krankheitsursachen beherrscht. Als Beispiel sei auf die Risikofaktorentheorie des Herzinfarkts verwiesen. Die Ursache liegt darin, daß die äußeren Krankheitsursachen relativ gut überschaubar sind, während sich die inneren Krankheitsbedingungen bisher einer exakten Bewertung noch entziehen. Sie verbergen sich hinter Begriffen wie *Disposition* und *Konstitution, Adaptation* und *Adaptabilität* sowie *Reagibilität*.

Wenn wir z. Z. auch noch nicht in der Lage sind, die Grundlagen der **Disposition** in ihrer Komplexität zu erfassen und aufzuzeigen, so ergeben sich doch bereits wichtige Anhaltspunkte für den Charakter dieser Mechanismen. Bei ihrer Darstellung gehen wir davon aus, daß der menschliche Organismus in der Lage ist, seine **innere Stabilität** gegenüber den von außen einwirkenden Störgrößen aufrecht zu erhalten und zu verbessern. Die *Güte der Stabilität* wird bestimmt von der Art, Dauer und Intensität der einwirkenden Störgröße (= äußere Krankheitsursachen) sowie dem Reaktionsverhalten des Organismus ihnen gegenüber (= innere Krankheitsbedingungen). Die Voraussetzungen der Stabilität sind zu sehen in

- den Regulationsmechanismen des Organismus,
- der funktionellen Multivalenz (z. B. Kollateralenbildung, Fähigkeit zur aeroben und anaeroben Glycolyse, teilweise Plastizität des Gehirns),
- der Regenerationsfähigkeit (z. B. Haut nach Verbrennungen, Tubulusepithelien der Niere nach Sublimatnephrose, Darmepithelien nach nekrotisierender Entzündung, Leberepithelien nach Hepatitis),
- der Redundanz der inneren Organisation (z. B. doppelte Anlage von Organen).

Vor allem die regulativen Mechanismen und ihre Integrität sind für die Aufrechterhaltung der Stabilität von entscheidender Bedeutung. Ihr Versagen ist wesentliche Voraussetzung für die Entstehung einer Krankheit.

2.2.2 Regulative Mechanismen des Ausgleichs von Störungen

Grundlage der aufeinander abgestimmten Wechselbeziehungen zwischen den Organen und innerhalb der Organe sowie zur Umwelt sind die Mechanismen der Regulation. Diese bestehen in der *Stoffwechselregulation, der epigenetischen Regulation und der genetischen Regulation*. Ausgehend vom Gegenstand unserer Betrachtung sind vor allem die beiden zuletzt genannten Regulationsformen von Bedeutung.

2.2.2.1. Stoffwechselregulation

Hier sei auf die Lehrbücher der Biochemie verwiesen. Es handelt sich um Stoffwechselfließgleichgewichte (steady state), die bei Abweichungen von Stoffwechselgrößen (Substrate, Metabolite, Kofaktoren) im Ergebnis äußerer Störeinflüsse in Bruchteilen von Sekunden wieder zum stationären Zustand zurückkehren.

2.2.2.2. Epigenetische Regulation

Die epigenetische Regulation ist mehr als nur Stoffwechselregulation. Als *entscheidene Regulationsebene* ist hier der *molekulare Bereich*, die DNA und die in ihr enthaltene Informationen (einen wichtigen Lokalisationsort stellt der Zellkern dar) anzusehen. Auf der Ebene der epigenetischen Regulation werden die Wechselbeziehungen zwischen äußeren Einflußfaktoren und inneren Bedingungen besonders deutlich. Insbesondere bei *chronischer Einwirkung von Störgrößen* gelingt es dem Organismus bzw. seinen Teilsystemen nicht, allein durch Stoffwechselregulation die Stabilität zu bewahren. Vielmehr erfolgen unter diesen Bedingungen metabolische, strukturelle und funktionelle Anpassungsvorgänge, die als Adaptation zusammengefaßt werden. Die Adaptation ist ebenso wie die Lebensprozesse *Wachstum, Differenzierung* und *Altern* eine Erscheinungsform der epigenetischen Regulation. Bei der Adaptation handelt es sich um Prozesse, die im Gegensatz zur kurzzeitig wirksam werdenden Stoffwechselregulation Tage, Wochen und Jahre in Anspruch nehmen. Bei der Adaptation bilden sich keine neuen Eigenschaften der Zelle heraus. Durch den Mechanismus der Induktion und Repression genetischer Informationen und ihrer Realisation in Form einer zusätzlichen Bildung *funktionell wirksamer Strukturen* wird die Zelle in die Lage versetzt, den Sollwert einer Stoffwechselgröße auch unter Bedingungen aufrecht zu erhalten, die normalerweise zu erheblichen Abweichungen des Istwerts vom Sollwert führen, mit der möglichen Konsequenz einer Irreversibilität dieses Prozesses.

So zeichnet sich die Muskelzelle z.B. durch einen konstanten ATP-Gehalt aus, der bei gesteigertem Energiebedarf durch einen erhöhten oxydativen Stoffwechsel gewährleistet wird. Bei chronischem Sauerstoffmangel wird nun durch die Neubildung von Mitochondrien erreicht, daß die Utilisation des vermindert angebotenen Sauerstoffs verstärkt wird. So wird auch unter diesen Bedingungen die Konstanz des ATP-Pools garantiert. Ein weiteres Resultat ist die Erhöhung der Stabilität gegenüber einem akuten Sauerstoffmangel. Sauerstoffkonzentrationen, die bei nicht adaptierten Organismen zu einer Beeinträchtigung von Lebensfunktionen führen, werden so ohne Schaden toleriert. Bei den Anpassungserscheinungen handelt es sich nicht nur um örtliche, zelluläre Vorgänge, sondern entsprechend der *hierarchischen Organisation der Regulationssysteme* des Organismus unterliegen sie übergeordneten Einflüssen nervaler und insbesondere hormonaler Natur. Bei Wegfall des stimulierenden Reizes bilden sich die metabolischen und strukturellen sowie funktionellen Anpassungserscheinungen wieder zurück.

Die Adaptation ist also durch folgende Charakteristika gekennzeichnet:
- erhöhte Stabilität des Systems gegenüber der auslösenden Störgröße,
- metabolische, strukturelle und funktionelle Anpassungsvorgänge,
- langzeitige Herausbildung der Anpassungserscheinungen,
- Reversiblität der metabolischen und strukturellen sowie funktionellen Anpassung und erhöhten Stabilität bei Wegfall des stimulierenden Reizes.

Wir definieren demzufolge die **Adaptation** als die Eigenschaft des Organismus, seine Stabilität gegenüber Veränderungen seiner natürlichen und sozialen Umwelt über den Mechanismus der epigenetischen Regulation durch strukturelle und damit einhergehende metabolisch-funktionelle Anpassungsvorgänge aufrecht zu erhalten und auf den verschiedenen Ebenen der Regulation zu bewahren.

2.2.2.3. Genetische Regulation

Die genetische Regulation umfaßt die Gesamtheit der in der DNA enthaltenen Informationen und die Fähigkeit, diese zu vererben. Insbesondere letzteres ist bei der Adaptation *nicht* der Fall, da es sich bei ihr nur um somatische Veränderungen handelt. Zur genetischen Regulation gehört die Herausbildung und Fixierung des metabolischen sowie strukturell-funktionellen Phänotyps über den komplizierten Mechanismus der Repression und Induktion genetischer Informationen sowie ihre Beeinflussung durch die Veränderung der genetischen Matrix selbst. Veränderungen der genetischen Information und Regulation umfassen im Rahmen der Phylogenese langfristige Zeiträume, die beim Säugetier Jahrtausende beanspruchen.

2.2.2.4. Adaptabilität

Unter **Adaptabilität** ist die individuell unterschiedliche Anpassungsfähigkeit an quantitativ und qualitativ gleichwertige Umweltreize zu verstehen.

Dieses individuell unterschiedliche Verhalten kann unter dem Aspekt der Krankheit vom Fehlen jeder erkennbaren Reaktion, über *verschiedene Schweregrade der Erkrankung mit Restitutio ad integrum* oder die Ausbildung eines Nosos bis zum Tode führen. Die unterschiedliche Adaptabilität betrifft nicht nur pathologische Aspekte, sondern ist auch ausschlaggebend dafür, daß z. B. in der Leistungsphysiologie ein quantitativ und qualitativ gleichwertiges Training zu einem ganz unterschiedlichen Leistungszuwachs und damit Trainingsergebnis führt. Auch Lernprozesse wären hier zu nennen.

Eine durch ausreichend experimentelle Fakten belegte Erklärung der unterschiedlichen Adaptabilität ist gegenwärtig noch nicht möglich. Trotzdem existiert bereits eine Reihe von Anhaltspunkten für eine Deutung, die einen hohen Grad an Wahrscheinlichkeit besitzt. Die **Ursachen** der differenten Adaptabilität berühren die genetische Regulation und sind zu sehen in *Mutationen* und/oder in einer bei verschiedenen Individuen voneinander abweichenden *Genexpression* oder -realisation, d. h. in der unterschiedlichen Verwirklichung der im genetischen Material enthaltenen Informationen. Resultat dieser unterschiedlichen Verwirklichung sind z. B. die *Polymorphismen* von Proteinen (Isoproteine, Isoenzyme).

Bedeutung der Mutation. Es ist vorstellbar, daß *spontan verlaufende* oder auch *exogen induzierte* Veränderungen des genetischen Materials zu einer unterschiedlichen Anpassungsfähigkeit an Umwelteinflüsse führen. Dieser Vorgang ist auch insofern bedeutsam, als sich auf diese Weise die *Selektion realisiert, d. h., Organismen, die nicht lebensfähig sind, weil sie nicht anpassungsfähig sind,* ausgeschaltet werden, *lebensunfähige Fehlbildungen nicht auftreten* können (s. 5.8.1.) oder sog. Letalfaktoren nicht in Erscheinung treten können. Diese Mutationen sind aber vorerst für praktische Konsequenzen bedeutungslos, da gegenwärtig die Möglichkeiten ihrer Beeinflussung (Genmanipulation!) gering und bei unkritischer Anwendung sogar gefährlich sind.

Bedeutung der Genexpression. Die Genexpression beinhaltet entsprechend den dialektischen Kategorien von Möglichkeit und Wirklichkeit die unterschiedliche Realisierung der verschiedenen Informationen durch zeit- und faktorenabhängige, endogen und exogen gesteuerte Induktion und Repression von Genen.

Diese Prozesse beginnen mit der Vereinigung von Ei- und Samenzelle, setzen sich in unterschiedlicher Quantität und Qualität in der anschließenden prä- und postnatalen Entwicklung fort und sind auch für die an den Zellen des adulten Organismus ablaufenden Stoffwechselprozesse von großer Wichtigkeit.

Von besonderer Bedeutung und für das weitere Leben entscheidend ist die **Genexpression in bestimmten kritischen Differenzierungsphasen des ZNS**. Sie trägt wesentlich zur Realisierung des Genotyps in Form des individuell unterschiedlichen metabolischen, strukturellen und funktionellen Phänotyps bei. Diese sensiblen Differenzierungsphasen im Rahmen der *Zytogenese* und/oder *Synaptogenese* des ZNS sind an der großen metabolischen Aktivität sowie hohen Zellteilungsrate der Neuronen erkennbar. Die Möglichkeit der Einflußnahme auf die Genexpression in diesen Phasen ist von besonderer Bedeutung nicht nur für das ZNS selbst, sondern auf Grund seiner zentralen Stellung im Regulationsgeschehen auch für den übrigen Organismus.

Als exogen beeinflussende Faktoren kommen z. B. in Frage:
- qualitative und quantitative Änderungen der Nahrungszufuhr, pränatal und frühkindlich-postnatal,
- verschiedene intrauterine und perinatale Gefahrenzustände, wie z. B. Sauerstoffmangel,
- therapeutische Maßnahmen in der Schwangerschaft und frühen postnatalen Entwicklung,
- die Gesamtheit der Informationen aus der psychisch-sozialen Umwelt.

Durch Interaktion mit dem genetischen Material beeinflussen diese Faktoren die Genexpression. Bekanntlich erfolgt die genetische Regulation auf molekularer Ebene entsprechend dem von Jacob und Monod angegebenen Schema. Die *Transkription* und *Translation* können beeinträchtigt und verändert werden, indem entweder *umweltbeeinflußte endogene Effektoren,* wie Hormone und Neurotransmitter, oder die *Umweltfaktoren direkt,* z. B. Repressorproteine blockieren oder aktivieren (Induktion und Repression) und so die Transkription einleiten oder beenden. Durch *Substratmangel* (z. B. Aminosäuren und Sauerstoff) oder *Metabolitstau* können der Transkriptions- und Translationsvorgang gestört werden. Das Ergebnis ist in beiden Fällen eine *beeinträchtigte Polypeptidsynthese* mit Auswirkungen auf die Bildung von Enzym- und Struktureiweißen (Abb. 2.5.).

I. Pränatale Differenzierungsphase

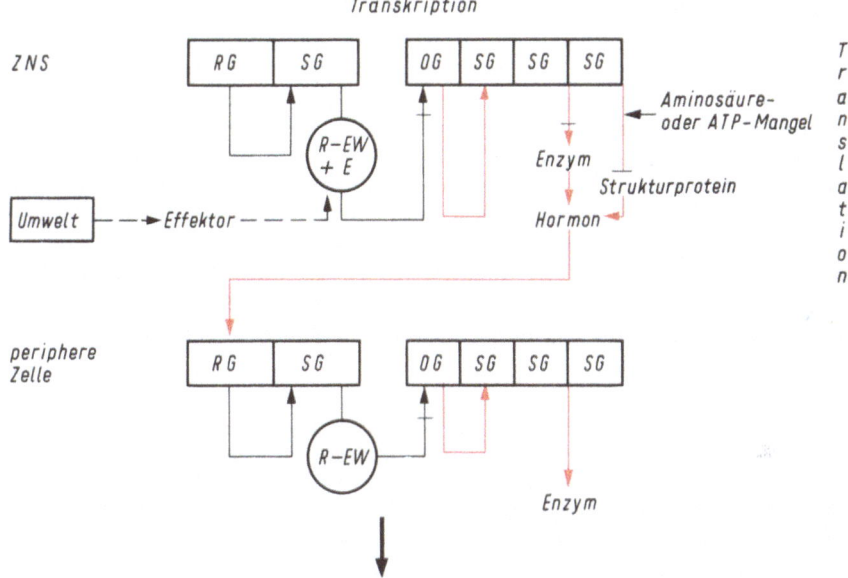

II. Postnatale Funktionsphase

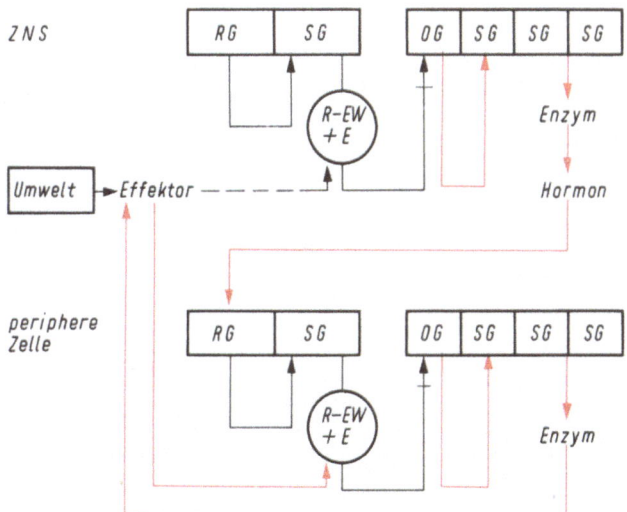

Abb. 2.5 Schematische Darstellung der auf molekularer Ebene möglicherweise ablaufenden Regelmechanismen in der pränatalen Differenzierungs- und postnatalen Funktionsphase bei Einwirkung äußerer und innerer Effektoren
RG Regulatorgen, SG Strukturgen, OG Operatorgen, R-EW Repressoreiweiß, E Effektor, ⊥ Blockade, gestrichelte Linien Informationsfluß bei Aufhebung der Repressorwirkung

Diese Vorgänge sind im ZNS deshalb von besonderer Wichtigkeit, da z. B. unter dem bestimmenden Einfluß des Hypothalamus über die Funktionskette Hypothalamus (Releasing-Hormone) → Hypophyse (glandotrope Hormone) → endokrine Drüsen (Effektorhormone) → periphere Zielzelle (Metabolismus und Struktur) die Ausbildung des metabolischen Phänotyps der peripheren Körperzelle (Abb. 2.6) sowie der örtlichen Rückkopplungsprozesse geprägt werden. Dies leitet sich von der Bedeutung ab, die Hormone der Schilddrüse, der Keimdrüsen, der Nebenniere und des Pankreas für den Kohlenhydrat-, Eiweiß- und Fettstoffwechsel, für anabole Prozesse und für die Induktion von Enzymsynthesen besitzen. Dabei bestehen im Ergebnis von Veränderungen der Umweltfaktoren die in den Abbildungen 2.7 und 2.8 dargestellten Beziehungen zwischen ZNS und peripherer Zelle in der *pränatalen Differenzierungsphase* auf der einen und in der *postnatalen Funktionsphase* auf der anderen Seite. Das pränatale Steuerungssystem der Differenzierungsphase wird in das postnatale Regelungssystem der Funktionsphase umgewandelt.

Dabei bestimmt die Quantität der Stellgröße in der kritischen Differenzierungsphase die Qualität des zentralnervösen Reglers, z. B. des Hypothalamus, und damit den Funktions- und Toleranzbereich des jeweils betroffenen Regelungssystems im Erwachsenenalter. Die Stellgröße der Differenzierungsphase wird zur Regelgröße der Funktionsphase. Die **Beeinflussung des Reglers** in der Differenzierungsphase kann über *strukturelle Störungen des Reglers* selbst

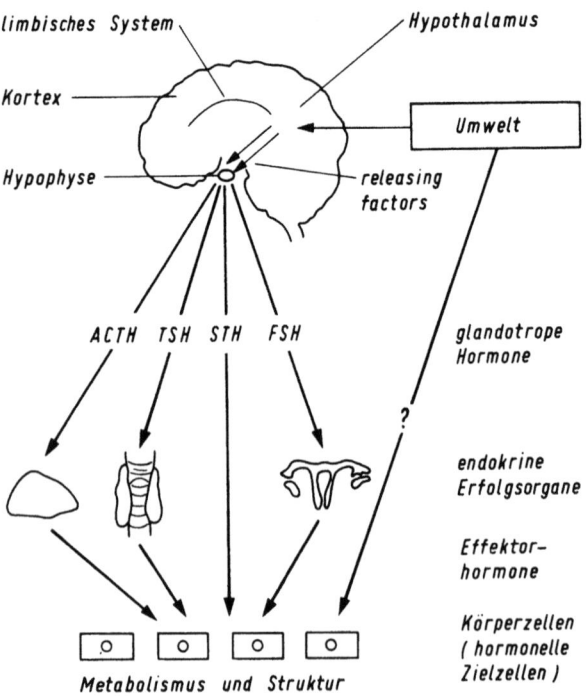

Abb. 2.6 Darstellung des Einflusses der Umwelt über ZNS und Endokrinium auf Metabolismus und Struktur peripherer Körperzellen

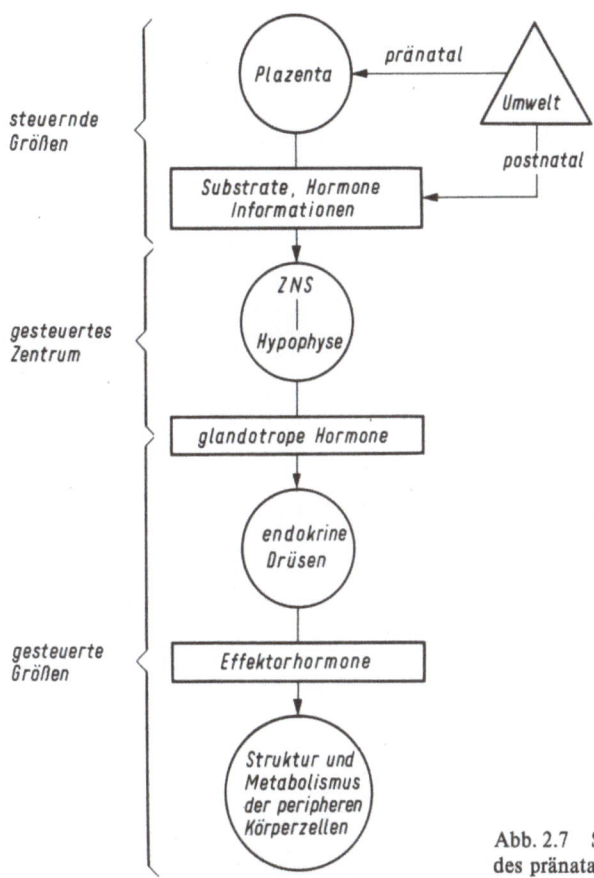

Abb. 2.7 Schematische Darstellung des pränatalen Steuerungssystems

(z. B. bei Protein- und Aminosäurenmangel oder O_2-Defizit) oder *quantitative Veränderungen der Stellgröße* (z. B. Hormone oder Substrate des Stoffwechsels wie Glucose und Fettsäuren) den Sollwert für die spätere Regelgröße unterschiedlich festlegen. Der Regler verschiedener Individuen spricht als Folge dieses Geschehens bei unterschiedlichen Sollwerten der Regelgröße an. Besonders *unphysiologische Konzentrationen der jeweiligen Stellgröße in der kritischen Differenzierungsphase des ZNS führen zu entsprechender Fehlorganisation des Regelungssystems.*

Die Einwirkung quantitativ und qualitativ gleichwertiger Effektoren beim adulten Lebewesen hat somit eine unterschiedliche Reaktion in Abhängigkeit von der unterschiedlichen Ausprägung des metabolischen und regulatorischen Verhaltens in der Differenzierungsphase des ZNS und seiner Auswirkung auf die periphere Körperzelle zur Folge.

Diese Vorgänge sind **irreversibel** im Gegensatz zur Adaptation des adulten Organismus, die auch eine Erscheinungsform der Genexpression darstellt. Die Adaptabilität des Erwachsenen wird in der prä- und/oder frühpostnatalen Differenzierungsphase entscheidend präformiert, so daß im späteren Lebensalter nur noch eine

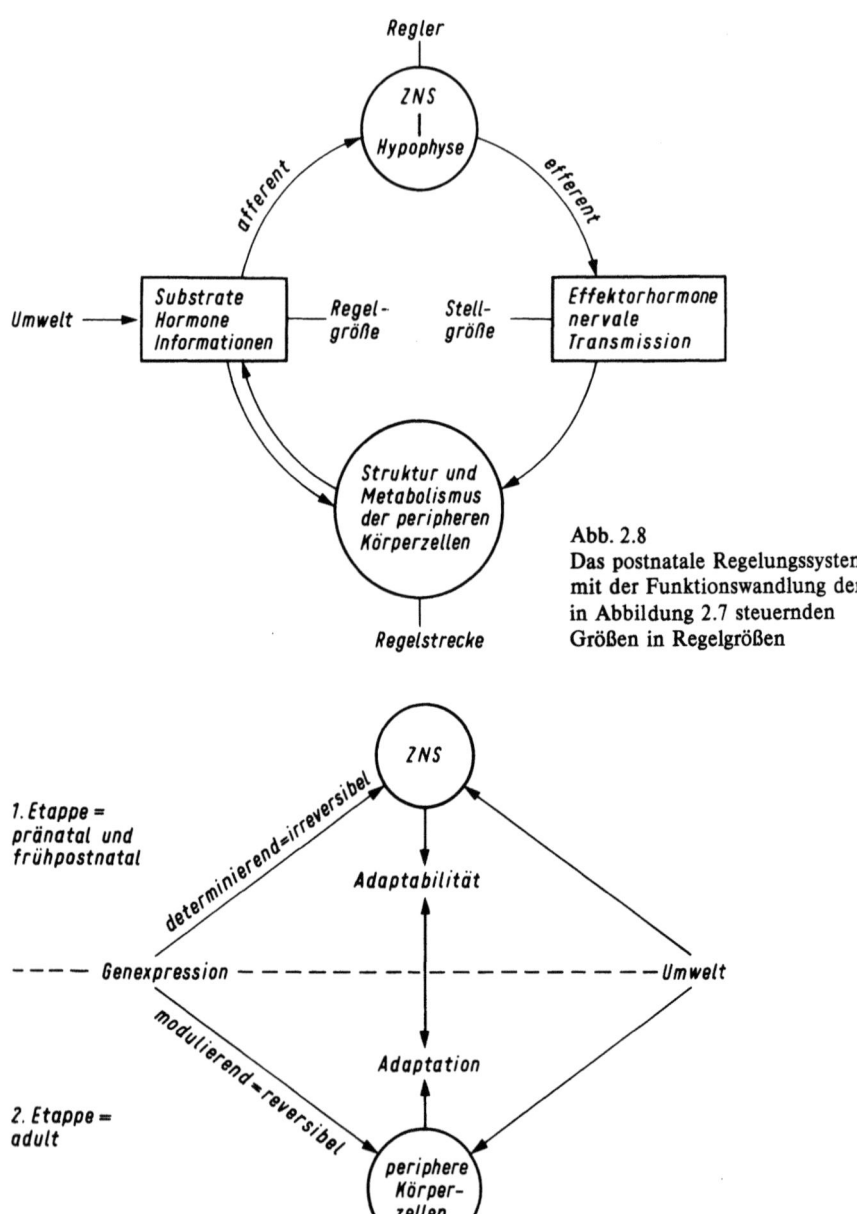

Abb. 2.8 Das postnatale Regelungssystem mit der Funktionswandlung der in Abbildung 2.7 steuernden Größen in Regelgrößen

Abb. 2.9 Schematische Darstellung der beiden wesentlichen Etappen in den Organismus/Umwelt-Beziehungen. In der pränatalen und frühpostnatalen Etappe umweltbedingte Beeinflussung der Genexpression mit irreversibler Determination der Adaptabilität. Reversible Anpassung an veränderte Umwelteinflüsse im Adultendasein durch Modulation

Modulation, aber keine grundsätzliche Änderung der im Ergebnis der Genexpression des ZNS ausgeprägten Verhaltens- und Reaktionsweise möglich ist (Abb. 2.9).

An **konkreten Ergebnissen** ist bekannt, daß eine Hyperglycämie der diabetischen Mutter zum *Hyperinsulinismus* des Feten führt. Aus Tierversuchen weiß man, daß die Festlegung der postnatalen Gonadotropinsekretion und/oder des *postnatalen Sexualverhaltens* durch Sexualhormoneinwirkung in kritischen Differenzierungsphasen des Hypothalamus erfolgt. Die Behandlung von Ratten mit Testosteron führt zu bleibenden Veränderungen des Testosteronstoffwechsels der Leber. Gabe von Thiouracil in der Schwangerschaft mit *Hypothyreodismus* führt zu *verringertem Wachstum* und zur *verzögerten Gonadenentwicklung* beim neugeborenen Tier. Thyroxin beeinflußt die Reifung des ZNS. Außerdem läßt sich so ein *irreversibles Myxödem* hervorrufen. Cholinmangel von Muttertieren in der Schwangerschaft hat *Hypertonie* bei der Nachkommenschaft zur Folge. Eiweißmangel beim Muttertier führt zu gestörter *Fett- und Eiweißresorption* im Darm des Neugeborenen. Proteinmangel in der Schwangerschaft wirkt sich negativ auf die spätere *Lernfähigkeit* von Tieren aus. Beim Menschen wurde beobachtet, daß kalorienreiche Ernährung in der frühkindlichen Entwicklungsphase im Erwachsenenalter *Arteriosklerose* und *Diabetes mellitus* begünstigt. Schließlich ist aus Tierexperimenten bekannt, daß ein Ausdauertraining in der frühpostnatalen Entwicklung auch nach langzeitigem Aussetzen des Trainings einer *Adipositas* im Erwachsenenalter entgegenwirkt. **Charakteristisch für die Mehrzahl dieser Befunde ist, daß prä- und/oder frühpostnatale Einwirkungen zu manifestierten Funktionsänderungen führen, die sich nach unterschiedlich langer Manifestationszeit oft erst im Erwachsenenalter zu erkennen geben** (Tabelle 2.1).

Bei weiterer Sicherung dieser Zusammenhänge ergibt sich die Konsequenz, daß die **Prävention**, vor allem von chronischen Erkrankungen, bereits in der prä- und/oder

Tabelle 2.1 Darstellung bekannter und möglicher Beziehungen zwischen Beeinflussung der perinatalen Differenzierung des ZNS und krankhaften Erscheinungen im späteren Leben beim Menschen[++] und Tier[+]

Perinatale Stellgröße → postnatale Regelgröße	Gesteuertes Zentrum → Regler	Direkter Effektor	Frühkindliche und/oder adulte Störung
Sexualhormon	Hypothalamus	Hormon	Infertilität, Bi- bzw. Homosexualität[+]
Thyroxin	ZNS Hypothalamus od. Hypophyse	Hormon	Kretinismus hyperthyreotroper Hypothyreoidismus[++]
Aminosäurenmangel	Kortex	Hormon od. direkt	abweichendes Lernverhalten[++]
Fettsäuren	endokrine Drüse und/oder Hypothalamus	Hormon oder Stoffwechselgröße	Adipositas Arteriosklerose[+]
Glucose	endokrine Drüse und/oder Hypothalamus	Hormon oder Stoffwechselgröße	prim. Hyperinsulinismus, Disposition f. Diabetes[+]
Gestörte psychisch-soziale Informationen	Kortex	z. B. Hormon oder Neurotransmitter	psychische Erkrankungen

frühpostnatalen Entwicklung beginnen muß, um diesen wichtigen Aspekt bei der Entstehung von Krankheiten mit Erfolg berücksichtigen zu können. Als Ergebnis ist zu erwarten, daß einmal Schädigungsfaktoren als solche nicht wirksam werden und zum anderen bereits die Einwirkung der normalen Umwelt krankheitsauslösende Bedeutung haben kann. Wird trotz normaler Anpassungsmöglichkeiten der Stabilitätsbereich des Systems überschritten, so kommt es als Folge der Überforderung des Regulationssystems zu nicht mehr ausregulierbaren Störungen, die sich in der *Maladaptation* und schließlich in der Krankheit zu erkennen geben.

2.3. Äußere Krankheitsursachen

Die Wertigkeit äußerer Krankheitsursachen bei der Entstehung von Krankheiten ist unterschiedlich. Sie können den Charakter monokausaler Beziehungen zu den von ihnen ausgelösten Krankheitsprozessen aufweisen, indem sie direkt eine Krankheit auslösen nach dem Grundsatz: Eine Ursache – eine Krankheit. Häufig tragen sie aber auch den Charakter von Risikofaktoren, d. h. das Vorhandensein eines äußeren Faktors beinhaltet nur die statistische Wahrscheinlichkeit einer Erkrankung, ohne daß sie im Einzelfall eintreten muß, so daß keine streng kausale Beziehung zwischen äußerem Faktor und dem Krankheitsprozeß besteht. Ob ein Risikofaktor den Charakter eines krankheitsauslösenden Faktors annimmt, hängt sehr wesentlich von den inneren Krankheitsbedingungen ab. Schließlich existieren Krankheitsbilder, die durch eine polyätiologische Entstehungsweise ausgezeichnet sind. Grundsätzlich unterscheiden wir zwischen den *unbelebten* und den *belebten äußeren Krankheitsursachen*.

2.3.1. Unbelebte Krankheitsursachen

Zu den unbelebten Krankheitsursachen gehört die Vielzahl der in der Tabelle 2.2 zusammengefaßten Störungen.

2.3.1.1. Störungen der Nahrungsaufnahme

Bei den **Störungen der Nahrungsaufnahme** ist zwischen solchen zu unterscheiden, die mit einem Zuviel oder einem Zuwenig an Nahrung einhergehen (Überernährung und Unterernährung) und solchen, die auf einer qualitativ falsch zusammengesetzten Nahrung beruhen (Fehlernährung).

Mangelernährung. Ursachen einer Mangelernährung beruhen einmal auf einer *unzureichenden äußeren Nahrungszufuhr,* oder sie sind auf *pathologische Prozesse* zurückzuführen. Die Mangelernährung bildet ein zentrales Problem bei der überwiegenden Mehrzahl der sog. Entwicklungsländer, die als Folge der kolonialen und kapitalistischen Ausbeutung mit einer Vielzahl sozialer Probleme belastet sind, die durch Naturkatastrophen, wie z. B. über Jahre anhaltende Dürreperioden, zusätzlich verstärkt werden.
Im Ergebnis krankhafter Prozesse ist auf Stenosen des Ösophagus sowie des Mageneingangs, vor allem als Folge von bösartigen Gewächsen mit Behinderung der

Tabelle 2.2 Unbelebte äußere Krankheitsursachen (Auswahl)

Krankheitsursachengruppe	Verschiedene Erscheinungsformen der Störung	Folgen
gestörte Ernährung als Krankheitsursache	Mangelernährung	Kachexie mit Atrophie von Organen
	Überernährung	Adipositas mit Komplikationen
	Fehlernährung	z. B. bei Eiweißmangel = Kwashiorkor, Vitaminmangel: Hypovitaminosen
mechanische Krankheitsursachen	stumpfe und scharfe Traumen	Blutungen, Frakturen, Fettembolie, Schock
strahlenbedingte Krankheitsursachen	sichtbares Licht (Infrarot- u. Ultraviolettstrahlen)	Hyperpigmentierung, Sonnenbrand, Xeroderma pigmentosum, Hautkarzinom
	ionisierende Strahlen (elektromagnetische und korpuskuläre Strahlen)	allgemein: Strahlentod durch Schädigung des ZNS, Magen-Darm-Trakts u. Knochenmarks örtlich: Strahlenulzera in Haut u. Schleimhäuten, Gefäßverschlüsse, Fibrosen
thermisch bedingte Krankheitsursachen	Hitzeeinwirkung	örtlich: Verbrennungen verschiedenen Grades allgemein: Hitzekollaps
	Kälteeinwirkung	örtlich: Erfrierungen allgemein: Hypothermie mit Kältetod
chemisch bedingte Krankheitsursachen	Säuren, Laugen	Verätzung der Haut, der Mundschleimhaut u. oberen Atemwege, des Ösophagus u. Kardiabereich des Magens
	chemische Substanzen	Entzündung, Nekrose, bösartige Gewächse, Fehlbildungen
	Pharmaka	iatrogene Schäden, vor allem in Leber, aber auch Lunge, Herzmuskel, Niere u. Knochenmark. Pathogene Immunphänomene wie Urtikaria u. anaphylaktischer Schock

Nahrungsaufnahme, sowie auf Beeinträchtigung der Verdauung infolge von Enzymmangel mit Störungen der Nahrungsverwertung zu verweisen. Auch bösartige Tumoren anderer Lokalisation können zu Erscheinungen der Mangelernährung infolge übersteigerten Energiekonsums führen, wobei die hier wirksamen Mechanismen noch nicht endgültig geklärt sind.

Die **Folgen** einer Mangelernährung sind zu Beginn dadurch gekennzeichnet, daß die im Organismus vorhandenen Substrat- und damit Energiereserven mobilisiert werden. Das Glycogendepot der Leber wird z. B. weitgehend entleert, und es schwindet das Unterhautfettgewebe durch Mobilisierung der Fettreserven. Folge ist eine *Hyperlipidämie,* die paradoxerweise am Beginn des Hungerns zuerst einmal zu einer Verfettung parenchymatöser Organe wie der Leber führt. Diese schwindet im weiteren Verlauf allerdings wieder. Bei anhaltendem Hunger werden ebenfalls die Eiweißreserven abgebaut, so daß eine *Atrophie der Muskulatur* einsetzt. Auch die übrigen Organe, mit Ausnahme des ZNS, zeigen eine Atrophie. Diese geht mit einer verstärkten Ablagerung von Lipofuscin einher, so daß man auf Grund des makroskopischen Bildes von einer *braunen Atrophie des Herzmuskels und der Leber* spricht. Eine weitere Folge des chronischen Hungers ist eine **unzureichende Eiweißbildung** mit einer *Hypalbuminämie* und dadurch bedingt das Auftreten des sog. *Hungerödems*. Weiter beobachtet man eine *Gallertatrophie*, z. B. des epikardialen Fettgewebes. Der Hungerzustand führt zu einer allgemeinen *Resistenzminderung*, so daß Infektionen häufig die letzte Todesursache darstellen. Auch entwickelt sich im Hungerzustand eine *Osteoporose*. Bei Kindern wird das Längenwachstum wesentlich beeinträchtigt, das auch später nicht ausgeglichen wird. Es resultiert ein *Kleinwuchs*.

Überernährung. Die Überernährung ist Folge einer hyperkalorischen fett- und kohlenhydratreichen Ernährung vor allem in den modernen Industriegesellschaften. In der DDR sind etwa 40 % der Frauen und 20 % der Männer übergewichtig, wobei dieser Befund bereits bei etwa 12 % der Kinder zu erheben ist. Die Überernährung geht mit einer **Adipositas**, d. h. einer beträchtlichen Vermehrung des Fettgewebes einher. Diese Zunahme betrifft sowohl das Unterhautfettgewebe als auch das Fettgewebe des Bauchraums (großes Netz, Mesenterium und perirenales Fettgewebe). Die Vermehrung des Fettgewebes ist auf eine Vergrößerung der Fettzellen und auch auf ihre zahlenmäßige Zunahme zurückzuführen. Man beobachtet weiterhin eine Umwandlung von mesenchymalen Zellen in Fettzellen, was am Herzen z. B. zum Bild der *Lipomatosis cordis* (früher auch als „Fettgewebsdurchwachsung" bezeichnet) führt. Außerdem besteht eine *Hyperlipidämie* mit einer *Verfettung der Leber* und einer *lipämischen Nephrose*. Die Adipositas ist nicht nur als Schönheitsfehler zu betrachten, sondern in der Mehrzahl der Fälle geht sie mit krankhaften Veränderungen einher. So stellt die Adipositas eine Belastung des Herzens dar, führt zu einem Zwerchfellhochstand und geht mit einem Lungenemphysem einher. Diese Veränderungen mit Atemnot und Zyanose faßt man auch unter dem Begriff des *Pickwick-Syndroms* zusammen. Zusammen mit der Adipositas beobachtet man gehäuft den *Diabetes mellitus Typ II*, eine *Hypertonie*, eine *Arteriosklerose* mit ihren Komplikationen sowie die *Cholelithiasis* und die *Pankreasapoplexie*. Die Lebenserwartung des Adipösen ist verrringert. Allerdings gilt letzteres nicht für die reine Adipositas ohne zusätzliche Komplikationen.

Fehlerernährung.
Eiweißmangel. Ein **Proteinmangel** ist vor allem in weiten Gebieten Afrikas bedeutsam. Das sich in diesem Zusammenhang entwickelnde Krankheitsbild wird als **Kwashiorkor** bezeichnet und betrifft in erster Linie Kinder. Folge ist eine *Fettleber* und im weiteren Verlauf die Ausbildung einer *Leberzirrhose*. Die Darmschleimhaut zeigt eine Zottenatrophie mit Resorptionsstörungen und Durchfällen, und die Haut weist eine verstärkte Verhornungstendenz auf. Infolge mangelhafter Eiweißbildung ist ein Ödem die Regel.
Hypovitaminosen. Ein Vitaminmangel mit seinen vielfältigen Folgen kann trotz kalorisch ausreichender Nahrungsaufnahme infolge unzureichender äußerer Zufuhr oder auch im Ergebnis pathologischer Zustände auftreten (s. 5.1.2.1.).

2.3.1.2. Mechanische Krankheitsursachen

Mechanische Einwirkungen mit Traumen führen zu den verschiedenartigsten Bildern, die vom Charakter des Traumas bestimmt werden. Stumpfe Traumen können Blutungen, Quetschungen und Frakturen zur Folge haben. Schnitt- und Stichverletzungen gehen mit Durchtrennung von Sehnen und Bändern, Blutungen und Verletzungen innerer Organe einher. Massive Traumen bedingen einen *traumatischen Schock*. Bei traumatischen Einwirkungen auf den Kopf kommt es zur Commotio cerebri, sie können aber auch zu mechanisch bedingten Gewebszerstörungen des Gehirns führen. Ein sub- und epidurales Hämatom können die Folge sein. Ersteres tritt infolge einer Zerreißung der A. meningica media auf, letzteres wird nach einem Geburtstrauma beobachtet und findet sich bei Erwachsenen z.B. bei traumatischer Zerreißung der sog. Brückenvenen. Fettembolie, vor allem der Lungen, Milzruptur und Spätapoplexie sowie zweizeitige Milzruptur können ebenfalls als Traumafolge auftreten.

2.3.1.3. Strahlenbedingte Krankheitsursachen

Neben den Bestandteilen des sichtbaren Lichtes, wie *Infrarot-* und *Ultraviolettstrahlen*, sind hier **ionisierende Strahlen** von besonderer Bedeutung. Zu diesen gehören *elektromagnetische Strahlen* (Röntgenstrahlen, γ-Strahlen), *Korpuskularstrahlen* (α-, β- und Kathodenstrahlen, Protonen- und Neutronenstrahlen). Diese Strahlen zeichnen sich durch eine unterschiedliche Eindringtiefe in das Gewebe aus. Ohne hier auf die Mechanismen der Strahlenwirkung im einzelnen einzugehen (eine wichtige Rolle spielt die Beeinflussung der DNA), unterscheidet man *strahlensensible* Gewebe (intermitotische Zellen), z.B. alle proliferierenden Zellen (Keimzellen, Knochenmarkzellen und Zellen von Wechselgeweben), *strahlenreaktive* Gewebe (reversibel postmitotische Zellen), z. B. Knorpel, Knochen, lymphatisches Gewebe, Bindegewebe und Drüsen, Leber und Niere, *strahlenresistente Gewebe* (fixierte postmitotische Zellen), z. B. Ganglienzellen, Myokard und Skelettmuskulatur. Am empfindlichsten reagieren die Zellen während der Mitose.
Strahlenreaktionen der Zelle bestehen in *Membranveränderungen* mit *Permeabilitätsstörungen*. Kernschwellungen und Vakuolen treten auf. Auch die Membranen der Mitochondrien und Lysosomen werden geschädigt, was zu einer Freisetzung lysosomaler Enzyme führen kann. Weiter sind *Elektrolytverschiebungen* mit einem Kaliumverlust der Zelle die Folge.
Im Bereich von **Gefäßen** kann infolge von Permeabilitätsstörungen ein *Plasmaaustritt* beobachtet werden. Im weiteren Verlauf ist eine *Fibrose* mit Lumeneinengung zu sehen. *Ischämien* mit Nekrosen sind weitere Folgen.
Die Veränderungen des **Bindegewebes** sind durch eine *Sklerose* gekennzeichnet.
An der **Haut** tritt eine *Strahlendermatitis* auf. Spätveränderungen sind durch eine Beeinträchtigung der Regenerationsfähigkeit gekennzeichnet. Als Folge davon und von Gefäßveränderungen finden sich Nekrosen mit Ausbildung schwer heilender *Strahlenulzera*.
Das hochempfindliche **Knochenmark** reagiert mit einer **Panmyelophthise**. Im **Darm** sind ebenfalls **Strahlenulzera** zu beobachten. Bekannt ist weiter die *Strahlenfibrose der Lunge*. Außerdem gilt es, die kanzerogene und die teratogene Wirkung

von Strahlen zu beachten. Die geschilderten Veränderungen können als Folge strahlentherapeutischer Maßnahmen bei der Durchstrahlung gesunden Gewebes auftreten.
Über die **Folgen einer Ganzkörperbestrahlung** mit Eintritt des Strahlentodes sind wir vor allem durch den verbrecherischen Atombombenabwurf der USA über Hiroshima und Nagasaki unterrichtet. Die unmittelbaren Folgen mit Eintritt des Todes sind bei massiver Strahleneinwirkung auf eine *Strahlenschädigung des ZNS*, dann auf eine irreparable Schädigung des Magen-Darm-Traktes mit massiven Blutungen und Flüssigkeitsverlust und schließlich auf Schädigungen des Knochenmarks zurückzuführen. Als weitere Folgen sind eine *Beeinträchtigung der Immunabwehr* sowie der *endokrinen Funktionen* zu beachten.

2.3.1.4. Thermische Krankheitsursachen

Thermische Schäden lassen sich in *örtliche* und *allgemeine* unterteilen. Zu den örtlichen gehören die Verbrennung und Erfrierung, zu den allgemeinen die Überhitzung und Unterkühlung.
Hitzefolgen. Verbrennungen sind das Ergebnis einer örtlichen Einwirkung von Hitze. Die **örtlichen Folgen** werden in vier Verbrennungsgrade eingeteilt. Der *1. Grad der Verbrennung* ist durch eine Hyperämie mit Rötung der Haut gekennzeichnet; der *2. Grad der Verbrennung* tritt mit Blasenbildung der Haut auf, die das Ergebnis eines Flüssigkeitsaustritts aus den geschädigten Gefäßen ist; für den *3. Grad der Verbrennung* ist eine Gewebsnekrose charakteristisch und der *4. Grad* entspricht einer Verkohlung, die auch auf tiefer gelegene Gewebsabschnitte übergreift. Diesen Grad der Schädigung findet man im allgemeinen nur bei Verbrennung des gesamten Organismus.
Die **allgemeinen Folgen** einer örtlichen Verbrennung hängen von der Ausdehnung des betroffenen Körperabschnitts ab. Sind mehr als $1/4$ bis $1/3$ der Körperoberfläche betroffen, so ist der Zustand lebensbedrohlich, wenn auch unter der modernen Therapie Zerstörungen größerer Hautflächen überlebt werden können. Die unmittelbaren Folgen ausgedehnter Verbrennungen bestehen in einem *Schockzustand* auf Grund eines Flüssigkeitsverlustes und des Auftretens toxischer Substanzen. Eine weitere lebensbedrohliche Komplikation ist in einer *sekundären Infektion* der Wundflächen zu sehen.
Bei passiver **Überwärmung** des Organismus ist eine Hyperthermie die Folge. Diese kann zu einem *Hitzekollaps* führen. Bei einem *Sonnenstich* handelt es sich um die Folge einer örtlichen Überwärmung des ZNS durch Wärmestrahlen des Sonnenlichts.

Kältefolgen. Lokale **Kälteschäden** mit Erfrierungen finden sich vor allem im Winter an exponierten, der Kälte ausgesetzten Körperstellen wie der Nase, den Ohren und den Extremitäten. **Folgen** der Erfrierung bestehen in einer örtlichen Vasokonstriktion mit *Ischämie* und nachfolgender *Nekrose*. Kurzdauernde Kälteschäden haben eine Hyperämie zur Folge.
Allgemeine Kälteeinwirkung führt zum Zustand der *Hypothermie*. Bei Absinken der Körpertemperatur auf 25–28° C tritt der Kältetod ein. Ist die Wärmeregulation, z. B. durch Alkoholeinfluß, beeinträchtigt, so kann eine allgemeine Unterkühlung mit Todesfolge selbst bei Umgebungstemperaturen eintreten, die noch über dem

Gefrierpunkt liegen. Die Unterkühlung von Organen findet heute in der Chirurgie, z. B. bei der Operation am Herzen, Anwendung. Die Überlebensfähigkeit eines Organs kann so verlängert werden, da die Senkung der Temperatur zu einer Verlangsamung der Stoffwechselprozesse und zu einem verringerten Energiebedarf führt. Auf diese Weise kann die Toleranz gegenüber einem verringerten O_2-Angebot erhöht werden.

2.3.1.5. Chemische Krankheitsursachen

Örtliche Einwirkungen von **Säuren** und **Laugen** führen zu Nekrosen, wobei Säuren *Koagulationsnekrosen* und Laugen *Kolliquationsnekrosen* hervorrufen. Letztere sind besonders gefährlich, weil die Schäden mehr auf die Tiefe des Gewebes übergreifen. *Verätzungen* als Folge von Arbeitsunfällen treten an der Körperoberfläche auf. Säuren und Laugen gelangen aus suizidaler Absicht oder auf Grund von Verwechslungen auch in die Speisewege und führen zu schweren Verätzungen im Bereich des unteren Ösophagus und des Mageneingangs. Es kann der Tod unter dem Bild des Schocks eintreten. Bei Überleben sind ausgedehnte narbige Strikturen die Folge mit teilweiser oder völliger Unterbrechung der Nahrungspassage. Enthält die Atemluft hohe Laugen- und Säurenkonzentrationen, so kann es auch zu Verätzungen der Lunge kommen.

Ohne auf die Vielzahl chemischer Substanzen und ihre Wirkungen im einzelnen einzugehen, sei hervorgehoben, daß sie zahlreiche Schäden wie *Entzündungen, Nekrosen, Tumoren* und *Fehlbildungen* verursachen können. Als Beispiel sei auf Leberschäden bei Tetrachlorkohlenstoffvergiftung und dem Gift des Knollenblätterpilzes verwiesen, auf die Leberzirrhose bei Ethylalkoholeinwirkung, auf Nekrosen des Darmes und der Tubulusepithelien der Niere bei Sublimatvergiftung oder auf die Panmyelophthise bei Benzolvergiftung. Besondere Bedeutung kommt auch zahlreichen Arzneimitteln zu, die unter dem Aspekt der Pathologie der Therapie zu einer Vielzahl organischer Schäden führen können. Hier sei auf die Adriamycinschäden des Herzens, die Bleomycinschädigung der Lungen oder die Auslösung von Tumoren durch die Anwendung von Immunsuppressiva und Chemotherapeutika verwiesen.

Die Bedeutung chemischer Faktoren als Ursache von Krankheiten wird insbesondere mit der Erhöhung der Schadstoffkonzentration in der Umwelt diskutiert und der damit verbundenen Beeinflussung des Ökosystems. Gegenwärtig lassen sich derartige Zusammenhänge auf Grund der ökophysiologischen Anpassung des Menschen nicht beweisen. Insbesondere ist in den letzten 100 Jahren die Zahl der Todesfälle an malignen Erkrankungen konstant geblieben, und auch eine Zunahme der Fehlbildungen ist nicht bewiesen. Ausnahmen stellen kurzzeitig massiv einwirkende Schadensfaktoren dar, wie der Atombombenabwurf der US-Amerikaner über Hiroshima und Nagasaki oder das massive Auftreten von Dioxin in Italien (Seveso) bzw. der Einsatz von Entlaubungsmittel durch die US-Armee im Vietnamkrieg. Als Folge einer Umweltbelastung ist dagegen der Anstieg allergischer Erkrankungen wie des Ekzems und des Bronchialasthmas anzusehen. Ebenso kann eine akute Zunahme der Schadstoffkonzentration beim sog. Smog eine Gefährdung für Säuglinge und Kleinkinder sowie für Menschen mit Erkrankungen des Herz-Kreislauf-Systems, mit chronisch-entzündlichen Veränderungen des Atmungssystems und mit Lungenemphysem darstellen.

2.3.2. Belebte äußere Krankheitsursachen

Unter den belebten äußeren Krankheitsursachen spielen Viren, Rickettsien, Bakterien, Pilze sowie Protozoen und Würmer eine wichtige Rolle (Tabelle 2.3).

Tabelle 2.3   Belebte äußere Krankheitsursachen (Auswahl)

Erregergruppe	Wichtige pathogene Vertreter	Folgen
Viren	Picornaviren (RNA)	Poliomyelitis, Herpangina, Meningitis, Rhinitis, Gastroenteritis
	Arboviren (RNA)	• Gelbfieber, Virusenzephalitis
	Myxoviren (RNA)	Influenza, Masern, Mumps
	Rhabdoviren (RNA)	Tollwut
	Herpesviren (DNA)	Herpes simplex, Herpes zoster, Varizellen, Stomatitis aphthosa, Kondylome
	Pockenviren (DNA)	Pocken (Variola)
Bakterienähnliche Ereger	Chlamydien	Psittakose, Ornithose, Lymphogranuloma inguinale, Trachom
	Mykoplasmen	atypische Pneumonien
	Rickettsien	Fleckfieber, Mittelmeerfieber, Q-Fieber, Wolhynisches Fieber, Rocky Mountains spotted fever
Bakterien	Staphylokokken	Furunkel, Karbunkel, Panaritium, Pemphigus neonatorum, Mastitis
	Pneumokokken	Lappenpneumonie, Meningitis, Otitis media, Mastoiditis, Peritonitis
	Streptokokken	Tonsillitis, Sinusitis, Otitis media, Mastoiditis, Meningitis, Osteomyelitis, Scharlach, rheumatisches Fieber
	Stäbchenbakterien	Typhus, Paratyphus, bakt. Ruhr (Enterobakterien), Yersinosen wie Pest, Tularämie, abszed. retikuläre Lymphadenitis, Diphtherie u. Listeriose, Milzbrand (aerobe Stäbchen), Tetanus u. Gasbrand (anaerobe Stäbchen)
Pilze	Strahlenpilze	Aktinomykose
	Candida albicans	Soorösophagitis, Organmykosen bei hämatogener Streuung
	Aspergillus niger, fumigatus u. nidulans	Dermato- u. Organmykosen (Lunge) und bei hämatogener Streuung auch anderer Organe
Protozoen	Trypanosomen	Schlafkrankheit, Chagaskrankheit
	Leishmanien	Kala-Azar, Aleppobeule
	Toxoplasmen	Toxoplasmose mit Aborten u. Totgeburten
	Plasmodien	Malaria
	Amöben	Ruhr, tropischer Leberabszeß
	Pneumocystes carinii	interstitielle Pneumonie

Fortsetzung Tabelle 2.3

Erregergruppe	Wichtige pathogene Vertreter	Folgen
Würmer	**Bandwürmer – Zestoden** (Taenia solium u. saginata u. Echinokokkus	Zystizerkose, Echinokokkusblasen
	Rundwürmer – Nematoden	
	Ascaris lumbricoides	eosinophiles Lungeninfiltrat
	Oxyuris vermicularis	Appendicitis oxyurica
	Ankylostoma duodenale	Anämie
	Trichinella spiralis	Muskeltrichine
	Saugwürmer – Trematoden	
	Schistosoma haematobium u. mansoni	ulzeröse Urozystitis und Proktitis Harnblasenkarzinom
	Fasciola hepatica (großer Leberegel)	entzündliche Erkrankungen der Gallenwege und Leber

2.3.2.1. Viren als Krankheitserreger

Viren und ihre Einwirkungen bilden gegenwärtig einen der Schwerpunkte der medizinisch-biologischen Forschung weil sie
- als Ursache zahlreicher infektiöser Erkrankungen erkannt wurden,
- eines der zentralen Probleme der modernen Forschung auf dem Gebiet der Kanzerogenese sind,
- auf Grund ihrer vergleichsweise einfachen Struktur ein wichtiges Objekt für die Grundlagenforschung zur Klärung der Funktion und Bedeutung der Nucleinsäuren im Rahmen genetischer Prozesse darstellen.

Viren stehen systematisch zwischen den bakteriellen Krankheitserregern und den Makromolekülen. Sie bilden das Bindeglied zwischen belebter und unbelebter Materie.
Viren zeichnen sich durch einen *obligaten Zellparasitismus* aus, d.h., sie sind nur in einer Wirtszelle existent.
Über die in die Wirtszelle eingebrachte Nucleinsäure erhält das *Virus die Fähigkeit, den Enzymsyntheseapparat der Wirtszelle für die eigene Replikation auszunutzen.* **Die Wirtszelle ist die Basis für die Replikation der Viren** und wird gezwungen, für dieses Ziel dem Virus ihre Hilfsmechanismen zur Verfügung zu stellen. **Viren besitzen keinen eigenen Stoffwechsel.** Demzufolge spielen Wechselbeziehungen zwischen Wirt und Virus eine wichtige Rolle.

Die Replikation der doppelsträngigen DNA-Viren und der meist einsträngigen RNA-Viren erfolgt analog dem von Watson und Crick hierzu entwickelten Modell. In diesem Prozeß wird die virale Nucleinsäure teilweise oder vollständig in das Genom der Wirtszelle eingebaut.

Voraussetzung für das Wirksamwerden der Virusnucleinsäure ist die Penetration des Virus in die Zelle. Die Bildung viraler Nucleinsäure kann unabhängig von der zellulären DNA erfolgen mit der Synthese ständig neuer Viruspartikel.

Die **Einteilung** der Viren geht im wesentlichen von der Unterscheidung in DNA- und RNA-haltige Viren aus (die wichtigsten Viren und ihre Wirkung sind der Tabelle 2.3 zu entnehmen). Nicht eindeutig klassifizierbar sind die Rötelnviren. Nach den Untersuchungen von Gregg (1941) führen sie zum Fruchttod oder zu Mißbildungen. In diese Gruppe gehören noch einige weitere Viren, die aber auf Grund der fehlenden Pathogenität für den Menschen hier nicht genannt werden sollen.

Bei der **Wirkungsweise** der Viren ist von ihrem unmittelbaren Einfluß auf die Wirtszelle auszugehen. Sie läßt sich vor allem an Zellkulturen in vitro nachweisen, aber auch an der Zelle im Organismus demonstrieren.

Nach Eindringen des Virus in die Wirtszelle werden die Prozesse eingeleitet, die der Replikation der viruseigenen Proteine dienen. Diese Prozesse unterliegen in ihrer Regulation dem Virusgenom, bedürfen zu ihrer Verwirklichung aber der enzymatischen Systeme der Zelle. Die in der Zelle ablaufenden Veränderungen stellen die Basis für die Befunde bei einer Virusinfektion dar. Als wichtige **Folgen der Viruseinwirkung** sind zu nennen:
- der *zytopathische Effekt,* der nicht zwangsläufig bei einer Virusinfektion auftreten muß. Er ist in der Zellkultur durch das Auftreten von Riesenzellen, Abhebungen und Verklumpungen von Zellen, hämolytischen Vorgängen, Aktivierung lysosomaler Enzyme, eine Hemmung der Proteinsynthese der Wirtszelle und letztlich den Tod derselben charakterisiert;
- die *Zelltransformation* (s. 5.7.4.7. Initiierungsphase);
- die *Induktion von Enzymen* in der Zelle, die durch Bildung einer DNA-Polymerase als Voraussetzung für die Produktion der viralen DNA, eine Aktivierung der Thymidin-Kinase und der Desoxyribonuclease gekennzeichnet ist. RNA-Viren induzieren die Bildung der RNA-Synthetase;
- die *Auslösung von Chromosomenaberrationen,* wie sie z.B. als Folge der Einwirkung des Rötelnvirus auftreten. Bei entsprechend infizierten Zellkulturen sind Chromosomenbrüche und Mitosehemmungen zu beobachten;
- der *Aufbau von Einschlußkörperchen,* die bereits mit Hilfe des Lichtmikroskops zu erkennen sind. Sie treten im Kern und im Plasma der Wirtszelle auf. Allerdings sind diese Gebilde für das Vorliegen einer Virusinfektion **nicht** beweisend. Sie können auch ohne eine solche zu beobachten sein. Andererseits schließt das Fehlen von Einschlußkörperchen das Vorliegen einer Virusinfektion nicht aus.

Die **Virusinfektionen des Menschen** haben hinsichtlich Pathogenese und Epidemiologie viele Gemeinsamkeiten mit bakteriellen Infektionen. Ähnlich den Bakterien verursachen Viren entweder eine lokale Veränderung an der Einwirkungsstelle oder sie führen zu einer Allgemeininfektion durch Ausbreitung über das Blutgefäß- und das Lymphsystem. Der früher vertretene Standpunkt im Sinne eines Tropismus mit Differenzierung epitheliotroper, dermatotroper, neurotroper u. a. Viren ist heute weitgehend aufgegeben, da im Prinzip alle Viren alle Zellen infizieren können. Trotzdem muß festgehalten werden, daß sich bestimmte Viren bevorzugt in bestimmten Zelltypen vermehren.

Als **Eintrittspforte für Viren** kommen vor allem die *äußere Haut und die Schleimhäute des Respirationstrakts* und der *Darmwege* in Frage. **Lokalisierte Virusinfektionen** treten demzufolge als solche des Atem- oder Intestinaltrakts auf, und auch Hautgewächse können Ausdruck einer solchen lokalisierten Virusinfektion sein.

Eine **generalisierte Virusinfektion** kann symptomlos verlaufen im Sinne einer einfachen Virämie, aber auch mit einer Organmanifestation verbunden sein. Ein im Blut kreisendes Virus kann durch die Zellen des RHS entfernt werden. Im Stadium einer hämatogenen Generalisation kann auch eine Übertragung des Virus auf das Ei oder den Feten erfolgen. Als Organmanifestation ist vor allem das ZNS von Bedeutung. Doch nicht jede Virusinfektion führt zu einer entsprechenden klinischen Symptomatik. Häufig verläuft ein Virusbefall ohne zelluläre und allgemeine Reaktion. Man spricht dann von einer *Viruspersistenz*. Unter einer „*slow-Virus-Infektion*" versteht man, daß das Virus sich schon einige Zeit im Wirtsorganismus befindet, ehe es zu einer krankhaften Reaktion kommt.

Die **Übertragung von Viren** erfolgt *direkt* oder *indirekt*, direkt durch *Kontakt-* und *Schmierinfektion*. Bei respiratorischen Viren ist die *Tröpfcheninfektion* von Bedeutung. Häufig sind Haut- und Schleimhautverletzungen die Voraussetzung für das Eindringen eines Virus. Dieser Umstand ist z. B. für das Tollwutvirus wichtig. Rötelnviren werden z. B. *diaplazentar* übertragen. Auch an eine Übertragung bei Passage der Geburtswege durch das Neugeborene muß gedacht werden. Schließlich kann die Muttermilch als Überträger in Frage kommen.

Auf virale Einwirkungen ist eine Vielzahl von Erkrankungen zurückzuführen, deren Charakter von der Art des pathogenen Virus bestimmt wird.

Picornaviren. Zu dieser Gruppe gehören die **Coxsackie- und Echoviren**, die z. B. eine *aseptische Meningitis, Herpangina,* die sog. *Bornholmer Krankheit* (Myalgia epidemicia) bedingen, sowie die Enteroviren, die zu Katarrhen der Atem- und Verdauungswege führen. **Rhinoviren** spielen eine Rolle als Auslöser banaler Erkältungskrankheiten, die mit Schnupfen, Husten und Heiserkeit einhergehen. Bei ihnen handelt es sich um opportunistische Krankheitserreger, die normalerweise in der Nasenschleimhaut leben und bei Erkältungen pathogen werden. **Arboviren** werden durch Biß oder Stich auf den Menschen übertragen. Die durch sie ausgelösten Infektionen sind also in der Regel Zoonosen. Bedeutungsvoll sind sie als Erreger der Virusenzephalitis und des Gelbfiebers.

Myxoviren sind wichtig als Erreger des Mumps (Parotitis epidemica), der Masern und der Grippe (Influenza). Die Influenza tritt mit unterschiedlich schweren Krankheitsbildern in Erscheinung. Nach einer kurzen Inkubationszeit von 1–2 Tagen findet man eine hämorrhagische Tracheobronchitis und eine blut- und flüssigkeitsreiche Lunge. Vielfach kommen bakterielle Sekundärinfektionen hinzu mit Staphylokokken, Pneumokokken und Hämophilus influenzae und Ausbildung einer Bronchopneumonie.

Herpesviren sind die Ursache von *Windpocken* (Varizellen), des *Herpes zoster, Herpes simplex* (Herpes labialis) und der *Stomatitis aphthosa*. Auch der Erreger der *Zytomegalie* gehört in diese Erregergruppe. Histologisch finden sich bei letzterer in verschiedenen Organen (Kopfspeicheldrüsen, Nieren, Lunge, Leber Pankreas, Schilddrüse u. a.) Riesenzellen. Diese enthalten DNA- und eiweißhaltige intrazytoplasmatische und intranukleäre Einschlußkörperchen.

Pockenviren sind die Erreger der heute weitgehend beherrschten Pocken (Variola).

Rhabdoviren spielen eine wichtige Rolle als Erreger der Tollwut.

2.3.2.2. Bakterienähnliche Erreger

Zu diesen sind zu rechnen die Chlamydien, Mykoplasmen und Rickettsien.
Chlamydien spielen eine Rolle als Erreger der *Psittakose* und *Ornithose* (bei Wellensittichen und Papageien auftretende Erkrankungen, die auf den Menschen übertragen werden können), des *Lymphogranuloma inguinale* (sog. 4. Geschlechtskrankheit) und des *Trachoms* (chronische Bindehautentzündung mit Hornhauttrübung und Erblindung).
Mykoplasmen führen zu einer Reihe *atypischer Pneumonien*.
Rickettsien rufen Erkrankungen wie das in Kriegszeiten bedeutsame *Fleckfieber* hervor. Der Erreger lebt im Darm von Kleiderläusen und wird von diesen auf den Menschen übertragen. Die Folge ist ein schweres infektiöses Krankheitsbild, und der Tod erfolgt im Zustand einer schweren Toxinämie, durch Enzephalitis, Myokarditis oder eine sekundäre bakterielle Pneumonie.

2.3.2.3. Bakterien

Bakterien stellen die größte Gruppe belebter äußerer Krankheitserreger dar. Sie sind schädlich, weil sie Giftstoffe enthalten, die als Ektotoxin und Endotoxin vorliegen. *Ektotoxine* (thermolabil) werden von den Bakterien nach außen abgegeben und rufen entsprechende Krankheitsbilder hervor, wie z.B. Diphtherie, Botulismus oder Tetanus. *Endotoxine* (thermostabil) treten vorwiegend bei gramnegativen Bakterien auf. Sie werden beim Zerfall der Bakterien frei, es handelt sich bei ihnen um hochpolymere Lipopolysaccharide.
Als bedeutsame Vertreter der Bakterien verweisen wir auf die **Staphylokokken**, die ursächlich für *Furunkel, Karbunkel, Panaritium* und eine *Mastitis* in Frage kommen.
Pneumokokken und ihre verschiedenen Typen spielen als Erreger von *Lappenpneumonien* eine Rolle und finden sich bei der *Otitis media, Mastoiditis* sowie bei *Meningitiden* und *Peritonitiden*.
Streptokokken rufen beim Menschen zahlreiche entzündliche Krankheitsbilder hervor. In der Mehrzahl handelt es sich bei den pathogenen Formen um β-hämolysierende Streptokokken. Die Inkubationszeit ist in der Regel kurz. Sie sind ursächlich für *Anginen, Otitis media, Mastitis, Pneumonien, Osteomyelitis* u.a. verantwortlich zu machen. Sie breiten sich rascher aus als die Staphylokokken und sind deshalb auch häufig die Ursache für phlegmonöse Entzündungen. Auch der Scharlach ist ebenso wie das rheumatische Fieber auf eine Streptokokkeninfektion zurückzuführen.
Stäbchenbakterien. Zu den gramnegativen, sporenbildenden Stäbchen zählen die **Enterobakterien** als Erreger des *Typhus abdominalis*, des *Parathyphus* und der *bakteriellen Ruhr* sowie die **Yersinosen**. Zu letzteren gehören Yersina pestis, Yersina pseudotuberculosa und Pasteurella tularensis. Die entsprechenden Krankheitsbilder sind Pest, abszedierende retikuläre Lymphadenitis und Tularämie. Auch der Erreger der Legionärskrankheit, Legionella pneumophilo, ist in diese Gruppe von Erregern einzuordnen. Sie rufen ein grippeähnliches Krankheitsbild mit Pneumonien hervor.

Zu den grampositiven sporenlosen Stäbchen gehören **Corynebakterium diphtheriae**, **Listeria monocytogenes** als Erreger der Diphtherie bzw. der Listeriose. Bei den grampositiven, sporenbildenden Stäbchen unterscheidet man die aeroben von den anaeroben. Zu den aeroben Sporenbildnern zählt Bacillus anthracis als Erreger des Milzbrands. Hierbei handelt es sich um eine Zoonose, die sich beim Menschen im Darm, in der Haut und in der Lunge abspielen kann. Ein Anaerobier ist Clostridium tetani, der Erreger des Tetanus. Auch die Clostridium perfringens, der Erreger des Gasbrands, ist ein Anaerobier.

2.3.2.4. Pilze

Pilze treten als *Dermatomykosen* und *Organmykosen* in Erscheinung. Bei ersteren finden sich die Pilze im Bereich keratinhaltigen Gewebes (Epidermis, Nägel, Haare) und lösen bei Befall tieferer Schichten eine entzündliche Reaktion aus. Bei den **Organmykosen** werden die Pilze auf dem Blutwege verschleppt. Besonders bei stark abwehrgeschwächten Patienten ist dieser Ausbreitungsmodus zu beobachten. In diesen Fällen kommt es zu Mykosen des Ösophagus und des Darmes, oder es können sich mykotische Pneumonien ausbilden. Auch Gehirn, Endokard und Knochen können befallen sein.

2.3.2.5. Protozoen

Protozoen sind tierische Einzeller, die sich mit Hilfe undulierender Membranen, Wimpern oder Geißeln fortbewegen können. Bei ihrer Übertragung spielen häufig Insekten eine wesentliche Rolle. Als wichtigste Vertreter dieser Gruppe sind die **Trypanosomen** zu nennen. Als **Trypanosoma gambiense** oder *rhodesiense* verursachen sie die *Schlafkrankheit*, als **Trypanosoma cruzii** die *Chagas-Krankheit*. **Leishmania donovani** ist der Erreger der *Kala-azar* und **Leishmania tropica** ruft die *Aleppobeule* hervor. **Toxoplasma gondii**, eine Sporozoe, verursacht die *Toxoplasmose*, und die **Plasmodien** spielen eine große Rolle als Erreger der *Malaria*. Die **Amöben** (Entamöba histolytica) sind die Erreger der *Amöbenruhr*, und bei Verschleppung auf dem Pfortaderweg können sie einen *tropischen Leberabszeß* bedingen.

2.3.2.6. Würmer

Die **Würmer** werden als ätiologische Faktoren für Krankheiten häufig unterschätzt. Wenn sie bei uns auch nicht mehr so bedeutsam sind, so spielen sie doch in Ländern mit noch unterentwickelter Hygiene eine wichtige Rolle.
Aus der Gruppe der **Saugwürmer** (Trematoden) ist der große Leberegel *(Fasciola hepatica)* hervorzuheben. Beim Menschen in den Gallengängen und in der Leber vorkommend, ruft er entzündliche Veränderungen hervor. In tropischen Ländern von großer Bedeutung ist *Schistosoma haematobium* bzw. *Schistosoma mansoni*. Sie verursachen die *Bilharziose*. Über eine Zwischenstufe in der Entwicklung, die Zerkarien, dringen sie bei Aufenthalt in entsprechend verseuchten Gewässern durch die Haut in den Körper ein und gelangen in die Harnblase (Schistosoma haematobium) oder

in den Dickdarm (Schistosoma mansoni). Es kommt zu schweren chronischen Entzündungen mit Ulzera und in der Harnblase gehäuft zu Karzinomen.
Unter den **Bandwürmern** ist *Taenia solium,* der Schweinebandwurm, zu nennen. Der 2–3 m lange Bandwurm besitzt neben vier Saugnäpfen einen Hakenkranz, er lebt im Dünndarm des Menschen. Die Übertragung erfolgt durch finnenhaltiges Schweinefleisch. Vom Menschen als Wirt gelangen die Eier mit dem Kot in den Magen des Schweines (Zwischenwirt). Die Embryonen durchbohren die Darmwand des Schweines, und in dessen Muskulatur entwickeln sich dann die Finnen. Der Mensch kann auch Zwischenwirt sein, wenn nämlich die Eier durch Selbstinfektion in seinen Magen gelangen. In der Muskulatur und im Gehirn können sich dann traubenartige Blasen bilden. Man spricht von einer Zystizerkose.
Der Rinderbandwurm *(Taenia saginata)* unterscheidet sich vom Schweinebandwurm durch das Fehlen des Hakenkranzes. Er kann bis zu 10 m lang werden. Die Finnen entwickeln sich hier im Rind als Zwischenwirt und werden durch den Genuß von rohem Fleisch (Schabefleisch) übertragen.
Der Bandwurm *Echinococcus granulosus* oder *multilocularis* kommt beim Hund (als Wirt) vor. Werden die Eier vom Menschen aufgenommen, entwickelt sich die Finne, die Echinokokkusblase, die in allen Organen, vor allem jedoch in der Leber, auftreten kann.
Unter den **Rundwürmern** ist für dem Menschen vor allem *Ascaris lumbricoides* bedeutungsvoll. Dieser im Dünndarm lebende Wurm kann in die Gallenwege vordringen. Aus den befruchteten Eiern entwickeln sich Larven. Diese werden verschluckt, durchbohren die Darmwand und gelangen auf dem Blutweg in die Lungen. Hier rufen sie ein eosinophiles Infiltrat hervor.
Oxyuris vermicularis lebt im unteren Dünndarm. Er kann über den Dickdarm in die Appendix gelangen und hier das Bild einer Appendicitis oxyurica hervorrufen. Zur Eiablage wandern die 10 mm langen Weibchen auf die Haut um die Analöffnung. Hier entsteht ein Juckreiz. Durch Kratzen ist eine Selbstinfektion möglich.
Die Eier von *Ankylostoma duodenale* (Gruben- oder Hakenwurm) kommen mit den Faeces in das Wasser und entwickeln sich hier zu Larven. Diese dringen durch die Haut in den Organismus ein und wandern auf dem Blutwege über die Herz-Lungen-Passage in den Darm. Die Würmer leben im Dünndarm und saugen aus der Schleimhaut Blut. Die Folge ist eine schwere Anämie. Der Wurm kommt vorzugsweise in den Tropen und auch in manchen Bergwerken vor. *Trichinella spiralis* lebt als geschlechtsreifes Tier im Dünndarm verschiedener Säugetiere (Darmtrichine). Nach der Befruchtung durchbohrt das Weibchen die Darmwand und setzt die Larven in den Chylusgefäßen ab. Aus der Blutbahn gelangen die Larven dann überwiegend in die Skelettmuskulatur (Muskeltrichine). Sie rollen sich spiralartig auf, und es bildet sich eine hyaline Kapsel mit anschließender Verkalkung. Bei der Aufnahme trichinenhaltigen Fleisches mit der Nahrung wird die Kapsel aufgelöst, und es entwickeln sich die geschlechtsreifen Würmer.

2.4. Biologische und pathologische Aspekte des Alterns

Das Altern ist untrennbar mit der Existenz mehrzelliger biologischer Organismen verbunden und steht in enger Beziehung zur *Entwicklung* und *Differenzierung.* Es gibt kein Leben ohne Altern. Die Kenntnis der dem Altern zugrunde liegenden

Prozesse ist deshalb so bedeutsam, weil der mit dem Altern einhergehende Wandel im metabolischen, strukturellen und funktionellen Erscheinungsbild des Organismus ein qualitativ und quantitativ andersartiges Verhalten in der Beziehung Organismus/Umwelt bewirkt. Das *Altern* als sich ständig vollziehendes Ereignis ist vom *Alter* abzugrenzen, das einen jeweils definierten Zustand charakterisiert. Der Alternsvorgang hängt im wesentlichen von zwei ihn bestimmenden Größen ab. Diese sind:

- die Intensität und das Ausmaß der primären Alternsvorgänge und die sich daraus ableitenden Auswirkungen auf das sekundäre Altern;
- die mit fortschreitendem Alter zunehmende Wahrscheinlichkeit, zahlreiche chronische, irreversible Krankheiten zu erwerben.

Das Wissen um die Gesetzmäßigkeiten des Alterns beinhaltet deshalb die Möglichkeit der Einflußnahme auf die Alternsvorgänge selbst, wie auch die Klärung ihrer Wechselbeziehungen zu krankhaften Prozessen.

2.4.1. Definition

Die Vorstellungen über die dem Altern zugrunde liegenden Vorgänge sind noch unvollständig und vielfach nicht gesichert. Es gibt daher gegenwärtig keine verbindliche Definition des Alterns. Das Altern beginnt schon bei der Geburt und nach der Vorstellung mancher Forscher bereits mit der Vereinigung von Ei- und Samenzelle. Das bedeutet, daß das Altern nicht zwangsläufig mit der Vorstellung regressiver Vorgänge belastet sein muß. Im Zusammenhang mit Entwicklung und Differenzierung umfaßt es auch progressive Veränderungen. Dies betrifft z.B. die Leistungsfähigkeit oder auch die Disposition gegenüber Erkrankungen. Die Qualität der Alternsvorgänge ist in verschiedenen Altersstufen unterschiedlich, und sie verlaufen auch nicht in allen Organen quantitativ und qualitativ in der gleichen Weise. Unter Berücksichtigung der bisher vorliegenden Erkenntnisse definieren wir das Altern wie folgt:

Altern stellt ein dem lebenden Organismus inhärentes, komplexes und irreversibles Geschehen dar, das die verschiedenen Organisationsstufen des Organismus quantitativ und qualitativ unterschiedlich betrifft und mit Veränderungen in Stoffwechsel, Struktur und Funktion einhergeht, die mit fortschreitendem Alter durch eine Verminderung der funktionellen Kapazität und der Adaptabilität gekennzeichnet sind.

2.4.2. Alternstheorien

Trotz zahlreicher phänomenologischer Ergebnisse (wie auch solcher der experimentellen und der Grundlagenforschung) besteht auch heute noch weitgehend Unklarheit darüber, auf welche veränderten Grundprozesse das Altern zurückzuführen ist. Es existiert demzufolge keine allgemein verbindliche Theorie des Alterns, sondern es liegt eine Vielzahl z.T. sehr divergierender Theorien vor. Die gegenwärtig gebräuchliche Einteilung unterscheidet zwischen den *Fundamentaltheorien*, den *epiphänomenalen* und den *molekularen Theorien* des Alterns. Diese Theorien spiegeln die Tatsache wider, daß das Altern zwar im wesentlichen von den dem Organismus eigenen Mechanismen bestimmt wird (= Fundamentaltheorien), z. T. aber auch das Resultat äußerer Bedingungen ist (= epiphänomenale Theorien).

2.4.2.1. Fundamentaltheorien

Unter den Fundamentaltheorien spielt die *Abnutzungstheorie* eine wichtige Rolle. Diese geht von der Vorstellung aus, daß es im Laufe des Lebens zur Ausschaltung bestimmter funktioneller und struktureller Eigenschaften des Organismus kommt, die nicht mehr ersetzt werden können und in ihrer Summe zu einer zunehmenden Insuffizienz der Lebensfunktionen führen. Als Sonderform dieser Theorie ist *die Vorstellung von der primären Involution eines Organs bzw. eines Organsystems* zu erwähnen. Vor allem die Bedeutung der Involution endokriner Organe für das Altern, wie z. B. der Keimdrüsen, wird hier diskutiert. Die *genetische* oder *Mutationstheorie* geht von der Annahme aus, daß das Altern das Ergebnis eines bereits genetisch determinierten Programms ist bzw. sich als das Resultat von im Laufe des Lebens erfolgter somatischer Mutationen darstellt. Letztere sollen zu Funktionseinschränkung und -ausfall sowie schließlich zum Tod des Organismus führen.

Wir verweisen auch auf die Vorstellung von der *Zunahme der Stabilität* als Ursache des Alterns. Diese Stabilität ist hier nicht in positivem Sinne zu verstehen, sondern unter dem Aspekt einer verringerten Veränderlichkeit und Beweglichkeit. Sie beruht z. B. auf einer Vernetzung des Kollagens und der Eiweiße (s. 2.4.2.3.).

2.4.2.2. Epiphänomenale Theorien

Grundlage dieser Theorien ist die Annahme einer zunehmenden Vergiftung des Organismus durch von der Umwelt ausgehenden Faktoren. Eine Rolle sollen z. B. die Einwirkung *kosmischer Strahlen* spielen, die Anhäufung *schweren Wassers* und die *Gravitation*. Auch *Autointoxikationsprozesse* sollen in diesem Sinne wirksam werden können.

Als möglicher Mechanismus wird das Auftreten freier Radikale diskutiert, die, chemisch außerordentlich aktiv, zu Vernetzungen von DNA-Moleküle untereinander, von DNA mit Histonen, von Kollagenmolekülen miteinander, zu Membranveränderungen und Mitochondrienschädigungen führen. Als solche freien Radikale sind bedeutsam O_2H^*, O_2^*, H^* und S- sowie N-Radikale. Röntgenstrahlen können z. B. auch das Auftreten derartiger Radikale verursachen. Über diese Mechanismen hinaus wird gegenwärtig die Bedeutung von Autoimmunprozessen als Ursache des Alterns diskutiert.

2.4.2.3. Molekulare Theorien

Die molekularen Theorien beruhen auf den Erkenntnissen der Molekularbiologie. Sie spiegeln Aspekte der Fundamentaltheorien wie auch der epiphänomenalen Theorien wider und könnten ein Bindeglied zwischen der Vorstellung von der Bedeutung endogener Faktoren beim Altern und ihrer Wechselbeziehungen zu exogenen Einflüssen darstellen. Es wird von der Annahme ausgegangen, daß es zu Vernetzungen durch Ausbildung von „cross-links" (H-Brücken, kovalente Bindungen) zwischen verschiedenen Makromolekülen kommt. Dadurch soll ihre Funktionstüchtigkeit eingeschränkt werden. Derartige Vernetzungen treten zwischen DNA-Molekülen, DNA und Histonen sowie zwischen Kollagenmolekülen auf. Durch diese Vernetzungen, z. B. der DNA, kann es zur Blockierung genetischer Informationen kommen. Diese Veränderungen werden als Ausdruck des *primären Alterns* denen des *sekundären Alterns* gegenübergestellt. Als Veränderungen des sekundären Alterns sind die aufzufassen, die sich als Folge veränderter Grundprozesse in verschiedenen Erscheinungsformen an Zellen, Geweben und Organen zu erkennen geben (s. u.). Sie spielen sich z. B. an den globulären Proteinen der Parenchymzellen ab. Veränderungen des sekundären Alterns können auch so zustande kommen, daß infolge der Kollagenvernetzung die Gefäßpermeabilität herabgesetzt und damit die Sauerstoff- und Substratversorgung der Zellen unzureichend wird.

2.4.3. Erscheinungsformen des Alterns (sekundäres Altern)

Das Altern führt zu verschiedenen metabolischen, strukturellen und funktionellen Veränderungen, die Ausdruck von Erscheinungsformen des Alterns sind und denen überwiegend keine grundsätzliche Bedeutung für die Erklärung von Alternsvorgängen zukommt.

2.4.3.1. Allgemeine Veränderungen

Wir unterscheiden zwischen *allgemeinen Veränderungen,* die als grundsätzliche Erscheinungsformen des Alterns in verschiedenen Organen immer wiederkehren, und grenzen sie von den *speziellen Veränderungen* ab, die durch Besonderheiten des jeweiligen Organs gekennzeichnet sind. Die zu beobachtenden Abweichungen treten nicht in allen Zellen in gleicher Weise auf. Alternsbefunde lassen sich vor allem an Zellen mit postmitotisch fixiertem Wachstum nachweisen. An Zellen mit intermitotischem Wachstum, wie z. B. an denen der Darmschleimhaut, lassen sie sich nicht überzeugend erkennen.
Metabolische Veränderungen. Das enzymatische Verhalten der alternden Zelle wurde vielfach untersucht. Die Ergebnisse sind widerspruchsvoll, da sie an verschiedenen Organen in verschiedenen Lebensabschnitten gewonnen wurden. Als übereinstimmender Befund ergibt sich eine *Abnahme der oxydativen Kapazität* der Zelle. Die *Grundsubstanz* zeichnet sich durch eine *erhöhte Viskosität* und eine *Verlangsamung der Stoffwechselreaktionen* aus. Es tritt ein *Wasserverlust* ein. Stoffwechseld- und -zwischenprodukte werden vermehrt in die Grundsubstanz eingelagert, der Gehalt an Glycosaminoglycanen nimmt zu. Durch die inter- und intramolekulare Vernetzung erfolgt eine Beeinflussung des sog. Molekularsiebeffekts. Diese Befunde werden unter dem Begriff der *Hysterese* zusammengefaßt, worunter eine Verfestigung der Eiweiße zu verstehen ist im Sinne der bereits erwähnten erhöhten Stabilität.

Strukturelle Veränderungen. Unsere Kenntnisse über die strukturellen Veränderungen sind sehr beschränkt. Sie bestehen z. B. im Kern in einer *Zunahme des optisch dichteren Heterochromatins,* das als genetisch inaktives Chromatin aufzufassen ist. Die *Zahl der Mitochondrien* nimmt ab, und das *endoplasmatische Retikulum* ist vermindert. Die *kollagenen Fasern* nehmen zu, die *Kapillardichte* nimmt ab. Als charakteristischer *zellulärer Befund* wird eine Zunahme des *Lipofuscins* beschrieben, was auf eine mögliche Bedeutung der Lysosomen für die Alternsvorgänge hindeutet. Es tritt eine *Volumenabnahme* der Zellen ein, die zu dem sich entwickelnden Bild der *Atrophie* beiträgt.

Regulationsprozesse. Mit fortschreitendem Alter erfahren auch die regulativen Vorgänge im Organismus eine Veränderung. Ohne daß diese gegenwärtig im einzelnen zu charakterisieren sind, zeichnen sie sich in ihrer Gesamtheit dadurch aus, daß *Reagibilität* und *Adaptabilität* eingeschränkt sind, ohne völlig aufgehoben zu sein. Die verminderte Adaptabilität beeinflußt insbesondere die Beziehungen des Organismus zur Umwelt und zu den aus ihr einwirkenden Störfaktoren und sein Verhalten bei krankhaften Prozessen.

2.4.3.2. Spezielle Veränderungen

Wir beschränken uns auf die Darstellung einiger Befunde am Herzen, am Gefäßsystem sowie an einigen weiteren Organen, zumal die ausführliche Beschreibung dieser Veränderungen Gegenstand der Speziellen Pathologie ist.

Herz. Auf Grund neuerer Untersuchungen ist zu betonen, daß die früher viel diskutierte *braune Altersatrophie* des Herzens kaum vorkommt. Vielmehr kann man bis in das hohe Greisenalter eine stete Gewichtszunahme des Herzens beobachten. Nur in der 10. bis 11. Lebensdekade tritt eine geringe Gewichtsabnahme ein. Auch die sog. *Altersfibrose* des Herzens ist meist nicht auf das Altern zu beziehen. Entsprechende Veränderungen sind überwiegend entzündlicher oder ischämischer Genese. Ebenso sind die *kardiovaskuläre Amyloidose* wie die häufig zu beobachtenden schweren Formen der *Koronararteriensklerose* nicht als Alternsveränderungen aufzufassen. Als solche sind dagegen *degenerative Befunde an Aorten- und Mitralklappe,* die *Verkalkung des Mitralklappenringes* und eine *Verfestigung des myokardialen Bindegewebes* anzusehen. Als Ausdruck gestörter Stoffwechselprozesse ist die im Alter zu beobachtende *basophile Degeneration* der Muskelfasern zu bewerten. Es gibt deshalb auch keine Herzinsuffizienz des Greisenalters, sondern nur eine solche im Greisenalter.

Gefäße. Die Arteriosklerose stellt keine Altersveränderung dar. Die ausgesprochenen Alternsveränderungen bestehen in einer *Verdickung der Intima* sowie einem *Elastizitätsverlust,* der zur sog. *Altersektasie* der Gefäße führt. Der Gesamtzellgehalt der Gefäßwand und das Elastin sind verringert, und das Kollagen ist vermehrt, was zum Bild der *Fibrose* führt. Im Gegensatz zur Arteriosklerose bilden sich die Veränderungen in allen Gefäßabschnitten gleichmäßig aus und erfolgen zeitlich kontinuierlich. Die *Kapillardichte* nimmt ab. Außerdem ist die *Permeabilität* der Kapillaren verringert. Dies beruht auf einer Vernetzung des Kollagens, auf einer Zunahme der Glycosaminoglycane sowie auf der Einlagerung von Hyalin. Weiterhin kommt es zu Veränderungen der kapillären Transitstrecke.

Andere Organe. Bekannt sind Veränderungen der Lunge im Sinne des *Altersemphysems,* einer Form des chronisch-substantiellen Lungenemphysems. Ohne zusätzliche Erkrankung kommt diesem Befund jedoch keine Bedeutung zu. Am Skelettsystem finden sich Veränderungen an den Zwischenwirbelscheiben und an der knöchernen Substanz selbst. Die Zwischenwirbelscheiben zeigen vor allem *regressive Veränderungen,* während man am Knochen eine *Osteoporose* sieht, die Ursache für seine höhere Brüchigkeit im Alter ist. Andere Befunde, wie z. B. deformierende Arthrosen, sind dagegen als echte Krankheiten aufzufassen.

2.4.4. Beeinflussung von Alternsveränderungen

Wenn sich Alternsvorgänge als untrennbarer Bestandteil des Lebens auch nicht verhindern lassen, so sind sie doch in vielfältiger Weise beeinflußbar, und zwar sowohl im Sinne einer *Beschleunigung* als auch einer *Verlangsamung.*

Bekannt ist z. B., daß Alternsvorgänge durch *Mangelernährung* beschleunigt werden können. Eine gewisse Reduzierung der Kalorienzufuhr hat dagegen einen lebensverlängernden Effekt (Vermeidung der Adipositas). Die Befunde bei *physischer Inaktivität* und die hierbei auftretenden Rückbildungsveränderungen entsprechen in vielem den Vorgängen beim Altern. *Röntgenstrahlen* rufen z. T. ebenfalls Veränderungen hervor, die denen beim Altern ähneln. Andererseits ist es möglich, Alternsvorgänge durch eine angemessene physische Aktivität zu verzögern. Es wird sogar angenommen, daß ein Teil der im Alternsgang zu beobachtenden Veränderungen das Resultat zunehmender physischer Inaktivität ist. So ist bekannt, daß durch die Förderung der physischen Ausdauer eine Verzögerung des Alterns erzielt werden kann. Dies findet seinen Ausdruck z. B. darin, daß die Leistungsfähigkeit des Herz-Kreislauf-Systems eines ausdauertrainierten 60jährigen der eines untrainierten 40jährigen entspricht. Auch sonst ist ganz allgemein festzustellen, daß physisch aktive Menschen biologisch etwa 10 Jahre jünger sind als es ihrem kalendarischen Alter entspricht. Auch ständige geistige Tätigkeit wirkt dem Alternsprozeß entgegen. Hieraus folgt, daß eine Gerohygiene von außerordentlich großer Bedeutung ist, um nicht nur ein Altwerden an sich zu erreichen, sondern ein lebenswertes Alter in Gesundheit.

2.4.5. Altern und Krankheit

Die dargestellten **Alters- und Alternsveränderungen sind keineswegs als krankhaft aufzufassen,** ebenso wie das Alter selbst keinen krankhaften Zustand darstellt, sondern nur einen besonderen Abschnitt des Lebens. Alternsveränderungen bedeuten keine Minderwertigkeit, sondern nur eine Andersartigkeit normaler Lebensvorgänge.

Wichtig ist deshalb die Beantwortung der Frage nach der Bedeutung der sog. Alterskrankheiten.

2.4.5.1. Altersnorm

Aus der Darstellung des Krankheitsbegriffs leitet sich ab, daß die Krankheit an den Heterologien (s. 1.3.), den Abweichungen definierter Parameter von der Norm erkannt wird. Dabei ist zu beachten, daß die Norm des alten Menschen und generell die in den verschiedenen Lebensabschnitten unterschiedlich ist.
Der Normbegriff unter biologischer Betrachtungsweise ist kein statischer. Die biologische Norm ist an definierten Bedingungen und Bezugssystemen zu messen, die selbst einer Veränderung unterworfen sind. Eine wichtige Bezugsgröße ist das Alter. Viele im Laufe des Lebens zu beobachtenden Abweichungen von den als Norm anerkannten Parametern sind deshalb nicht als krankhaft, sondern als alternsbedingt aufzufassen. So kann ein Wert, der in jungen Jahren bereits eine pathologische Abweichung bedeutet, beim alten Menschen die Norm darstellen.

2.4.5.2. Biologisches und kalendarisches Alter

Bei der Bewertung verschiedener Parameter von Menschen gleichen kalendarischen Alters wird man nicht selten feststellen, daß diese z. T. erheblich voneinander abweichen. Daraus kann man schließen, daß **biologisches Alter und kalendarisches Alter sich vielfach nicht entsprechen.** Menschen gleichen kalendarischen Alters können biologisch jünger, aber auch älter sein, als es ihrem kalendarischen Alter entspricht. Die Tatsache, daß *jeder Mensch anders altert,* erschwert natürlich die Aufstellung exakter Normen für bestimmte Altersstufen, da bei gleichem kalendarischen Alter infolge der erwähnten Gründe die Streuungsbreite wesentlich größer ist als die in jüngeren Jahren. Der zeitlich und qualitativ unterschiedliche Ablauf der Alternsvorgänge muß zu einem wesentlichen Anteil als genetisch determiniert aufgefaßt werden.

2.4.5.3. Problematik der Alterskrankheiten

Vielfach diskutiert wurden die sog. Alterskrankheiten. Darunter wären solche Krankheiten zu verstehen, die für das Alter spezifisch sind, also durch den Alternsprozeß an sich hervorgerufen werden. *Die Frage nach der Existenz solcher Krankheiten ist zu verneinen.* **Altern und Krankheit haben unterschiedliche Ursachen.** Während beim Altern die inneren Bedingungen des Organismus überwiegen, sind es bei der Auslösung der Krankheit im allgemeinen äußere Faktoren. Es ändern sich die Häufigkeit und der Verlauf von Erkrankungen mit fortschreitendem Alter. So beobachten wir eine *Häufung chronischer Leiden und akuter Erkrankungen.* Die Anfänge chronischer Erkrankungen, wie z. B. der Arteriosklerose und der Geschwulsterkrankungen, reichen weit in die Jugendzeit, ja bereits in die frühe Kindheit zurück. Mit der Verlängerung der Lebenserwartung erfolgt eine Zunahme dieser Erkrankungen, da immer mehr Menschen das Alter erreichen, in dem sich die chronische Erkrankung mit ihren Folgen manifestiert.
Für den andersartigen, schwereren Verlauf akuter Erkrankungen ist die *veränderte Regulationsfähigkeit* des Organismus verantwortlich zu machen. Sie findet ihren Ausdruck in einer verringerten Reagibilität und Adaptabilität. Unter diesem

Aspekt sind vor allem Infektionen der oberen Luftwege und des Intestinaltrakts bedeutungsvoll. Nicht wenige alte Menschen fallen diesen Erkrankungen zum Opfer, ohne daß wir sagen könnten, daß es sich um spezifische Alterskrankheiten handelt. Ihr häufigeres Auftreten und ihr rascherer sowie schwererer Verlauf sind das Ergebnis eines verminderten Reaktionsvermögens als Ausdruck der veränderten Regulation.

Alternsbedingte Leiden sind somit das *Ergebnis einer höheren Lebenserwartung und der dadurch bedingten Kumulationsmöglichkeit von Schadfaktoren sowie eines ausreichenden Manifestationszeitraums.* Andererseits stellen Infekte verschiedener Art infolge der verminderten Reagibilität und Adaptabilität eine besondere Gefahr für den alten Menschen dar. Es ist somit nicht zulässig, zwischen Erkrankungen herkömmlicher Genese und Alternserkrankungen besonderer Ätiologie zu unterscheiden. Man kann nur von altersbegünstigten Leiden sprechen, deren Besonderheiten nicht im Wesen der Erkrankung selbst, sondern im andersartigen Verhalten des alternden und alten Organismus bestehen.

In diesem Zusammenhang ist auch Zurückhaltung bei der Anwendung des Begriffs Altersdisposition geboten, hinter dem sich häufig nur eine unterschiedliche Exposition verbirgt.
Polypathie. Die Polypathie spielt im Alter eine besondere Rolle. Sie beinhaltet, daß beim alten Menschen meist eine Vielzahl von Erkrankungen auftritt. Vergleicht man einen 70jährigen Patienten mit einem jüngeren, so kann man feststellen, daß die *Zahl der Erkrankungen proportional zum Lebensalter zunimmt.* Diese verschiedenen Leiden können sich gegenseitig positiv, aber vor allem negativ beeinflussen. So kann eine Bronchopneumonie bei einem bestehenden Lungenemphysem die Koronararteriensklerose eines Altersherzen bis zur Insuffizienz belasten und zum Tode führen. Dies gilt auch für die sog. *Altersinsuffizienz des Herzens,* die sich nicht als alternsbedingtes Ereignis, sondern als das Ergebnis einer Vielzahl von Leiden darstellt, die sich am alten Herzen abspielen. Die Polypathie gilt für den Organismus insgesamt wie auch für seine einzelnen Organe. Sie ist entsprechend den einleitend gemachten Bemerkungen als ein *essentieller Alternsfaktor* anzusehen. Durch Vermeidung chronischer Erkrankungen ist deshalb das Leben sinnvoll zu verlängern.
Alterstod. Es stellt sich abschließend die Frage nach dem Alterstod, nach dem sog. physiologischen Tod. Wenn er theoretisch auch nicht abzulehnen ist, so gibt es ihn doch praktisch nicht. **Immer sind es krankhafte Veränderungen, oft minimaler Natur, die den Tod des alten Organismus bewirken.** Die für den jungen Menschen oft banale krankhafte Störung von nur unterschwelliger Bedeutung führt beim alten Menschen zu schweren krankhaften Veränderungen und zum Tod, weil einmal seine Reaktionsfähigkeit eingeschränkt ist und zum anderen die Leiden sich entsprechend der Polypathie summieren.

3. Pathologie der Zelle

3.1. Vorbemerkung

Die Kenntnis über die Pathologie der Zelle und ihrer Bestandteile ist eine wesentliche Grundlage für das Verständnis von krankhaften Prozessen. Trotz vieler Befunde über die pathologische Struktur der Zelle ist es noch sehr schwierig und nur für einen kleinen Teil der Fälle möglich, Korrelationen zwischen Krankheitsbildern und ihrer spezifischen zellulären Manifestation zu finden. Grundlage alles Kenntnisgewinns ist die Analyse der Strukturveränderungen der einzelnen Zellorganellen und ihrer funktionellen Bedeutung.

3.2. Zellvermehrung und ihre Störungen

3.2.1. Entwicklung, Wachstum und Differenzierung der Zelle

Entwicklung, Wachstum und Differenzierung von Zellen und Organen sind Prozesse, die in Wechselwirkung zueinander stehen und parallel verlaufen können oder sich phasenhaft abwechseln.
Die **Differenzierung** wird durch die Herausbildung spezifischer Struktur- und Funktionsmuster, Zellprodukte und Zellbestandteile, eine unterschiedliche Zahl von Organellen sowie eine spezifische Anordnung der Organellen in einer Zelle charakterisiert. Sie bewirkt im allgemeinen eine irreversible Veränderung des Zellcharakters.

> *Die Differenzierung von Zellen stellt die genetisch bedingte und präformierte Entwicklung einer Zelle zu ihrer spezifischen Struktur und Funktion dar.*

Dieser Prozeß erfolgt während der prä- und postnatalen Entwicklung und unterscheidet sich in Zeit und Umfang in den einzelnen Organen. Damit verbunden sind Wachstumsvorgänge, d. h. quantitative Zunahmen der einzelnen Bestandteile und ihrer Relationen.
Die **Entwicklung** ist eng verbunden mit Differenzierungs- und Wachstumsprozessen, bei denen sich die unterschiedlichen Relationen zwischen den quantitativen, qualitativen und formbildenden Vorgängen z. T. positiv, z. T. negativ beeinflussen, z. T. parallel verlaufen oder einen nicht gleichmäßigen Ablauf haben.
Der Entwicklungsprozeß stellt eine dialektische Einheit von kontinuierlichen und diskontinuierlichen Vorgängen dar, bei dem sowohl degenerative als auch Neubildungs- und Syntheseprozesse ablaufen. Aus diesen Prozessen resultiert eine neue

strukturelle Organisation in den Zellen, die die Basis für die Stoffwechselprozesse von differenzierten Zellen ist.
Als herausragende *Charakteristika von Zelldifferenzierungsvorgängen* werden angesehen:
- eine Reduktion des relativen Volumens des Zellkerns und des Nucleolus,
- eine höhere Komplexität der Organisation des Zytoplasmas, insbesondere eine Verschiebung der Relation von den freien Ribosomen zum granulären endoplasmatischen Retikulum,
- eine spezifische Ausrüstung des Zytoplasmas mit Organellen und Membranen,
- ein unterschiedlicher Anteil an unstrukturiertem Grundplasma.

Das **Wachstum** einer Zelle geht einmal im Rahmen der Teilung und Interphase vor sich, zum anderen ist es leistungsbedingt. Teilungswachstum tritt unter physiologischen Bedingungen im Knochenmark, in den Schleimhäuten und der Haut auf und unter pathologischen Bedingungen bei regenerativen und hyperplastischen und besonders bei malignen Vorgängen.

3.2.2. Ablauf des Mitosezyklus

Der Zellkern hat grundsätzlich zwei Aufgaben zu erfüllen:
- den *Funktionsstoffwechsel* zu steuern, d. h. die spezifischen Zelleistungen durch einen koordinierten Ablauf, vorwiegend z. B. von DNA-, RNA- und Proteinsyntheseprozessen und
- den *Teilungsstoffwechsel* mit allen die Mitose vorbereitenden und realisierenden Vorgängen

zu regulieren.

Der **Mitosezyklus** (Zellzyklus: Zeitraum vom Ende einer Zellteilung bis zum Abschluß der nächsten Mitose, aus der dann zwei neue Zellen hervorgehen) ist die Voraussetzung für die Verdopplung der Zellmasse, d. h. aller Strukturen im Zellkern und Zytoplasma sowie insbesondere die vollständige Verdopplung der DNA des Kernes. Der Gesamtablauf ist durch vier Phasen charakterisiert, in denen unter pathologischen Bedingungen Störungen auftreten können: die G_1-*Phase*, gekennzeichnet durch die Bildung von mRNA und DNA-Polymerase und den fehlenden Einbau von Thymidin in die Zellkern-DNA; die *S-Phase* mit Thymidineinbau in die DNA (zuerst in das Euchromatin, danach in das Heterochromatin) und Verdopplung der DNA-Menge; die G_2-*Phase*, in der in einer meist konstanten Zeit kein Einbau erfolgt und die *Mitose*, die wiederum in die Pro-, Meta-, Ana- und Telophase unterteilt wird.
Unter normalen Bedingungen werden die Chromosomen zu gleichen Teilen auf die Tochterzellen verteilt. Störungen und Schädigungen in der Interphase können sich auf den Ablauf der Mitose auswirken.

3.2.3. Störungen des Mitosezyklus

Die Störungen im Mitosezyklus können in folgenden Richtungen vor sich gehen:
- Verlängerung oder Blockierung bzw. Verkürzung des gesamten Mitosezyklus oder einzelner Phasen;
- eine fehlerhafte DNA-Replikation, die als Mutation auf die entstehenden Tochterzellen weitergegeben wird;

- Störungen der Mitosespindel mit Bildung von abnormen Mitosen, Chromosomenstörungen, Fragmentierungen und fehlerhaften Rekombinationen der Chromosomen.

Zahlreiche Substanzen, wie z. B. Zytostatika oder physikalische Prozesse (Strahlung), wirken auf den Ablauf der Mitose ein und sind als Mutagene anzusehen, aus denen in funktioneller und struktureller Hinsicht abnorme Zellen oder auch ein Zelltod resultieren kann. Im wesentlichen sind sie mit Hemmungen der DNA- oder RNA-Synthese verbunden.

Die erste Möglichkeit einer Schädigung sind **Störungen der G_1-Phase**. Physiologischerweise ist eine unbegrenzte Verlängerung der G_1-Phase in den postmitotischen Zellen des Gehirns, der Muskulatur und der Leber zu finden. Das Gewebehormon Chalon kann verhindern, daß Zellen von der G_1-Phase in die S-Phase eintreten. Eine Veränderung der G_1-Phase findet sich vorwiegend bei regenerativen und anderen Wachstumsprozessen und insbesondere beim malignen Tumorwachstum, aber auch durch Hormone und bestimmte Antigene. Zytostatika wirken auf proliferierende Zellen, aber auch auf ruhende Zellen ein, oft mit zusätzlich zytotoxischem

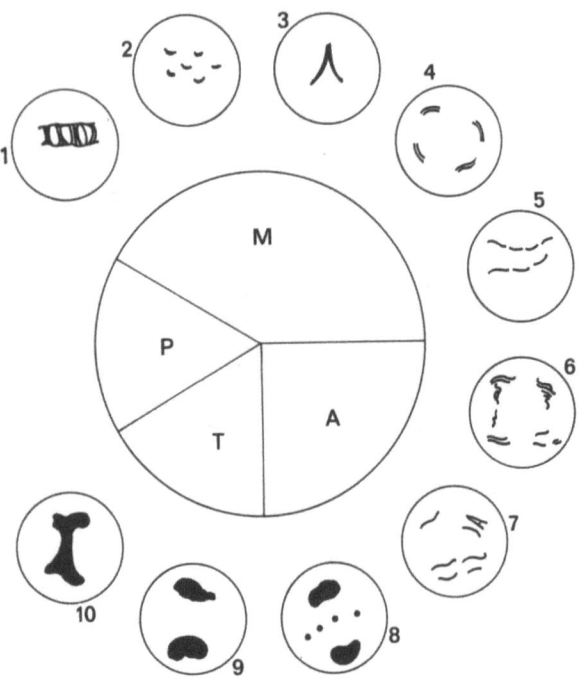

Abb. 3.1. Formen der Mitoseanomalien
Prophase (P); Metaphase (M) *1* Verklumpung der Chromosomen, *2* Versprengung der Chromosomen, *3* tripolare Mitose, *4* multipolare Mitose, *5* unterdrückte Spindelbildung; Anaphase (A) *6* Verklebung und Absprengung von Chromosomen, *7* unvollständige Chromosomentrennung, *8* beginnende Pyknose; Telophase (T) *9* Kondensation, *10* Brückenbildung

Effekt. Dieser Effekt ist besonders bei nicht proliferierenden Zellen zu beobachten und ist eine der Ursachen dafür, daß die Zytostatika unterschiedlich wirken und differente Effekte auf einzelne Zelltypen haben (s. 5.9. „Regeneration und ihre Störungen").
In der S-Phase wirken besonders Antimetabolite oder auch UV-Strahlen sowie Viren, die zu Veränderungen der DNA und damit als onkogene Viren z. B. zu einer malignen Transformation führen.
Eine hemmende Wirkung (daneben aber oft auch einen zytotoxischen Effekt) auf die G_2-Phase haben zahlreiche chemische Substanzen, z. B. Puromycin und Bleomycin sowie alkylierende Substanzen (N-Lost). Nach einer gehemmten G_2-Phase kann eine neue S-Phase auftreten, so daß es zur Polyploidisierung (Endoreduplikation) kommt.
Aus den Eingriffen in die verschiedenen Phasen resultieren **Störungen der Mitose**, die an einer verminderten Mitosezahl oder an veränderten Mitosearten erkennbar werden. Gleichzeitig können Mitoseanomalien, wie Veränderungen des Spindelapparats und der Chromosomen auftreten (Abb. 3.1). Chemische Substanzen wirken auch direkt auf die Ausbildung der Mitosespindel ein, wie z. B. SH-blockierende Substanzen. Insbesondere sind als Hemmsubstanzen der Mitose Colchicin und Vinblastin sowie Röntgenstrahlen bekannt. Eine Ausbildung von multizentrischen Mitosen kann durch die Einwirkung auf die Zentriolenvermehrung vor sich gehen. Sie kommen durch Sauerstoffmangel, Energiemangel sowie karzinogene Substanzen verschiedener Art zustande. Am häufigsten sind die verschiedenen Veränderungen des Mitoseablaufs im Rahmen eines malignen Prozesses zu beobachten.

3.2.4. Morphologie des Zellkerns bei Störungen des Mitosezyklus

Veränderungen der Zellkernsubstanzen während der Mitose werden insbesondere durch **Strukturveränderungen der Chromosomen** charakterisiert (Abb. 3.2). Es kommt zu Fragmentierungen, d. h. Brüchen der Chromosomen, zu Veränderungen der Rekombination in Form einer Inversion, eines crossing over oder einer Translokation oder zur Entstehung einer geringeren oder erhöhten Zahl von Chromosomen oder dem Ausfall von Chromosomenteilstücken bis zur Ausbildung von Ringchromosomen. Auch eine fehlende Teilung der Chromosomen (Non-disjunction) kann zu Strukturveränderungen führen.
Bei **Störungen des Spindelapparats** bleiben die Chromosomen in der Metaphase liegen, und es kann zu Verklumpungen und Verklebungen, Fragmentierungen oder zu unregelmäßiger Teilung der Chromosomen kommen. Es können auch multipolare Mitosen auftreten. Eine fehlende Ausbildung des Spindelapparats führt zur Endomitose oder Endoreduplikation, wobei die Chromosomen zwar verdoppelt werden, aber nicht in die Metaphase übergehen. Daraus entstehen tetraploide oder auch polyploide Zellkerne. Einen gleichen Effekt haben auch Zellverschmelzungen. In seltenen Fällen treten auch Amitosen, d. h. direkte Teilungen der Zellkerne auf.

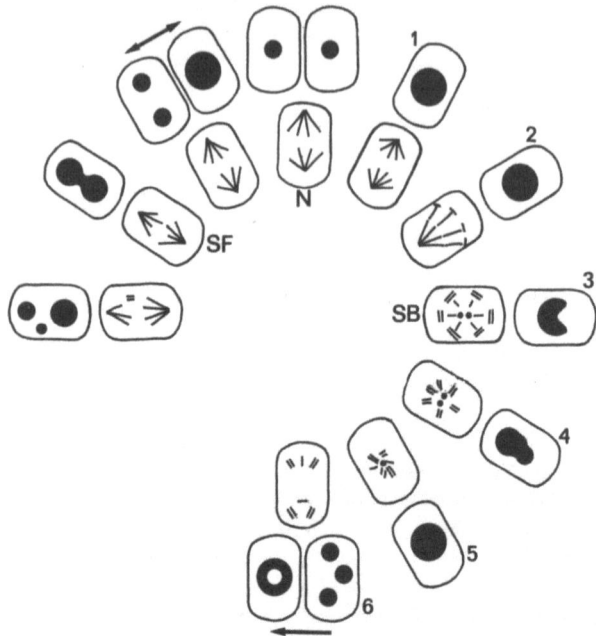

Abb. 3.2. Mitosespindelstörungen mit nachfolgenden Veränderungen des Zellkerns
N normal, SF Spindelfunktionsstörungen, SB Spindelbildungsstörungen *1* Mikrospindel, *2* monopolare Spindel, *3, 4* Sternbildungsstörungen, *5* Kollaps, *6* Versprengungen

3.2.5. Chromosomenanomalien und Krankheitsbilder

Die verschiedenen Chromosomenaberrationen in Form der numerischen oder strukturellen Abweichungen haben für die Analyse der Ätiologie und Pathogenese menschlicher Krankheitsbilder Bedeutung.

Die Untersuchung erfolgt an Blutzellen (meist Lymphozyten) des Knochenmarks oder peripheren Blutes bzw. an Fibroblasten des Bindegewebes oder aus Amnionzellen nach einer Amniozentese. Damit sollen unter anderem die Frage der veränderten Chromosomenzahl, der Strukturveränderungen der Chromosomen beantwortet, aber auch durch die Sexchromatinbestimmung eine Geschlechtsfeststellung vorgenommen werden. Insbesondere werden derartige Untersuchungen zur Aufklärung der endogenen oder exogenen Ursache von Fehlbildungen, bestimmter Tumorformen aber auch auffälliger Schwangerschaftsabläufe vorgenommen.

Bei bestimmten Formen der myeloischen Leukämie kann das sog. Philadelphia-Chromosom nachgewiesen werden, dessen Existenz für die Prognose der Erkrankung bedeutungsvoll ist.

Numerische Aberrationen menschlicher Chromosomen werden im wesentlichen als eine Trisomie von Autosomen beobachtet, so als Trisomie 21 (Morbus Down) oder Trisomie 18. In diesen Fällen sind zahlreiche Mißbildungen häufig in charakteristischer Kombination mit Störungen der geistigen und psychischen Entwicklung gekoppelt. Ein Verlust eines Autosoms scheint dagegen mit dem Leben nicht vereinbar zu sein.

Fehlende oder überschüssige Geschlechtschromosomen sind in vielfältiger Form beobachtet worden: X0 (Turner-Syndrom), XXY (Klinefelter-Syndrom), XXXXY, XYY, XXX. Dabei stehen immer Störungen in der Entwicklung der primären aber auch der sekundären Geschlechtsorgane, meist verbunden mit weiteren Fehlbildungen und einer geistigen Retardierung, im Vordergrund.

Als **Ursache** für diese Chromosomenaberrationen kommen vielfältige mutagene Ursachen, besonders ionisierende Strahlen in Betracht. Sie müssen in jedem Fall einschließlich anderer, z. b. chemischer Noxen der Umwelt oder Arzneimittel ausgeschlossen werden, bevor genetische Ursachen endogener Art angenommen werden, was für die Familienberatung wichtig ist. Unter anderem spielen auch das Alter der Mutter, z. B. Häufung von Fällen von Morbus Down bei Müttern über 40 Jahren, eine Rolle.

Die bei Neugeborenen beobachteten Chromosomenaberrationen sind für die Häufigkeit des Auftretens in keiner Weise repräsentativ, da anzunehmen ist, daß bis zu 95 % der Konzeptionen mit Chromosomenaberrationen als Abort enden. Pathologisch-anatomische Untersuchungen von Feten gewinnen deshalb eine immer größere Bedeutung, um die Gesamtproblematik exogener Schäden des genetischen Materials beim Menschen wissenschaftlich exakt aufklären zu können.

3.2.6. Riesenzellen

Unter bestimmten pathologischen Bedingungen erreichen Zellen eine Größe, die weit über dem Durchschnitt ihrer Art oder des Gesamtdurchschnitts liegt. Diese Zellen, die meist mehrkernig sind, werden als Riesenzellen bezeichnet. Physiologisch finden sich solche Zellen z.B. als Megakaryozyten, Osteoklasten. *Ursachen für die Bildung von Riesenzellen sind* (Abb. 3.3):
- Kernteilungsvorgänge ohne Zytokinese mit Endomitose und Polyploidisierung meist eines Kernes,
- Kernteilungsvorgänge mit Zytokinese, aber ohne Zellteilung und Bildung zwei- oder mehrkerniger Riesenzellen,
- Fusion von Zellen,
- erhöhte Zelleistungen,
- möglicherweise amitotische Kernteilungen.

Größe, Form und Anordnung der Kerne in Riesenzellen können sehr vielfältig sein, ebenso wie die Ursachen. Beobachtet werden sie z.b. in Tumoren, nach Virusinfektion (z. B. Masern) und anderen Infektionen, bei Phagozytoseprozessen (Fremdkörperriesenzellen). Eine halbmondförmige Lagerung findet man als Langhanssche Riesenzellen bei Tuberkulose. Charakteristisch ist auch eine haufenartige Lagerung der Kerne in den Sternbergschen Riesenzellen bei der Lymphogranulomatose. Sehr viele Kerne enthalten die Riesenzellen bei der Epulis gigantocellularis.

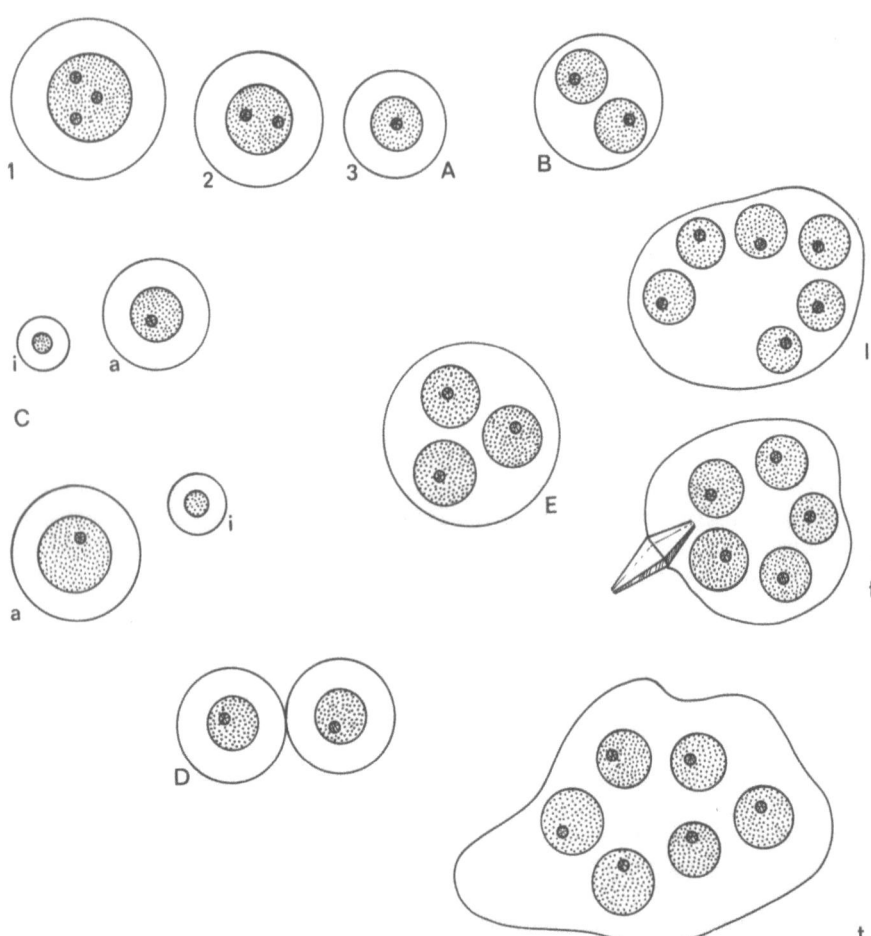

Abb. 3.3 A Endoreduplikation, Endomitose *1* okto-, polyploide Zelle, *2* tetraploide Zelle, *3* diploide Zelle; B Amitose, Zweikernige Zelle (z. B. Hepatozyt); C Mitosestörungen. Bildung von (*a*) Makro- und (*i*) Mikronuclei; D beginnende Zellfusion, besonders von Histiozyten; E Zytokinesestörungen, Zellfusion *l*) Langhanssche Riesenzellen (bei Tuberkulose), *f*) Fremdkörperriesenzellen, *t*) Tumorriesenzellen

3.3. Pathologie des Zellkerns

3.3.1. Karyoplasma

Veränderungen des Karyoplasmas drücken sich morphologisch vorwiegend in unterschiedlichen Dichteveränderungen aus. Neben Verklumpungen treten Herauslösungen oder Auflockerungen auf. Lichtmikroskopisch wird eine Verdichtung des Karyoplasmas als **Kernwandhyperchromatose** erkennbar. Die Herauslösung des

Karyoplasmas kann mit der Bildung von Vakuolen einhergehen und ist z. B. nach Bestrahlung, während der Autolyse, bei Vergiftungen der Zelle oder auch bei Virusinfektionen zu beobachten. In Verbindung damit stehen Schädigungen der DNA-Synthese und des DNA-Gehalts. Bei der Autolyse wird eine Denaturierung der DNA und schließlich ihr enzymatischer Abbau zu niedermolekularen Bruchstükken bis zu den Mononucleotiden beschrieben. Irreversible Schädigungen des Zellkerns äußern sich in einer **Pyknose, Karyolyse** oder **Karyorrhexis** (Abb. 3.4). Bei der Pyknose kommt es zu einer hochgradigen Verdichtung der Kernsubstanzen mit einer Verminderung des Protein- und DNA-Gehalts. Infolge der Schrumpfungsvorgänge löst sich die Kernmembran ab. Eine vollständig ausgebildete Kernpyknose ist Ausdruck des Zelltods.

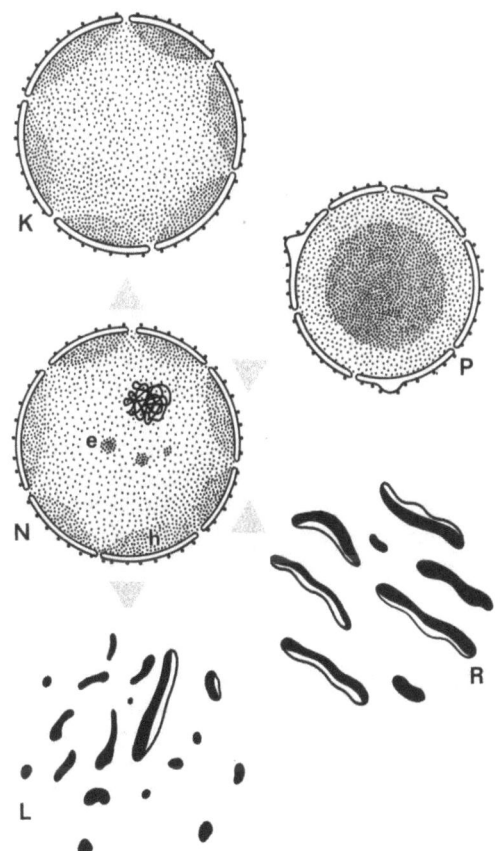

Abb. 3.4 Formen der Kernveränderungen während des Untergangs von Zellen
N normale Kernstruktur mit kernmembrannahem Heterochromatin (*h*) und Euchromatin (*e*) im übrigen Karyoplasma, K Kernwandhyperchromatose mit Kondensierung des Karyoplasmas an der Kernmembran, P Pyknose des Zellkerns mit Kondensation und Homogenisierung des Karyoplasmas im Kernzentrum, Abhebung der Kernmembran, R Karyorrhexis mit Zerfall der Kernbestandteile in größere Fragmente, L Karyolyse. Zerfall des Kernes in nur elektronenmikroskopisch sichtbare Bruchstücke (lichtmikroskopisch: Lyse)

In gleicher Weise sind auch die Karyolyse (Auflösung des Kerns) und die Karyorrhexis (Zerfall des Kerns) mit dem Zelltod verbunden. Die Kernbruchstücke können sich im Verlauf des Prozesses im degenerierten Zytoplasma verteilen. Solche Kernveränderungen sind prinzipiell bei allen Formen des Zellunterganges zu beobachten.

3.3.2. Kerninklusionen

Einschlüsse (Inklusionen) im Kern können einmal dadurch entstehen, daß Zytoplasmabestandteile in den Kern eingestülpt werden, aber noch Verbindung zum umgebenden Zytoplasma haben (Pseudoinklusionen). Darüber hinaus können zahlreiche Substanzen wie Fett, Glycogen, Pigment und Schwermetalle als Inklusionen gefunden werden. Eine vollständige Anfüllung des Leberzellkerns mit Glycogen kann bei Diabetes mellitus oder auch bei chronischer Blutstauung beobachtet werden (lichtmikroskopisch bei Formalinfixierung infolge des Herauslösens des Glycogens „Lochkerne"). Bei Bleivergiftungen können Bleiablagerungen im Karyoplasma auftreten. Kristalloide aus (Nucleo-)Proteiden werden vorwiegend im Verlaufe von Virusinfektionen im Kern gesehen. Sie stellen entweder Vorstufen von Viren (Viroplasmabezirke) oder unspezifische Degenerationsbezirke dar.

3.3.3. Nucleolus

Der Nucleolus setzt sich aus den Nucleolonemata (fibrillär oder granulär) und der Pars amorpha zusammen. Sie bestehen vorwiegend aus Ribonucleoproteiden, die entweder im Nucleolus selbst produziert werden oder als Zwischenstation vor dem Transport ins Zytoplasma in ihm akkumuliert werden. Eine **Nucleolushypertrophie** ist besonders dann zu beobachten, wenn eine erhöhte RNA- und Eiweißsynthese im Zellkern abläuft, so z. B. bei Regeneration oder malignem Wachstum. Sie kann aber auch als Folge einer Abgabehemmung auftreten (z. B. Thioacetamidvergiftung). Die Abgabe von Ribonucleoproteid-Makromolekülen aus dem Nucleolus ins Zytoplasma wird an einem Granulastrom sichtbar, der bis zur Kernmembran verläuft.
Strukturveränderungen des Nucleolus werden z. B. beobachtet, wenn Eingriffe in die DNA-abhängige RNA-Synthese, z. B. durch Inhibition der RNA-Polymerase an der nukleären DNA erfolgen. Einen derartigen Effekt haben viele zytostatisch wirkende Antibiotika, wie z. B. Actinomycin D, Mitomycin C, Cycloheximid, Chloromycin, Daunomycin u. a. Es kommt zur Atrophie, Segregation oder Dissoziation der Bestandteile, zur Homogenisierung und Kappenbildung (Abb. 3.5).

3.3.4. Kernmembran

Die Oberfläche des Zellkerns wird bei Steigerung der Austauschvorgänge zwischen Kern und Zytoplasma vergrößert, wie bei Wachstumsvorgängen und Hypertrophie. Unter pathologischen Bedingungen kommt es zu Veränderungen der Porenzahl und -größe sowie zum Zerbrechen der Kernmembran und zu einer breiten Verbin-

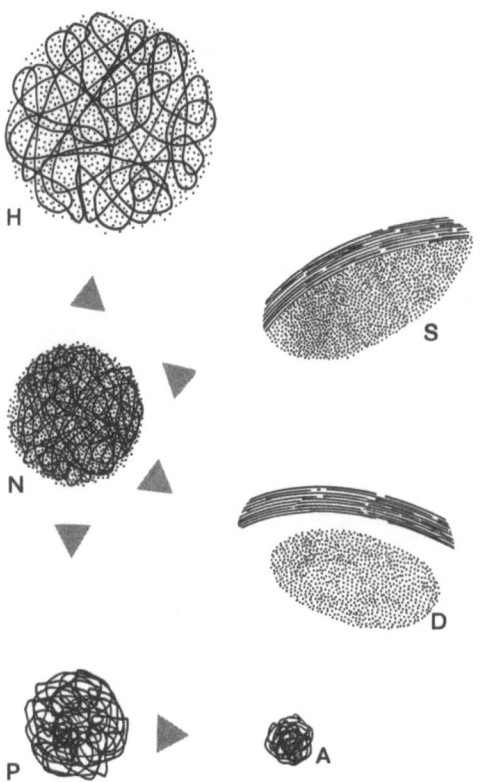

Abb. 3.5 Nucleolusveränderungen bei Wachstumsstörungen und -beeinflussungen
N normale Struktur mit Nucleolonemata und Pars amorpha, H Hypertrophie bei gesteigertem RNA- und Proteinstoffwechsel oder Ausschleusungsblockierung, P Pyknose, A Atrophie bei Stoffwechselreduktion, S, D Segregation und Dissoziation der Nucleolusbestandteile bei Gabe von Zytostatika oder in malignen Tumoren

dung zwischen Karyoplasma und Zytoplasma sowie zu einer Vermischung beider. Derartige Befunde gehen meist mit dem Zelltod einher.

3.4. Pathologie des endoplasmatischen Retikulums – Ribosomen

Mit der Synthese und Verarbeitung der Proteine stehen die Ribosomen/Polysomen, das granuläre endoplasmatische Retikulum und das agranuläre endoplasmatische Retikulum in Verbindung.

3.4.1. Ribosomen/Polysomen

Unter pathologischen Bedingungen, die verschiedene Schritte der DNA-RNA-abhängigen Proteinsynthese betreffen können, kommt es zur Ausbildung von kürzeren Polysomen oder zu ihrem frühzeitigen Zerfall, so daß die Syntheseprozesse gestoppt werden. Die Dauer dieser Prozesse ist prinzipiell abhängig von der Lebenszeit der mRNA, die genetisch festgelegt ist. Basale Syntheseleistungen, die für die Lebensfähigkeit der Zelle überhaupt bedeutungsvoll sind, werden von einer mRNA mit einer langen Lebensdauer bestimmt, während solche Prozesse, die Ausdruck einer hohen Differenzierung sind, durch Polysomen mit einer kurzlebigen mRNA repräsentiert werden sollen. Folge davon ist, daß gerade diese Prozesse zuerst geschädigt werden und am schnellsten verlorengehen.

Erhöhte Leistungsanforderungen an die Zelle, entweder durch Zunahme der Proteinsynthese (Strukturproteine und Enzyme) beim regenerativen oder malignen Wachstum oder bei einer erhöhten Abgabe nach außen, sind mit einer *Vermehrung der freien oder membrangebundenen Polysomen* verbunden.

Eine *Verminderung der Ribosomen und Polysomen* tritt bei Störungen der Transkription in den Nucleoli und bei der Ausschleusung von RNP-Granula aus dem Kern auf.

Infolge der engen Wechselbeziehungen von freien und membrangebundenen Ribosomen ist eine Angabe über eine echte Vermehrung der einen oder anderen Art schwierig, weil sich eine Ablösung von den Membranen oder eine erhöhte Anlagerung mit Verschiebungen in der Zahl der freien Ribosomen verbindet. Eine Ribosomenablösung tritt bei Hypoxie, Mangelernährung, Proteinsynthesestörungen und z. B. durch Puromycin und Cycloheximid auf.

Eine echte Vermehrung der freien Ribosomen ist in Gewächszellen als gesichert anzusehen. In reifenden und alternden Retikulozyten kommt es dagegen zu einer ständigen Verminderung der Ribosomen.

3.4.2. Granuläres endoplasmatisches Retikulum

Ein wesentliches pathologisches Ereignis im Bereich des granulären endoplasmatischen Retikulums („rauhes Retikulum") sind die Erweiterungen des Raumes zwischen den beiden Membranen, die zu einer **Vesikel- oder Vakuolenbildung** führen. Sie sind in den Anfangsphasen und bei nicht zu starker Ausdehnung noch als reversibel anzusehen, führen aber letztlich doch meist zum Zelltod, was lichtmikroskopisch als **„blasige Entartung"** erkennbar wird (Abb. 3.6). Diese vielfach auch mit Ablösung der Ribosomen von den Membranen verbundenen Vorgänge sind durch eine Flüssigkeitsansammlung in den Vakuolen bedingt, durch Verschiebungen der intra- und extrazellulären Ionen, insbesondere werden sie durch einen Na-Einstrom hervorgerufen.

Eine **Vermehrung der Zisternen des granulären endoplasmatischen Retikulums** findet sich in Zellen mit hoher Proteinproduktion und -sekretion wie Leberzellen, exogenen Pankreasepithelzellen, Plasmazellen, bei Stoffwechselstimulation oder bei Regeneration. Bei Virusinfektionen können die Viren in das Zisternenlumen eindringen und sich dort vermehren. Eine besondere Form der Vermehrung des granulären endoplasmatischen Retikulums ist die Ausbildung sog. *ergastoplasmatischer Nebenkerne*, z. B. nach Karzinogengabe oder Pharmakaeinwirkung. Sie bestehen aus zwiebelschalenartig gelagerten Membranen des endoplasmatischen Retikulums, z. T. mit eingelagerten Lipiden.

Anulierte Membranen (gefensterte Zisternen) entstehen als abartige Kernmembran-

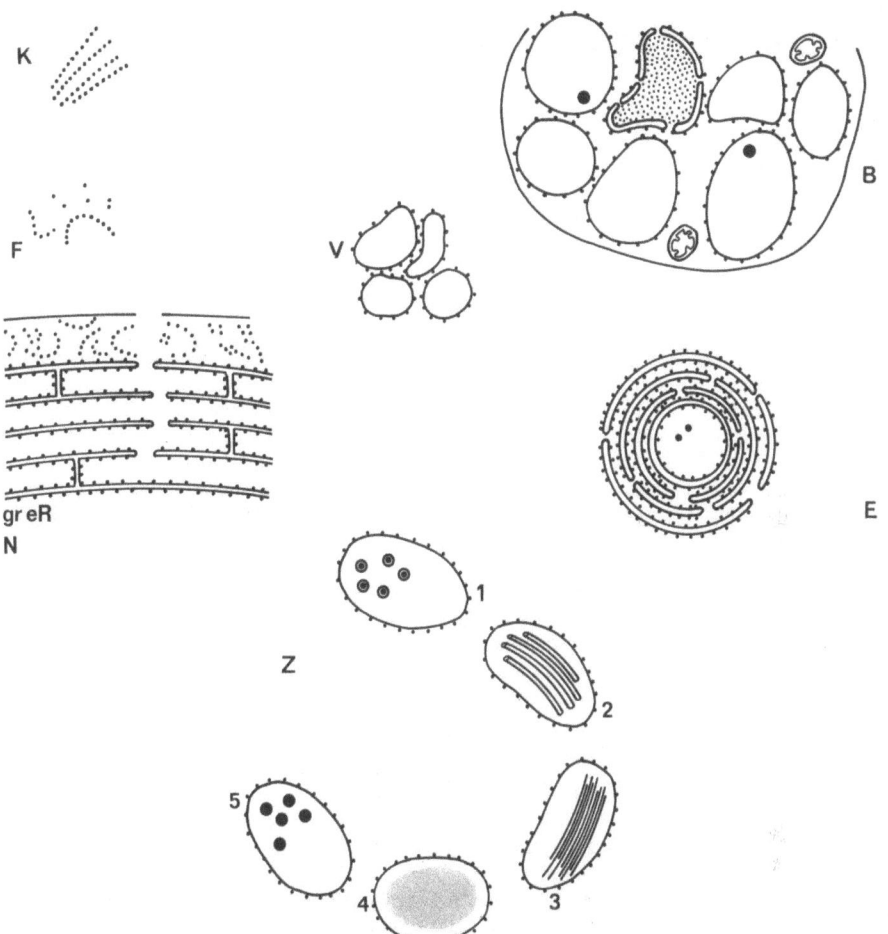

Abb. 3.6 Strukturveränderungen des granulären endoplasmatischen Retikulums (gr.eR) N normale Lagerung der Profile mit angelagerten Ribosomen/Polysomen, F freie Ribosomen und Polysome, K kristallartige Lagerung von Ribosomen, V vesikuläre und vakuoläre Umwandlung des gr.eR, B blasige Entartung einer Zelle. Kompression des Zellkerns, z.T. Lipidablagerungen in den Vakuolen, E sog. „ergastoplasmatischer Nebenkern", wirbelartige Anordnung der Membranen des gr. eR, Z Inhaltsveränderungen der Zisternen des gr. eR *1* Viruspartikeln, *2* tubuläre Inklusionen, *3* filamentöse Inklusionen, *4* homogene Proteineinschlüsse, *5* Lipideinschlüsse

reduplikate mit Kernporenimitationen, z. B. in embryonalen Zellen oder schnellwachsenden Tumorzellen.

Einschlüsse in Zisternen des endoplasmatischen Retikulums werden bei verschiedenen pathologischen Prozessen gefunden, z. B. amorphe Einschlüsse bei gestörten Synthese- und Sekretionsleistungen in unreifen Tumorzellen oder bei Stoffwechselstörungen bzw. nach Gabe von Pharmaka. Kristalline Einschlüsse treten bei Sekretionsverzögerungen auf sowie bei angeborenen Stoffwechselstörungen.

Zu einer *Mikrosegregation* (intrazisternale Sequestration) des granulären endoplasmatischen Retikulums kommt es z. B. in den Zisternen exokriner Pankreaszellen bei Kwashiorkor.
Komplexe aus Lamellen und Ribosomen oder Proteinkristalloide bilden sich im Bereich von Polysomen aus, z. b. nach Vinblastinbehandlung von leukämischen Lymphozyten. Tubuläre Strukturen werden bei Virusinfektionen, malignen Lymphomen, Autoimmunkrankheiten und zahlreichen malignen Tumoren beobachtet.

3.4.3. Agranuläres endoplasmatisches Retikulum

In enger Beziehung zum granulären endoplasmatischen Retikulum steht das agranuläre endoplasmatische Retikulum („glattes Retikulum"). Ihm sind außen keine Ribosomen angelagert, und es ist meist in einer vesikulären oder tubulären Form vorhanden. Es hat Beziehungen zum Kohlenhydrat-, Cholesterol- und Steroidstoffwechsel und enthält Demethylasen, Decarboxylasen, Desaminasen und Glucuronidasen sowie eine mischfunktionelle Oxidase, deren terminale Oxidase Cytochrom P-450 ist. Dadurch ist die Spaltung von Steroidkörpern sowie die Inaktivierung von Arzneimitteln und Giften möglich, so daß sie ausgeschieden werden können.

In der menschlichen Pathologie wirken besonders Arzneimittel (barbiturathaltige Pharmaka, Phenylbutazon, Aminophenazon, Diphenylhydantoin, Psychopharmaka, Tranquillizer, Tuberkulostatika, z. b. INH, Rifampicin, Tolbutamid, Zytostatika, z. B. Endoxan, Trenimon) auf das agranuläre endoplasmatische Retikulum ein. Zu einer Vermehrung kommt es auch durch DDT-Präparate sowie beim chronischen Alkoholismus.

In Leberzellen verlaufen die **Hypertrophie und die Hyperplasie** des agranulären endoplasmatischen Retikulums in drei Phasen (Abb. 3.7):

- *Induktion.* Anstieg der mikrosomalen Proteinfraktion, Hypertrophie des agranulären endoplasmatischen Retikulums mit Bildung von pharmakaabbauenden Enzymen und Vergrößerung der Leber;
- *steady state.* Erhöhte Toleranz gegen Medikamente von unterschiedlicher Dauer in Abhängigkeit von der induzierenden Substanz;
- *Dekompensation.* Degeneration des agranulären endoplasmatischen Retikulums mit herdförmiger Akkumulation dicht gepackter Vesikel bei Verminderung der medikamenteabbauenden Enzyme.

Die sich in diesem Prozeß entwickelnde Vermehrung der Enzyme ist mit einem Membranwachstum verbunden, wobei sich auch für den Abbau der Stoffe nicht notwendige Enzyme vermehren. Die neugebildeten Vesikel lassen sich vorwiegend in den Bereichen finden, in denen sonst Glycogen abgelagert ist.

Die unspezifische Enzyminduktion durch Barbital und ähnliche Pharmaka, wie auch durch Antihistaminika oder Tolbutamid, wird therapeutisch ausgenutzt, um den Abbau von toxischen Substanzen zu beschleunigen, z. B. von Bilirubin beim Neugeborenen.

Unter verschiedenen pathologischen Bedingungen nimmt das agranuläre endoplasmatische Retikulum zu. So zeigen HbS-Antigen-positive Leberzellen eine Proliferation des agranulären endoplasmatischen Retikulums – lichtmikroskopisch als „Milchglas-Zellen" charakterisiert – mit Bildung von „Surface-Antigen".

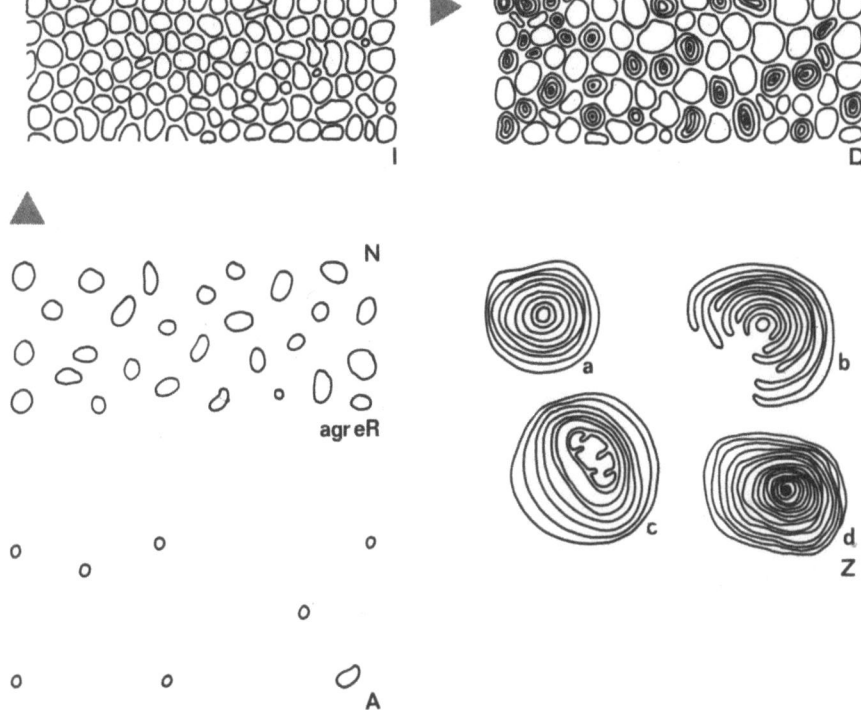

Abb. 3.7 Strukturveränderungen des agranulären endoplasmatischen Retikulums (agr. eR) N normale Ausbildung von Tubuli und Vesikeln, I Induktion mit Hypertrophie und Hyperplasie (besonders in Hepatozyten) mit Bildung arzneimittelabbauender Enzyme. Nach einem „steady state" mit erhöhter Arzneimitteltoleranz Übergang in Dekompensation (D) mit Reduktion der arzneimittelabbauenden Enzyme und Degeneration des agr. eR mit Bildung von Myelinstrukturen und Lipidtropfen, A Atrophie des agr. eR, Z Abbauformen des agr. eR
a) zirkuläre Membranlagerung, b) Fingerabdruckstrukturen, c) konzentrische Membranlagerung um Autophagozytoseherde, d) Myelinstrukturen

Nicht jede Vermehrung geht mit einer Leistungssteigerung einher, und nicht jede Reduktion ist einem Leistungsschwund gleichzusetzen. So findet man bei der Cholestaseleber ein hyperplastisch-hypoaktives und nach langdauernder Fructoseinfusion ein hypoplastisch-hyperaktives agranuläres endoplasmatisches Retikulum.

3.5. Pathologie des Golgi-Apparats

Der Golgi-Apparat besteht aus einem hufeisenförmigen Stapel flacher Säcke, mit endständig keulenförmigen Auftreibungen. Die an der konvexen Seite (Bildungsseite) lokalisierten Vesikeln haben Verbindung zu den Zisternen des granulären endoplasmatischen Retikulums. An der konkaven Seite (Reifungsseite) schnüren sich Vakuolen ab, die unreife Sekretprodukte enthalten. Drüsenepithelzellen sind durch eine regulierte Sekretion, Bindegewebszellen durch eine unregulierte Sekretion gekennzeichnet. Eine Steigerung dieser Sekretionsvorgänge ist nicht möglich, sondern nur eine Hemmung, z. B. durch eine Reduktion des intrazellulären

Calciums oder durch Colchicin. Dabei sind vorwiegend die Transportprozesse betroffen, so daß Sekretprodukte in den Zellen akkumuliert werden.

In Zellen mit regulierter Sekretion (exokrine Drüsenzellen, z.B. des Pankreas) werden die im granulären endoplasmatischen Retikulum gebildeten Vorprodukte vorerst in sog. Kondensationsvakuolen gespeichert. Bei der Reifung bilden sich komplexere Verbindungen durch die Kopplung mit Lipoproteinen, Glycoproteinen und Proteoglycanen. Nach Überführung in die Golgi-Vakuolen werden sie entweder im zellulären Stoffwechsel verwertet oder aus der Zelle transportiert (sezerniert).
Bei der *unregulierten Sekretion*, z.B. in Fibroblasten und Plasmazellen, gelangen die Syntheseprodukte des granulären endoplasmatischen Retikulums unter Umgehung der Kondensationsvakuolen in den Extrazellulärraum, z.B. in das Blut oder die Bindegewebsmatrix.

Von besonderer Bedeutung ist aber auch die Aufgabe des Golgi-Apparats im Rahmen der *intrazellulären Abbauprozesse* durch die Bildung von lysosomalen Vorstufen, was zur Vorstellung eines gemeinsamen funktionellen Komplexes – Golgi-Apparat, endoplasmatisches Retikulum, Lysosomen (GERL) – geführt hat.

Atrophische Prozesse im Bereich des Golgi-Apparats sind Folge einer verminderten Proteinbildung durch die Ribosomen; insbesondere ist diese Atrophie bei Mangelzuständen oder auch in entdifferenzierten Tumoren zu beobachten.

Eine *Hypertrophie* der Golgi-Apparate tritt vorwiegend in endokrinen Zellen nach Stimulierung der Sekretion durch Releasing-Hormone auf.

3.6. Pathologie der Mitochondrien

3.6.1. Struktur- und Funktionsveränderungen

Die Mitochondrien sind als ubiquitäre Zellbestandteile eine Sonderform innerhalb der Zellorganellen. Sie besitzen infolge ihres DNA-Gehalts eine Semiautonomie und spielen eine wesentliche Rolle in der Zellökonomie. Aus diesem Grunde sind sie ein äußerst empfindlicher Indikator für den intakten Funktionszustand einer Zelle.

Die Größe einer Mitochondrienpopulation bestimmter Zelltypen ist einmal genetisch fixiert, zum anderen durch die funktionelle Beanspruchung der Zelle modifiziert. So sind in Leberzellen je nach der Tierart 1 000–2 500 Mitochondrien je Zelle zu beobachten. Muskelzellen des rechten Ventrikels des Rattenherzens enthalten bei der Geburt etwa 880 und am Ende des 2. Lebensjahrs etwa 11 500 Mitochondrien, die des linken Ventrikels entsprechend 1 380 und 18 600.

Die Mitochondrienzunahme erfolgt hauptsächlich durch Querteilung bestehender Mitochondrien oder durch Aussprossungen.

Unter verschiedenen Bedingungen, z.B. während eines 8tägigen Hungerns, nimmt die Zahl der Lebermitochondrien bei der Ratte von 2 450 je Zelle auf 1 630 ab.

Besonders wichtig ist der *Volumenanteil* der Mitochondrien in der Zelle. Er sinkt z.B. in der Herzmuskulatur bei kompensatorischer Hypertrophie von 35 % auf unter 20 %, was im wesentlichen auf die Zunahme der Myofibrillen zurückzuführen ist. Neben einer Schwellung ist die Erhöhung des Gesamtvolumens der Mitochondrien auf eine echte Hypertrophie oder auf eine Vergrößerung ihrer Zahl zurückzuführen.

Für die Funktion der Mitochondrien ist auch ihre Verteilung in der Zelle von Bedeutung. So sind sie in den Herzmuskelzellen in drei Arealen konzentriert, im perinukleären Raum, interfibrillär und unter dem Sarkolemm. Die Anzahl der interfibrillär lokalisierten Mitochondrien ist der morphologische Ausdruck für die differenten Funktionstypen der Muskulatur. In Muskeln mit hoher Kontraktionsfrequenz und geringer Kraftentwicklung besteht eine Relation von Mitochondrien zu Myofibrillen zugunsten der Mitochondrien, z.B. in der Herzmuskulatur oder in der Flugmuskulatur von Insekten. Die quergestreifte Skelettmuskulatur des Menschen enthält dagegen nur wenige Mitochondrien im Interfibrillärraum.

Die Außenmembran der Mitochondrien ist frei permeabel für geladene oder ungeladene Moleküle bis zu einem Molekulargewicht von etwa 5 000; der aktive Transport erfolgt unter Energieverbrauch. Die Außenmembran kann sich unter pathologischen Bedingungen, z. B. infolge von Flüssigkeitsansammlungen, erweitern. Es vergrößert sich der Raum zwischen beiden Membranen, die äußere Mitochondrienkammer. Bei degenerativen Veränderungen der Zelle treten Membranrupturen auf, oder es bilden sich Myelinlamellen um geschädigte Mitochondrien aus (Abb. 3.8).

Von wesentlicher Bedeutung für die Mitochondrienfunktion sind die Einfaltungen der Innenmembran, die Cristae mitochondriales. In ihnen sind die Enzyme der Atmungskette und der oxydativen Phosphorylierung in Form von unter bestimmten Bedingungen erkennbaren Elementarpartikeln lokalisiert. Diese etwa 8 nm großen Oxysomen (ETP: Elektronentransportpartikeln) enthalten die Kopplungsfaktoren zwischen Elektronentransport und oxydativer Phosphorylierung.

Verlagerungen der Cristae, Erweiterungen ihrer Innenräume, ihr Zerfall und ihre Zerstörung stellen den morphologischen Ausdruck von funktionellen Schädigungen der Mitochondrien dar.

Die homogen oder granuliert erscheinende Matrix enthält im wesentlichen die Substrate und Enzyme des Citronensäurezyklus. *Schwellungszustände* der Mitochondrien betreffen zuerst die Matrix. Sie sind bei einer Reduktion des Sauerstoffangebots, z.B. in Herzmuskelmitochondrien, frühzeitig zu beobachten und anfangs Ausdruck einer noch reversiblen Schädigung. Unabhängig von funktionellen Abweichungen kann es auch durch osmotische Veränderungen zu einer Zunahme des Mitochondrienvolumens, meist bei einer gleichzeitigen Herauslösung der Matrixsubstanzen, kommen.

Schwellungszustände sind bei isolierten Mitochondrien besonders unter hyposmotischen Bedingungen zu beobachten. Im Gegensatz zu den gleichfalls unter Isolierungsbedingungen auftretenden kondensierten Mitochondrienformen mit einer verdichteten Matrix ist bei ihnen die Atmungsaktivität und die oxydative Phosphorylierung reduziert. Die in intakten Zellen vorhandenen Mitochondrienformen sind unter Isolierungsbedingungen dagegen nur selten zu sehen. Sie werden biochemisch als „orthodoxe Formen" bezeichnet. Der Übergang von der kondensierten in die orthodoxe Strukturform ist Ausdruck bestimmter Funktionszustände der Zelle.

Veränderungen der Mitochondriengröße sind unter zahlreichen pathologischen Zuständen zu beobachten. So findet man vergrößerte Mitochondrien in der Leber bei Alkoholabusus und nach Bestrahlung. Häufig geht die Größenzunahme mit einer Entkopplung der oxydativen Phosphorylierung und einer Reduktion der Phosphorylierungsvorgänge einher. Das Mitochondrienwachstum wird als Kompensationsvorgang infolge eines chronischen ATP-Mangels aufgefaßt. Die oft um das Vielfache

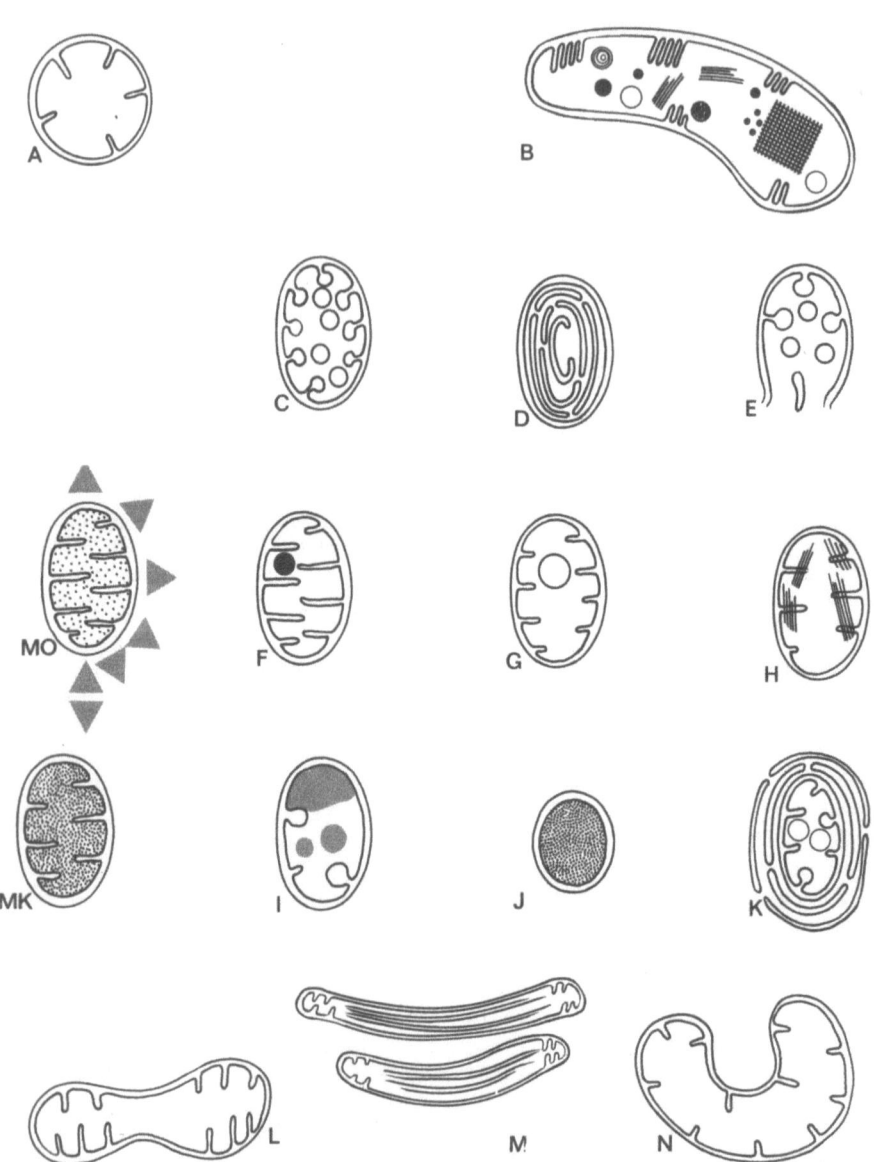

Abb. 3.8 Strukturveränderungen von Mitochondrien
MO „orthodoxes" Mitochondrion, normale Erscheinungsform in intakten ganzen Zellen, MK kondensiertes Mitochondrion, Atmungsstoffwechsel – intaktes Mitochondrion in Mitochondrienfraktionen, A Mitochondrienschwellung (sphärische Transformation), B Megamitochondrion mit multiplen Einschlüssen, C vesikuläre Cristolyse, D zirkuläre Cristaelagerung, E Außenmembranruptur, F Lipidablagerung in der Matrix, G Vakuolenbildung, H Kristallnadelbildung an den Cristae (Apatit), I homogener Mitochondrienkörper aus Phospholipiden und Proteinen, J Pyknose, K Autophagozytose mit Membranumhüllung (J–K Formen des Mitochondrienuntergangs), L hantelförmige Umwandlung, M Längslamellenbildung, N schüsselförmige Umwandlung

ihres Volumens vergrößerten Mitochondrien haben eine reduzierte Zahl von Cristae und zeigen verschiedenartige homogene und kristallartige Ablagerungen in der Matrix. Häufig ist eine Ausbildung von bizarren Formen mit diesen Veränderungen verbunden.
Veränderungen einzelner Mitochondrien oder von Mitochondriengruppen sind z.T. nur aus der Morphologie abzulesen, weil sie zahlenmäßig noch keine statistische Signifikanz aufweisen und deshalb biochemischen Analysen nicht zugängig sind.
Mitochondrien besitzen eine hohe Selbständigkeit innerhalb der Zelle. Das äußert sich auch in einer unterschiedlichen Zusammensetzung der Nucleotide ihrer DNA gegenüber der nukleären DNA sowie in differenten Halbwertszeiten bestimmter Substanzen wie der Proteine und Lipide. Aus der Halbwertszeit dieser Substanzen kann man auf die Lebensdauer von Mitochondrien Rückschlüsse ziehen. Sie beträgt in Abhängigkeit vom Organ zwischen 5 und 30 Tagen, meist 10–12 Tage. Pathologische Zustände führen zu Veränderungen der Lebensdauer, was für die unterschiedliche Größe der Mitochondrienpopulation von Bedeutung ist.
Unter zahlreichen Umständen sammeln sich in den Mitochondrien Substanzen bekannter und unbekannter Art an. So wurden in ihnen *Filamente, parakristalline Körper* und *Myelinstrukturen* gesehen, auch Ferritin, Blei, Glycogen und Pigmente sind nachweisbar. Von besonderer Bedeutung ist die Ablagerung von Calciumsalzen, die – meist als Apatite – zumindest in der Anfangsphase an den Cristae erfolgt. Von den Mitochondrien kann unter bestimmten Bedingungen im Verhältnis zur Eiweißmenge das Mehrhundertfache des Normalwertes an Calciumionen aufgenommen werden.
Der *Untergang* der Mitochondrien erfolgt meist über eine der beschriebenen Zwischenformen ihrer Degeneration. Als irreversible Endstadien sind die auch phasenkontrastmikroskopisch erkennbaren dichten Mitochondrienkörper in der Matrix, ihre vollständige Pyknose oder ihre Umwandlung in eine Vakuole sowie ihr Zerfall zu bezeichnen.

3.6.2. Mitochondriopathien

Unter den verschiedenen Organellopathien gibt es spezielle Mitochondriopathien (Mitochondrienerkrankungen). Das sind Erkrankungen, bei denen die strukturellen und funktionellen Störungen der Mitochondrien das primäre Ereignis darstellen sollen oder zumindest sein könnten. Dazu gehören (Abb. 3.9):
- die *alkoholische Mitochondriosis* (Mitochondriopathie) der Leber beim chronischen Alkoholismus. Sie geht mit einer Vergrößerung der Mitochondrien, z.T. mit Bildung bis zu 15 um großer bizarrer Megamitochondrien, und der Ansammlung von kristallinen und parakristallinen, filamentösen, lamellären und myelinartigen Matrixeinschlüssen einher;
- die *riesenmitochondriale Tubulopathie*. Sie tritt in den proximalen Tubulusabschnitten der menschlichen Niere bei Nierenerkrankungen meist mit Proteinurie auf. Es werden matrixreiche Riesenmitochondrien gebildet, die in der Matrix sich verzweigende Fibrillen, Fibrillenbündel und elektronendichte Körper sowie helixförmige Filamente in der äußeren Mitochondrienkammer enthalten;
- die *mitochondriale Myopathie*. Sie ist dann ausgebildet, wenn die Mitochondrienveränderungen der entscheidende Prozeß sind und tritt in der megakonialen Form

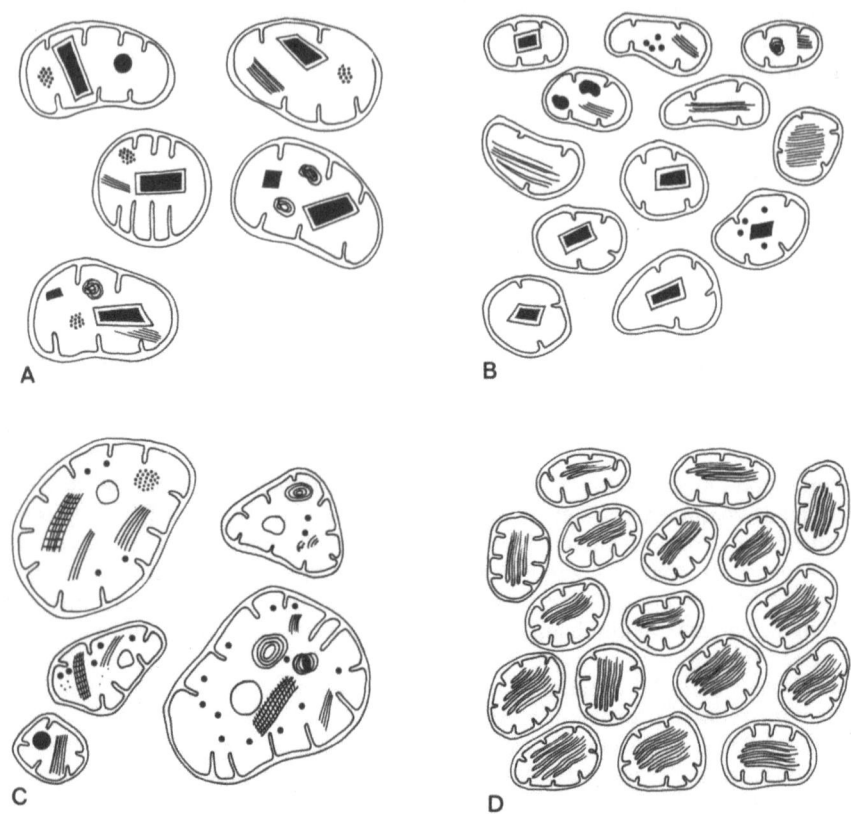

Abb. 3.9 Mitochondriopathien
A megakoniale mitochondriale Myopathie, B pleokoniale mitochondriale Myopathie, C alkoholische Mitochondriosis der Leber, D Mitochondriom (Onkozytom exokriner Drüsen)

(Ausbildung von Riesenmitochondrien) oder pleokonialen Form (abnorme Zahl von Mitochondrien) auf. Beide Formen sind vielfach miteinander kombiniert. Die vergrößerten Mitochondrien enthalten Einschlüsse verschiedener Art in der Matrix oder in der inneren und äußeren Mitochondrienkammer. Die Einschlüsse sind sphärisch oder rechteckig und teilweise membranumgeben.

Die Veränderungen des mitochondrialen Stoffwechsels sind bisher nicht eindeutig aufgeklärt. Bewiesen wurden in vielen Fällen eine schwache Kopplung der oxydativen Phosphorylierung. Über eine primäre anpassungsbedingte Funktionssteigerung soll es zu einer Überproduktion von (Enzym-)Proteinen mit Anhäufung von Enzymen und Enzymkomplexen kommen, als deren Folge eine mangelnde Effektivität des Stoffwechsels mit Organellendestruktion resultiert.

Klinisch ist das Krankheitsbild durch Muskelschwäche verschiedener Form bei normalem Metabolismus oder Hypermetabolismus, z. T. verbunden mit Veränderungen des muskulären Glycogen- und Lipidstoffwechsels charakterisiert;
● die *idiopathische Kardiomyopathie*. Bei ihr ist ein wesentliches Ereignis eine Ver-

mehrung der Mitochondrien mit dicht gepackten parallelen oder konzentrischen Cristae bei teilweise gleichzeitiger Glycogenansammlung;
- die *Tumoren mit Mitochondrienbeteiligung.* Einige Tumoren zeigen eine besondere Beteiligung der Mitochondrien. Dazu gehören:
Chondrome. Sie besitzen extrem verschmälerte und ausgezogene Mitochondrien, die mit einzelnen Zisternen des granulären endoplasmatischen Retikulums alternieren und so charakteristische Komplexe im Zytoplasma der Zelle bilden; Onkozytome (= Mitochondriome). Die in zahlreichen endokrinen und exokrinen Zellen vorhandenen Onkozyten (lichtmikroskopisch durch ein granuläres hochgradig acidophiles Zytoplasma gekennzeichnet) sind durch enggelagerte Mitochondrien charakterisiert. Onkozytome bestehen aus Zellen mit einer überschießenden Zahl von großen dichtgelagerten Mitochondrien, zwischen denen fast kein Zytoplasma mehr vorhanden ist. Die normal großen oder vergrößerten ovoiden oder diskoiden Mitochondrien enthalten lamelläre, parallel oder konzentrisch gelagerte Membranen. Funktionell sind die Mitochondrien der Onkozytome durch eine reduzierte P/O-Relation, eine schwache Kopplung der oxydativen Phosphorylierung, eine verminderte Succinooxidaseaktivität und eine geringere Empfindlichkeit gegen Oligomycin charakterisiert.

3.7. Lysosomen und pathologische Prozesse

3.7.1. Struktur- und Funktionsveränderungen

Lysosomen sind etwa 0,4 µm große, von einer einfachen Membran umgebene primär homogen erscheinende Zellorganellen. Sie nehmen in verschiedener Weise an zellulären oder organismischen Schädigungen und Abbauvorgängen teil. Ihre Wirkung beruht auf den über 40 in ihnen bisher nachgewiesenen Enzymen. So bauen die lysosomalen Enzyme Nucleinsäuren zu Mononucleosiden und Phosphaten ab, Proteine zu Aminosäuren und Dipeptiden, Polysaccharide, Glycoproteine und Glycolipide zu Mono- und Disacchariden sowie Phospholipide zu Phosphaten, Cholin und Phosphodiester und Neutrallipide zu Fettsäuren und Glycerol.

Der intrazelluläre Stoffwechsel fast aller Makromoleküle basiert vorwiegend auf ihrem enzymatischen Abbau durch lysosomale Enzyme zum Wiedergebrauch im Stoffwechsel. Die Lysosomen sind im allgemeinen intrazellulär aktiv, obwohl es einige normale Phänomene und pathologische Vorgänge gibt, bei denen die Hydrolasen in den Extrazellularraum freigesetzt werden. Die lysosomalen Enzyme werden im allgemeinen in membranbegrenzten Räumen wirksam, in die das abzubauende Material eingebaut wird. Eine derartige Sequestrierung schützt normalerweise die Zelle vor der autolytischen Destruktion durch ihre eigene Hydrolase.

Lysosomen werden zusammen mit morphologisch und funktionell ähnlichen Zellbestandteilen auch als **vakuoläres System** bezeichnet. Die Lysosomen besitzen eine große Bedeutung im Zellstoffwechsel. Sie sind an Entwicklungsvorgängen wie der Metamorphose und Involution, an den Sekretionsvorgängen, der Absorption und Verdauung von Stoffwechselprodukten, an der Immunität und Entgiftung, an der umschriebenen und möglicherweise auch vollständigen Zerstörung von Zellen sowie an der Pigmentbildung beteiligt.

Zahlreiche *Schädigungen* oder Erkrankungen *der Zelle* sind mit *Veränderungen der Lysosomen* verbunden. Insbesondere kommt es zu Zerstörungen der molekularen oder supramolekularen Strukturen, ihrer Umhüllungsmembran und damit zum Austritt hydrolytisch wirkender Enzyme in das Zytoplasma. Labilisatoren der Lysosomenmembran sind z. B. Sauerstoffmangel, saure pH-Werte, Endotoxine, Strahleneinwirkungen, Steroidhormone sowie Prozesse, die mit einer Lipidperoxydation einhergehen. Gegen freie Peroxidradikale soll die Lysosomenmembran hochgradig empfindlicher sein als die Mitochondrienmembran. Einige wenige Substanzen bewirken auch eine Stabilisierung der Membran, z. B. Cortison, Cholesterol.

3.7.2. Zelluläre Autophagie

Bei der zellulären Autophagie kommt es zu einem lysosomalen Abbau zelleigener Strukturen (Abb. 3.10). Dieser Prozeß hat grundsätzlich Bedeutung für die Funktion und Entwicklung differenzierter Zellen. Um derartige Areale werden Membranen gebildet, und in enger Verbindung mit Lysosomen bzw. lysosomalen Enzymen werden z. B. die in ihnen vorhandenen Mitochondrien und Anteile des endoplasmatischen Retikulums abgebaut. Dabei entstehen dann entweder Vakuolen oder Komplexe aus homogenem Material und Myelinstrukturen. Die Bezirke werden *autophage Vakuolen* (Zytolysosomen, Zytosegresomen) genannt. Diese Prozesse sind auch unter Normalbedingungn vereinzelt in Zellen zu beobachten. Sie nehmen nach verschiedenen toxischen Einwirkungen erheblich zu und stellen eine Reaktion der Zelle nach Art eines Schutzmechanismus dar, um durch Ausschaltung solcher geschädigten Gebiete die Ausbreitung auf andere Zellbereiche und damit den Zelltod zu verhindern.

Eine besondere Form der *autophagozytären Segregation* ist die Aufnahme von Zytoplasmabestandteilen bei der Sekretproduktion, z. B. durch Krinophagie oder Fusion von Sekretgranula mit Lysosomen, wie z. B. in den Schilddrüsenepithelzellen.

Die *Krinophagie* tritt in endokrinen Drüsenzellen auf, wenn keine Hormone an den Extrazellularraum mehr abgegeben werden. Durch Fusion primärer Lysosomen mit den zuviel produzierten Sekretgranula wird das Sekretmaterial hydrolytisch abgebaut, z. B. in B-Zellen des Pankreas, Nebennierenmarkzellen. Auch bei der Hormonsekretion der Schilddrüsenzellen spielt dieser Vorgang eine Rolle.

Bei Steigerung des *Autophagieprozesses* kann es zu einer extremen Zerstörung von Zytoplasmabestandteilen und ihrem Abbau in autophagen Vakuolen kommen, wie z. B. bei experimentellem Diabetes, wodurch der gesteigerte Eiweißkatabolismus bei dieser Krankheit morphologisch erklärt werden kann.

Eine erhöhte Autophagie wird durch cAMP, Glucagon, Parathormon und Thyroxingabe hervorgerufen.

Andererseits kann es auch zu einer *Blockade der intrazellulären Autophagozytosevorgänge* kommen (Abb. 3.11). Dann akkumulieren Zytoplasmabestandteile, wenn sie in normaler Menge neu gebildet werden, womit der fehlende Abbau und die Anhäufung von bestimmten Organellen wie Mitochondrien erklärt werden könnte. Eine solche Anhäufung von Mitochondrien sieht man z. B. in der Leber nach Fütterung eines nichtkarzinogenen Azofarbstoffs. Wachstumsprozesse sind mit einer derartigen Blockierung von Autophagozytoseprozessen und nachfolgender Vermehrung der Zytoplasmabestandteile verbunden. Solche Vorgänge findet man z. B. in einer Wiederfütterungsphase nach Hungern und auch beim Wachstum der Leber nach partieller Hepatektomie.

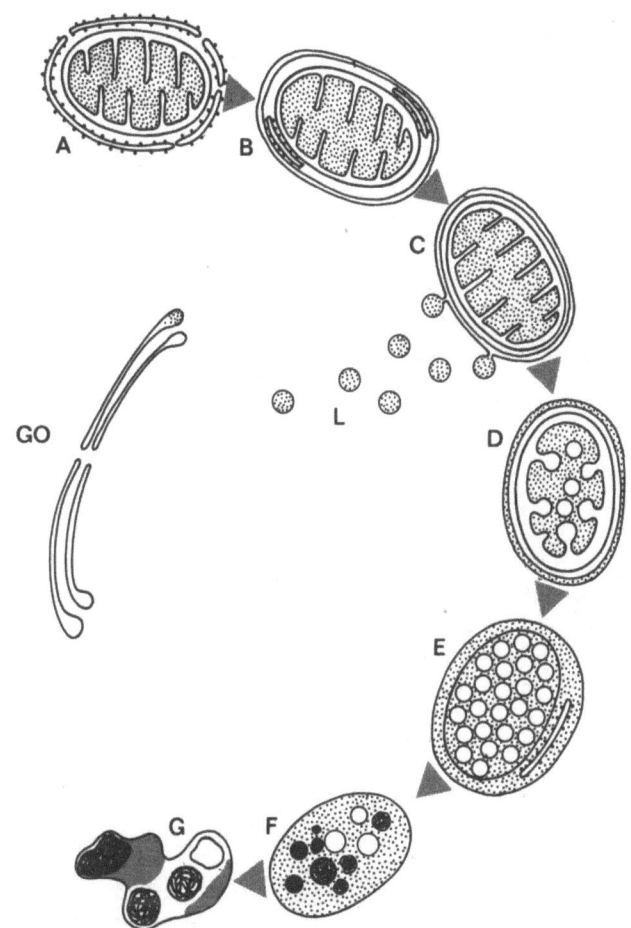

Abb. 3.10 Autophagozytose
A beginnende Ausbildung von Membrankomplexen um ein geschädigtes Mitochondrion, B vollständige Umhüllung des Komplexes durch Membranen = Autophagosom, C Fusion des Autophagosoms mit Lysosomen (L), die im Golgi-Apparat (GO) gebildet werden, D beginnender Abbau des degenerierten Mitochondrions, E Entstehung eines multivesikulären Körpers, F Telolysosomen mit Vakuolisierung und Myelinstrukturen, G Lipofuscinkörper

Störungen des Autophagozytoseprozesses sind in einer Hemmung der Segregation zu sehen. Sie wird durch cGMP eingeleitet, das z. B. durch Insulin in erhöhtem Maße freigesetzt wird.
Wird die Destruktion gestört, kommt es zur Akkumulation von intrazellulären Autophagievakuolen. Das geschieht z. B. durch eine Fusionshemmung der Vakuolen mit Lysosomen nach Vinblastin- und Colchicingaben. Diese Substanzen bedingen eine Hemmung des Lysosomentransports durch Depolymerisierung der Mikrotubuli.

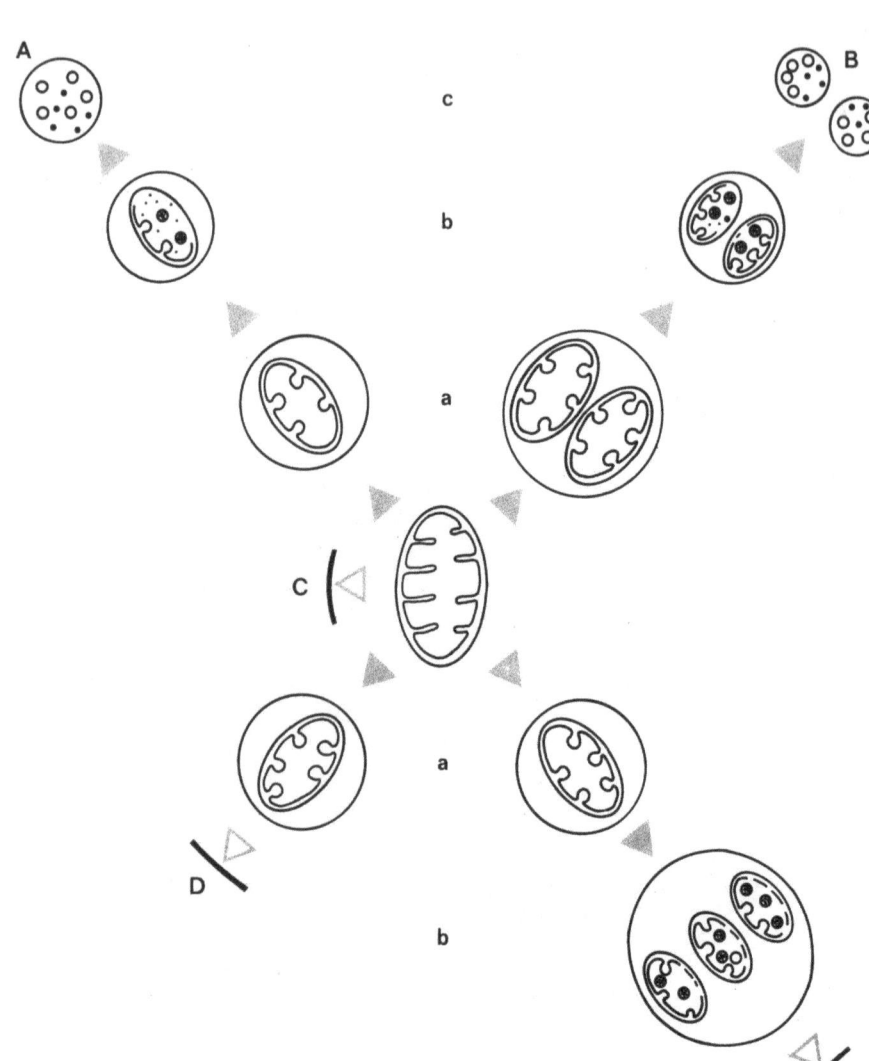

Abb. 3.11 Störungen der Autophagozytose
A normale Autophagozytose, B gesteigerte Autophagozytose, C Segregationshemmung, D Fusionsstörung mit Destruktionshemmung, E Degradationshemmung bei Enzymmangel oder -inaktivierung a) Autophagozytosevakuolen b) Autophagolysosomen, c) Telolysosomen

Die Hemmung der Degradation wird durch ein angeborenes oder erworbenes Fehlen lysosomaler Enzyme bewirkt. Substanzen mit kationischen und amphiphilen Eigenschaften, wie Chloronitrin, Inhibitoren der Cholesterolsynthese und bestimmte Psychopharmaka haben diese Eigenschaften, woraus Speicherkrankheiten resultieren.

3.7.3. Heterophagie (Phagozytose)

Voraussetzung für das Leben einer Zelle sind die Aufnahme von Substanzen, ihre Umwandlung zu solchen Abbaustufen, die im Zellstoffwechsel verwendet werden können, sowie die Abgabe in die Zellaußenwelt. Bei diesen Prozessen spielen die Lysosomen eine entscheidende Rolle (Abb. 3.12).

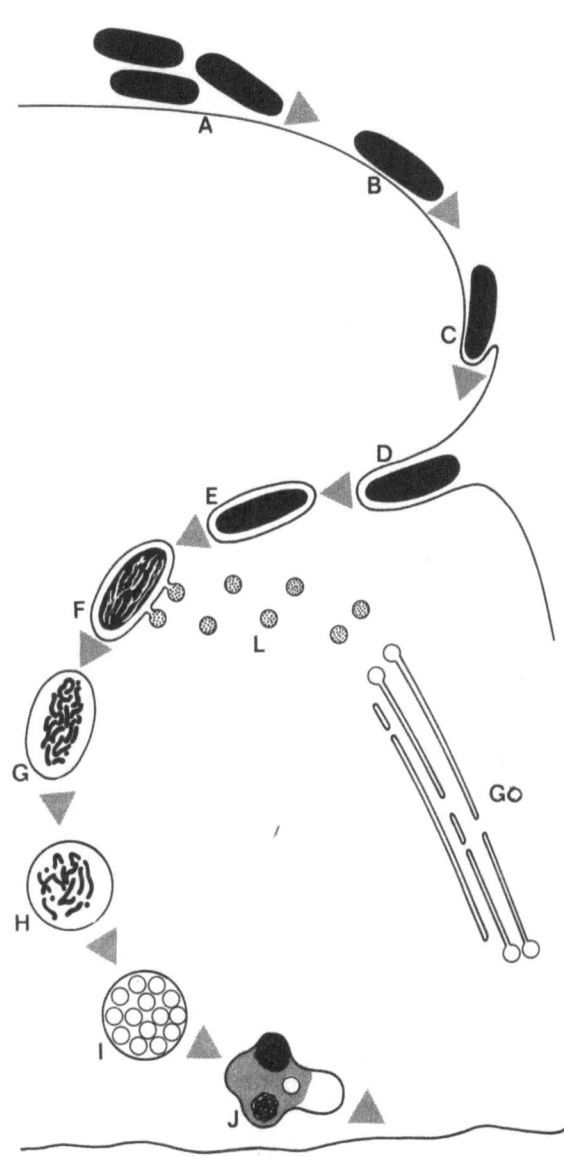

Abb. 3.12
Heterophagozytose
A extrazellulär gelegene Bakterien, B Adhäsion eines Bakteriums, C beginnende Invagination der Zellmembran, D invaginiertes Bakterium, E frühes Phagosom, F Fusion des Phagosoms mit im Golgi-Apparat (GO) gebildeten Lysosomen (L), G beginnender Abbau im Phagolysosom, H spätes Phagolysosom mit abgebautem Material, I multivesikulärer Körper, J Lipofuscinkörper

Die Aufnahme von Substanzen in die Zelle erfolgt durch Diffusion, aktiven Transport oder Endozytose (Pinozytose, Phagozytose). Bei der **Pinozytose** handelt es sich um die Aufnahme von Flüssigkeiten oder Makromolekülen bis zu einer Größe von 1 µm, die in einer koordinierten Folge von drei Prozessen vor sich geht. Anfangs kommt es zu einer Adhäsion der Moleküle an der Zellmembran, danach erfolgen die Einstülpung der Zellmembran, die Vesikelbildung und der Transport in die Zelle. Schließlich wird das aufgenommene Material abgebaut und transformiert.

Unter **Phagozytose** verstehen wir die Aufnahme von Bakterien, Zellbestandteilen oder ganzen Zellen sowie anderen Partikeln in die Zelle. Sie kann durch eine Pseudopodienbildung mit Umhüllung des aufzunehmenden Materials, durch eine Invagination der Zellmembran oder durch die Eröffnung der Zellmembran und Bildung einer Verbindung zum endoplasmatischen Retikulum erfolgen. Eine hohe Phagozytoseaktivität zeigen insbesondere mesenchymale Zellelemente wie Histiozyten und Makrophagen. Sie kann jedoch auch von allen übrigen Zellen ausgeführt werden. Die Phagozytose stellt einen aktiven Stoffwechselvorgang dar, der mit einem erhöhten Sauerstoffverbrauch und einer gesteigerten respiratorischen Aktivität verbunden ist, wie es z. B. für Leukozyten gezeigt werden konnte.

Der Abbau der durch Pinozytose oder Phagozytose aufgenommenen Substanzen zu im Stoffwechsel der Zelle notwendigen Vorstufen erfolgt vorwiegend durch die Einwirkung lysosomaler Enzyme. Dabei bilden sich aus dem aufgenommenen Material und den Lysosomen größere komplexe Körper, die als *Phagolysosomen* bezeichnet werden. Sie enthalten das in verschiedenen Abbaustadien befindliche Material, das teils homogen, teils in Form von Myelinstrukturen oder als Vakuolen erscheint.

Erhöhte Phagozytoseprozesse treten auf, wenn ein erhöhter Abbau von Substanzen oder Erregern notwendig ist, z. B. bei Entzündungen, Thrombosen, bei der Wundheilung, wobei vorwiegend die polymorphkernigen Leukozyten und Makrophagen beim Abbau von Erregern beteiligt sind. Während die meisten Substanzen, einschließlich der Bakterien und Viren, in den Lysosomen abgebaut werden, können bestimmte Erreger über die lysosomale Phase auch zu infektiösen Agentien heranreifen, wie bestimmte Viren oder Mykobakterien (M. tuberculosis, M. leprae), bei denen die Hüllsubstanzen nicht abgebaut werden können, so daß sie nach dem Tod der Makrophagen wieder freigesetzt werden. Wenn Tuberkelbakterien vor der Phagozytose mit Tbc-Antiserum in Verbindung kommen, verschmelzen die tuberkelbakterienenthaltenden Phagosomen mit Lysosomen, so daß sie enzymatisch abgebaut werden können.

In gleicher Weise sind auch die Plasmodien der Malaria in den Erythrozyten als Heterophagievakuolen existent und phagozytieren das Hämoglobin.

Bei Behandlung mit Chlorochin wird die Substanz in den Verdauungsvakuolen der Plasmodien angereichert, und die dort lokalisierten Hydrolasen werden blockiert, so daß der Hämoglobinabbau gestoppt wird.

Die Virusinfektion einer Zelle ist mit dem Abbau der Virushülle und dem Eindringen des Virus in die Zelle, z. T. umgeben von der Plasmamembran, verbunden. REO-Viren werden in Phagolysosomen abgebaut, wobei durch die lysosomalen Proteasen das Core des Virus (bestehend aus DNA oder RNA) freigelegt wird. Damit kann es zur Replikation der Viren kommen.

Störungen der Phagozytose, z. B. im Rahmen von Infektionen, sind mit Dysfunktionen oder Defekten der Abtötung und des Abbaus gekoppelt. Vorbedingung für einen funktionsgerechten Phagozytoseprozeß sind die programmierten Vereinigungen von Lysosomen und phagozytiertem Material zum Phagolysosom und eine damit in Verbindung stehende Aktivierung des Zellstoffwechsels mit einer Produktion von H_2O_2. Eine Störung der Vereinigung und/oder ein gestörter Zellstoffwechsel mit reduzierter H_2O_2-Bildung können die Vernichtung von Krankheitserregern verlangsamen oder völlig verhindern.

Lysosomotrope Substanzen werden selektiv in Lysosomen aufgenommen, unabhängig von ihrer chemischen Natur oder dem Mechanismus der Aufnahme. Auf dem Lysosomotropismus beruhen auch die schon seit mehr als 100 Jahren bekannte Vitalfärbung und Vorgänge, die als Zellspeicherung und vakuoläre Transformation beschrieben worden sind, ohne daß damals der Mechanismus charakterisiert werden konnte.

Mit dem Eintritt von *lysosomotropen Substanzen* (z. B. verschiedenen Pharmaka) in die Lysosomen kommt es auch zu Veränderungen der Eigenschaften der Lysosomenmembran und damit ihrer Fähigkeit, lysosomale Verdauungsprozesse durchzuführen und die umgebenden Zytoplasmabestandteile gegen die Schädigung der lysosomalen Enzyme zu schützen. Stabilisierende oder labilisierende Effekte werden z. B. durch eine Anzahl von Steroiden und anderen lipidlösenden Substanzen hervorgerufen.

Erkrankungen, bei denen eine Schädigung der Lysosomenmembran zu einer Veränderung der Heterophagie führt, können endogen oder exogen bedingt sein.

Bei der genetischen Veränderung der Struktur und der Eigenschaften der Lysosomenmembran kommt es z. B. zur Chediak-Steinbrink-Higashi-Erkrankung. Dabei entstehen in den Leukozyten große Einschlüsse, die miteinander verschmelzen und Riesenlysosomen von etwa 2–5 μm Durchmesser bilden. Die Permeabilität dieser Riesenlysosomen ist vermehrt, was zum klinischen Krankheitsbild einer verminderten Resistenz gegenüber Infektionen, verbunden mit Spleno- und Hepatomegalie, Hypertrophie der Lymphknoten, einer Photophobie und Albinismus führt.

Ein weiteres Krankheitsbild, das mit einer lysosomalen Dysfunktion gekoppelt ist, wurde 1972 von Spitznagel und Mitarbeitern beschrieben. Es ist charakterisiert durch die Unfähigkeit der polymorphkernigen Leukozyten, phagozytierte E. coli und α-hämolysierende Streptokokken abzutöten. Folge davon sind gehäufte Infektionen.

Das Syndrom des Myeloperoxidasemangels in den azurophilen Granula der Leukozyten (beschrieben von Lehrer und Cline, 1969) ist durch gehäufte Candida-Infektionen gekennzeichnet. In vitro wurde nachgewiesen, daß die Leukozyten nicht mehr in der Lage sind, Candida albicans abzutöten.

Störungen bei der Abtötung von Krankheitserregern sind z.B. bei der chronischen granulomatösen Staphylokokkeninfektion (Hiob-Syndrom) und der lipochromen Histiozytose (Ford) zu finden. Abbaustörungen sind auch beim M. Whipple entscheidend, bei dem vorwiegend in Makrophagen von Dünndarmzotten und mesenterialen Lymphknoten PAS-positive Granula angesammelt werden, die aus Bakterien und Bakterienabbauprodukten bestehen.

Eine Störung des Phagozyteseprozesses kann schließlich auch die Abgabe des phagolysosomalen Materials, also die Exozytose betreffen, woraus „sterile" Entzündungen entstehen.

Nach einem Austritt von Lysosomen aus den Zellen infolge einer Zerstörung der Zellmembran kommt es zur extrazellulären Lysosomenwirkung, die für die Pathogenese von Bindegewebserkrankungen bedeutungsvoll ist, weil Proteoglycane, kollagene und elastische Fasern abgebaut werden können.

Das Krankheitsbild der Pneumokoniosen nach Inhalation von Kohle, Siliciumdioxid, Beryllium, Zinn, Zink u. ä. ist mit einer Schädigung der Lysosomenmembran und einer gesteigerten Freisetzung lysosomalen Materials verbunden.

Bei der **Silikose** der Lunge sollen die Siliciumdioxidpartikeln in den Alveolen von Makrophagen phagozytiert und in die Phagolysosomen eingelagert werden. Dabei wird Kieselsäure freigegeben, die die Lysosomenmembran zerstört und zu Leckbildungen führt. So fließt lysosomales Material aus dem Makrophagen und tötet die Zellen. Das freiwerdende Siliciumdioxid wird dann wiederum von Makrophagen phagozytiert und erleidet das gleiche Schicksal. Durch den Untergang der Makrophagen und die extrazelluläre Ansammlung von lysosomalen Enzymen wird die Fibrosierung bei der Silikose bedingt.

Ein weiteres menschliches Krankheitsbild mit erhöhter Exozytose ist die **Gicht**. Beim Gichtanfall sollen die ausgefällten Uratkristalle der Tophi von Granulozyten phagozytiert und in den Phagolysosomen gespeichert werden. Die Urate bewirken eine Störung in der Membran der Phagolysosomen, so daß die lysosomalen Enzyme austreten. Dadurch werden die Leukozyten geschädigt. Freigesetzte Milchsäure führt zum anfallsweisen Schmerz und bedingt die weitere Ablagerung von Uraten. Damit werden wieder chemotaktisch neue Leukozyten angelockt, die die Urate phagozytieren, womit der gleiche Kreislauf wieder beginnt.

Der durch die hydrolytischen Enzyme bewirkte Abbau von phagozytierten Substanzen und Zellbestandteilen führt einmal zu einer Bildung erneut im Stoffwechsel verwendbarer Moleküle, ist aber gleichzeitig mit der Entstehung von Schlackenstoffen verbunden. Diese werden zu einem wechselnden Prozentsatz in den Extralullarraum abgegeben. Ein bestimmter Prozentsatz bleibt jedoch in der Zelle zurück und stellt sich dann als ein Komplex aus wechselnd dichtem, amorphem, granulärem oder membranösem Material dar, in dem noch hydrolytische Enzyme nachgewiesen werden können. Sie werden **Residualkörper** oder **Telolysosomen** genannt und entsprechen dem lichtmikroskopisch erkennbaren Lipofuscin. Besonders im Alter sind diese Körper vermehrt.

3.7.4. Speicherkrankheiten

„Lysosomale Speicherkrankheiten" sind bis auf wenige Ausnahmen genetisch bedingte katabole Störungen. Nicht jede Speicherkrankheit ist eine lysosomale Erkrankung, weil es katabole Enzyme auch außerhalb der Lysosomen gibt.

> Grundsätzlich können für die Speicherung von Substanzen mehrere Mechanismen bedeutungsvoll sein:
> - die Synthese von strukturell abnormen Molekülen (für die intralysosomale Speicherung nicht entscheidend);
> - die verminderte Bindung von Metaboliten an ein Substrat (Beispiel hierfür sind einige Mucopolysaccharidosen sowie die Wilsonsche Erkrankung, die mit einer exzessiven Speicherung von Kupfer in Lysosomen bei einem abnorm geringen Gehalt des kupfertragenden Proteins, des Ceruloplasmins, im Blut einhergeht. In seltenen Fällen von Atransferrinämie ist das Fehlen oder der abnorm niedrige Spiegel von Transferrin für die Ansammlung von Eisen in Lysosomen wichtig);
> - eine erhöhte Synthese von normalen Metaboliten (für die Speicherkrankheiten wahrscheinlich ohne große Bedeutung);
> - ein verminderter oder abnormer Katabolismus (häufigster zu Speicherkrankheiten führender Mechanismus).

Folgende Erscheinungen sind für den abnormen Speicherungsprozeß wichtig:
- normale Lysosomen werden zu großen Vakuolen umgewandelt;
- Heterogenität des akkumulierten Materials, da ein lysosomales Enzym für den Abbau verschiedener Substanzen verantwortlich sein kann;
- unterschiedliche Schwere des Befalls der einzelnen Zellen;
- Fortschreiten der Veränderungen;
- nicht immer vollständige Korrelation zwischen Schwere des Enzymdefekts und den klinischen Manifestationen.

Bei den Speicherkrankheiten werden übernormale Mengen von Makromolekülen oder von damit in Verbindung stehenden Degenerationsprodukten innerhalb der intrazellulären Körper angesammelt. Gleichzeitig kommt es zu einer Vermehrung dieses oder ähnlichen Materials in Blut und Urin. Die abnormen Ablagerungen sind in verschiedenen Geweben zu finden, wobei besonders die Neuronen, die Leberzellen, Fibroblasten, renale Tubuluszellen, die Zellen der Milz und des retikuloendothelialen Systems betroffen sind und die Ablagerungen bis zu 25 % des Zytoplasmavolumens ausmachen können. Eine Darstellung der verschiedenen Formen angeborener Speicherkrankheiten s. 5.8.3.1. Genetisch bedingte Fehlbildungen. Der Abbildung 3.13 sind charakteristische Einschlußkörperstrukturen bei lysosomalen Speicherkrankheiten zu entnehmen.

Während die genetisch bedingten Speicherkrankheiten als solche schon lange bekannt sind und nur ihr lysosomaler Charakter erst in den letzten Jahren näher erklärt werden konnte, sind die **erworbenen Thesaurismosen** (ähnlich M. Niemann-Pick, M. Tay-Sachs oder M. Gaucher) erst in der neueren Zeit gefunden und beschrieben worden. Zu den Speicherungsvorgänge induzierenden Substanzen gehören z. B. Antihistaminika, das Antimalariamittel Chlorochin, Inhibitoren der Cholesterolsynthese wie Triparanol sowie einige Psychopharmaka und andere zentralwirkende Substanzen und Appetitzügler wie Chlorphentermin und die Antidepressiva Iprinol und Imipramin.

Charakteristisch für alle diese Substanzen ist der amphiphile Molekülcharakter, der einmal eine Permeation durch Membranen erlaubt und zum anderen eine Ansammlung in dem sauren Milieu der Lysosomen begünstigt, was eine Hemmung lysosomaler Enzyme bewirkt. Die Zellveränderungen sind im allgemeinen reversibel. Diese Arzneimittelnebenwirkungen sind auch für den Menschen von Bedeutung. In Japan wurde ein sog. Niemann-Pick-Like-Syndrom bei Patienten beobachtet, die die koronardilatierende Substanz 4,4'-Diethylaminoethoxyhexestrol erhielten, eine ebenfalls basische amphiphile Verbindung, die in einigen Fällen sogar zum Tode führte.

Chlorochin ist ein pharmakologisch sehr gut untersuchtes lysosomotropes Chemotherapeutikum, das in den Lysosomen gespeichert wird und dessen therapeutische Wirkungen, aber auch Nebenwirkungen hierauf beruhen. Die Lysosomotropie des Chlorochins ist Grundlage seiner therapeutischen Wirkung bei verschiedenen Erkrankungen des rheumatischen Formenkreises, aber auch bei photoallergischen Reaktionen. Chlorochin wird elektiv in autophagozytären Vakuolen der Schizontenformen der Malariaerreger aufgenommen und entfaltet auf diese Weise seine prophylaktische und therapeutische Wirkung.

Wie bei den angeborenen Defekten von lysosomalen Enzymen wirkt sich der pharmakonbedingte Speicherprozeß vor allem auf die nicht regenerierfähigen Ganglien-

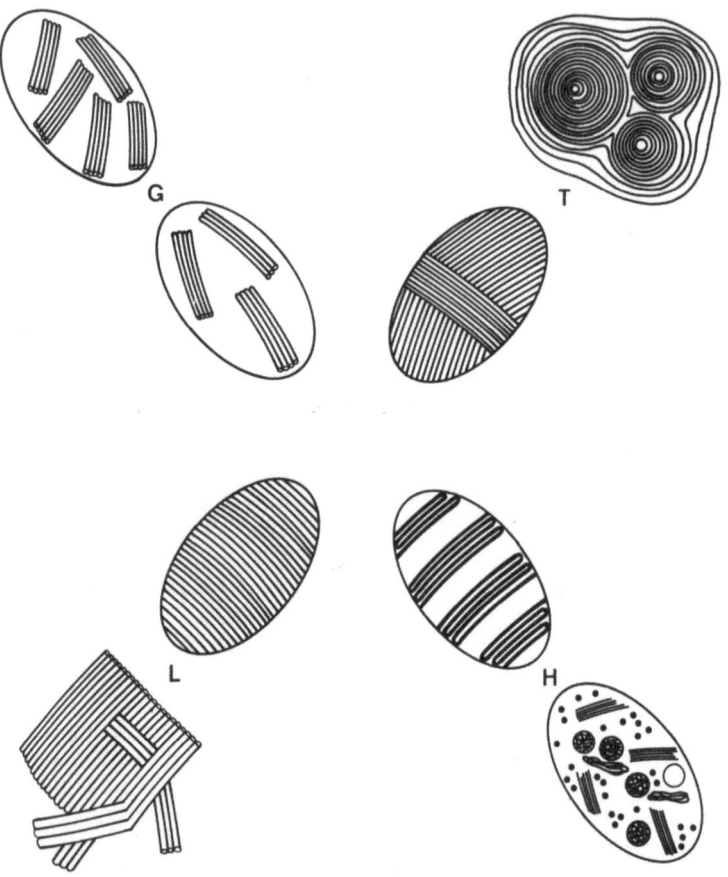

Abb. 3.13 Einschlußkörperstrukturen bei lysosomalen Speicherkrankheiten
G Morbus Gaucher, T Morbus Tay-Sachs, L metachromatische Leukodystrophie,
H Morbus Hurler

zellen schädigend aus, wobei vielfach der Abbau von Glangliosidverbindungen gehemmt wird. Die morphologischen Ganglienzellveränderungen nach langdauernder Chlorochinintoxikation sind das bekannteste Beispiel für die Entwicklung einer exogenen neuronalen Speicherkrankheit. Die besondere Beteiligung von Teilen des limbischen Systems bei Chlorochin trifft wahrscheinlich auch für die anderen aufgeführten Pharmaka zu.

3.7.5. Pigmente

Pigmente stellen nach der Definition, die sich aus Beobachtungen der Lichtmikroskopie ableiten, **eigengefärbte Stoffe dar, die meist intra-, vereinzelt auch extrazellulär lokalisiert sind.** Unsere heutigen Kenntnisse, besonders elektronenmikroskopi-

scher und biochemischer Art, zeigen ihre enge Verbindung zu den Lysosomen und erlauben außerdem eine Vereinfachung früherer Vorstellungen. Es lassen sich drei Gruppen unterscheiden:
- primär aus Zellbestandteilen entstandene Pigmente,
- primär aus phagozytiertem Material entstandene Pigmente,
- durch spezielle Stoffwechselprozesse entstandene Pigmente.

Zwischen diesen Gruppen gibt es Wechselwirkungen und Überschneidungen in der Entwicklung, besonders bei den beiden erstgenannten.

– **Primär aus Zellbestandteilen entstandene Pigmente** stellen das Endstadium des Abbaus geschädigter Zellbezirke dar, d. h. der Autophagozytose. Sie bestehen aus unterschiedlich dichtem, teils homogenem, teils granulärem, teils myelinartigem Material und enthalten saure Hydrolasen. Die differenten histochemischen Reaktionen und färberischen Eigenschaften im lichtmikroskopischen Bereich sind im wesentlichen durch die unterschiedliche Menge an Abbauprodukten der Lipide, Nucleoproteide und Eiweiße bedingt. Hierzu gehören das Lipofuscin und das Ceroid. Im Ceroid sind vorwiegend ungesättigte Fettsäuren zu finden, während sich das Lipofuscin leicht mit fettlöslichen Farbstoffen anfärbt, in Säuren, Alkalien und Fettlösungsmitteln unlösbar ist und im UV-Licht eine goldbraune Fluoreszenz zeigt. Die besonders im Alter zu beachtende Ansammlung des Lipofuscins, z. B. in Leberparenchymzellen und Herzmuskelzellen sowie in Ganglienzellen, wird durch eine Reduktion der normalen Stoffwechselwege, eine eingeschränkte lipolytische Aktivität der Lysosomen und eine verminderte Abgabe von Schlackenstoffen aus der Zelle hervorgerufen.

Das besonders in der Leber zu beobachtende Gallepigment entsteht ebenfalls in enger Verbindung mit den Lysosomen, konjugiertes und direktes Bilirubin sollen eine unterschiedliche morphologische Struktur aufweisen.

– **Primär aus phagozytiertem Material entstandene Pigmente** setzen sich aus abgebautem, in die Zelle aufgenommenem Material und Lysosomen, teilweise auch unverarbeiteten Substanzen zusammen. Vorwiegend Schwermetalle werden in verschiedenen Arealen, einschließlich des Kernes der Zelle, akkumuliert und können zu ausgedehnten Ansammlungen führen, die Beziehungen zu den Lysosomen haben.

In Abhängigkeit von der Art des aufgenommenen Materials sind die hierdurch entstandenen Pigmente unterschiedlich anfärbbar und von differenter Struktur. Die in den Zellen der Lunge zu beobachtenden Pigmentansammlungen setzen sich aus phagozytiertem Ruß sowie anderem anorganischem Material in enger Beziehung mit den Lysosomen zusammen.

Von besonderer Bedeutung sind die verschiedenen Arten der Eisenablagerung in der Zelle. Eisen liegt einmal in Form einzelner Partikeln oder in Partikelaggregaten als Ferritin in Verbindung mit dem Eiweiß Apoferritin vor. Ferritin- und Nicht-Ferriteisen werden in Form von Hämosideringranula abgelagert, die durch lichtmikroskopische Eisenreaktionen nachgewiesen werden können. Ihre Entstehung geht besonders auf den Abbau phagozytierter Erythrozytenvorstufen, möglicherweise auch von Myoglobin zurück. Massive Hämosiderinablagerungen und Eisenspeicherungen können einmal durch Stoffwechselstörungen spezieller Enzyme oder aber durch ein erhöhtes Angebot, besonders bei einem verstärkten Blutzerfall bei Anämie und nach Bluttransfusionen beobachtet werden. In beiden Fällen spricht man von einer Hämosiderose, die mit massiven Eisenpigmentablagerungen in fast allen Zellarten und Organen verbunden ist.

Ebenfalls auf abgebaute, durch Malariaplasmodien geschädigte Erythrozyten ist das Malariapigment zurückzuführen, das vorwiegend in den Zellen des RES zu finden ist.
Ausgedehnte Blutungen können zu einem Abbau von Erythrozyten auch im extrazellulären Bereich führen. Das dabei entstehende bräunlich bis goldgelbe schollige, nicht eisenhaltige Pigment wird Hämatoidin genannt.

– **Spezielle Stoffwechselprozesse** können ebenfalls **mit einer Pigmentbildung** einhergehen. Schon unter normalen Bedingungen wird in den Pigmentzellen der Haut und der Retina das Melanin gebildet. Die bis zu 0,8 µm großen elektronendichten Melaningranula entstehen aus Tyrosin durch das Tyrosinasesystem über Dihydroxyphenylalanin und sind H_2O_2-bleichbar, sonst aber gegen chemische Agenzien resistent. Bei einem genetisch bedingten Tyrosinasemangel wird kein Melanin gebildet, was zum Albinismus führt.
Eine Stimulierung des Tyrosinasesystems bewirkt eine erhöhte Pigmentierung, wie z. B. bei der ACTH-Therapie oder bei einer Nebennierenrindeninsuffizienz beim Morbus Addison (Bronzediabetes). Estrogene (während der Schwangerschaft, Antikonzeptiva) führen zur Melanozytenstimulation und so zur erhöhten Pigmentierung der Haut (Chloasma).
Maligne Melanome der Haut oder der Aderhaut des Auges (selten der Leptomeninx) gehen von Melanozyten aus, die neben pigmenthaltigen Melanosomen in unterschiedlicher Menge unpigmentierte Prämelanosomen enthalten. Dadurch sind sowohl braunpigmentierte als auch weiße (Leuko-) Metastasen möglich.
Nach anderen Klassifizierungen werden die Pigmente in endogene und exogene unterschieden.
Die **endogenen Pigmente** stammen im wesentlichen vom Hämoglobin ab, wobei in dessen Abbaustufen im Lichtmikroskop mit spezifischen Reaktionen Eisen nachgewiesen werden kann oder nicht.

Der Eisennachweis ist negativ, wenn bei Hämoglobinopathien Häm und bei primären oder sekundären Porphyrien Porphyrin abgelagert wird.

Das braune Porphyrin wird in den Lysosomen zahlreicher Organe gespeichert. Durch lichtbedingte Labilisierung der Lysosommembran kommt es zum Enzymaustritt und zu schweren Zellschädigungen bis zum Zelltod. Einen negativen Eisennachweis ergibt auch das Hämatoidin (indirektes Bilirubin), z. B. in alten Blutungen, sowie das Bilirubin (gelb) und das Biliverdin (grün).
Einen positiven Eisennachweis zeigt das *Hämosiderin*, das bei massiver Ablagerung infolge exzessiven Erythrozytenzerfalls oder bei Abbaustörungen als Hämosiderose bzw. Hämochromatose in fast allen Organen beobachtet wird, wobei zur Entstehung einer Hämochromatose, die mit weiteren Veränderungen, z. B. Leberzirrhose, verbunden ist, wahrscheinlich genetische Faktoren eine Rolle spielen. Siderinablagerungen treten als Myosiderin auch bei Zerfall von Muskulatur auf.
Zu den **exogenen Pigmenten** werden die durch Inhalation aufgenommenen (z. B. Ruß), in die Haut eingebrachten (Tätowierungen, Agyrose durch Behandlung mit silberhaltigen Arzneimitteln, Explosionen) oder alimentär zugeführten Substanzen (Medikamente, z. B. Tetracyclin) gerechnet.
Zu den endogenen Pigmenten gehört das schon angeführte Melanin sowie ein wei-

teres tyrosinogenes Pigment, das bei genetisch bedingten Abbaustörungen der Homogentisinsäure in Leber und Nieren auftritt und zum Krankheitsbild der Alkaptonurie oder Ochronose führt. Es ist durch eine Braunfärbung des Urins bei Lichteinwirkung sowie Braunpigmentierung von Knorpelgewebe und Kollagenfibrillen gekennzeichnet. Ochronoseähnliche Bilder werden auch nach Phenacetinabusus beobachtet, wobei das Pigment intralysosomal in vielen Zellen, besonders den Knorpelzellen, lokalisiert ist.

3.8. Pathologie der Peroxisomen

Die Peroxisomen sind Organellen, die von einer einfachen Membran umgeben werden und eine feingranuläre bis dichte Matrix besitzen, teilweise mit einem Nucleoid. Leitenzyme sind Uricase, Katalase und D-Aminosäuren-Oxidase. Diese Enzyme sind in den Hepatozyten an folgenden Stoffwechselprozessen beteiligt: Im Kohlenhydratstoffwechsel beteiligen sie sich am Fructoseabbau durch die Enzyme Katalase und L-α-Glycerophosphat-Dehydrogenase; sie schleusen die aktivierten Fettsäuren in die Mitochondrien ein mit Hilfe der Carnitinacetylat-Transferase und durch die Acyl-CoA-Dehydrogenase am Beginn der β-Oxydation, und sie bauen das bei der Zellatmung gebildete H_2O_2 durch die Peroxidasewirkung der Enzyme ab, wodurch Membranschädigungen verhindert werden können.

Peroxisomen entstehen durch Ausknospung und Abschnürung von ribosomenfreien Enden der Zisternen des granulären endoplasmatischen Retikulums (Abb. 3.14). Ihr Abbau erfolgt durch die Beseitigung inaktivierter durch Autophagozytose oder Autolyse zu leeren Vesikeln.

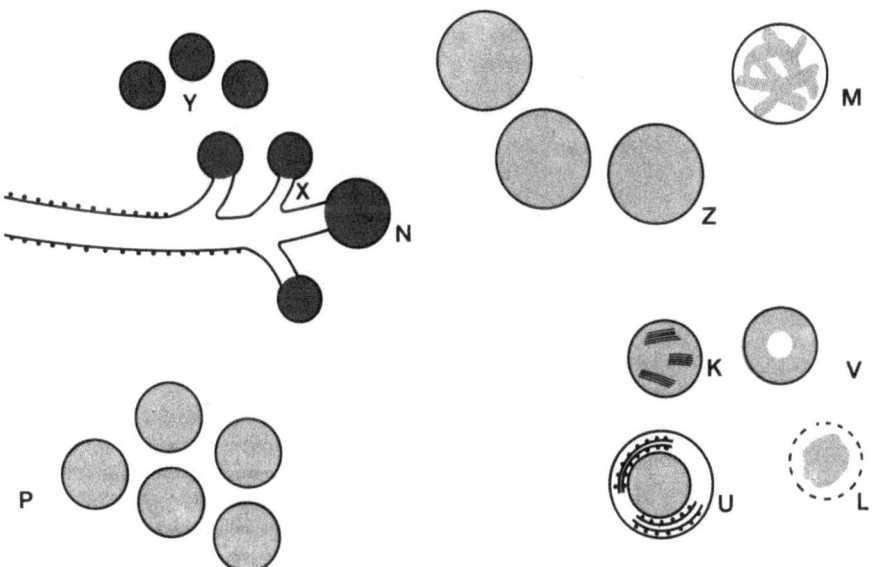

Abb. 3.14 Pathologie der Peroxisomen
X Bildung von Peroxisomen aus dem granulären endoplasmatischen Retikulum, N normales Peroxisom, Y Mikroperoxisomen, Z Megaperoxisomen, P Peroxisomenvermehrung, M Matrikolyse, V Vakuolenbildung, K kristalloide Einschlüsse, U Autophagozytose, L Lyse

Mikroperoxisomen sind in allen Zellen zu finden, die am Lipid- und Steroidstoffwechsel beteiligt sind und in denen ein agranuläres endoplasmatisches Retikulum ausgebildet ist.

Typische Peroxisomen sieht man besonders in Hepatozyten (bis 1 000) und Tubulusepithelzellen der Niere, in denen ein gut entwickeltes agranuläres endoplasmatisches Retikulum vorhanden ist und eine hohe Stoffwechsel- und Glycolyseaktivität auftritt.

Zwischen den Peroxisomen und den Mitochondrien bestehen enge Wechselwirkungen, so daß bei Zellschädigungen oft beide Organellen in gleicher Weise *Strukturveränderungen* aufweisen. Hauptveränderungen der Peroxisomen sind eine Matrikolyse, z. B. bei Ischämie, und die Ausbildung parakristalliner Einschlüsse, z. B. bei Gabe von Acetylsalicylsäure oder Hypolipidämika.

Eine *Zunahme der Peroxisomen* findet nach Gabe von lipid- und cholesterolspiegelsenkenden Arzneimitteln, aber auch bei einer Reduktion der Zellatmung statt. Sie wird in Leberzellen durch verschiedene Substanzen induziert:
– meist in Verbindung mit einer Mitochondrienvermehrung bei Mangel essentieller Fettsäuren und von Vitamin D und E;
– durch hypolipämisch wirkende Medikamente wie Ethyl-p-chlorphenoxyisobutyrat (CPIB), (z. T. auch in den Tubulusepithelien der Niere). Gleichzeitig nimmt die Katalaseaktivität zu;
– durch Acetylsalicylsäure, verbunden mit der Ausbildung von Einschlüssen in den Peroxisomen.

Eine *Reduktion der Peroxisomenzahl* findet sich bei Hyperlipidämie und Leberverfettung sowie bei bakteriellen und viralen Infektionen und nach Gabe von Allylisopropylacetamid, einem Katalasehemmstoff.
Eine im Vergleich zur Norm herabgesetzte Zahl von Peroxisomen beobachtet man nach Entzug von Medikamenten, die die Peroxisomenbildung fördern, sowie nach Verabreichung von Hemmstoffen der Katalasesynthese. Bei der angeborenen peroxisomalen Erkrankung, der Akatalasämie, fehlen die Peroxisomen. Leberkarzinome mit wenigen Peroxisomen zeigen eine höhere Wachstumsrate.

3.9. Mikrofilamente, Mikrotubuli und pathologische Prozesse

3.9.1. Mikrofilamente, Intermediärfilamente

Das zelluläre Skelett (Zytoskelett) wird durch verschiedene Strukturen gebildet, die als Mikrofilamente, Intermediärfilamente und Mikrotubuli charakterisiert werden.
Zytoplasmatische Mikrofilamente haben einen Durchmesser von 4–9 nm und werden in fast allen Zellen gefunden. Mikrofilamente sind aus einem actinartigen Protein zusammengesetzt und stellen ein kontraktiles System dar. Sie stehen in Verbindung mit zellulären Bewegungsprozessen, wie der Zytokinese, der Zytoplasmaströmung, der Phagozytose, Veränderungen und Verkürzung der Mikrovilli und der Morphogenese.

Unter pathologischen Bedingungen kann es zu einer *Hyperplasie von Mikrofilamenten* kommen. So vermehren sich die Neurofilamente im Zytoplasma von Zellen des ZNS beim Morbus Alzheimer und verdrängen die normalen Zellbestandteile.

Eine Zunahme der Mikrofilamente wird auch z.B. bei medullären Karzinomen der Schilddrüse sowie in den sog. Myofibroblasten bei der Wundheilung gefunden. Cytochalasin B wirkt auf Mikrofilamente und kann so sekundär auch die Bindungssitze und die Wechselwirkung von Membranproteinen und Lipiden der Plasmamembranoberfläche beeinflussen.
Dadurch entstehen Veränderungen der Zellmotilität. Die strukturellen Veränderungen des Zytoskeletts wirken auf die Zelladhäsion, die Phagozytose und die Pinozytoseprozesse ein.
Durch Hemmung der Endozytose wird die Aufnahme von Substanzen in die Zelle inhibiert. In Makrophagen und Granulozyten werden so Bakterien zwar an der Plasmamembran angeheftet und auch von ihr teilweise umgeben, sie werden aber nicht in die Zelle hineintransportiert und können damit nicht abgebaut werden.
Nach Einwirkung von Cytochalasin B verklumpen die Mikrofilamente in Zellen von Hautkarzinomen, und gleichzeitig werden die Mikrovilli und Zellfortsätze verkürzt.
Intermediärfilamente haben eine Dicke von über 10–20 nm (zwischen Mikrofilamenten und Mikrotubuli). Zu ihnen gehören Keratin (Tonofilamente), Desmin (Skeletin), Vimentin, GFA (Glia Fibrillar Acidic Protein) und Neurofilamente. Sie haben ebenfalls eine Zytoskelettfunktion.
Das Glycoprotein *Fibronectin* ist in zahlreichen Zelltypen, aber auch Basalmembranen, besonders an der Stromaseite, zu finden. Es hat besondere Bedeutung für die Zelladhäsion und -migration. Zwischen dem Fibronectin der Zelloberflächen und dem Zytoskelett bestehen enge Beziehungen. Bei neoplastischen Vorgängen, Entzündungsprozessen und Makrophagenfunktion sowie weiteren zellulären Prozessen verändert sich der Fibronectingehalt.

3.9.2. Mikrotubuli

Mikrotubuli sind ebenfalls in fast allen Zellen vorhanden. Sie haben einen Durchmesser von etwa 20–30 nm und sind bis zu mehreren Zentimetern lang. Sie werden durch eine spiralige Anordnung von Proteinuntereinheiten gebildet. Schmale Brücken (Dynein-Arme) können seitlich mehrere Mikrotubuli miteinander verbinden. Die Wanddicke der Mikrotubuli beträgt 4 nm. Sie besteht aus Untereinheiten, die sich aus 12–13 Längsfilamenten aufbauen. Zahl und Anordnung der Mikrotubuli variiert von einer Zelle zur anderen erheblich und auch in der gleichen Zelle während der Mitose und außerhalb der Mitose. Mikrotubuli sind eine der Hauptkomponenten der Spindel und spielen eine wichtige Rolle in den Dendriten und Axonen von Nervenzellen.

Mikrotubuli haben in der Zelle Stütz- (Zytoskelett), kontraktile und Transportfunktionen, sowohl für Flüssigkeiten als auch für feste Substanzen, so z.B. beim Sekrettransport in der Zelle und beim Transport von Substanzen im Axoplasma. Wesentliche Prozesse im Bereich der Mikrotubuli sind bedingt durch die Fähigkeit der Mikrotubuli, vom polymerisierten Zustand in den depolymerisierten Zustand (Zerfall in Untereinheiten) reversibel oder nach pathologischen Einwirkungen auch irreversibel zu wechseln. Teilweise kommt es auch zur Bildung von Mikrotubulikristallen.
In endokrinen Organen können *antitubuläre Substanzen* eine Reduktion oder Aufhebung der Sekretion bewirken. Anästhetika (z.B. Lidocain, Halothan) verhindern die

Impulstransmission in den Nervenzellen durch eine Zerstörung oder Reduktion der Mikrotubuli.
Tubulin ist ein Rezeptor für eine Anzahl von Pharmaka, die als Spindelgifte bezeichnet werden. Die Wirkung erfolgt über eine Depolymerisierung der Mikrotubuli. Solche Substanzen sind z.B. Colchicin und Vinca-Alkaloide (Vinblastin, Vincristin), aber auch D_2O, Temperatur- und Druckveränderungen, Kupfer- und Nickelsalze. Der Effekt dieser Substanzen, z.B. auf das Wachstum maligner Gewächse, erfolgt über die Depolymerisierung der Mikrotubuli, da mit der Zerstörung der Spindelfasern eine Hemmung der Mitoseprozesse eintritt.
Vinblastin und Vincristin haben unterschiedliche Effekte auf die Mikrotubuli in den einzelnen Zellen. Während Vinblastin auf das Knochenmark toxisch wirkt, ist Vincristin neurotoxisch. Die Toxizität der Mikrotubuligifte beruht im wesentlichen auf der Inhibition von Mitosen im Magen-Darm-Kanal und im Knochenmark. Das führt zur Knochenmarkaplasie und zur Atrophie der Darmschleimhaut mit Diarrhoe.

3.10. Zellveränderungen bei Störungen des Kohlenhydratstoffwechsels

3.10.1. Glycogen

In der tierischen Zelle liegen die Kohlenhydrate vorwiegend in der hochpolymeren Form des Glycogens vor, das sich aus 15–40 nm großen Untereinheiten zu größeren Aggregaten zusammenlagert. Zwischen dem agranulären endoplasmatischen Retikulum und den Glycogenablagerungen bestehen enge Wechselwirkungen.

Eine *Reduktion* des Glycogengehalts ist ein unter sehr vielen Bedingungen eintretendes unspezifisches Ereignis, das z.B. bei Sauerstoffmangel, Strahleneinwirkung und toxischen Einwirkungen beobachtet wird.

Die *Vermehrung* der zellulären Glycogenmenge ist ein ebenso häufiges Ereignis, das z.B. beim Winterschlaf in vielen Organen, als Bestrahlungsfolge im Zentralnervensystem, beim Diabetes mellitus in den Tubulusepithelzellen der Niere und nach toxischen Einwirkungen gewissermaßen als Ersatz für zugrundegegangene Zellbezirke zu finden ist. Ein verminderter Abbau und eine erhöhte Synthese können in gleicher Weise für die Zunahme verantwortlich sein. Die Glycogenansammlung findet in freier Form oder in sog. Glycogenosomen statt.

Bei den verschiedenen Typen der *Glycogenspeicherkrankheiten* (s. 5.8.3.1. Störungen des Kohlenhydratstoffwechsels) erfolgt in den Zellen eine hochgradige Akkumulation von Glycogen, wobei besonders die Leber, die Muskulatur und die Nervenzellen betroffen sind. Das angehäufte Glycogen besitzt vielfach eine atypische Konfiguration und ist zum großen Teil innerhalb von Lysosomen lokalisiert („lysosomale Erkrankungen").

Beim *Diabetes mellitus* werden zahlreiche Zelltypen durch die diabetische Stoffwechsellage verändert. Die β-Zellen der Inseln können von Glycogen ausgefüllt sein, das die z.T. degenerierten Organellen verdrängt.

Die Glycogenanhäufung im Kern, z.B. von Leberzellen bei un- oder nicht optimal behandeltem Diabetes mellitus, aber auch bei chronischer Blutstauung, ist heute trotz der seit langem bekannten eindeutigen Tatsache in seiner Genese noch nicht aufgeklärt. Diskutiert werden eine Aufnahme über die Kernmembran aus dem umgebenden Zytoplasma oder eine Synthese im Kern.

3.10.2. Glycoproteine, Glycosaminoglycane (Mucopolysaccharide), Schleim

Glycoproteine sind an der Zelloberfläche als solche, in der Zelle als Mucoide (Mucine und Pseudomucine), als blutgruppenspezifische Substanzen an der Oberfläche von Erythrozyten und im Blutplasma zu beobachten. Die Schleimproduktion ist in bestimmten Zellen der Luftwege und des Magen-Darm-Kanals ein normaler Vorgang. Unter pathologischen Bedingungen wird aber in diesen Zellen eine erhöhte Schleimproduktion beobachtet. Der Schleim wird z.T. in der Zelle angehäuft, zum größten Teil aber aus der Zelle abgegeben.
Mucopolysaccharide (Glycosaminoglycane) werden unter zahlreichen Bedingungen in den Zellen akkumuliert, z.B. in Myxomen, Chondromen, Chondrosarkomen und bei Mucopolysaccharidosen (M. Hurler, M. Hunter, M. Sanfilippo).
Eine erhöhte **Schleimproduktion** findet sich bei chronischen Reizzuständen, z.B. im Bereich des Atemtrakts bei Asthma bronchiale oder als Colica mucosa im Bereich des Magen-Darm-Kanals. Eine besondere Form ist die erbliche Mukoviszidose, bei der in verschiedenen Organen zäher Schleim produziert wird.
Adenokarzinome bilden Schleim in unterschiedlicher Menge. Der Schleim wird z.T. in Form großer Seen an die Umgebung abgegeben, so daß die Karzinomzellen innerhalb dieser großen Schleimseen schwimmen. Durch die Schleimakkumulation in den Zellen mit Kompression und Verdrängung des Zellkerns in die Zellperipherie entstehen die sog. Siegelringzellen, bei deren Anhäufung man vom Siegelringzellkarzinom spricht.
Pseudomucin wird insbesondere von den Zervixdrüsen des Uterus während der Schwangerschaft gebildet, aber auch in Ovarialtumoren beim Zystadenom und als Cystadenocarcinoma pseudomucinosum beobachtet.
Eine Reduktion der Sekret- und Schleimproduktion findet sich bei Atrophie schleimbildender Zellen im Rahmen von chronisch-atrophischen Entzündungen, z.B. der Speicheldrüsen beim Sjögren-Syndrom.

3.11. Zellveränderungen bei gestörtem Lipidstoffwechsel

Lipide sind in allen Bereichen der Zelle zu finden. Kleinere Fetttropfen treten oft zuerst im agranulären endoplasmatischen Retikulum und in den Vesikeln des Golgi-Apparats auf und können zu größeren und großen Tropfen verschmelzen, die schwerer abgebaut werden. In Abhängigkeit von der Art und dem Mengenverhältnis der die Lipidablagerungen zusammensetzenden Fettsäuren weisen sie Ausbildungen von Vakuolen oder lamellären Strukturen auf. Fettablagerungen lassen sich auch in den Mitochondrien oder im Zellkern beobachten.
Die **Aufnahme der Lipide** erfolgt in einem Teil der Zellen durch Pinozytose. Wesentlicher erscheint jedoch der für die Epithelzellen des Dünndarms analysierte Weg der Resorption nach vorherigem Abbau zu Fettsäuren, Glycerol und Monogly-

ceriden, der besonders in den Spitzen der Mikrovilli erfolgt. In den Zellen werden die Triglyceride wieder resynthetisiert und dann über das vesikuläre und tubuläre endoplasmatische Retikulum durch die Zelle transportiert (Abb. 3.15).

Unter pathologischen Bedingungen kommt es zur Anhäufung von Lipiden, vorwiegend von Triglyceriden, in verschiedenen Parenchymzellen, in denen diese physiologischerweise lichtmikroskopisch nicht oder nur in geringem Umfang nachgewiesen werden können. Die Ablagerung der Lipide kann in Form von kleinen, mittelgroßen oder großen Tropfen erfolgen.

Aufnahmeprozesse, intrazellulärer Abbau sowie eine Neusynthese der Lipide sind durch zahlreiche Einwirkungen zu beeinflussen. Dazu gehört ein verändertes, d. h. im allgemeinen erhöhtes Angebot, zu dem sowohl eine erhöhte Zufuhr von außen als auch die Mobilisierung von Fettdepots, z. B. beim Hungern, gerechnet werden müssen. Viele Schädigungen der Zelle rufen eine Zellverfettung hervor, z. b. Sauerstoffmangel und Tetrachlorkohlenstoffvergiftung.

Bei *Alkoholabusus* kommt es in den Leberzellen vielfach zu einer gesteigerten Synthese von Fettsäuren, die mit vermehrtem α-Glycerophosphat zu Triglyceriden verestert werden. Daneben spielen eine reduzierte Fettsäurenoxydation und Membransynthesestörungen sowie eine herabgesetzte Ausschleusung von Lipoproteinen eine Rolle.

Geringe Fettansammlungen in der Zelle haben keine wesentliche Bedeutung für die zellulären Stoffwechselprozesse, größere verdrängen und zerstören jedoch bei stärkerer Ausdehnung die Zellorganellen und können bei exzessiver Vermehrung zur Ruptur der Zellmembranen und zum Zusammenfließen mehrerer Zellen zu Fettzysten führen.

In der menschlichen Leber sind die Parenchymzellen unterschiedlich von der Verfettung betroffen. Nach der Größe der Fetttropfen, nach der Lokalisation der Fetttropfen und nach der Lokalisation der fetthaltigen Hepatozyten innerhalb des Leberläppchens werden verschiedene Typen der Fettablagerung in der Leberzelle beschrieben und unterschiedlichen pathogenetischen Prozessen zugeordnet.

So findet sich eine großtropfige diffuse Verfettung der Leber z. B. bei chronischem Alkoholismus oder Diabetes mellitus.

Eine feintropfige, besonders periphere Verfettung ist bei einer erhöhten Fettzufuhr zu sehen, während eine großtropfige zentrolobuläre Verfettung bei venösen Stauungszuständen und Sauerstoffmangelzuständen beobachtet wird.

Bei der Aufnahme von Fett durch Resorptionsvorgänge, insbesondere in Makrophagen, bilden sich sog. *Lipophagen* aus, die mit den phagozytierten Fettsubstanzen angefüllt sind. Die Fetttropfen liegen meist in Pinozytosevakuolen oder Lysosomen.

Lipophagen treten z. B. bei Aufnahme exogen zugeführter ölhaltiger Injektionsmittel auf, können mehrkernig sein und Granulome bilden.

Beim Zerfall des Myelins des Zentralnervensystems werden die Abbauprodukte, insbesondere Neutralfette, von den Mikrogliazellen des Gehirns phagozytiert, die als Fettkörnchenzellen bezeichnet werden.

Eine *Ablagerung von Cholesterol*(estern) im Zytoplasma von Makrophagen führt bei fixationsbedingter Herauslösung dieser Makrophagen zum lichtmikroskopischen Bild der sog. Schaumzellen. Sie werden beobachtet, wenn der Anfall von Cholesterolestern erhöht ist, z. B. bei Abbau cholesterolhaltiger Membranen in chronisch granulierenden Entzündungen, in Atherombeeten bei Arteriosklerose, in Xanthe-

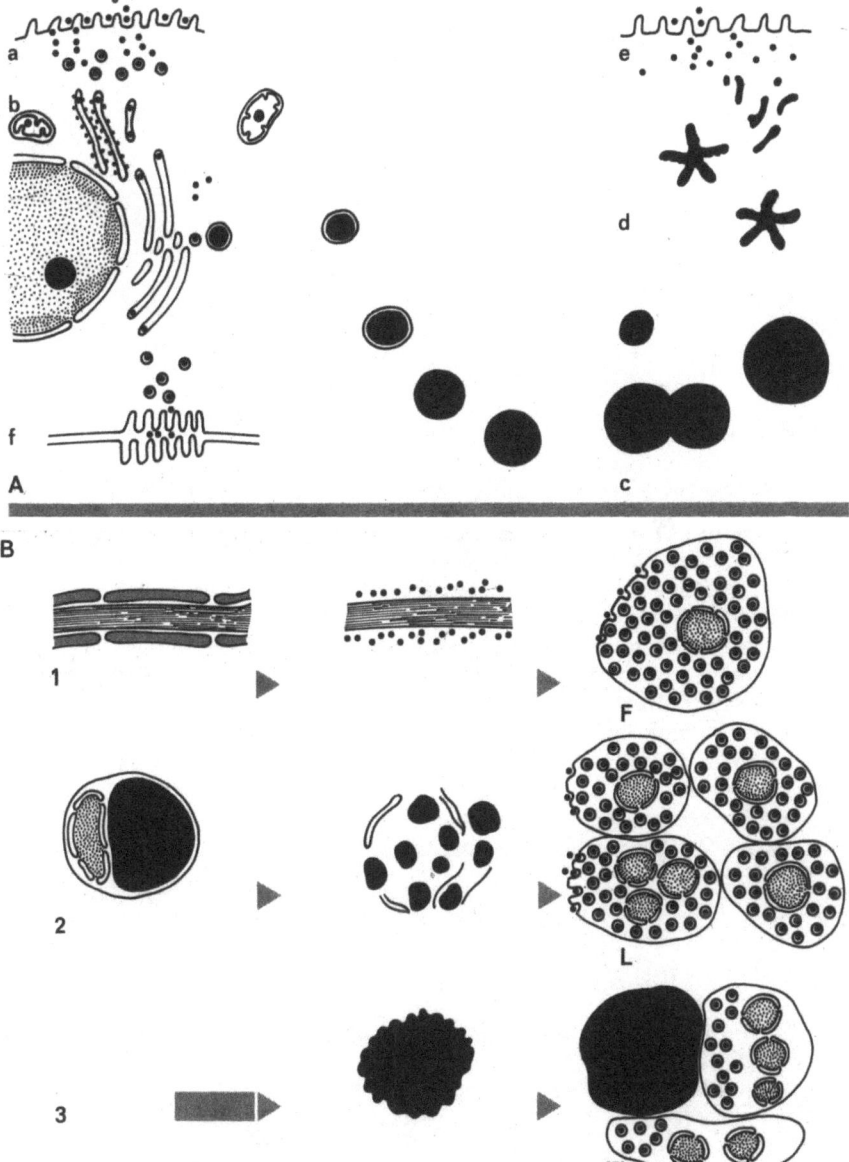

Abb. 3.15 A) Aufnahme und Abgabe von Lipiden in Hepatozyten
a) Aufnahme von Lipomicra an der sinusoidalen Zellmembran, *b*) Lipidablagerungen im granulären endoplasmatischen Retikulum, Golgi-Apparat, Mitochondrien, Zellkern, *c*) Lipidtropfenbildung, *d*) Lipidabbau, *e*) Abgabe von Lipomicra aus der Zelle im Bereich der sinusoidalen Zellmembran, *f*) Abgabe in die Gallenkanälchen;
B) Bildung von Lipophagen
1 Markscheidenzerfall, Phagozytose durch Gliazellen mit Ausbildung von Fettkörnchenzellen (F), *2* Zerfall von Fettgewebe mit Phagozytose der extrazellulären Lipide und Ausbildung von Lipogranulomen (L), *3* Injektion ölhaltiger Substanzen, Ausbildung von Ölgranulomen (Ö)

lasmen und Xanthogranulomen mit Ausbildung mehrkerniger (Toutonscher) Riesenzellen.
Die durch genetische Enzymdefekte bedingten *Lipidspeicherungskrankheiten* bewirken eine Akkumulation von physiologischen, z.T. auch abnormen Stoffwechselprodukten, für die vorwiegend eine Abbaustörung, weniger eine veränderte Synthese ursächlich ist. In vielen Zellen, besonders in den meisten betroffenen Zellen des Zentralnervensystems, bilden sich bei den Lipidosen membranöse Zytoplasmakörper aus geschichteten, konzentrisch angeordneten Lamellen. Die Körper enthalten in unterschiedlichem Verhältnis besondere Ganglioside, Cholesterol und Phospholipide („lysosomale Krankheiten").

3.12. Pathologische Verhornungsprozesse

In bestimmten Zelltypen sind Skleroproteine in Form von α- und β-Keratinen vorhanden, das sind fädige Makromoleküle, die durch Quervernetzungen miteinander verbunden sind. Im Verlaufe des Verhornungsprozesses können sie zu so großen Komplexen in den Zellen akkumulieren, daß schließlich die Zellen zugrunde gehen. Der normale Verhornungsprozeß spielt sich im wesentlichen in der Epidermis ab. Unter pathologischen Bedingungen kommt es zu einer *Dyskeratose*, d. h. einer vorzeitigen Verhornung von Epithelzellen im Bereich des Stratum spinosum sowie einer *Hyperkeratose* mit Verdickung des Stratum corneum bei normalen Differenzierungsvorgängen im Verhornungsprozeß. Pathologische Verhornungsprozesse hinsichtlich der Zellart oder der Zeit werden bei zahlreichen Hauterkrankungen, besonders bei vom Plattenepithel ausgehenden malignen Neubildungen, in den verhornenden Plattenepithelkarzinomen beobachtet, bei denen sich sog. Hornperlen ausbilden.
Bei der *Parakeratose*, die vorwiegend in Schleimhautepithelzellen auffällt, findet eine direkte Verhornung ohne Bildung von Keratohyalinkörnern bei vorhandener Kernfärbbarkeit statt.

3.13. Zelluläre Hyalinablagerungen

Der aus der Lichtmikroskopie stammende Begriff Hyalin bezeichnet Proteinsubstanzen, die durch eine starke Eosinophilie, Strukturlosigkeit und Homogenität charakterisiert sind und sowohl extra- als auch intrazellulär lokalisiert sein können. Intrazelluläres Hyalin tritt in den Tubulusepithelzellen der Niere auf, z.B. bei der membranösen Glomerulonephritis, bei Amyloidosen und bei Bildung nierengängiger Immunoglobulinketten.
Als **alkoholische Hyalinkörper** (Mallory-Körperchen) werden in der Leberzelle Körper charakterisiert, die eine unregelmäßige Begrenzung besitzen und azidophil sind. Sie bestehen ultrastrukturell aus einem feinfibrillären Material ohne eine umgebende Kapsel. Die Herkunft dieses Materials ist noch nicht eindeutig definiert. Vereinzelt sind solche Mallory-Körperchen auch bei Hepatomen beobachtet worden. Die **Russell-Körperchen** der Plasmazellen stellen hyaline Einschlüsse von der Größe bis zu mehreren Mikrometern Durchmesser dar. Sie treten in den pathologi-

schen Plasmazellen von Plasmozytomen auf und sind Anhäufungen von Immunoglobulin innerhalb der Zisternen des granulären endoplasmatischen Retikulums. Als epitheliales Hyalin werden die **Councilman-Körperchen** bezeichnet, die aus zugrunde gegangenen Leberzellen bestehen, deren Eiweißgehalt durch Einschrumpfung und Wasserabgabe zu einer Umwandlung der gesamten Zelle geführt hat. Diese Veränderungen sind besonders bei Virushepatitiden zu beobachten. Auch Zellen anderer Organe, wie das Zentralnervensystem, der Muskulatur und der Hypophyse können hyaline Ablagerungen aufweisen.

3.14. Pathologie des Grundplasmas (Hyaloplasma)

3.14.1. Flüssigkeitszunahme

Neben den strukturellen Zellbestandteilen besteht das Zytoplasma in Abhängigkeit vom Zelltyp bis zu etwa 50 % aus einer unterschiedlich großen Zahl z. T. nicht näher darstellbarer Makromoleküle und Makromolekülaggregate, Mizellen, kleineren Molekülen, Ionen und Wasser.

Bei einem Ausfall aktiver Transportprozesse im Bereich der Zellmembran kann es zu einem Ausgleich der intra- und extrazellulären Natrium- und Kaliumkonzentration, zum Einstrom niedermolekularer Anionen und der entsprechenden Zahl von Kationen in das Zellinnere kommen und daraus ein erhöhter intrazellulärer osmotischer Druck mit Schwellung der Zelle und Wasseransammlung entstehen. Derartige Veränderungen können gleichzeitig infolge Veränderungen des kolloidosmotischen Druckes auch das Austreten hochmolekularer Substanzen aus dem Zellinneren bewirken. Diese Veränderungen werden sowohl durch direkte Schädigung der Membran als auch durch Mangel von ATP bewirkt. Sie treten z.B. bei Sauerstoffmangel auf, können aber auch bei erhöhter und schneller Infusion von verdünnten Salzlösungen beobachtet werden, sowie nach Einwirkung bakterieller Toxine.

Störungen im Wassergehalt der Zellen äußern sich in verschiedener Form (Abb. 3.16). Sie treten einmal als **trübe Schwellung** auf, bei der insbesondere die Mitochondrien betroffen sind, die als Folge von Störungen der Energiebereitstellung und Energieverwertung eine sphärische Transformation aufweisen. Gleichzeitig kann es zu einer Störung von Membranfunktionen verschiedener Art, insbesondere der Zellmembran kommen. Bei der hydropischen Zellschwellung sind Flüssigkeitsablagerungen im Grundplasma und in Form von Vakuolen nachzuweisen.

Die vielfach in Zellen zu beobachtenden **Vakuolen** sind sehr unterschiedlicher Genese. Sie bilden sich durch Flüssigkeitsverschiebungen im Grundplasma selbst, sind aber zu einem sehr großen Prozentsatz auf Veränderungen der Mitochondrien, des endoplasmatischen Retikulums, der Lysosomen oder auch auf Einstülpungen der Zellmembranen zurückzuführen. Vorwiegend mit Vakuolisierungen im Gebiet des endoplasmatischen Retikulums verbunden sind die lichtmikroskopisch als vakuolige Umwandlung (reversibel) oder blasige Entartung (irreversibel) bezeichneten Veränderungen.

Flüssigkeitszunahmen oder -verschiebungen insgesamt führen zu einer Auflockerung des Grundplasmas und zur Herauslösung von Ionen und kleineren Molekülen, z. T. mit Schwellungen der Zellen insgesamt. Manchmal werden auch sog. dunkle Zellen beobachtet, in denen eine Dichtezunahme und möglicherweise auch eine Schrumpfung vorliegt.

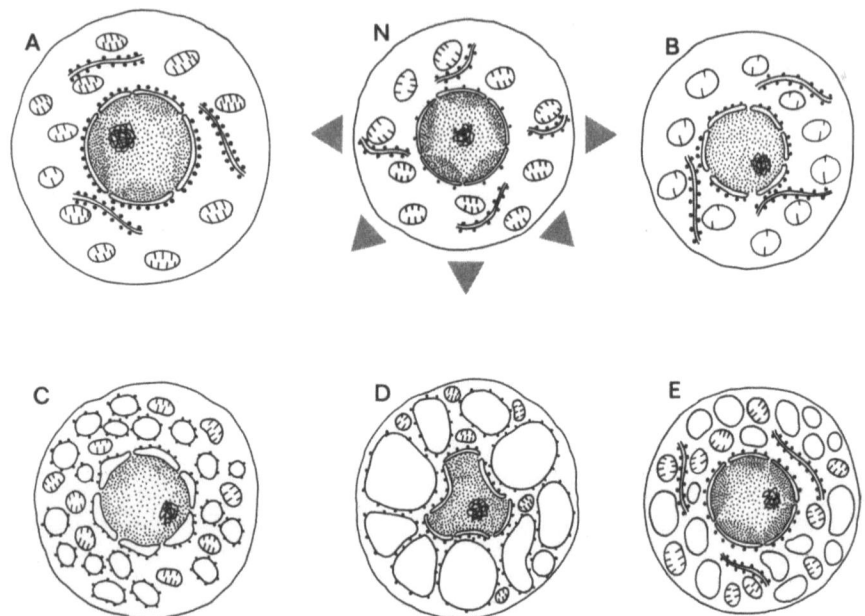

Abb. 3.16 Flüssigkeitsansammlung in Zellen
N normale Zelle, A diffuse Flüssigkeitsansammlung, B sphärische Transformation der Mitochondrien, C Vakuolisierung des granulären endoplasmatischen Retikulums, D blasige Entartung durch exzessive Vakuolisierung des granulären endoplasmatischen Retikulums, E Vakuolisierung verschiedener Zellorganellen

3.14.2. Zytoplasmainklusionen

Die Inklusionen (Einschlüsse) im Zytoplasma sind heterogener Genese, Form und Struktur.
Neben den schon dargestellten fibrillären, hyalinen oder kristallinen Einschlüssen sollen einige Beispiele hier angeführt werden:
In ACTH-produzierenden Zellen des Hypophysenvorderlappens treten nach Gabe von Corticosteroiden vorwiegend filamentöse, z. T. auch granuläre Einschlußkörper (Crookesche Körper) auf.
Sphärische Inklusion, vorwiegend aus Proteinen aufgebaut, finden sich bei verschiedenen Zellschäden, z. B. bei Malignisierung.
Proteinkristalle sind unter zahlreichen Bedingungen zu beobachten. Sie sind teilweise virusbedingt.
Viren oder Virusprodukte (Negri-Körper bei Lyssa, Guarneri-Körper bei Pocken), Bakterien und ihre Abbauprodukte treten in verschiedenen Formen auf.
Die Heinz-Innenkörper in Erythrozyten bei verschiedenen Formen der z. T. toxisch bedingten hämolytischen Anämie sollen durch Oxydation von SH-Gruppen und/oder Präzipitation von hämfreiem Globin entstehen.

3.15. Plasma(zell)membran und pathologische Prozesse

3.15.1. Struktur- und Funktionsveränderungen

Die Plasmamembran (Zellmembran) grenzt jede Zelle von ihrer Umgebung ab, gewährleistet die elektrischen Eigenschaften der Zelle, ihre Elastizität und Mechanik, besitzt eine Kontrollfunktion bei der Stoffaufnahme und -abgabe infolge ihrer unterschiedlichen Enzymzusammensetzung und ist für die Verbindung von Zellen untereinander von Wichtigkeit. An ihrer äußeren Oberfläche ist meist eine glycoproteinreiche Zellschicht abgelagert, die für die Haftfähigung von extrazellulären Substanzen und die Rezeptoreigenschaften bedeutungsvoll ist (Abb. 3.17).

Von wesentlicher Bedeutung für die Membranfunktion sind die Calciumionen, die die Membraneigenschaften hinsichtlich der Permeabilität, der Kontraktions- und Erschlaffungsvorgänge und der Abgabe von Sekretgranula direkt bedingen sowie auch die Aktivierung von Enzymen und die Haftfähigkeit der Zellen im Zellverband bewirken.

Arzneimittel können die Eigenschaften der Plasmamembranen in bezug auf Oberflächenspannung, Permeabilität, pH-Wert in der Membran, Fusion von Membra-

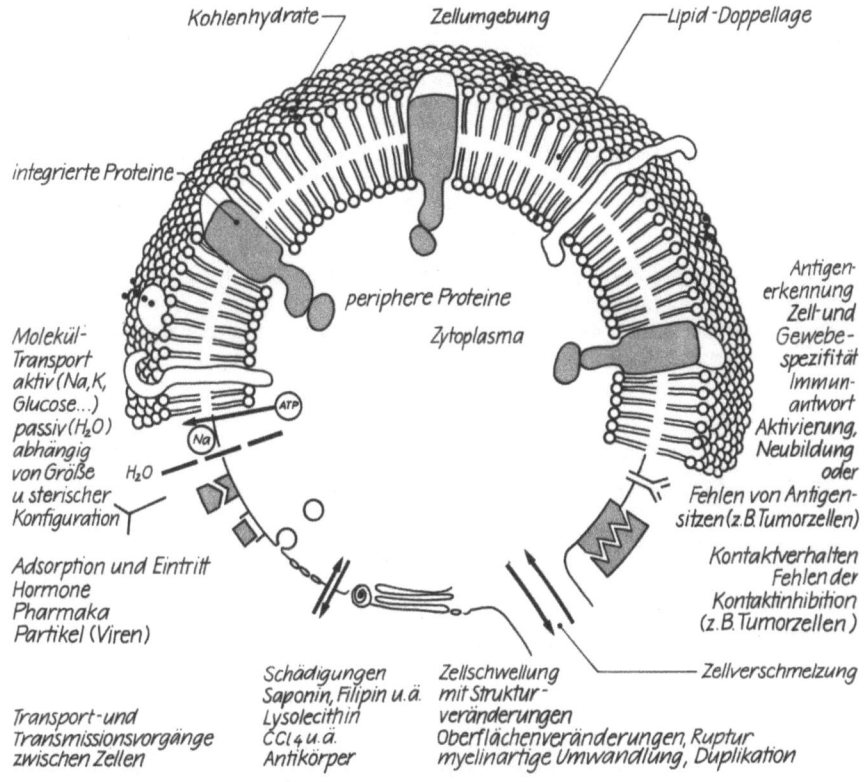

Abb. 3.17 Struktur und Funktion der Zellmembran

nen infolge der Bindung von Pharmaka und Ionen sowie durch Veränderungen der Phagozytosevorgänge beeinflussen.
Die Wechselwirkung zwischen Pharmaka und den Empfängerstrukturen von Membranen betreffen die Proteine, z. B. die SH-Gruppen, die Enzymproteine wie die Acetylcholinesterase, die Rezeptorproteine wie den Acetylcholinrezeptor sowie die Transportproteine. Durch verschiedene Medikamente können die Dipoleigenschaften von Membranen vernichtet werden.
Medikamente verschiedener Art führen zur Hämolyse, bedingt durch Schädigung der Erythrozytenmembran. In geringer Konzentration führen lipidlösliche Substanzen zur Ausdehnung der Plasmamembran.
Abnorme Strukturkomponenten der Plasmamembran führen zu morphologischen Veränderungen, zum Auftreten neuer Antigensitze, Veränderungen der Permeabilität und Veränderungen der Funktion der membranassoziierten Enzyme.

Der Anteil der Fettsäuren und die Zusammensetzung der Lipide variiert in den einzelnen Membranen. Es besteht eine Korrelation zwischen dem Anteil der verschiedenen Phospholipide und der Empfindlichkeit auf Schlangenbisse. Das Gift vieler Schlangen wirkt durch die in ihnen enthaltene Phospholipase A. Dieses Enzym bricht Lecithin und Cephalin auf und hat so eine Zerstörung der Plasmamembran zur Folge, mit Lyse der Zellen, besonders der roten Blutzellen. Sphingomyelin wird durch Phospholipase A nicht gespalten, und Zellen mit einem hohen Anteil dieses Lipids in der Plasmamembran sind weniger empfindlich auf die Lyse bei geringen Konzentrationen des Enzyms als Zellen mit einem hohen Lecithingehalt. Diese Tatsache bedingt wahrscheinlich die geringe Empfindlichkeit von Schafen und einigen anderen Tieren auf Schlangengifte im Vergleich zu anderen Mammaliern. So beträgt der Lecithingehalt der Erythrozytenmembranen beim Menschen 29,9 %, bei Ziegen 9,8 % und bei Schafen 7,7 %.
Phospholipase A ist ebenfalls in einer großen Breite in anderen Toxinen vorhanden, z. B. in den Giften von Wespen, Bienen und Skorpionen. Clostridium Welchii enthält Phospholipase C. Der durch das Enzym bedingte Gasbrand ist ebenfalls durch eine Lyse der Zelle charakterisiert.

Bei der Komplettierung von Viruspartikeln spielt während ihres Austritts aus der Zelle die Plasmamembran eine wichtige Rolle. Die aus Nucleinsäuren und Proteinen bestehende innere Komponente vieler Viren wird von einer von der Plasmamembran abstammenden Komponente umgeben, die jedoch auch virusspezifische Proteine und Antigene enthält.

3.15.2. Mikrovilli und Fortsätze

Für eine regelrechte Funktion der Zelle ist u. a. auch ihre Form und die Gestaltung der Zelloberfläche von Bedeutung. Die Oberflächengestaltung wird im wesentlichen mitbestimmt von der Struktur und Aktivität des Zytoskelettsystems (Mikrofilamente, Intermediärfilamente, Mikrotubuli). Damit wird auch gleichzeitig die Aktivität von membranständigen Enzymen, wie der Adenylat-Cyclase und Guanylat-Cyclase mit beeinflußt. Veränderungen in der Zelloberfläche, z. B. bei Schwellungszuständen, haben deshalb auch eine Wirkung auf andere Funktionen der Zellmembran und auf die gesamte Zellfunktion. Die an der Zelloberfläche lokalisierten Glycoproteide werden durch diese Veränderungen ebenfalls beeinflußt.

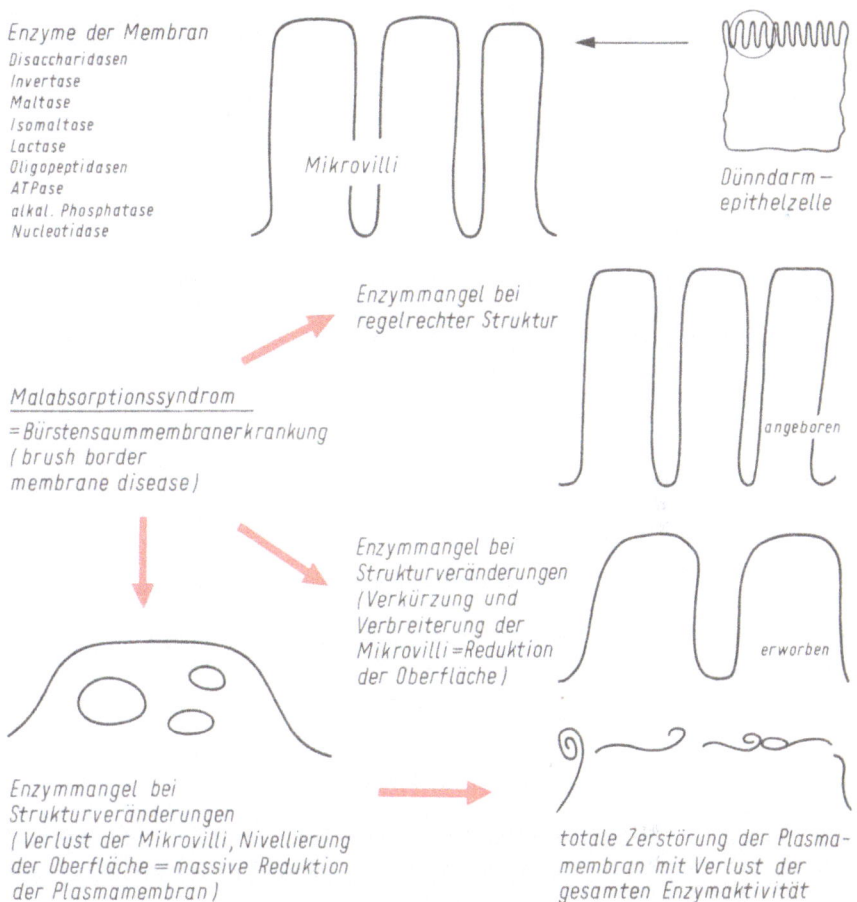

Abb. 3.18 Veränderungen der Zellmembran beim Malabsorptionssyndrom

Die durch die Zellmembran gebildeten Ausstülpungen in Form der meist regulär oder auch irregulär angeordneten **Mikrovilli** sowie der Pseudopodien und Invaginationen sind für Aufnahmeprozesse von Substanzen im makromolekularen, aber auch darüber hinausgehenden Bereich bedeutungsvoll. Eine Aufhebung dieser Oberflächenstruktur ist mit erheblichen Störungen im Austausch von Substanzen zwischen dem extra- und intrazellulären Raum verbunden. Ein Beispiel dafür ist die Veränderung der Mikrovilli im Bereich der Dünndarmepithelzellen. Weitere Veränderungen dieser Art sind z. B. die Aufhebung der Podozytenstruktur der Nierenepithelzellen bei nephrotischen Veränderungen, die Veränderungen der Mikrovilli im Bereich der Gallekanälchen und andere.

Schädigungen oder Erkrankungen der Zelle, die mit einer *Verminderung der resorptiven Leistungen* einhergehen (z. B. Malabsorptionssyndrom des Dünndarms), sind im Bereich der Dünndarmepithelzellen mit einer Reduktion der Mikrovillihöhe und

-zahl bis zu ihrer vollständigen Zerstörung verbunden. Damit werden gleichzeitig die in den Membranen lokalisierten Enzyme wie ATPasen, Disaccharidasen usw. vermindert. Da die Mikrovilli insgesamt lichtmikroskopisch als Bürstensaum bezeichnet werden, spricht man bei Erkrankungen dieses Zellbereichs auch von „Bürstensaum-Membranerkrankungen" (Abb. 3.18).

3.15.3. Zellkontakt

Nicht nur im Bereich der freien Oberfläche, sondern auch dort, wo sich die Plasmamembranen von Zellen berühren, führen Veränderungen zu speziellen Krankheitsbildern. Das betrifft in der Epidermis z. B. die Desmosomen, die normalerweise eine enge Haftung der Zellen bedingen. Ein aus verschiedenen Gründen eintretender Desmosomenzerfall bewirkt eine intrazelluläre Blasenbildung, die Akantholyse. Gleichzeitig werden die Wechselwirkungen zwischen Plasmamembran und intrazellulären Filamenten bei den mit Akantholyse verbundenen Hautkrankheiten deutlich. Dabei kann der Zerfall der Tonofilamente primär oder sekundär sein.

3.15.4. Membranverlust und Ruptur

Die Herausbildung von Bläschen an der Zelloberfläche ist Zeichen eines regen Austausches oder auch der Abgabe von Zellbestandteilen nach außen. Bläschen finden sich z. B. bei Sauerstoffmangel, aber auch bei Hemmung des zellulären Energiestoffwechsels oder bei Einwirkung von Antikörpern an der Zelloberfläche. Das Auftreten der Bläschen ist im engen Zusammenhang mit der Fähigkeit der Zelle zur Volumenregulierung zu sehen, meist ist diese Bläschenbildung mit einer vermehrten Aufnahme von Wasser verbunden. Es können sich auch ganze Fortsätze vom Zelleib abtrennen (Stalagmose), was bei bestimmten Zellen (Plasmazellen) ein physiologischer Vorgang ist, während es sonst als pathologisches Ereignis gewertet werden muß.
Schädigungen der Zelle, die mit einer meist irreversiblen Veränderung einhergehen, sind nicht selten auch mit einer Ruptur oder Auflösung der Zellmembran verbunden. Folge davon ist der Austritt von Zellbestandteilen in die Umgebung, aber auch der ungehinderte Eintritt von Substanzen in die Zelle, die zu ihrer endgültigen Zerstörung führen können. Schließlich bilden sich aus den Membranresten größere und kleinere Vakuolen oder Myelinfiguren aus.

3.15.5. Zilien

An der freien Oberfläche bestimmter Zellen, wie der Nasenschleimhaut, der Bronchien und der Spermien, sind Zilien ausgebildet. Beim „Immotile-Zilien-Syndrom" geht die Zilienaktivität ganz oder teilweise verloren. Bei den aus Mikrotubuli aufgebauten Zilien sind die Dynein-Arme reduziert oder fehlen ganz, so daß eine unregelmäßige Orientierung oder unregelmäßige Anordnung der Basalfüße und Basalkörper erfolgt. Eine Immotilität der Spermien führt zur Sterilität.

3.16. Zelluläre und suprazelluläre Grundprozesse und ihre Störungen

3.16.1. Quantitative Charakterisierungsversuche

Auf den verschiedenen Ebenen des Lebens, auf der Ebene des Gesamtorganismus, des Organs, des Gewebes der Zelle und auch der zellulären Substrukturen, laufen bestimmte grundsätzliche Prozesse ab, die z.B. als Proliferation, Regeneration, Degeneration, Atrophie, Hyperplasie, Hypertrophie, Alterns- und schließlich Untergangsprozesse zu definieren sind. Diese Begriffe stammen im allgemeinen aus der makroskopischen und lichtmikroskopischen Betrachtungsweise und sind nur bedingt auf die zelluläre und subzelluläre Ebene zu übertragen.

Für die zelluläre Ebene werden deshalb auf Grund von quantitativen und qualitativen Daten bestimmte Definitionen vorgeschlagen.

Als *Proliferation* wird eine Veränderung der Zellorganellen bezeichnet, bei der es zu einem zahlenmäßigen Anstieg ohne Volumenveränderung des Kompartiments oder der Organellen kommt bzw. bei membranösen Komponenten zu einer Oberflächenvermehrung ohne Volumenvermehrung.

Die *Hypertrophie* wird als volumenmäßiges Ansteigen ohne Veränderung der Zahl der Organellen und der Oberfläche der Membranen definiert.

Die *Hyperplasie* ist entweder durch eine numerische oder volumenmäßige Vergrößerung der Zellorganellen oder durch eine Volumen- und Membranoberflächenzunahme tubulomembranöser Kompartimente charakterisiert.

Die *Hypoplasie*, das Gegenstück zur Hyperplasie, ist mit einer Reduktion der Kompartimente bzw. Organellen verbunden.

Die *Atrophie* stellt das Gegenteil der Hypertrophie dar. Sie ist charakterisiert durch eine volumenmäßige Reduktion eines Kompartiments ohne Veränderung der Zellorganellenanzahl oder Membranoberfläche.

Als *Ageneration* wird das Gegenteil der Proliferation bezeichnet. Bei ihr kommt es zu einer Reduktion der Zahl der Organellen oder der Membranoberfläche ohne eine gleichzeitige Veränderung des Volumenanteils.

Unter *Dysplasie* ist eine numerische Reduktion der Organellen bei gleichzeitiger Zunahme des Volumens oder einer Reduktion der Oberfläche bei gleichzeitiger Zunahme des Volumens zu verstehen.

Die *Dystrophie* stellt das Gegenstück zur Dysplasie dar. Bei ihr kommt es zu einer numerischen Organellenzunahme und gleichzeitigem Verlust des Volumens bzw. zu einer Membranoberflächenvermehrung bei gleichzeitigem Volumenverlust.

3.16.2. Regeneration

Die *Regeneration* (s. 5.9.) ist ein häufiger Vorgang im Leben von Organismen. Dabei ist zwischen der physiologischen, der reparativen und der pathologischen Regeneration als Folge von Einwirkungen der verschiedenen Art zu unterscheiden.

Die Regenerationsfähigkeit menschlicher Organe ist unterschiedlich hoch. Grundsätzlich ist die ausgeprägte Differenzierung eines Organs mit einer Reduktion der Regenerationsfähigkeit verbunden.

Mit zunehmendem Alter nimmt die Regenerationsfähigkeit ab. Einzeller ersetzen nur dann Teile ihres Zytoplasmas, wenn der Kern erhalten bleibt. Die als Folge eines verstärkten Zerfalls von Erythrozyten einsetzende Zunahme der normalen Regeneration des Knochenmarks geht dadurch vonstatten, daß sich das Fettmark zu blutbildendem Mark zurückverwandelt.

Zweidrittel-Resektionen der Leber von Tieren bewirken so starke Regenerationsprozesse, daß innerhalb weniger Tage wieder die ursprüngliche Organgröße erreicht wird. Wieweit hierbei allein zelluläre oder auch hormonale Einflüsse eine Rolle spielen, ist noch nicht endgültig geklärt. Die Neubildung von Zellen ist bei diesem Prozeß mit einer Volumenzunahme vorhandener Zellen verbunden.

Der regenerative Prozeß verläuft auf der zellulären Ebene entweder über eine vorhergehende Entdifferenzierung der Zelle, oder er kann in einigen Zellarten auch von einer hohen Differenzierungsstufe aus erfolgen. Die Entdifferenzierung wird über autophagozytäre Prozesse realisiert. In der regenerativen Phase erhöhen sich die nukleäre und mitochondriale DNA, die RNA und die Proteinsynthese sowie die Zahl und Größe der Mitochondrien.

3.16.3. Hypertrophie, Hyperplasie

Prinzipiell wird zwischen einer *Hyperplasie*, bedingt durch eine Vermehrung der Zellzahl, und der *Hypertrophie*, einer Zunahme des Zellvolumens, unterschieden. In der Praxis lassen sich beide Prozesse keineswegs immer voneinander trennen und sind in vielen Fällen auch miteinander kombiniert.
Vielfach unterscheidet man eine physiologische oder adaptive und eine kompensatorische Hypertrophie (s. 5.7.3.).
Hypertrophierte Zellen zeigen eine Vergrößerung von Zellkernen und Nucleolus sowie eine Vermehrung des granulären endoplasmatischen Retikulums und der freien Ribosomen/Polysomen, aber auch aller übrigen Organellen. Manchmal ist die Vermehrung der Mitochondrien besonders auffällig.

3.16.4. Atrophie, Hypoplasie

Atrophie bedeutet ein Kleinerwerden von Organellen, Geweben und Zellen, die vorher normale Größe hatten. Sie ist nicht in jedem Falle eindeutig von der *Hypoplasie*, der anlagebedingten, angeborenen Kleinheit von Organen, zu unterscheiden und kann auch in Kombination mit ihr bzw. als Folge von ihr auftreten. Die Höchstform der Hypoplasie ist die *Aplasie*. Bei der *Agenesie* fehlt die Anlage eines Organs vollständig. Physiologische Formen der Atrophie bestimmter Organe, wie des Thymus, der Geschlechtsorgane, werden auch als *Involution* bezeichnet.
Bei der einfachen Atrophie werden alle Zellen eines Organs nur kleiner, während bei der numerischen Atrophie gleichzeitig ein Verlust der Zellzahl eintritt.
Die entdifferenzierende Atrophie ist mit strukturellen und funktionellen Veränderungen von Zellen oder Geweben verbunden, wie einem Schwund von Ganglienfortsätzen oder dem Abbau von Muskelbestandteilen.
Im makroskopischen Bereich ist ein unterschiedliches Verhalten der einzelnen Organe im Atrophierungsprozeß zu beobachten. So zeigen die *Leber* und das *Herz* mit

ihrem Kleinerwerden gleichzeitig eine braune Farbe *(braune Atrophie)*, die durch Ablagerung von Pigment (Lipofuscin) bedingt ist. In den Leberzellen und besonders in den Zellen der Herzmuskulatur sind die Pigmentablagerungen vorwiegend in der Nähe der Kerne (Kernpole) ausgebildet. Die Leber erscheint außerdem fester und bindegewebsreicher infolge der relativen Zunahme des Bindegewebes. Am Herzen fällt das Mißverhältnis zwischen der normal großen Aorta und dem kleinen Herzen besonders auf, das z. T. wie ein Tropfen an der Aorta hängt. Im Bereich des *Zentralnervensystems* sind atrophische Vorgänge z. T. besonders im Stirnhirn lokalisiert. Sie äußern sich in einer *Verschmälerung der Windungen und einer Vertiefung der Furchen.*. Die Ventrikel sind ebenfalls deutlich erweitert (Hydrocephalus externus et internus e vacuo). Mikroskopisch sind vorwiegend die grauen Anteile des Gehirns und die in ihnen lokalisierten Ganglienzellen und ihre Fortsätze betroffen, wobei ebenfalls eine Lipofuscinablagerung hervortreten kann.

Atrophische Vorgänge im *Knochenmark* sind durch einen *Ersatz des blutbildenden Markes durch Fettgewebe* charakterisiert, ein Prozeß, der in ähnlicher Weise auch in anderen Organen vor sich gehen kann. Das Fettgewebe selbst schwindet in Form einer gallertigen Atrophie (z. B. subepikardiales Fettgewebe), in den Fettzellen bleibt nur eine eiweißhaltige Flüssigkeit zurück. Der aus der makroskopischen Pathologie übernommene Begriff der Atrophie läßt sich nur bedingt auf die zelluläre Ebene übertragen, wenn er auch zelluläre Prozesse zur Grundlage hat.

In der *Zelle* selbst sind die atrophischen Prozesse durch eine fortschreitende *Autophagozytose* von Zellelementen mit Ausbildung von Telolysosomen und Lipofuscin gekennzeichnet. Außerdem kann es zu einer Reduktion der Zahl aller Zellorganellen und teilweise auch zu ihrer Größenabnahme kommen. Oft treten parallel dazu Erweiterungen der Zisternen des endoplasmatischen Retikulums und Vakuolenbildung auf, z. T. erfolgt auch der Ersatz spezifischer zytoplasmatischer Elemente durch andere Substanzen, z. B. durch Fetttropfen oder Glycogen. Teilweise kann die Atrophie solche Formen annehmen, daß man von einer *Entdifferenzierung* der Zellen sprechen muß, die sich in einem Fehlen spezifischer Zellstrukturen und Leistungen äußert, z. B. von Sekret in sekretorischen Zellen oder von Myofibrillen und Myofilamenten in Muskelzellen. Die engen Beziehungen zwischen Atrophie und Involution drücken sich auch im zellulären Bereich in einer gleichartigen Reaktion aus, insbesondere in der Ausbildung zahlreicher Autophagosomen, in denen die Zellelemente abgebaut werden.

Ursache für eine Atrophie sind besonders Nahrungsmangelzustände und Fehlernährung, hormonale Faktoren, mechanische Faktoren wie Druck und Dehnung, Inaktivität und fehlende Innervierung. Sicher spielen bei der allgemeinen Atrophie (Kachexie, seniler Marasmus), die sich im Alter und bei auszehrenden Krankheiten, wie beim Vorliegen eines Tumors, im Körper ausbildet, mehrere der genannten Faktoren eine Rolle.

3.16.5. Altersveränderungen der Zelle

Die Bestimmung des Alters einer Zelle ist bei vielzelligen Organismen kaum möglich. Man kann sich nur an bestimmte Kriterien, wie die Häufigkeit der Mitosen und die Art des Organs halten, um in etwa etwas über das Zellalter aussagen zu können. Im molekularen Bereich sind die Altersveränderungen wahrscheinlich an

bestimmte Strukturveränderungen der DNA-Moleküle, wie Vernetzung u. ä. gebunden (s. 2.4.2.). Die Chromosomen zeigen Aberrationen. Die Kerne von Zellen alter Individuen weisen erhebliche Formmodifikationen, wie Invaginationen und Einschlüsse auf.
Die zellulären Organellen sind vielfach reduziert. Es kommt zu einer Vermehrung des granulären und endoplasmatischen Retikulums, z.T. auch zu einer vesikulären und vakuolären Umwandlung einer verminderten Zahl von Ribosomen, was Ausdruck der herabgesetzten RNA- und Proteinsynthese ist. Auch die spezifischen Leistungen, wie die Sekretproduktion, werden eingeschränkt. Die Mitochondrien zeigen zahlreiche Zeichen der Degeneration.
Autophagozytäre Prozesse sind dagegen oftmals vermehrt. Insbesondere kann es zu einer Anhäufung der Telolysosomen und Residualkörper kommen, d.h. z.B. des Lipofuscin. Lipofuscinablagerungen sind besonders in höherem Alter in den Zellen der Leber, des Herzens und des Zentralnervensystems anzutreffen. In Ganglienzellen kann sich diese Menge von weniger als 1% des Zellvolumens im Laufe des Lebens auf über 12% erhöhen.

3.16.6. Degeneration

Der Begriff *Degeneration* oder *Dystrophie* wird als Oberbegriff verstanden für die verschiedensten Formen der endogenen und exogenen Zellschädigung, die sich morphologisch in unterschiedlicher Weise äußern, reversibel oder irreversibel sind und mit einer Veränderung der Leistungsfähigkeit, Leistungsbreite oder einer Fehlleistung verbunden sind. Insgesamt ist dieser Begriff nicht eindeutig charakterisiert und kann auf struktureller und funktioneller Basis ganz unterschiedliche Erscheinungen beinhalten. Dabei spielen sowohl Veränderungen der Energiesituation, eine mangelnde Energieversorgung oder veränderte Strukturen und Funktionen einzelner Zellorganellen oder Zellkompartimente eine Rolle. Vielfach stehen die Störungen von Sauerstoffzufuhr und Sauerstoffverwertung in enger Beziehung zu degenerativen Veränderungen. Insgesamt sind die so entstehenden Stoffwechselprozesse in der ersten Phase reversibel und nicht immer eindeutig interpretierbar hinsichtlich einer beginnenden erhöhten Leistung oder einer beginnenden Leistungseinschränkung.
Bei der Zelldegeneration können sowohl die energiebereitstellenden und die energietransportierenden Zellbestandteile als auch bestimmte Stoffwechselprozesse oder die verschiedenen Transportmechanismen einschließlich der Aufnahme- und Abgabevorgänge verändert sein. Geht man von der Zufuhr zur Zelle aus, kann eine Stoffwechselstörung
- durch ein normales Angebot bei einem Enzymdefekt auf erworbener oder genetisch bedingter Basis vor sich gehen (z. B. Speicherkrankheiten);
- durch ein normales Angebot bei Transport- und Abbaustörungen in der Zelle ausgebildet werden (z.B. das Akkumulieren von nicht verdauten oder nicht regelrecht abgebauten Substanzen);
- durch ein Überangebot von regelrechten Substanzen bei regulärem Stoffwechselverhalten entstehen (z. B. Fettspeicherung);
- durch ein Unterangebot mit nachfolgender Stoffwechselstörung sich entwickeln (z. B. Mangelernährung, Sauerstoffmangel);

- durch ein falsches Angebot von Substanzen oder die Einwirkung von toxischen Substanzen eine Schädigung einzelner Stoffwechselkompartimente oder Zellorganellengruppen auftreten.

Hinsichtlich der Stoffwechselleistungen, die sich in Strukturveränderungen der Zellorganellen manifestieren, kann es zu einer Überfunktion mit einer erhöhten Leistung und Hypertrophie der Zelle und der Organellen sowie einer Hyperplasie, einer Unterfunktion mit Ablagerung von Substanzen in der Zelle oder einer Verkleinerung der Zelle (möglicherweise irreversibel bis zum Zelltod) oder einer Dysfunktion mit Entstehung und meist Anhäufung von falschen Stoffwechselprodukten, überwiegend auf genetischer Basis kommen.

3.16.7. Zelluntergang – die tote Zelle

Tote Zellen zeigen in Abhängigkeit von ihrem Herkunftsort, von der Zeitdauer des Sterbens und von der Ursache, die zu ihrem Tod geführt hat, differente Erscheinungsbilder. Während des Untergangs der Zelle weisen die einzelnen Zellbestandteile unterschiedliche Veränderungen auf, die z. T. charakteristisch für den Zelltod sind, z. T. aber auch als unspezifische Degeneration anzusehen sind.

Wichtigstes *Kennzeichen für den Untergang einer Zelle* ist das Verhalten des Zellkerns. Während die *Kernwandhyperchromatose* noch als reversibler Vorgang gilt, sind die *Pyknose* und insbesondere die *Karyolyse* und *Karyorrhexis* als irreversibel anzusehen.

Im Verlaufe des Untergangs des Zellkerns kommt es zu Verklumpungen und Verschiebungen des Chromatins, Abhebungen und Rupturen der Kernmembran und schließlich der Auflösung und Zerstreuung des Chromatins im Zytoplasma. Diese Befunde sind mit einer Depolymerisation der DNA und einer Verminderung oder einem Verlust der mit ihr verbundenen Proteine gekoppelt. Gleichzeitig wird auch der Nucleolus in den Zerfallsprozeß einbezogen.
Das endoplasmatische Retikulum zeigt eine vakuoläre Umwandlung bei gleichzeitiger Ablösung und einem Zerfall der Ribosomen und Polysomen. In den Mitochondrien kommt es vor allem zu Schwellungen in Form der sphärischen Transformation oder Pyknosen. Besonders kennzeichnend sind große osmiophile Mitochondrienkörper, die aus Abbauprodukten von Membranlipoproteinen bestehen. Lysosomenveränderungen, insbesondere die Ruptur ihrer Membran, treten häufig in toten Zellen auf. Wahrscheinlich haben sie aber keine ursächliche Bedeutung für den Eintritt des Todes, wohl aber für den weiteren Ablauf der Untergangsvorgänge. Die Zellmembran zeigt vielfach Rupturen, sie kann aber auch noch über lange Zeit nach Eintritt des Zelltodes unverändert erscheinen.
Der Untergang der Zellen, Zellgruppen, Gewebe und Organbezirke wird in seiner Gesamtheit **Nekrose** genannt. Das tote Gewebe wird lichtmikroskopisch als Koagulationsnekrose, Kolliquationsnekrose oder Verkäsung bezeichnet.
Die **Koagulationsnekrose** ist durch intrazelluläre Gerinnungsvorgänge charakterisiert. Dabei kommt es häufig zu einer Pyknose des Zellkerns, zu Verdichtungen des Zytoplasmas und zum Untergang der Zellorganellen. Schrumpfungen können zu

Abhebungen der Kernmembran führen. Derartige Koagulationen sind besonders in der quergestreiften Muskulatur und der Herzmuskulatur zu finden. Einzelne nekrotische Zellen bilden die bei der menschlichen Virushepatitis häufiger auftretenden Councilman-Körper.

Die *Verkäsung* stellt eine spezifische Form der Koagulationsnekrose dar, die bei der Tuberkulose vorkommt.

Bei der **Kolliquationsnekrose** lösen sich große Teile der Zelle auf, wobei besonders der Lipidreichtum von Zellen (z. B. Zentralnervensystem) von Bedeutung ist. Vielfach schließen sich diesen Vorgängen zytolytische Prozesse an.

Tote Zellen zeigen in Abhängigkeit von ihrem Herkunftsort, von der Zeitdauer des Sterbens und von der Ursache, die zu ihrem Tode führte, differente Erscheinungsbilder. Während des Untergangs der Zelle weisen die einzelnen Zellbestandteile unterschiedliche Veränderungen auf, die z. T. charakteristisch für den Zelltod sind, z. T. aber auch als unspezifische Degeneration anzusehen sind.

Der **Tod der Zelle** ist durch ihre Unfähigkeit charakterisiert, die für sie spezifische Zusammensetzung des inneren Milieus in der normalen Umgebung aufrechtzuerhalten. Auf Grund dessen kommt es zu den dargestellten morphologischen Veränderungen mit stufenweisem Ablauf. Nach einer Phase noch reversibler Veränderungen folgt jene, in der eine Rückkehr zum Normalen nicht mehr möglich ist und schließlich ein chemischer und physikalischer Ausgleich zwischen Zelle und Umwelt eintritt, der dann in der mikroskopisch und makroskopisch erkennbaren Nekrose endet. Der Eintritt des Todes einer Zelle kann im allgemeinen nicht für einen bestimmten Zeitpunkt fixiert werden, sondern wird durch eine unterschiedlich lange Phase vorwiegend katabolisch-dissimilatorischer Prozesse charakterisiert (Nekrobiose), die weder durch biochemische Analysen noch morphologische Befunde sicher erfaßt werden können. Nicht der Zelltod, sondern erst seine Folgen sind morphologisch erkennbar. So weisen auch intravitaler Zelltod und postmortale Autolyse keine grundsätzlichen Unterschiede auf. Intra vitam können jedoch heterolytische Vorgänge zu Modifikationen des morphologischen Bildes führen.

Die *Pathogenese des Zelltodes* wird im wesentlichen durch den primären Angriffspunkt bestimmt. Der läßt sich jedoch nur zu einem geringen Prozentsatz der Fälle sicher bestimmen. Möglich sind dabei Eingriffe in den DNA-RNA-Protein-Stoffwechsel, in energieliefernde Reaktionen oder aber auch massive physikalische (Hitze) oder mechanische Ereignisse.

4. Pathologie des Bindegewebes

Die verschiedenen Bindegewebstypen (z.B. Sehne, Hautbindegewebe, Organbindegewebe) unterscheiden sich funktionsabhängig in ihren relativen Anteilen an Zellen, Fasern und Grundsubstanz. Auf Grund seiner hohen Plastizität verfügt das Bindegewebe (BG) über die Fähigkeit, sich gegenüber funktionellen Einflüssen quantitativ und qualitativ anzupassen. So bildet sich neu entstandenes Bindegewebe unter Druckwirkung in Knorpelgewebe, unter Zugwirkung in Sehnengewebe um. Das interstitielle BG der parenchymatösen Organe reagiert empfindlich auf pathogene Einwirkungen. Ursachen hierfür sind der hohe Vaskularisierungsgrad sowie die metabolische Aktivität und das proliferative Potential seiner zellulären Bestandteile. Ein Teil des interstitiellen Organbindegewebes stellt die sog. Transitstrecke zwischen Kapillare und Parenchymzelle dar. Hier laufen Stoffwechselvorgänge ab, die für Differenzierung, Funktion und Altern der Parenchymzellen von großer Bedeutung sind. Bindegewebige Organkapseln und -septen sowie perizelluläre Basalmembranen üben wichtige biomechanische Funktionen aus. Kollagen als der quantitativ bedeutendste Bindegewebsanteil (Vorkommen u.a. in Haut, Gefäßen, Knorpel und Knochen) macht etwa 25–30% des Körpereiweißes aus. Der gegenüber Störungen anfällige ständige Umsatz von Kollagen und Proteoglycanen (s.u.) erklärt die Beteiligung des BG an degenerativen, immunreaktiven und genetisch bedingten Erkrankungen. Das BG ist maßgeblich an der Organisation von Gewebsdefekten beteiligt. Es ist auch der Ort, an dem sich entzündliche Reaktionen abspielen (s. 5.5.1.2.).

4.1. Bestandteile und strukturelle Organisation des Bindegewebes

Alle Bestandteile des BG (Tabelle 4.1) stehen in einem engen wechselseitigen Zusammenhang. Die von den Zellen gebildeten Kollagene, Proteoglycane und Glycoproteine sind zu einer hochorganisierten dreidimensionalen extrazellulären Matrix verknüpft.

Bei der **Biosynthese** des Kollagens (Abb. 4.1) werden intrazellulär in die entstehende Peptidkette (= α-Kette) durch Prolin- und Lysin-Hydroxylasen Hydroxylgruppen eingeführt, an die mit Hilfe von Glycosyltransferasen Kohlenhydrate gebunden werden. Aus drei Peptidketten entsteht die Tripelhelix des Prokollagens. Extrazellulär kommt es durch Abspaltung der Telopeptide mit Hilfe einer Prokollagen-Peptidase zur Bildung der Kollagenmonomeren. Diese lagern sich zur elektronenmikroskopisch sichtbaren Elementarfibrille zusammen, deren Festigkeit durch Quervernetzungen über oxydierte Lysinseitenketten gewährleistet wird. Der Vernetzungsvorgang, katalysiert durch die kupferhaltige Lysyloxidase, ist von Bedeutung für

Tabelle 4.1 Bestandteile des Bindegewebes

Zellen	Fibroblasten, Fibrozyten, Myofibroblasten	Bildung von Fasern und Grundsubstanz
	Histiozyten, Makrophagen	resorptive Funktionen
	Lymphozyten, Plasmazellen	Träger der Immunreaktionen
	Mastzellen	Bildung von Heparin, Histamin und Serotonin
	Osteozyten	Bildung von Osteoid
	Chondrozyten	Bildung von Knorpelgrundsubstanz
Fasern	kollagene Fasern	
	Kollagen Typ I	in Haut, Sehne, Skelett, Aorta
	Typ II	im Knorpelgewebe
	Typ III	im Interstitium von Herz, Leber, Niere u. a. Organen[1]); in Gefäßwänden und Haut
	Typ IV[2])	in Basalmembranen
	elastische Fasern	in Gefäßen, Haut u. a.
Grundsubstanz	Proteoglycane (= makromolekulare Aggregate aus Glycosaminoglycanen (GAG) und Glycoproteinen)	biomechanische Funktionen, Wasserbindung, Kationenaustausch, Permeabilitätskontrolle durch Molekülsiebeffekt
	Glycosaminoglycane Hyaluronsäure Chondroitinsulfat Dermatansulfat Heparansulfat	
	Glycoproteine Fibronectin	Mittler zwischen Zellen und extrazellulärer Matrix
	Laminin	in Basalmembranen

[1]) *Retikulinfasern* (= Bestandteile des interstitiellen Organbindegewebes) sind dünne Bündel von Kollagenfibrillen, ähnlich dem Typ-III-Kollagen, möglicherweise mit diesem identisch. Sie sind wie manche Basalmembranen argyrophil. Weitere Kollagene (Typen V–XI) sind noch nicht ausreichend charakterisiert.

die Reißfestigkeit des physiologisch gebildeten Kollagens und von Narben sowie für die Resistenz gegenüber proteolytischen Enzymen. Kollagene Fasern entstehen aus der Zusammenlagerung von Elementarfibrillen.

Die **Kollagentypen** (s. Tabelle 4.1) unterscheiden sich u. a. in der Zusammensetzung der α-Ketten, im Kohlenhydratgehalt und im Vernetzungsgrad. Sie besitzen verschiedene antigene Determinanten, wodurch ihre immunhistochemische Differenzierung möglich ist. Die Typen I, II und III (mit der charakteristischen Sequenz Glycin-X-Y; Y ist häufig Hydroxyprolin oder Hydroxylysin) werden als *interstitielle Kollagene* zusammengefaßt, während die Typen IV und V (mit davon abweichender Sequenz und höherem Kohlenhydratgehalt) die *Basalmembrankollagene* bilden.

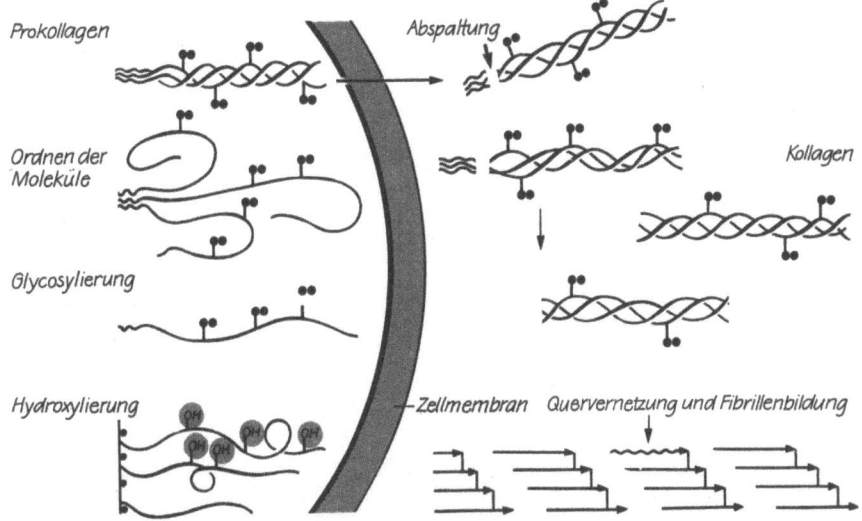

Abb. 4.1 Schematische Darstellung der Entstehung kollagener Fibrillen
In der Zelle werden in die entstehende Peptidkette durch Prolin- und Lysin-Hydrolasen Hydroxylgruppen eingeführt (Hydroxylierung), über die mit Hilfe von Glycosyltransferasen eine Verknüpfung mit Kohlenhydratresten erfolgt (Glycosylierung). Unter dem Einfluß des Prokollagenpeptids (Zickzacklinie) bildet sich aus drei Peptidketten die Tripelhelix des Prokollagens. Extrazellulär entstehen durch Abspaltung von Peptiden durch eine Prokollagen-Peptidase die Kollagenmonomere. Sie ordnen sich (gegeneinander versetzt) zur Fibrille, die durch Quervernetzung über oxydierte Lysinseitenketten verfestigt wird

Basalmembranen finden sich an der Epithel-Stroma-Grenze, an bestimmten Endothelzellen (nicht am Endothel des RHS!) und umgeben Fettzellen, Herz- und Skelettmuskelzellen sowie glatte Muskelzellen. Sie besitzen eine locker strukturierte Lamina rara und eine fibrillenreiche Lamina densa und enthalten neben Kollagen Typ IV und V das Glycoprotein Laminin sowie Heparansulfat. Fibronectin, ein weiteres hochmolekulares Glycoprotein, ist kein Bestandteil der Basalmembran, sondern wird in unmittelbarer Nachbarschaft zum Stroma gefunden. Basalmembranen sind biochemisch und immunologisch heterogen. Sie dienen der Strukturerhaltung sowie der Zellverankerung und wirken als selektive Filter.
Alternsbedingte Veränderungen des BG. In zahlreichen bindegewebigen Organen (z. B. Haut, Knorpel, Aorta, Sehne) kommt es mit zunehmendem Lebensalter zur Abnahme der Zellzahl sowie der Zell- und Kerngröße. In anderen Organen (Leber, Herz) zeigt sich eine alternsabhängige Zunahme im DNA-Gehalt von Parenchym- und Bindegewebszellkernen (Polyploidisierung). Die Fibroblastenproliferation (z. B. bei der Wundheilung, 5.9.3.) verläuft im Alter verzögert. Wahrscheinlich hängt dies mit der verlängerten Zellzyklusdauer und mit der Abnahme der Wachstumsfraktion im fortgeschrittenen Lebensalter zusammen. Demgegenüber ist noch nicht eindeutig geklärt, ob im Alter auch die Syntheseleistung der einzelnen BG-Zellen herabgesetzt ist.
Im Kollagen kommt es während des Alternsprozesses zu einer Umordnung molekularer Einheiten, vor allem zu einer Zunahme der intra- und intermolekularen Quer-

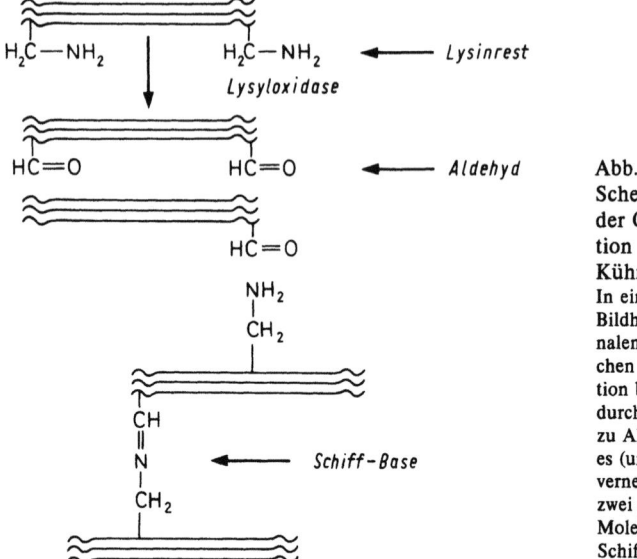

Abb. 4.2 Schematische Darstellung der Quervernetzungsreaktion des Kollagens (aus: Kühn, 1977) In einem ersten Schritt (obere Bildhälfte) erfolgt in den terminalen nichthelixförmigen Bereichen des Moleküls die Oxydation bestimmter Lysinreste durch das Enzym Lysyloxidase zu Aldehyden. Danach kommt es (untere Bildhälfte) zur Quervernetzungsreaktion zwischen zwei gegeneinander versetzten Molekülen unter Bildung Schiffscher Basen

vernetzung (Abb. 4.2). Dies ist mit einem Nachlassen elastischer Eigenschaften verbunden. Der erhöhte Vernetzungsgrad von Makromolekülen, der mit einem verminderten Quellungsvermögen und einer herabgesetzten Löslichkeit in verdünnten Säuren einhergeht, bildet die Grundlage einer Theorie des Alterns (s. 2.4.2.3.), die allerdings nicht voll überzeugt, da auch über die Lösung intermolekularer kovalenter Bindungen im alternden Kollagen berichtet wurde. Das häufigere Vorkommen von Sehnenrupturen und Knochenbrüchen im Alter spricht ebenfalls gegen diese Theorie.

Mit zunehmendem Alter läßt sich, z. B. in der Haut, eine Abnahme des Hyaluronsäuregehalts feststellen. Wahrscheinlich steht damit die verminderte Wasserbindungsfähigkeit des alternden BG im Zusammenhang. Die Zunahme von Chondroitinsulfat in Blutgefäßwänden alter Individuen ist ein wichtiger Faktor für die Verkalkungsneigung dieser Gefäße, denn sulfatierte GAG besitzen eine hohe Affinität zu Calciumionen.

4.2. Regressive Veränderungen des Bindegewebes

4.2.1. Mukoide Degeneration

Die **mukoide Degeneration** ist die lichtmikroskopisch erkennbare Frühveränderung bei zahlreichen BG-Erkrankungen. Die durch verschiedene ätiologische Faktoren (Tabelle 4.2) ausgelöste Gewebsschädigung setzt primär katabole Vorgänge in Gang. Hauptsächlich kommt es zur Freisetzung lysosomaler Hydrolasen mit nachfolgenden proteolytischen und mukolytischen Prozessen. Konformationsänderungen der Proteoglycane (Streckung der sonst verknäuelten Polysaccharidketten) so-

Tabelle 4.2 Beispiele für mukoide Degeneration

Krankheit	Mögliche Ursache
arteriosklerotisches Intimaödem	Hypertonie
mukoide Mediadegeneration der Aorta	rezidivierende Schockzustände, genetische Faktoren
primäre Gelenkknorpelalteration bei Arthrosis deformans	Fehlbelastungen, gestörte Synoviabildung
mukoide Meniskopathie	posttraumatische Degeneration
Osteochondrosis intervertebralis	rezidivierende Mikrotraumen, z. B. bei Traktoristen
Ganglion	BG-Metaplasie nach unphysiologischen Belastungen

wie Anreicherung osmotisch aktiver Mikro- und Makromoleküle führen zur interfibrillären Wassereinlagerung und zum Verlust der Querstreifung kollagener Fibrillen, d. h. zur sog. *Grundsubstanzentmischung*. Histologisch sind häufig eine ödematöse Gewebsauflockerung mit verstärkter Toluidinblaumetachromotropie oder eine erhöhte Anfärbbarkeit mit Alzianblau zu sehen.

Experimentelle Untersuchungen haben darüber hinaus gezeigt, daß jede BG-Alteration, z. B. durch Infektionen, O_2-Mangel, Blutdruckerhöhung und alimentäre Einflüsse, mit einer Stoffwechselaktivierung verbunden ist. Sie zeigt sich u. a. in einer erhöhten Inkorporation von ^{35}S-Sulfat und ^{14}C-Prolin. Die Umsatzsteigerung der Interzellularsubstanz (= Steigerung von Ab- und Aufbau) gehört daher neben Permeabilitätsänderungen der terminalen Strombahn zu den wichtigsten Vorgängen bei der mukoiden Degeneration.

4.2.2. Fibrinoide Degeneration

Man findet sie u. a. in periartikulären Knoten bei rheumatoider Arthritis, beim Lupus erythematodes (s. 4.7.4.), am Grund von Magenulzera und bei der Myokarditis rheumatica. Mitunter geht ihr die mukoide Degeneration voraus. Histologisch sieht man Herde mit verstärkter Eosinophilie und granulozytärer Umgebungsreaktion. Das Wesen der fibrinoiden Umwandlung ist die Einlagerung von Fibrin und Fibrinabbauprodukten zwischen und in die kollagenen Fasern, wodurch deren Fibrillen auseinandergedrängt werden. Die Querstreifung der kollagenen Fibrillen kann dabei anfangs erhalten bleiben. Das Fibrin ist immunfluoreszenzoptisch mit Antifibrinogen, mittels der histochemischen Tryptophanreaktion sowie elektronenmikroskopisch auf Grund der charakteristischen Periodik von 20–22 nm nachweisbar. Die interfibrillär abgelagerten Fibrinketten besitzen einen niedrigen Polymerisationsgrad. An ihrer Ausfällung sind Glycosaminoglycane beteiligt. Neben dem Fibrin sind Antigen-Antikörper-Komplexe und Komplementbestandteile vorhanden. Die fibrinoiden Ablagerungen haben für die Entstehung von BG-Krankheiten eine zentrale Bedeutung: durch sie kann der irreparable Dauerschaden eingeleitet werden. Er beginnt mit einer Zellproliferation, die eine Reaktion auf die insudierten Massen darstellt. Andererseits können sich Fibrinpräzipitate zur fibrinoiden Nekrose fortentwickeln. Ein Beispiel hierfür sind die intramuralen fibrinoiden Nekrosen bei der Panarteriitis nodosa und bei anderen Formen der Immunvaskulitis.

4.2.3. Gesteigerter Kollagenabbau

Zelluläre Vorgänge, die zur Auflösung kollagener Faserstrukturen führen, finden bei der lakunären Knochenresorption durch mehrkernige Osteoklasten statt; auch mononukleäre Zellen („Fibroklasten", Osteozyten, Chondrozyten, Deziduazellen) sind zur Kollagenolyse fähig. Die intrazytoplasmatisch aufgenommenen Fibrillenbruchstücke werden durch lysosomale Enzyme abgebaut. Kollagenase wurde bisher in Streptokokken, Granulozyten und Fibroblasten nachgewiesen. Andere proteolytische Enzyme können nur denaturiertes, nicht jedoch natives Kollagen abbauen. Die Auflösung des kollagenen Bindegewebes kommt posttraumatisch, bei eitriger Gewebseinschmelzung und bei der postpartalen Involution des Uterus vor.
Fibrolytische und mukolytische Vorgänge führen im Bereich von Sehnen und Aponeurosen zu zystischen Veränderungen des Bindegewebes, die als Ganglion bezeichnet werden. Solche bis zu haselnußgroßen Zysten kommen auch am Handrücken vor; die auslösende Ursache ist unklar.
Noch umstritten ist, ob pathologisch vermehrtes Kollagen (z. B. bei der Leberzirrhose, der Sklerodermie, der Arteriosklerose) wieder aufgelöst werden kann. In begrenztem Umfang scheint das möglich zu sein; so kann durch Gaben von D-Penicillamin (D-β,β-Dimethylcystein) das Gleichgewicht des Kollagenstoffwechsels in Richtung Kollagenabbau gelenkt werden.

4.2.4. Bindegewebiges Hyalin

Unter **Hyalin** versteht man glasig durchscheinende, stark lichtbrechende strukturlose Massen mit besonderer Affinität zu sauren Farbstoffen wie Picrinsäure, Fuchsin und Eosin.

Eine hyaline Umwandlung des BG findet sich häufig, z. B. in *Pleuraschwarten*, bei *arteriosklerotischen Gefäßveränderungen*, im Interstitium von *regressiv veränderten Knotenstrumen* und im Brustdrüsenbindegewebe bei der *fibrozystischen Mastopathie*. Im Gegensatz zum Fibrinoid ist beim Hyalin keine entzündliche Umgebungsreaktion vorhanden. Im **elektronenmikroskopischen Bild** sind die hyalinisierten BG-Bereiche durch ein ungeordnetes, feinmaschiges, dreidimensionales Netzwerk von zarten Elementarfibrillen gekennzeichnet. Ihr Querstreifungsmuster ist regelrecht. Bei den strukturlosen interfibrillären Massen handelt es sich um Fällungsprodukte von Plasmaproteinen nach Reaktion mit den Glycosaminoglycanen der Grundsubstanz. Für die Entstehung dieser Veränderung wird angenommen, daß eine Kollagenauflösung mit Aufspaltung der Fibrillen in Tropokollagenmoleküle durch verschiedene pathologische Prozesse (entzündlich bedingte Gewebsazidose, Durchblutungsstörungen, Stauungszustände) am Beginn steht. Ähnlich der Reaggregation von in Lösung befindlichen Kollagenmolekülen bei in-vitro-Versuchen soll es bei der Hyalinbildung zur Wiederausfällung fibrillärer Strukturen kommen (= rekonstituiertes Kollagen).
Das an serösen Häuten (Pleura, Perikard, Milzkapsel) häufig vorkommende Hyalin entsteht durch Plasmaexsudation mit nachfolgender Kollagenisierung und sekundärer Umwandlung in Hyalin. Es können sich derbe porzellanweiße Platten entwickeln. Eine Milz mit Kapselhyalinose wird *Zuckergußmilz* genannt. Sie ist klinisch

unbedeutend, während andere Formen des bindegewebigen Hyalins zu schweren funktionellen Folgen führen können (z. B. die arteriosklerotische Intimahyalinose zu Durchblutungsstörungen).

Das PAS-positive *vaskuläre Hyalin* der Arteriolen bei Hypertonie und Diabetes mellitus wird im Unterschied zum bindegewebigen Hyalin auf eine verstärkte Produktion basalmembranähnlicher Substanzen und auf die Insudation von Plasmaproteinen zurückgeführt.

Über *epitheliales Hyalin* s. 3.13.

4.3. Pathologische Einlagerungen ins Bindegewebe

4.3.1. Amyloid

Amyloid ist eine extrazellulär gelegene globulinähnliche Eiweißsubstanz, die auch sulfatierte Glycosaminoglycane und Lipide enthält.

Es wird unter pathologischen Bedingungen von Zellen (RHS-Zellen, Zellen des mononukleären Phagozytensystems, BG-Zellen) gebildet und zunächst perizellulär abgelagert. Nicht die Faserstrukturen, wie früher angenommen, sondern die Basalmembranen bzw. basalmembranartige Substanzen sind der Ablagerungsort bei allen Amyloidosen.

Makroskopisch handelt es sich um homogene speckig-grauweiße Ablagerungen in folgenden Organen: Nieren, Leber, Milz, Gefäße, Nebennieren, Magen-Darm-Schleimhaut, Haut, Pankreasinseln. Durch die Rektumschleimhautbiopsie ist die intravitale Diagnose möglich. Die Ablagerungen, von Virchow wegen ihrer der Stärke (Amylum) ähnlichen färberischen Eigenschaften als Amyloid bezeichnet, stellen sich lichtmikroskopisch mit Kongorot und fluoreszenzoptisch mit Thioflavin S dar; sie geben nach Kongorotfärbung eine typische grüne Doppelbrechung im polarisierten Licht. Auf dem Gehalt an Glycosaminoglycanen basiert die Metachromotropie des Amyloids (Rotfärbung mit Toluidinblau oder Methylviolett).

Die **Ultrastruktur** des Amyloids zeigt unverzweigte Fibrillen. Deren Proteinuntereinheiten haben eine Aminosäurensequenz, die mit derjenigen von Immunglobulin identisch ist. Ein weiterer regelmäßiger Bestandteil aller Amyloidosen sind stabartige Strukturen, die gleiche Antigendeterminanten wie das γ-Globulin des menschlichen Blutserums besitzen. Diese Komponente, die im Elektronenmikroskop pentagonale Ringstrukturen zeigt, soll auch bei Gesunden vorkommen (Basalmembranbestandteil?) und wird *Amyloid-P* genannt.

Wenn Krankheiten zur Produktion amyloidogener Proteine führen, die über den Blutweg an den Ort der Amyloidablagerung gelangen, entwickelt sich eine *generalisierte Amyloidose*. Kommt es zur Abgabe unmittelbar an das Interstitium, entsteht eine *lokale Amyloidose*. Die Verteilungsmuster des Amyloids hängen auch von der Dynamik der Grundkrankheit (schneller oder langsamer Verlauf) und von der Art des Vorläuferproteins ab (AL = Leichtketten-Typ, Vorkommen bei plasmazellulären Erkrankungen; AA = unbekanntes Serumprotein, Vorkommen bei chronischen Entzündungen, AH = Proteohormon, Vorkommen bei endokrinen Erkrankungen).
Aus diesen Erkenntnissen resultiert die Einteilung der Amyloidosen (Tabelle 4.3).

Tabelle 4.3 Einteilung der Amyloidosen
(nach Glenner, modifiziert)

Proteintyp	Grundkrankheit	Vorkommen in
I) Generalisierte Amyloidose		
AA	chronische Entzündungen mit Autoimmuncharakter; Neoplasien: Nieren- und Magenkarzinome, M. Hodgkin; familiäres Mittelmeerfieber	Gefäßen Nieren Milz Leber Darm
AL	Plasmozytom; monoklonale Gammopathien;	Herz Zunge Milz
AA/AL	idiopathisch	Arterien
II) Amyloidose mit Befall eines Organsystems		
A?	kardiovaskuläre Amyloidose;	Herz Aorta
A?	Morbus Alzheimer	Gehirn
III) Lokale Amyloidose		
AH	Diabetes mellitus Typ II; Insulinom; medulläres Schilddrüsenkarzinom;	Pankreasinseln im Tumorstroma im Tumorstroma
A?	idiopathisch	Haut Kehlkopf Harnblase

Aus Tabelle 4.3 läßt sich ableiten, daß unter den generalisierten und systemischen Amyloidosen hauptsächlich zwei Formen zu unterscheiden sind:
- **Primäre Amyloidose.** Neben der seltenen *idiopathischen Amyloidose (A.)* und verschiedenen *hereditären A.* (z. B. beim familiären Mittelmeerfieber) wird auch die *kardiovaskuläre A.* zur primären A. gerechnet. Diskrete, klinisch unauffällige Amyloidablagerungen werden im Herzbindegewebe und in den Gefäßwänden bei 30–40% der Sektionsfälle des höheren Lebensalters festgestellt. Von anderen A.-Formen unterscheidet sich das senile Amyloid histochemisch durch seine geringere Resistenz gegenüber enzymatischer Proteolyse. Bei der Entstehung mancher Formen der primären A. wird das Mitwirken genetischer Faktoren vermutet.
- **Sekundäre Amyloidose.** Sie entsteht u. a. nach Grundkrankheiten, die mit Gewebszerfall einhergehen. So führen Osteomyelitis, eitrige Bronchitis, Bronchiektasen, chronische Tuberkulose, Pleuraempyem und rheumatoide Arthritis nach jahrelangem Verlauf in seltenen Fällen zur tödlichen sekundären A.

Die lokalisierte kutane Amyloidablagerung (z. B. prätibial) kann Vorläufer einer generalisierten A. sein.
Klinisch steht die Nierenamyloidose ganz im Vordergrund. Innerhalb eines Jahres kann bei Nierenamyloidose die letale Niereninsuffizienz auftreten. Bei anderen Pa-

Tabelle 4.4 Ablagerungsorte vom Amyloid in verschiedenen Organen

Organ	Initialer Ablagerungsort	Befunde bei Progredienz
Niere	Mesangiummatrix	Befall von Glomeruli, Gefäßen und peritubulären Basalmembranen; EW-Nephrose; terminal: Amyloidschrumpfniere
Leber	Disse-Raum, Media portaler Gefäße	Atrophie des Parenchyms
Herz	kardiomyozytäre Basalmembran	Befall des kollagenhaltigen Interstitiums
Milz	Follikelarterien	Follikelamyloidose (= Sagomilz)
	Wand der Milzsinus	Pulpaamyloidose (= Schinkenmilz)
Darm	Blutgefäße der Submukosa	Malabsorptionssyndrom

tienten zeigt die Nierenamyloidose einen Verlauf über 10 Jahre, wobei klinisch intermittierende Proteinurie und Ödembereitschaft festgestellt werden.
Zur Morphologie der Amyloidose s. Tabelle 4.4.
Die *Pathogenese* der Amyloidose ist noch nicht genügend aufgeklärt. Wahrscheinlich handelt es sich um eine Dysfunktion der Eiweißsynthese der Zellen des monukleären Phagozytensystems und anderer BG-Zellen. Genetische Faktoren werden bei der primären Amyloidose als auslösend angesehen, während die sekundäre Amyloidose als Folge einer Hyperimmunisierung aufgefaßt wird. Die mit chronischen Entzündungen verbundene permanente Antigenstimulation soll bei dieser Form der Amyloidose die Bildung inkompletter Immunglobuline induzieren, die dann in fibrillärer Form im Extrazellulärraum abgelagert werden.
Amyloid kann sich in seltenen Fällen nach Ausheilung der Grundkrankheit zurückbilden.

4.3.2. Calciumsalzablagerungen (Verkalkung)

Gewebsverkalkungen kommen mit und ohne Mineralstoffwechselstörungen vor und können intra- oder extrazellulär beginnen.
Örtliche dystrophische Verkalkungen. Hierbei handelt es sich hauptsächlich um Verkalkungen bindegewebiger Strukturen, die narbig oder hyalin verändert sind, z. B. die Calciumsalzablagerungen in tuberkulösen Lungennarben, im Herzbeutel nach Perikarditis, bei der Arteriosklerose und nach der Thrombusorganisation (Bildung eines Venensteines = Phlebolith). Narbig umgewandelte und sekundär kalzifizierte Herzklappen sind von erheblicher klinischer Bedeutung. Bei der dystrophischen Verkalkung liegt Calciumphosphat und Calciumcarbonat im Verhältnis 9:1 vor. Es besteht Normocalcämie. Wahrscheinlich spielen extrazelluläre Matrixproteine (Kollagen, Elastin, Proteoglycane) bei der Entstehung dieser Verkalkungen eine Rolle als Keimbildner. Weitere Steuerungsfaktoren sind der lokale Pyrophos-

phatspiegel (Pyrophosphat = Hemmstoff der Verkalkung) und die örtliche H-Ionenkonzentration. Calciumphosphatablagerungen lassen sich im Lichtmikroskop mit der Kossa-Reaktion kontrastreich darstellen.

Neben der Verkalkung bindegewebiger Strukturen gehören hierher die örtlichen Kalkausfällungen bei Nekrosen (s. 5.1.5. Ätiologie und Pathogenese der Nekrose). Die Calcinosis circumscripta cutis kann Folge von Nekrosen des subkutanen Fettgewebes sein, z. B. nach Injektionen. Die Nekrosen des peripankreatischen Fettgewebes bei Pankreatitis können sekundär verkalken. Die bei dieser Krankheit aktivierten Lipasen setzen aus Triglyceriden Fettsäuren frei, die sich mit Calcium zu unlöslichen Komplexen verbinden. Bei der mikroskopischen Untersuchung werden gelegentlich Verkalkungen nekrotischer Zellen angetroffen. Beispiele hierfür sind Verkalkungen von hypoxämisch geschädigten Herzmuskelzellen, von Ganglienzellen nach CO-Intoxikation und von Tubulusepithelien bei der hypochlorämischen Nephrose. Auch isolierte Verkalkungen von Zellorganellen sind bekannt: so kann man im Elektronenmikroskop bei akuter hypoxischer Schädigung von Herzmuskelzellen Calciumsalzpräzipitate in regressiv veränderten Mitochondrien feststellen. Auch Lysosomen können verkalken.

Metastatische Verkalkungen. Ihnen liegt ursächlich eine *Hypercalcämie* oder eine *Hyperphosphatämie* infolge Phosphatretention zugrunde. Es kommt zur Kalzinose der Gefäße. Die kleinen Arterien zeigen eine feingranuläre, mit Hämatoxylin blauviolett färbbare Calciumablagerung in ihrer Wandung, Aorta und Organarterien hingegen nicht selten ausgedehnte Kalkspangen in der Media. Sekundär können Intimazellproliferate hinzutreten, die zu Durchblutungsstörungen, z. B. im Myokard, führen (Verkalkungen arterieller elastischer Membranen sind aber auch bei Normocalcämie häufig zu sehen, z. B. in der Schilddrüse). Die Kalzinose der Magenwand, der Alveolarsepten der Lunge und der Herzmuskulatur sowie die Calcinosis cutis treten bei der metastatischen Verkalkung klinisch meist weniger stark in Erscheinung. Im Gegensatz dazu sind die Calciumphosphatpräzipitate in der Niere häufig folgenschwer. Man findet Verkalkungen von Tubulusepithelien sowie Calciumsalzausfällungen in den Lichtungen der Hauptstücke und Sammelröhren. Diese *Nephrokalzinose* kann durch Ausbildung von Nierenbeckensteinen kompliziert werden und über einen sekundären Hyperparathyreoidismus zum beschleunigten Fortschreiten der metastatischen Verkalkung beitragen.

4.3.3. Uratablagerungen (Gicht)

Bei der **Gicht** wird kristallines Mononatriumurat im Knorpel, in Gelenkkapseln, Sehnen, Muskulatur, Knochen und im interstitiellen Gewebe der Nieren abgelagert. Die nadelförmigen Kristalle sind von Histiozyten, Fremdkörperriesenzellen, Lymphozyten, Granulozyten und fibrösem Bindegewebe umgeben. Solche Herde heißen „Tophi". **Makroskopisch** enthalten die verschieden großen Knoten breiige mörtelartige Massen. Die bedeckende Haut ist gerötet, schmerzhaft und kann ulzerieren. Durch starke Gewebsauftreibungen können die Tophi zur Deformierung und Verunstaltung von Händen und Füßen führen. Die Ursache der Gicht ist fast immer eine erblich-konstitutionelle Störung der renalen Harnsäureausscheidung. Viel seltener ist sie durch Enzymdefekte bedingt (z.B. Mangel an Hypoxanthin-Guanin-Phosphoribosyltransferase = Ursache einer primären Gicht im Kindesalter).

Die vier Stadien der Gicht sind:
Stadium 1 = asymptomatische Gichtanaloge (familiäre Hyperuricämie). Etwa 10-15% aus dieser Gruppe erkranken später.
Stadium 2 = akuter Gichtanfall. Er ist durch einen plötzlichen Anstieg der interstitiellen Uratkonzentration bedingt (z. B. durch vermehrte Purinzufuhr an Feiertagen!). Uratbeladene Granulozyten zerfallen und setzen entzündungserregende Kinine frei.
Stadium 3 = interkritische Gicht (= beschwerdefreie Phase zwischen einzelnen Anfällen).
Stadium 4 = polyartikuläre chronische Gicht.

Bevorzugt befallen werden das 1. Metatarsophalangealgelenk (Großzehengrundgelenk; Podagra), das Kniegelenk (Gonagra) und die Fingergelenke (Chiragra). Häufig sind die intra- oder periartikulären Uratablagerungen mit einer unspezifischen Synovitis kombiniert (= Arthritis urica). Extraartikuläre Uratablagerungen kommen im elastischen Ohrknorpel, in der Arterienmedia und im Myokard vor. Prognostisch ungünstig sind die Uratkristallablagerungen in der Niere: es können sich Gichtschrumpfnieren und eine Niereninsuffizienz entwickeln.
Die Ursache der Uratablagerung im Gewebe kann nicht allein in der Hyperuricämie gesehen werden. Man nimmt an, daß bestimmte Proteoglycane des Bindegewebes (z. B. Proteodermatansulfat) und Knorpelproteoglycane auf Grund ihrer Ionenaustauschereigenschaften zur Anreicherung der Harnsäure an bestimmten Stellen des Bindegewebes beitragen.

4.4. Fibrosen

Als **Fibrose** bezeichnet man die Zunahme kollagener Fasern je Volumeneinheit eines Gewebes. Fibrosen sind bei zahlreichen pathologischen Zuständen anzutreffen. Ihnen kommt eine große morphologische und klinische Bedeutung zu.

4.4.1. Morphologische Erscheinungsformen der Fibrosen

Neben den zahlreichen makroskopisch und histologisch differenten Formen der Fibrose (Abb. 4.3, 4.4) gibt es weitere Zustände mit erhöhtem Kollagengehalt des Gewebes, für die seit langem - wegen der speziellen Lokalisation und/oder Ursache - besondere Bezeichnungen im Gebrauch sind (Abb. 4.5). Eine Kollagenfaserzunahme geht fast immer mit einer Funktionsminderung der betroffenen Organe einher.

4.4.2. Ätiologie und Pathogenese der Fibrosen

Grundsätzlich können Fibrosen durch eine erhöhte Kollagenbildungsrate mit oder ohne gleichzeitige Zunahme kollagensynthetisierender Zellen, durch einen veränderten (verzögerten) Kollagenabbau oder durch eine Kombination dieser Störungen bedingt sein. In der Praxis sind fibröse Prozesse am häufigsten Endzustände

Fibrose von Organoberflächen	z. B. Perikardfibrose Pleuraschwarte Leptomeninxfibrose (nach Entzündungen)	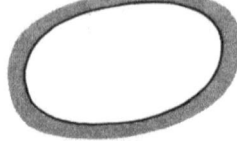
Wandfibrose von Hohlorganen	z. B. postcholezystische Schrumpfgallenblase	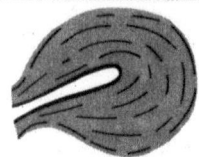
fibröse Obliteration von Hohlorganen	z. B. postthrombotische Obliteration von Gefäßen, Obliteration der Appendix (nach Appendizitis)	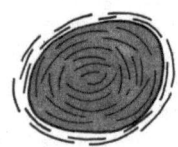
fibröse Adhäsionen	z. B. strangförmige oder flächenhafte peritoneale Synechien (nach Peritonitis)	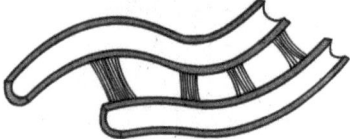
lokale Fibrosen	z. B. fibröse oder fibrozystische Mastopathie (bei hormoneller Dysfunktion)	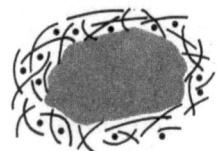
	Hautnarbe (posttraumatisch)	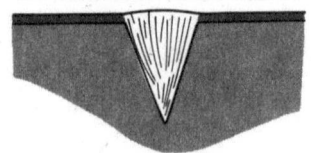
	Gingivafibrose bei Zahnprothesenträgern (mechanisch)	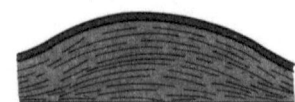

Abb. 4.3   Makroskopische Formen von Fibrosen

interstitielle Fibrose	z. B. Interstitielle Lungenfibrose (u. a. radiogen)	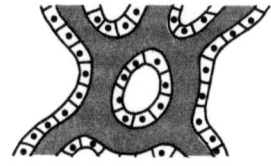
netzförmige Fibrose	z. B. netzförmige Myokardfibrose (nach relativer Myokardischämie)	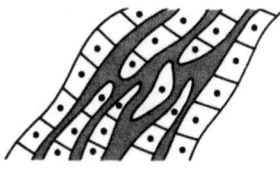
kompakte Mikronarben	z. B. embolisch bedingte Myokardnarben	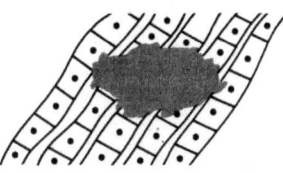
perivasale Fibrose	z. B. spindelförmige perivasale Myokardnarbe (nach Myocarditis rheumatica)	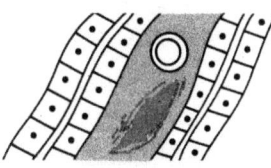
periduktale Fibrose	z. B. Ausheilungszustand nach intrahepatischer Cholangitis	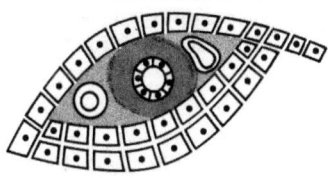
peritubuläre Fibrose	z. B. Hodenfibrose (bei inkretorischem Hypogonadismus)	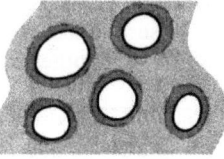

Abb. 4.4 Mikroskopische Formen von Fibrosen

Sklerose	z. B. Arteriosklerose	Intimafibrose von Arterien	
Induration	z. B. Stauungsinduration der Leber	Fibrose der Sinusoidwände der Leber bei chronischer Blutstauung (Transitstreckenverbreiterung)	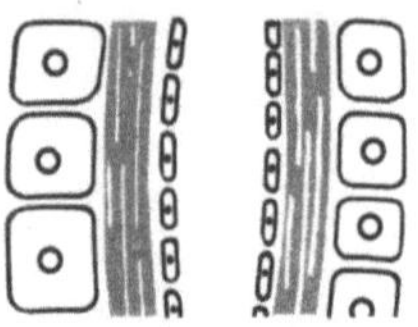
Narbe	z. B. Myokardinfarktnarbe (Schwiele)	bindegewebiger Ersatz (Ausheilungszustand) von untergegangenem Myokardgewebe	
Zirrhose	z. B. Leberzirrhose	Fibrose als Endstadium des Organumbaus Reste des Leberparenchyms	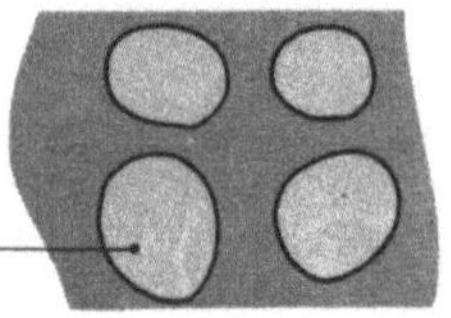

Abb. 4.5 Fibrosen mit spezieller (traditionell geprägter) Nomenklatur als ein wesentlicher Teilbefund bei häufigen Erkrankungen

einer Kette, bei denen Zellzunahme und erhöhter Kollagenmetabolismus zusammentreffen. Synthese *und* Abbau sind gesteigert, das Überwiegen der Synthese führt zur Kollagenanhäufung. In jedem Falle, also auch dort, wo eine Zellvermehrung nicht offensichtlich ist, geht der Kollagenfaserzunahme eine Zellaktivierung voraus. Eine azelluläre Sklerose, wie früher vermutet wurde, gibt es nicht. Auch bei der sog. Ödemsklerose und bei der Fibrosierung nach einem sog. Gerüstkollaps spielt eine gesteigerte Syntheseleistung der Fibroblasten die entscheidende Rolle.

Die zellulären Steuerungsfaktoren des Kollagenstoffwechsels sind noch ungenügend erforscht. Im folgenden werden einige pathologische Zustände mit Fibrosierung beschrieben, für die auslösende Ursachen heute gesichert sind.

Eine starke Fibrosierung ist für die *Leberzirrhose* charakteristisch. Sie trägt entscheidend zum makro- oder mikronodulären Parenchymumbau bei. In der Frühphase handelt es sich um vermehrt gebildetes Typ-III-Kollagen, das sich – besonders bei alkoholischer Leberschädigung – oft als läppchenzentrale *Maschendrahtfibrose* manifestiert. Der knotige Parenchymumbau ist demgegenüber mit einer starken Zunahme von Typ-I-Kollagen in Form bindegewebiger Septen verbunden. Nicht in allen Fällen scheint der verstärkten Kollagenfaserproduktion ein Parenchymzelluntergang vorauszugehen. Die Progredienz des Leidens und die Tatsache, daß neben den portalen und perisinuosidalen Mesenchymzellen (Ito-Zellen!) wahrscheinlich auch die Hepatozyten Kollagen synthetisieren können, weisen dem pathologisch gesteigerten Kollagenstoffwechsel eine zentrale Rolle in der Genese der Leberzirrhose zu. Die kollagensynthese-stimulierenden Faktoren sind noch weitgehend unbekannt. Immunologische Einflüsse (Lymphokine) werden diskutiert.

Die viel weniger folgenschwere *Leberfibrose* wird manchmal bei alten Menschen angetroffen und ist durch eine mäßige, auf die Portalfelder begrenzte Kollagenfaserzunahme gekennzeichnet.

Die BG-Zunahme in der Leber (wie auch in anderen Organen, z. B. Milz, Nieren, Lunge) nach chronischer Blutstauung ist von den genannten Formen leicht abzugrenzen. Bei chronischer Stauung bilden sich zunächst in den Sinusoidwänden vermehrt Retikulinfasern, die später durch kollagene Fasern ersetzt werden *(Stauungsinduration)*. Nach Einwirkung ionisierender Strahlen, z. B. bei der Karzinomtherapie, entwickeln sich meist nach längerer Latenzzeit ausgeprägte Organfibrosen. Besonders bekannt sind die radiogene *interstitielle Lungenfibrose* und die Periureteritis stenosans. Es kann als wahrscheinlich gelten, daß die strahlenbedingten fibroblastischen Prozesse mit den Endothelschäden und Permeabilitätsstörungen der terminalen Strombahn, die kurz nach dem Strahleninsult auftreten, in Zusammenhang stehen.

Flächenhafte und strangförmige *fibröse Adhäsionen* der serösen Häute, z. B. nach Pleuritis, Perikarditis oder Peritonitis, können erhebliche funktionelle Auswirkungen haben. Die Zunahme des Kollagenfasergehalts der Intima von Arterien und Venen sind charakteristische Kennzeichen der *Arterio-* bzw. *Phlebosklerose* (Sklerose bedeutet Verhärtung) (s. Abb. 4.5).

Bei der Deckung von Gewebsdefekten oder bei primär proliferativ-entzündlichen Prozessen reagiert das BG mit einer starken Proliferation seiner zellulären Elemente. Insbesondere bei der Wundheilung (s. 5.9.3.), der Organisation von Thromben oder dem bindegewebigen Ersatz von Parenchymdefekten ist die synchrone bzw. nachfolgende Synthese der extrazellulären Matrix ein mehrphasischer Prozeß, wobei zunächst Glycoproteine (Fibronectin), Glycosaminoglycane und Typ-III-Kollagen gebildet werden; erst etwa vom 5. Tag an entsteht zunehmend das stärker quervernetzte Typ-I-Kollagen, das schließlich die mechanische Stabilität der Narbe gewährleistet (Abb. 4.6).

Keloide sind wulstige pathologische BG-Neubildungen in Narben, die lichtmikroskopisch als breite, eosinophile Bänder in Erscheinung treten. Der Zellgehalt ist gering. Es handelt sich um vermehrt gebildete kollagene Fasern von geringem Vernetzungsgrad. Man findet Keloide nach Brandwunden, in Narben nach Traumaeinwirkungen sowie bei Akromegalie.

Morphologisch abnorme kollagene Fibrillen (mit verringerter Fibrillendicke und veränderter Argyrophilie) kommen bei rheumatischen Erkrankungen vor. Von größerer Bedeutung ist wahrscheinlich die Bildung atypischer Kollagene (mit veränderter Kombination der α-Ketten), die bisher bei der chronischen Arthritis, der Leberzirrhose und der Arteriosklerose nachgewiesen wurde.

Fibromatosen. Bei bestimmten pathologischen Zuständen, wie der *Dupuytrenschen Palmarfibromatose*, finden sich Mesenchymzellproliferate und erhöhte Kollagenfa-

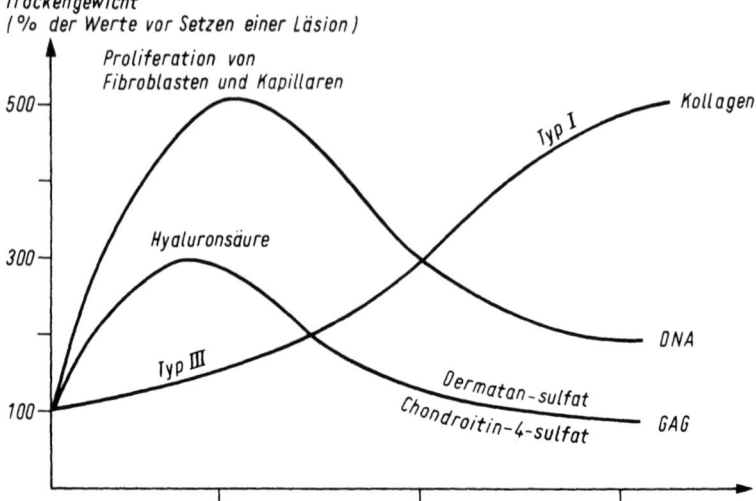

Abb. 4.6 Grobschematische Darstellung des relativen Gehalts des Gewebes an DNA, Glycosaminoglycanen (GAG) und Kollagen nach Defektreparatur bzw. nach umschriebenem Gewebsuntergang als Funktion der Zeit. Annähernd synchron mit der initialen Proliferation von Fibroblasten und Kapillaren kommt es zur Synthesesteigerung von Hyaluronsäure und sulfatiertem GAG, während die Bildung von Kollagenfibrillen (zunächst Typ-III-, später Typ-I-Kollagen) erst danach zunimmt (mit Veränderungen entnommen aus: Cottier, 1980)

serproduktion, ohne daß eine auslösende Ursache erkennbar ist. Beim Morbus Dupuytren sind die proliferierenden fibroblastischen Plaques an der Handinnenfläche lokalisiert und führen hier durch Narbenschrumpfung zur Kontraktur, besonders des 4. und 5. Fingers.

Die *noduläre Fasziitis* ist eine von den subkutanen Faszien ausgehende tumorähnliche Bindegewebsneubildung, die wegen ihres Zell- und Mitosereichtums als „pseudosarkomatöse Fibromatose" bezeichnet wird. Der von den Aponeurosen der Bauchmuskulatur ausgehende abdominelle *Desmoidtumor* nimmt eine Zwischenstellung zwischen einem rasch wachsenden Fibrom und einem langsam wachsenden Fibrosarkom ein.

Bei Säuglingen und Kleinkindern kommt eine übermäßige Fibroblastenproliferation im Musculus sternocleidomastoideus vor (Fibromatosis colli); daraus kann durch Schrumpfung ein Schiefhals entstehen.

4.4.3. Diagnostische Parameter des gestörten Kollagenstoffwechsels

Bei der klinischen Diagnostik von Kollagenstoffwechselstörungen beweisen erhöhte Werte von freiem oder peptidgebundenem Hydroxyprolin in Blut oder Harn einen gesteigerten Kollagenabbau. Auf eine aktivierte Kollagensynthese kann aus dem Konzentrationsanstieg von Prokollagenpeptiden, aus der erhöhten Aktivität von Prolylhydroxylase und Lysyloxidase sowie aus einem gesteigerten Einbau von radioaktivem Prolin in Hydroxyprolin geschlossen werden. Da Messungen in Körperflüssigkeiten nur die Summe der Veränderungen im Organismus erfassen und die Ergebnisse keine Organ- oder Gewebespezifität besitzen, sind zusätzlich histologisch-bioptische Untersuchungen oder andere Tests erforderlich, um die Veränderungen einem bestimmten Organ (Leber, Lunge, Kreislaufsystem, Knochen, Gelenke, Haut) zuordnen zu können.

4.5. Pathologie elastischer Fasern und Membranen

Eine Vermehrung elastischer Fasern kennt man bei folgenden Zuständen: Die *Fibroelastose* des linksventrikulären Endokards bei Neugeborenen ist eine ätiologisch ungeklärte Dysplasie des Endokardbindegewebes. Das Endokard ist stark verdickt und von grauweißer bis graugelblicher Farbe. Beim Erwachsenen kann eine Fibroelastose des parietalen Endokards des rechten Ventrikels beim Karzinoidsyndrom beobachtet werden (Serotonineffekt). Die *lamelläre Elastose* der Intima sieht man an größeren Nierenarterien bei Fällen von Hypertonie. Die *aktinische Elastose* und die *senile Elastose* der Haut beruhen wahrscheinlich auf einer Denaturierung kollagener Fasern, die dadurch die färberischen Eigenschaften elastischer Fasern annehmen. Eine Verminderung von elastischen Fasern und Membranen ist mit zunehmendem Lebensalter in Blutgefäßen vom elastischen Typ feststellbar. Eine Folge des Elastizitätsverlustes ist die senile Ektasie dieser Gefäße, besonders der Aorta. Beim Proteaseinhibitormangel, z.B. beim genetisch bedingten α-1-Antitrypsinmangel, ist das Gleichgewicht zwischen Elastase und Elastaseinhibitor im Serum zugunsten der Elastase verändert. Das kann bei solchen Patienten die Entwicklung eines Lungenemphysems begünstigen. Über Störungen der Bildung elastischer Fasern und Membranen bei chronischem Kupfermangel s. 5.1.4.2., über Pseudoxanthoma elasticum s. 4.8.

4.6. Pathologie der Basalmembranen

Die Verdickung der Basalmembranen ist ein charakteristisches Merkmal der *diabetischen Mikroangiopathie* und wahrscheinlich durch eine vermehrte Bildung von Typ-IV-Kollagen und Laminin bedingt. Verdickte Basalmembranen finden sich auch beim *Asthma bronchiale*, bei der *membranösen Nephropathie*, beim *Morbus Alzheimer* und bei *Phenacetinabusus*. Weitere Veränderungen betreffen perimembranöse Ablagerungen von Amyloid (s. 4.9.1.), Calciumsalzen und Immunglobulinen. Basalmembranbestandteile können als Antigen bei immunpathologischen Prozessen wirken (z. B. Masugi-Typ der Glomerulonephritis, Goodpasture-Syndrom). Kontinuitätsstörungen der Basalmembranen sind häufig erste Hinweise für den Umschlag eines neoplastischen Prozesses ins maligne Wachstum. Man muß annehmen, daß das infiltrierende Wachstum maligner Tumoren durch die Bildung einer Typ-IV-Kollagenase in den Tumorzellen initiiert werden kann.

4.7. Immunreaktiv ausgelöste Bindegewebserkrankungen

Hierzu zählen u. a. rheumatische Erkrankungen, Sklerodermie, Dermatomyositis und der systematische Lupus erythematodes. Bei der Genese dieser früher als Kollagenosen bezeichneten Krankheiten spielen Autoimmunvorgänge eine dominierende Rolle. Sie bedingen u. a. Störungen der Proliferationskinetik und der Differenzierung von Bindegewebszellen.

4.7.1. Rheumatische Erkrankungen

„Rheumatismus" ist ein historisch entstandener Begriff für eine heterogene Erkrankungsgruppe, bei der Gelenkschwellungen und -schmerzen, aber auch extraartikuläre Erscheinungen (sog. Weichteilrheumatismus) im Vordergrund stehen. Hauptsächlich sind zwei in ihrem Wesen verschiedene Krankheitsbilder bekannt:
● das akute polyarthritische Fieber,
● die rheumatoide Arthritis.

Beim **akuten polyarthritischen Fieber** (= rheumatisches Fieber) finden sich als Frühveränderungen herdförmige mukoide und fibrinoide Degenerationen des BG der Haut und der Gelenkumgebung, häufig auch im Myokard. Nach einer Krankheitsdauer von etwa 3–4 Wochen entstehen die charakteristischen perivaskulären Granulome aus proliferierten Histiozyten und Fibroblasten (Aschoff-Geipel-Knötchen). Durch diese z. T. muskelaggressiven Granulome und durch die gleichzeitig bestehende rundzellige Myokarditis kann eine schwere Myokardschädigung resultieren. Später kommt es zur Vernarbung der Granulome. Nicht selten entwickelt sich eine rheumatische Endokarditis. Charakteristisch ist die migrierende Polyarthritis mit Befall von Knie-, Fuß-, Hand- und Ellenbogengelenken. Im Gegensatz zu den häufigen kardialen Residuen (Herzklappenfehler!) kommt es bezüglich der Polyarthritis stets zur Restitutio ad integrum. An rheumatischem Fieber erkranken vorwiegend Kinder und Jugendliche. Ätiologisch spielen hauptsächlich durch Streptokokken bedingte, vielleicht auch virusinduzierte Immunvorgänge eine Rolle.

Bis zu kirschgroße rheumatische Knotenbildungen finden sich meist in Gelenknähe als sog. *Rheumatismus nodosus*. Diese Granulome bestehen aus einer zentralen fibrinoiden Nekrose und einem umgebenden Zellwall mit palisadenförmiger Anordnung der Kerne. Man kann sie beim rheumatischen Fieber, bei der rheumatoiden Arthritis und unabhängig von rheumatischen Erkrankungen antreffen.

Die **rheumatoide Arthritis**, früher auch primär chronische Polyarthritis genannt, beginnt mit einer pathologisch gesteigerten Kapillardurchlässigkeit. Grundsubstanzentmischung, Fibrinexsudation, Rundzellenansammlungen und auffällig starke Proliferation der Synovialisdeckzellen und der Bindegewebszellen der Gelenkkapsel können nach jahrelangem Verlauf zur Deformierung, Bewegungseinschränkung und Versteifung der betroffenen Gelenke führen. Ergüsse mit verminderter Viskosität der Gelenkflüssigkeit und irreversible Zerstörungen von Knorpel- und Knochengewebe werden in diesen Fällen beobachtet. Die Gelenkflüssigkeit enthält Granulozyten und Makrophagen mit intrazytoplasmatischen Einschlüssen von Immunglobulinen und Kollagenabbauprodukten; durch proteolytische Enzyme sollen aus letzteren neue Antigene freigesetzt werden, die die Chronizität des pathologischen Prozesses bedingen. Als Ausdruck der Generalisation finden sich ferner exsudativ-entzündliche Veränderungen an Pleura, Perikard, Peritoneum und Gefäßwänden. Die erhöhte Hydroxyprolinausscheidung im Urin weist auf den gesteigerten Kollagenumsatz bei der rheumatoiden Arthritis hin.

4.7.2. Progressive Systemsklerose (Sklerodermie)

Nach der initialen mukoiden Degeneration kommt es bei dieser vorwiegend in der Haut lokalisierten Krankheit zur Aktivierung ortsständiger Bindegewebszellen und zur Ausbildung breiter, z. T. hyalinisierter Kollagenfaserbündel im Korium mit Schwund der Hautanhangsgebilde und Atrophie der Epidermis. Auch die faserbildenden Zellen sind später deutlich vermindert. Biochemisch findet sich in der Haut bei progressiver Systemsklerose eine deutliche Erhöhung der neutralsalzlöslichen Kollagenfraktion. Bei Befall der Gesichtshaut entsteht das sog. Maskengesicht, bei Beteiligung der Fingerhaut kommt es zur Klauenstellung der Hand (Sklerodaktylie). Im Magen-Darm-Kanal, besonders im Ösophagus, kann sich eine submuköse Fibrose, in Lungen, Herz und Nieren eine interstitielle Entzündung entwickeln. Auch Skelettmuskulatur und Gelenke können exsudative und proliferative entzündliche Veränderungen aufweisen. Die Ursache dieser Kollagenstoffwechselstörung ist unklar; pathogene Immunprozesse und eine Hemmung der Fibronectinsynthese von Fibroblasten werden als ätiologische Faktoren diskutiert. Der Nachweis von Antikörpern und von Immunkomplexen spricht für eine Autoimmunpathogenese. Neben der generalisierten Form gibt es die weit harmlosere Sklerodermia circumscripta, bei der keine viszeralen Veränderungen vorkommen.

4.7.3. Dermatomyositis

Fieber und schmerzhafte Polymyositis, Pannikulitis und Dermatitis kennzeichnen diese Erkrankung, die bei Befall der Atemmuskulatur tödlich verläuft. Eindrucksvoll sind dabei meist die Veränderungen der Skelettmuskelfasern. Sie beginnen mit herdförmiger Lockerung der Filamentpackung und Vakuolisierung, danach kommt es zur Rupturierung der Zellmembran mit Austritt der desintegrierten Myofilamente in das Interstitium; lichtmikroskopisch können dann leere Sarkolemmschläuche beobachtet werden. Daneben treten Myokarditis und granulomatöse Arteriitiden auf. Über eine Syntropie von Dermatomyositis, T-Lymphozytopenie und malignen Tumoren wurde berichtet.

4.7.4. Lupus erythematodes

Hierbei handelt es sich um eine akut oder mehr chronisch, oft schubweise verlaufende, meist febrile, jedoch nicht infektiöse, entzündliche, autonome Erkrankung, die eine genetische Disposition voraussetzt. Die Erkrankung beginnt mit herdförmigen mukoiden Degenerationen des BG der Haut, des kardiovaskulären Systems, der Gelenke und des Interstitiums von Myokard und Nieren. In der Haut können subepidermal und in der Subkutis fibrinoide Präzipitate festgestellt werden. Die Basalzellschicht zeigt eine hydropische Umwandlung. Die regressiven Veränderungen von Herzmuskel- und Skelettmuskelfasern sind meist gering. Charakteristisch ist die periarterielle Fibrose der Follikelarterien der Milz. Auch Peritonitis, Pleuritis und Perikarditis kommen vor. In der Intermediärphase überwiegen proliferative Veränderungen, in der Spätphase Fibrose und Hyalinose. Besondere Befunde sind die breitflächige verruköse (abakterielle) Endokarditis (Libman-Sacks), die Immunvaskulitis und die sog. Lupusnephritis, die in etwa 70% der Fälle beobachtet wird.

Es kann sich dabei um eine membranöse Glomerulonephritis mit diffuser Verdikkung der kapillären Basalmembranen (Drahtschlingenphänomen) oder um eine fokale proliferative Glomerulonephritis handeln. Ätiologisch wird eine Fehldifferenzierung von antikörperbildenden Lymphozyten diskutiert. Bestimmte Zellgruppen (Zellklone) sollen Anti-DNA und Anti-Nucleoprotein-Antikörper bilden. Im Serum tritt der sog. *LE-Faktor*, ein Immunglobulin, auf. Dieser Faktor ist für den diagnostisch wichtigen LE-Zelltest verantwortlich. LE-Zellen sind Granulozyten mit phagozytierten Kerntrümmern anderer weißer Blutzellen; die Kernschädigung dieser Zellen ist Folge der Einwirkung des LE-Faktors.

Weitere immunreaktiv ausgelöste Bindegewebserkrankungen sind das Sjögren-Syndrom, das Goodpasture-Syndrom, Immunvaskulitiden und die sog. gemischte Bindegewebserkrankung.

4.8. Erbkrankheiten des Bindegewebes

Es gibt eine Reihe von Erkrankungen, bei denen molekulare Abnormitäten des Kollagens gesichert sind (Ehlers-Danlos-Syndrom, Osteogenesis imperfecta) oder vermutet werden (Marfan-Syndrom, Pseudoxanthoma elasticum). Bei diesen domi-

Tabelle 4.5   Erbkrankheiten des Bindegewebes

Erkrankung	Symptome	Grunddefekt
Marfan-Syndrom	lange dünne Extremitäten, Arachnodaktylie, Linsenektopie, Aortenaneurysmen	Kollagensynthesestörung?
Ehlers-Danlos-Syndrom	Überelastizität und herabgesetzte Widerstandsfähigkeit der Haut überstreckbare Gelenke, Kyphoskoliose, Gefäßrupturen	Störung der Kollagenvernetzung (Prokollagen-Peptidase- oder Lysyloxidase-Defekt)
Pseudoxanthoma elasticum	gelbe Hautflecke, u. a. am Nacken, in Achselhöhlen; angioide Streifen der Bruchschen Membran des Auges; Magenblutungen	Elastinsynthesestörung? (Anhäufung pseudoelastischen Materials mit Verkalkungen)
Osteogenesis imperfecta	extreme Knochenbrüchigkeit, „blaue" Skleren, Atrophie der Haut, Hernien, überstreckbare Gelenke	Hemmung der Bildung von Typ-I-Kollagen, vermehrte Bildung von Typ-III-Kollagen
Mucopolysaccharidose	Hepatosplenomegalie, Skelettdeformitäten, Hornhauttrübung, Schwachsinn	Defizit von α-L-Iduronidase, β-Glucuronidase und anderen lysosomalen Enzymen

nant oder rezessiv vererbten Krankheiten finden sich Skelettveränderungen, Störungen der Hautstruktur, der Gelenke und der Skleren sowie kardiovaskuläre Störungen in bestimmter Kombination (Tabelle 4.5).

Eine weitere Gruppe von Krankheiten ist durch eine abnorme Speicherung von GAG (bes. Heparan-, Dermatan- und Keratansulfat) vor allem in Leber, Milz und Gehirn charakterisiert. Elektronenmikroskopisch lassen sich in zahlreichen Körperzellen (Fibroblasten, Muskelzellen, Epidermiszellen, Nervenscheidenzellen) membranumgrenzte, mit hellem Speichermaterial angefüllte Vakuolen (transformierte Lysosomen) nachweisen. Bei diesen „Mucopolysaccharidosen" handelt es sich primär um das Fehlen von am Endabbau der GAG beteiligten Enzymen (β-Glucuronidase, α-L-Iduronidase u. a.). Zusatz des bei der jeweiligen Mucopolysaccharidose fehlenden Enzyms zu kultivierten Hautfibroblasten dieser Patienten „heilt" die Erkrankung in vitro: das durch adsorptive Pinozytose in die „kranken" Fibroblasten aufgenommene primär fehlende Enzym baut die intrazellulär aufgestauten GAG ab. Man versucht deshalb, diese Krankheiten durch Plasmainfusionen und durch Transplantation normaler Fibroblasten zu beeinflussen.

Für die in der Praxis oft diagnostizierte „Bindegewebsschwäche" existieren in den meisten Fällen weder ein morphologisches Substrat noch eine molekularbiologische Basis; diese Bezeichnung sollte daher besser nicht verwendet werden.

5. Pathogenetische Prinzipien krankhafter Störungen

5.1. Stoffwechselstörungen

Alle Lebensvorgänge sind mit einem ständigen Wechsel der Körpersubstanz verbunden. Aufbau, Abbau und Transport von Körperstoffen und ihren Bausteinen unterliegen daher bei pathologischen Prozessen regelmäßig Störungen. Es gibt also praktisch keine Krankheit ohne Stoffwechselstörungen (mögliche Ausnahmen: psychische Störungen, Migräne, Koliken). Gegenstand dieses Kapitels sind die morphologischen Manifestationen ausgewählter Stoffwechselstörungen. Zu unterscheiden sind:

● *Primäre Stoffwechselkrankheiten.* Am Beginn steht ein erblicher Stoffwechseldefekt, z. B. eine genetisch determinierte Enzymopathie, ein Rezeptormangel oder eine Sekretionshemmung, bedingt durch Störungen im Zytoskelett. Die Krankheitsphänomene sind Folgen dieser primären metabolischen Störungen.
Beispiele:
Speicherkrankheiten (s. 5.8.3.1. Genetisch bedingte Fehlbildungen), bestimmte Hyperlipoproteinämien (s. 5.1.1.4.),
Diabetes mellitus Typ I.

● *Sekundäre Stoffwechselstörungen.* Hierbei handelt es sich um Folgeerscheinungen an Organen und Geweben bei Erkrankungen von anderen Organen oder Organsystemen.
Beispiele:
Nierenamyloidose bei Pleuraempyem (s. 4.3.1.),
hypoxämische Herzmuskelfaserverfettung bei Leukose (s. 5.1.1.3.).

● *Stoffwechselstörungen als Ergebnis von Wechselwirkungen zwischen genetischen und Umweltfaktoren.*
Beispiele:
Zigarettenrauchen führt bei Patienten mit α-1-Antitrypsinmangel, die zur Entwicklung eines chronischen Lungenemphysems tendieren, zu schwerwiegenden Folgen.
Sonnenbelichtung kann beim Xeroderma pigmentosum (kennzeichnendes Merkmal: defekte DNA-Reparaturenzyme) schwere Störungen des Proliferationsstoffwechsels bis zur Bildung von Hautkarzinomen auslösen (s. 5.7.4.7. Präkanzerose).

Die Grenze zwischen diesen Formen der Stoffwechselstörungen ist fließend. Ätiologie und formale Pathogenese zahlreicher Abweichungen im Stoffaustausch sind noch ungeklärt. Bei den meisten metabolischen Erkrankungen ist nicht eine bestimmte Substanz isoliert betroffen, sondern es liegen in der Regel komplexe Stoffwechselstörungen vor.

5.1.1. Störungen des Lipidstoffwechsels
5.1.1.1. Adipositas

Als **Adipositas** (= Fettsucht, Fettleibigkeit) wird die Fettgewebszunahme in den Fettdepots bezeichnet, sofern das Körpergewicht aus diesem Grund den Normwert um mehr als 10% übersteigt. Vorrangig ist das Fettgewebe der Subkutis, des Abdomens (Mesenterium, Netz) und des retroperitonealen Raumes vermehrt. Beim sog. Gynotyp der Fettsucht liegt eine Verstärkung der für die erwachsene Frau typischen Fettgewebsverteilung vor.

Die **lipomatöse Transformation** des interstitiellen Organbindegewebes im Herzen, im Pankreas und in der Skelettmuskulatur („Pseudohypertrophia lipomatosa" der Muskeln) ist funktionell bedeutsam. Im Herzen kann es besonders im rechten Ventrikel zur Auseinanderdrängung und Atrophie der Muskelfasern kommen, wenn sich das zunächst subepikardial stark vermehrte Fettgewebe auf das Myokard ausdehnt. Die Zunahme des Fettgewebes im Bauchraum kann zum Zwerchfellhochstand und dadurch zur Querverlagerung der Herzachse führen. Eine lokale Lipomatose wie die sog. Vakatwucherung des peripelvinen Fettgewebes der Niere bei manchen Formen von Schrumpfnieren kann unabhängig von der allgemeinen Adipositas auftreten.

Mikroskopisch finden sich eine Vergrößerung der Fettzellen und – vor allem bei Entwicklung der Adipositas im Säuglings- und Kindesalter – eine zahlenmäßige Zunahme derselben (Hyperplasie). Ob es auch in einer späteren Lebensphase, z.B. bei schneller Entwicklung der Fettleibigkeit, zur Proliferation von Fettzellvorläufern (Steatoblasten) kommen kann, gilt als umstritten.

Ätiologisch stehen psychische Faktoren (Bewegungsmangel kombiniert mit gestörter Appetitregulierung, verminderter Widerstand gegen den Nahrungsdrang, Essen als Hauptquelle der Lebensfreude) im Vordergrund. Genetische Einflüsse und endokrine Ursachen spielen eine geringe Rolle. Extrem selten sind die zerebrale Fettsucht (z. B. beim Laurence-Moon-Biedl-Syndrom) und die hypothalamisch bedingte Adipositas (z.B. bei Tumoren im Hypothalamusgebiet).

Häufige **Folgen und Komplikationen** der Fettleibigkeit (Abb. 5.1) sind Cholelithiasis (Gallensteine), Cholesteatosis (eine makroskopisch als goldgelbes Netz in Erscheinung tretende intrazelluläre Lipoidspeicherung in der Gallenblasenschleimhaut) und eine Steatosis hepatis (Fettleber, s. 5.1.1.2.); z. T. sind diese

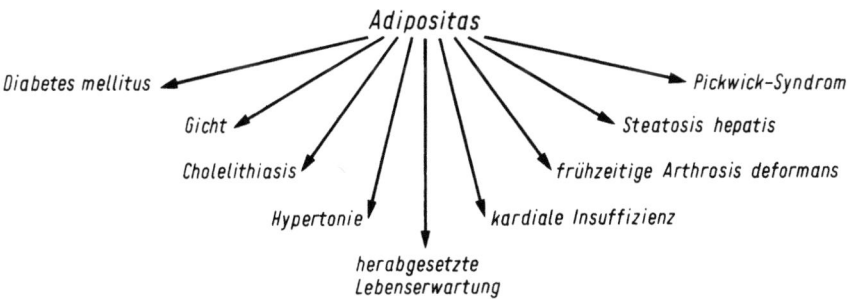

Abb. 5.1 Mögliche Folgen der Adipositas

Veränderungen auf die bei Adipösen vermehrte Insulinfreisetzung und auf die Hypertriglyceridämie zurückzuführen, die häufig als Folgen der zu reichlichen Nahrungsaufnahme auftreten. Fettleibige neigen zur arteriellen Hypertonie, zu Gicht, zu frühzeitiger Arthrose und zum Auftreten von Hernien. Ein latenter Diabetes mellitus kann durch Fettsucht manifest werden. Die äußere Atmung ist bei Fettleibigkeit häufig behindert (Pickwick-Syndrom).

5.1.1.2. Pathologische Zellverfettung

Dabei handelt es sich um die lichtmikroskopisch nachweisbare intrazelluläre Anhäufung von Lipiden (vorrangig Triglyceride). Sie kommt u. a. in Hepatozyten, Herzmuskelzellen, Nierenepithelien und Chondrozyten vor (s. 3.11.). Besonders gründlich wurde die Verfettung der Leberzellen untersucht. Physiologischerweise kann es nach einer fettreichen Mahlzeit zu einer perisinusoidalen Ansammlung kleinster Fetttropfen kommen. Diese werden anschließend in das peribiliäre Gebiet der Leberzelle verlagert, um danach wieder zu verschwinden. Diese *nutritive Verfettung* betrifft vorrangig die Läppchenperipherie.

Die großtropfige Verfettung der Hepatozyten ist in der Regel ein pathologischer Prozeß. Jede Störung des normalerweise ausgewogenen Mengenverhältnisses zwischen Neutralfetten, Phospholipiden und Proteinen im Zytoplasma kann zur Verfettung führen. Die zentrolobuläre Verfettung entsteht bei Sauerstoffmangel (z. B. bei Anämie), kann aber auch im Tierversuch durch eine Cholinmangeldiät oder durch Behandlung mit Tetrachlorkohlenstoff induziert werden. Die Zellen der Läppchenperipherie zeigen bei schwerer Lipämie (z. B. durch Überernährung oder durch Depotfettmobilisierung bei Hunger) und infektiös-toxischen Einwirkungen eine großtropfige Verfettung, während die diffuse großtropfige panlobuläre Leberverfettung eine für den chronischen Alkoholismus typische Veränderung ist. Weitere Ursachen der Leberverfettung, die auch herdförmig auftreten oder einzelne Zellen betreffen kann, sind Diabetes mellitus, das Fehlen der lipotropen Substanzen Cholin und Methionin sowie Eiweißmangel (Hemmung der Lipoproteinbildung).

Bei der Pathogenese der Leberzellverfettung sind demnach mehrere Mechanismen wirksam:
- Herabsetzung der Fettsäurenoxydation im Bereich der Mitochondrien mit Zunahme des intrazellulären Fettsäurenpools *(Energiemangelverfettung)*,
- Störung der Lipoproteinbildung durch Hemmung der Phospholipidsynthese (bei Cholinmangel) oder der Proteinsynthese *(Substratmangelverfettung)*,
- vermehrtes alimentäres Lipidangebot oder verstärkte Fettmobilisierung aus dem Fettgewebe *(lipämische Verfettung)*,
- *vermehrte Fettsynthese* in der Leberzelle, z. B. bei Überangebot an Kohlenhydraten.

Für die Lokalisation der verfetteten Leberzellen ist auch die funktionelle Heterogenität der verschiedenen Läppchenzonen maßgeblich. Unterschiede in der Enzymausstattung zwischen zentralen und peripheren Hepatozyten bedingen eine verschiedene Sensibilität gegenüber toxischen Einwirkungen.

Eine Fettleber (Steatosis hepatis) liegt vor, wenn mehr als 50% der Hepatozyten großtropfig verfettet sind. Manchmal bilden sich bei Ruptur der Zellmembranen mikroskopisch sichtbare Fettzysten aus. Das vergrößerte Organ ist gelblich verfärbt und teigig-weich. Die Verfettung der Leber kann sich wieder zurückbilden, aber auch zur Fettzirrhose weiterentwickeln. Bei traumatischer Schädigung einer Fettleber kann es zur Fettembolie kommen. Auch Herz und Nieren zeigen nach toxischen Einwirkungen oder bei Hypoxämie pathologische Zellverfettungen. Die als lipämische Nephrose bezeichneten Tubulusepithelverfettungen sind klinisch unbedeutsam. Die subendokardial am besten sichtbare Verfettung der Herzmuskulatur stellt sich makroskopisch in Form einer feinen goldgelben Streifung dar, die quer zur Faserrichtung verläuft („Tigerung"). Die Streifung ist durch Beginn der Verfettung im Bereich des venösen Teils der Kapillaren bedingt, offenbar infolge der hier ungünstigeren O_2-Versorgung. Die feinsttropfige interfibrilläre Verfettung der Kardiomyozyten darf nicht mit der lipomatösen Transformation des interstitiellen Bindegewebes im Myokard (Lipomatosis cordis, s. 5.1.1.1.) verwechselt werden.

5.1.1.3. Resorptive Zellverfettung

Im Gegensatz zur degenerativen Zellverfettung handelt es sich hierbei um eine Fettaufnahme durch Phagozyten (= Lipophagen). Die durch Pinozytose aufgenommenen Fette stammen aus untergehenden Fettzellen, aus exogen zugeführten Ölen und im ZNS aus zerfallenden Markscheiden. So werden bei ischämischer Schädigung des ZNS Myelin und Neutralfette von Mikrogliazellen aufgenommen und abtransportiert. Etwa 1–2 Tage nach dem Einsetzen der Schädigung treten derartige *Fettkörnchenzellen* zuerst auf und nehmen danach noch zu. Bei traumatischer Fettgewebsschädigung bilden sich *Lipogranulome* aus, die manchmal mehrkernige Lipophagen enthalten. *Ölgranulome* können als Folge der Injektion ölhaltiger Kontrastmittel zur Darstellung von Lymphbahnen und Lymphknoten entstehen. So entwickeln sich zahlreiche mehrkernige Lipophagen um in den Lymphknoten abgelagerte Öltropfen. Die Veränderungen können sich zurückbilden, ohne Vernarbungen zu hinterlassen.
Eine ähnliche Art der resorptiven Verfettung stellt die sog. Cholesterolesterverfettung dar. Hier werden cholesterolhaltige Substanzen im Zytoplasma von Makrophagen u. a. Zellen gespeichert, hauptsächlich in den Lysosomen. Myelinfiguren können auftreten. Die Fixierung führt zum Herauslösen dieser Substanzen aus der Zelle; feinverteilte Vakuolen bleiben zurück, woraus die Bezeichnung „Schaumzelle" resultiert. Unter den zahlreichen Prozessen, die zur Schaumzellbildung führen, sind das arteriosklerotische Beet, s. 5.1.1.4.), Zelluntergänge in den Randpartien alter Abszesse und länger bestehende Blutungsherde zu nennen. Bei den beiden letztgenannten Beispielen werden die aus dem Zelluntergang stammenden Membranlipide von Makrophagen aufgenommen. Auch Histiozyten der Haut und Xanthogranulome der Sehnenscheiden können viele Schaumzellen (Pseudoxanthomzellen) sowie mehrkernige cholesterolesterspeichernde Riesenzellen (Toutonsche Riesenzellen) enthalten. Beim Untergang von Schaumzellen oder bei massivem Einströmen von cholesterolhaltigen Lipoproteinen wird freies Cholesterol in Form von doppelbrechenden Kristallen extrazellulär abgelagert, diese Kristalle führen häufig zur Bildung von Fremdkörperriesenzellen. In Paraffinschnitten sind

nach dem Herauslösen des Cholesterols während der Vorbehandlung nur noch die spießförmigen Lücken zu sehen. Reichlich freies Cholesterol tritt beim *Cholesteatom* nach Mittelohrentzündung auf. Es handelt sich dabei um eine mit desquamierten Epithelien angefüllte Zyste, die entsteht, wenn nach Trommelfellperforation Plattenepithel aus dem angrenzenden Teil des äußeren Gehörgangs in den Defekt einwächst. Das Cholesterol stammt aus den abgeschilferten und zerfallenden Epithelien.

5.1.1.4. Lipide und Arteriosklerose

Hyper- und Dyslipoproteinämien sind allgemein anerkannte Risikofaktoren der Arteriosklerose (als Risikofaktor definiert man eine Variable, die in einer prospektiven Untersuchung in statistischer Beziehung zu einer später auftretenden Krankheit steht, ohne aber deren Ursache sein zu müssen). **Lipoproteine** sind hochmolekulare wasserlösliche Komplexe, bestehend aus Lipiden (Cholesterol, Triglyceride, Phospholipide) und speziellen Proteinen (Apolipoproteine). Die hauptsächlich in der Leber gebildeten Lipoproteine werden für die Membransynthese peripherer Körperzellen und für die Prostaglandinbildung in Thrombozyten benötigt. Folgende Dichteklassen der Lipoproteine lassen sich in der Ultrazentrifuge auftrennen:

Chylomikronen,
VLDL (= Very Low Density Lipoproteine = Lipoproteine sehr niedriger Dichte),
IDL (= Intermediate Density Lipoproteine = Lipoproteine intermediärer Dichte),
LDL (= Low Density Lipoproteine = Lipoproteine niedriger Dichte) und
HDL (= High Density Lipoproteine = Lipoproteine hoher Dichte).

Ihre chemische Zusammensetzung ist variabel.
Am komplexen Prozeß der Herausbildung des arteriosklerotischen Beetes sind der gesteigerte Einstrom von Lipoproteinen aus dem Blut und die intra- und extrazelluläre Lipidanhäufung in der Arterienintima wesentlich beteiligt. Die cholesterolreichen LDL und die triglyceridreichen VLDL wirken arteriosklerosefördernd, während HDL einen antiatherogenen Effekt besitzen. Durch die Existenz von LDL-Rezeptoren (= Zellmembranproteine zur Feinregulation des Cholesterolstoffwechsels in zahlreichen Geweben) wird die Überladung der Gefäßwandzellen (glatte Muskelzellen, Myofibroblasten, Fibroblasten) mit Cholesterol verhindert. Die hämatogenen Makrophagen besitzen keine LDL-Rezeptoren und können deshalb große Mengen an Plasmalipoproteinen aufnehmen. Zu Schaumzellen (s. 5.1.1.3.) umgewandelte Makrophagen und (noch) nicht verfettete monozytoide Zellen sind in Atheromherden häufig zahlreich vertreten. Die in den Schaumzellen gespeicherten Lipide können lysosomal abgebaut oder nach dem Zellzerfall in den Extrazellulärraum abgegeben werden. Außerdem spielt die Rückwanderung von hämatogenen lipidphagozytierenden Makrophagen aus arteriosklerotischen Beeten in das Blut *(Schaumzellemigration)* wahrscheinlich eine bedeutende Rolle (Abb. 5.2). Außer Schaumzellen sind in Atherombeeten Lipophagen sowie extrazellulär abgelagerte, mit Sudanrot anfärbbare Fetttröpfchen und doppelbrechende Cholesterolkristalle anzutreffen. Bei den genetisch bedingten Dyslipoproteinämien (z. B. bei

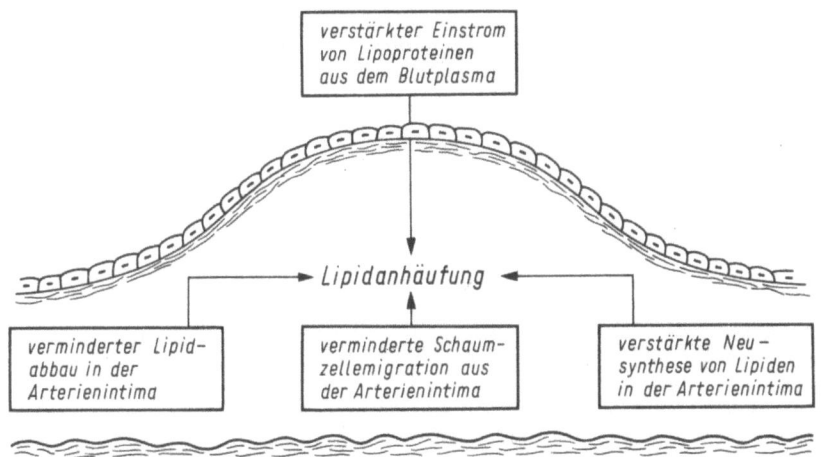

Abb. 5.2 Entstehung von Lipidablagerungen in der Arterienintima

familiärer Hypercholesterolämie) liegen Defekte bzw. ein Verlust von LDL-Rezeptoren auch an anderen Gefäßwandzellen sowie an extravaskulären Fibroblasten vor. Folgen sind die frühzeitige Manifestation einer schweren generalisierten Atheromatose (= Variante der Arteriosklerose mit starker Lipidspeicherung) und eine Xanthomatose (= Ausbildung von tendinösen und tuberösen Xanthomen sowie eines Arcus lipides corneae bereits im jüngeren Lebensalter). Die subperiostal unterhalb der Kniescheibe oder im Bereich des Olekranons lokalisierten Xanthome bestehen aus tumorförmigen Ansammlungen von lipidspeichernden Histiozyten (Xanthomzellen). Histologisch ähnlich gebaute gelbliche Herde an den Augenlidern, die sog. Xanthelasmen, gehen in den meisten Fällen nicht mit einer Hyperlipoproteinämie einher. Xanthomatöse Veränderungen ohne vorzeitige Arteriosklerose finden sich auch bei Patienten mit familiärem Lipoprotein-Lipase-Mangel. Neben den keineswegs seltenen familiären Hyper- und Dyslipoproteinämien gibt es die wichtige Gruppe der sekundären Hyperlipidämien, die in etwa 3-5% der erwachsenen Bevölkerung vorkommen soll. Sekundäre Hyperlipidämien können durch hohen Kohlenhydrat- und/oder Fettkonsum, Alkoholabusus und Einnahme bestimmter Medikamente (Diuretika, Kontrazeptiva) ausgelöst werden. Sie sind häufig auch bei Patienten mit Adipositas, Diabetes mellitus, Leber- und Nierenkrankheiten festzustellen.

5.1.1.5. Lipidspeicherungskrankheiten (s. 5.8.3.1.)

Bei der *Hand-Schüller-Christian-Krankheit* kommt es im Gegensatz zu den auf Seite 294 erwähnten Lipidspeicherungskrankheiten nicht zu einer Speicherung in zuvor morphologisch normalen Zellen. Vielmehr bilden sich bei dieser Krankheit zunächst eigenartige Granulome aus, in die sekundär Cholesterolester eingelagert werden. Zu Schaumzellen umgewandelte Histiozyten bestimmen bald das morphologische Bild der Granulome. Weder die Ursache der Granulombildung noch die der Lipoidspeicherung sind bekannt. Die Herde sitzen hauptsächlich im Skelettsystem und bewirken am Schädeldach durch umschriebene Osteolysen den charakteristischen Lückenschädel; bei Befall der Hypophysenregion wurde gelegentlich ein Diabetes insipidus beobachtet. Wachsen die Granulome in die Orbita ein, so kann ein Exophthalmus entstehen. Die Lipoidgranulomatose vom Typ Hand-Schüller-Christian weist Beziehungen zur aggressiven histiozytären Granulomatose der Kleinkinder (Letterer-Siwe-Krankheit) und zum eosinophilen Granulom des Erwachsenen auf. Daher werden diese drei Krankheitsbilder heute unter der Bezeichnung „Histiozytosis X" zusammengefaßt.

5.1.2. Störungen des Proteinstoffwechsels

Über Proteinstoffwechselstörungen mit lokalen Ablagerungen s. 3.13. (zelluläre Hyalinablagerungen) und 4.2.4. (bindegewebiges Hyalin). Proteinstoffwechselstörungen mit generalisierten Ablagerungen wurden in 4.3.1. (Amyloid), Kollagenstoffwechselstörungen in 4. und genetisch bedingte Störungen im Aminosäurenstoffwechsel in 5.8.3.1. behandelt.
In diesem Abschnitt sollen die morphologischen Folgen des Eiweißmangels, seine Ursachen sowie die Zusammenhänge mit Hypo- und Avitaminosen erörtert werden.

5.1.2.1. Proteinmangel – Hunger – Hypovitaminosen

Außer dem weitverbreiteten allgemeinen Nahrungsmangel, der etwa zwei Drittel der zur Zeit lebenden Menschen betrifft, müssen die kombinierte quantitativ-qualitative Unterernährung (Fehlernährung) sowie verschiedene pathologische Zustände in Betracht gezogen werden, die zu Proteinmangel, Stoffwechselumstellung und schwerwiegenden Folgen für den Gesamtorganismus führen. Zu diesen pathologischen Zuständen gehören der *vermehrte Eiweißabbau* nach Operationen, bei chronischen Infektionskrankheiten und bei malignen Tumoren, die *Hemmung der Proteinsynthese* bei chronischen Lebererkrankungen, beim Hypogonadismus und bei Diabetes mellitus, das *Plasmaproteinverlustsyndrom* bei exsudativer Enteropathie und beim nephrotischen Syndrom sowie die *unzureichende Eiweißaufnahme* beim Malabsorptionssyndrom. Eine Abmagerung kann auch durch *Verbrauchssteigerung*, z. B. durch Hyperthyreose, durch *psychiatrische Krankheiten* und durch Anorexia nervosa (= psychoneurotische Erkrankung bei adoleszenten Mädchen) verursacht sein. Endokrin bedingte Abmagerungszustände sind die *Simmondsche Kachexie* (infolge hypothalamischer Störungen, z.B. durch ein Kraniopharyngeom), der Panhypopituitarismus durch postpartale Nekrosen der Adenohypophyse (= *Sheehan-Syndrom*) sowie die auf dem Boden einer Autoimmunadrenalitis entstehende *Addison-Krankheit*.
Beim *nahrungsbedingten Proteinmangel*, insbesondere beim Mangel an essentiellen Aminosäuren, bildet sich wie beim chronischen Hungerzustand – eine Atrophie zahlreicher Organe aus. Werden ausreichend Fette und Kohlenhydrate zugeführt, kann es – besonders im Kindesalter – zur Hepatomegalie auf Grund einer groß-

tropfigen Leberverfettung kommen. Letztere ist durch eine gestörte Lipoproteinsynthese bedingt: es steht nicht genügend Trägereiweiß (Apolipoprotein) zur Verfügung, so daß Triglyceride und andere Fettstoffe, die nur als Lipoproteine die Leberzelle verlassen können, in den Hepatozyten liegen bleiben. Die Steatose der Leber gilt als besonders typisch für die *Kwashiorkor* genannte Proteinmangelkrankheit bei Kindern. Sie ist in tropischen Ländern Afrikas, Asiens und Amerikas weit verbreitet. Zusätzlich treten dabei häufig Wachstumsstörungen, Ödeme, Anämie, Maldigestion (u. a. wegen des Mangels an Pankreasenzymen), Diarrhoe und Hypovitaminosen auf. Zu der Erkrankung kommt es häufig bei Kindern, die wegen der Geburt eines nachfolgenden Geschwisters von der Mutterbrust abgesetzt und vorzeitig auf einseitige Mehlernährung umgestellt werden. Eine diätetische Therapie, vor allem die ausreichende Zufuhr vollwertiger Proteine, kann die Veränderungen zur Rückbildung bringen.

Latente oder manifeste Hypovitaminosen (Tabelle 5.1) sind häufiger als die bei Extremfällen vorkommenden Avitaminosen. Hypo- und Avitaminosen entstehen bei Fehl- oder Mangelernährung, bei intestinalen Resorptionsstörungen, im höheren Alter oder in Phasen vermehrten Vitaminbedarfs (während des Wachstums, in der Gravidität und in der Laktationsperiode). Sehr selten sind Hypervitaminosen nachgewiesen worden (Beispiele: bei langdauernder Gabe von Vitamin C soll es zum gehäuften Auftreten von Urolithiasis kommen; bei D-Hypervitaminose können Verkalkungen auftreten).

Die Wirkungsweise der Vitamine ist teils auf ihre Rolle als Koenzym bzw. Kofaktor (Pyridoxalphosphat, Riboflavin, Ascorbinsäure) oder Hormon (Vitamin D) zurückzuführen, teils greifen sie oder ihre Metaboliten direkt in den Stoffwechsel ein. Wasserlöslich sind der Vitamin-B-Komplex und Vitamin C, fettlöslich die Vitamine A, D, E und K.

5.1.3. Störungen des Kohlenhydratstoffwechsels

Neben dem Diabetes mellitus als der häufigsten und wichtigsten Stoffwechselkrankheit werden in diesem Kapitel weitere Störungen des Kohlenhydratstoffwechsels (Hyperglycämie, Hypoglycämie, Glycogenspeicherung und Glycogenschwund) unter vorrangiger Berücksichtigung ihrer pathomorphologischen Grundlagen zusammenfassend dargestellt.

5.1.3.1. Diabetes mellitus

Der Diabetes mellitus (D. m.) ist eine chronische, auf einem relativen oder absoluten Insulinmangel beruhende Stoffwechselkrankheit. Sie nimmt mit dem Lebensalter zu. Frauen zeigen eine höhere Diabetesmorbidität. Das klinische Bild ist komplex; vaskuläre und metabolische Manifestationen stehen im Vordergrund.

Zu unterscheiden sind Stadien (Prädiabetes, latenter und manifester D. m.) und Formen (primärer, sekundärer D. m.). Etwa 20 % der Bevölkerung sollen eine genetische Belastung aufweisen, etwa 1–2 % erkranken manifest an einem Diabetes mellitus.

Tabelle 5.1 Hypovitaminosen – Avitaminosen

Vitamin	Ursachen des Mangels	Folgen
Vitamin B_1 (Thiamin, Aneurin) – hauptsächlich in Pflanzen –	einseitige Reisernährung, chronischer Alkoholismus	Skelettmuskelatrophie, Herzinsuffizienz, Polyneuritis mit Zerfall der Myelinscheide peripherer Nerven, Pachymeningeosis haemorrhagica
Vitamin B_2 (Riboflavin) – im Gemüse, in Milch, Eiern, Fisch und Fleisch –	Pankreasinsuffizienz, proteinarme Ernährung, Kwashiorkor, chronischer Alkoholismus	Stomatitis angularis, Schleimhautatrophie, brüchige Fingernägel, Keratitis, Konjunktivitis
Nicotinsäure, Nicotinsäureamid – in rohem Fleisch, Leber, Fisch –	einseitige Kost, chronischer Alkoholismus, chronische Enterokolitis (DD: Hautveränderungen bei metastasierendem Dünndarmkarzinoid)	Pellagra: Hyperkeratose, Blasenbildung, Hyperpigmentierung und Elastose der Kutis, Kolitis, Ösophagitis, progressive Zungenatrophie, Neuritiden
Vitamin B_6 (Pyridoxin) – in Pflanzen- (Pyridoxal, Pyridoxamin) – in tierischen Nahrungsmitteln –	einseitige Kost, Kontrazeptiva, Pharmaka (INH, Penicillamin)	Auswirkungen des isolierten Vitamin-B_6-Mangels beim Menschen ungeklärt, im Tierversuch: Dermatosen, Neuritiden, Glossitis, Anämie
Vitamin B_{10} (U) (Folsäuregruppe) – in Früchten –	Malabsorption, chronischer Alkoholismus, Pharmaka (Methotrexat, Phenobarbital, Diphenylhydantoin)	Störungen der DNA-Synthese: Megaloblastose des Knochenmarks, makrozytäre Anämie, Schleimhautulzera
Vitamin B_{12} (Cobalamine) – in Fleisch und Milchprodukten –	Störungen der Glycoproteinsynthese und der Magen-Darm-Schleimhaut, z. B. nach Magenresektion, Ileitis terminalis, tropische Sprue, Darmtuberkulose, Fehl- und Mangelernährung, z. B. bei extremen Vegetariern	perniziöse Anämie: Megaloblastose des Knochenmarks, makrozytäre Anämie, Störungen der Epithelproliferation: Schleimhautatrophie des Magens (häufig Syntropie von Perniziosa und Magenkarzinom!), Glossitis, Ösophagitis, Hämosiderose des RHS, funikuläre Myelose (= Zerfall von Myelinscheiden und Achsenzylindern im Rückenmark)
Vitamin C (Ascorbinsäure) – in Pflanzen bes. Zitrusfrüchten, Tomaten, Kartoffeln, Salat –	ungenügende Zufuhr, zu lange Lagerung und Kochen pflanzlicher Nahrungsmittel (wahrscheinlich häufiger: latente Formen der C-Hypovitaminose)	Störung der Kollagensynthese: verzögerte Wundheilung, gehemmte Bildung von Osteoid und Dentin, Skorbut: multilokuläre Hämorrhagien, orale Schleimhautulzera, gestörte Synthese von Noradrenalin und Serotin, Möller-Barlowsche Krank-

Fortsetzung Tabelle 5.1

Vitamin	Ursachen des Mangels	Folgen
		heit (bei Kindern): subperiostale Hämorrhagien, geringe Knochenneubildung
Vitamin A (Retinol) – in Karotten, Spinat, Pfirsichen, Aprikosen u. a. Früchten; in tierischer Leber –	Malabsorption, Lebererkrankungen, Verschluß der großen Gallenwege, Kwashiorkor	Nachtblindheit, Xerophthalmie, Keratomalazie, Hornhautulzera (bei A-Hypovitaminose: verschlechtertes Sehvermögen bei Dämmerung), Dermatosen, Haarausfall, Schleimhautatrophie, Leukoplakie
Vitamin D (Calciferole)	fehlende UV-Lichteinwirkung (Smog!), Malabsorption, Dünndarmresektion, Niereninsuffizienz, (selten Pseudo-Vitamin-D-Mangel infolge eines hereditären Rezeptordefekts an den Erfolgsorganen oder eines Defekts der renalen Hydroxylierung)	im Kindesalter: Rachitis: ossäre Mineralisationsstörung (Fehlen der präparatorischen Verkalkungszone, Störung der Bildung von Säulenknorpel), Knochenbiegsamkeit beim Erwachsenen: Osteomalazie (Hypomineralisation)
Vitamin E (Tocopherole)	Malabsorption, bes. gestörte Fettresorption, biliäre Zirrhose	bei Kindern: Ödeme, Anämie, Thrombozytose, Muskeldystrophie bei Erwachsenen: unbekannt
Vitamin K (Phyllochinone) – in Grüngemüse und Bildung durch Darmbakterien –	antibiotische Therapie, Überdosierung von Vitamin-K-Antagonisten (Dicumarolderivate)	hämorrhagische Diathese, Gerinnungsstörung

Die WHO unterteilt in folgende Typen des primären D. m.:
Typ-I-Diabetes = insulinabhängiger Diabetes
  Vorkommen in 5–10% der Fälle
  (frühere Bezeichnung: juveniler Diabetes)
Typ-II-Diabetes = insulinunabhängiger Diabetes
  Vorkommen in 90–95% der Fälle
  (frühere Bezeichnung: Diabetes vom Erwachsenentyp)
Typ II_a = nicht insulinpflichtiger Diabetes mellitus bei normalem Körpergewicht
Typ II_b = nicht insulinpflichtiger Diabetes mellitus mit Übergewicht

Beim insulinabhängigen Diabetes gibt es Subklassen (a, b, c) mit unterschiedlichem Verlauf. Im ersten Dezennium weisen 90% der an dieser Diabetesform Er-

teristische Veränderung dar. Die Infiltratzellen bestehen aus Lymphozyten, wenigen Granulozyten und Histiozyten. Die Entzündung kann zur Inseldestruktion und schließlich zur *Inselfibrose* führen.

Beim Typ-II-Diabetes findet man in etwa 20% der Fälle hinsichtlich Zahl, Größe und Zellbestand unauffällige Inseln. Etwa 40% der Diabetiker weisen eine mit interstitieller Pankreasfibrose kombinierte *Inselfibrose* auf. Häufiger (etwa in 50% der Fälle) soll eine *Inselamyloidose* vorkommen, die früher als Hyalinose bezeichnet wurde. Man sieht zunächst geringe herdförmige, perisinusoidale Ablagerungen von hyalinem kongorot-positiven Material, das später zur diffusen bandartigen Verbreiterung des Interstitiums mit Inselzellatrophie führt. Die mit Aldehydfuchsin darstellbare Granulierung der B-Zellen bleibt auffälligerweise lange erhalten. Im Inselamyloid wurde immunzytochemisch Proinsulin nachgewiesen (= Amyloid vom hormonalen Typ). Sowohl Inselamyloidose als auch Inselfibrose sind keine diabetes-spezifischen Befunde.

Bei sekundärem D. m. durch Pankreaskarzinome ist in den meisten Fällen eine chronisch-obstruktive Pankreatitis (= Folge einer karzinomatösen Gangstenose) diabetesauslösend. Etwa 20% der Patienten mit Pankreaskarzinomen entwickeln einen D. m. Eine fortschreitende Pankreassklerose mit Übergreifen auf das endokrine Parenchym dürfte für die erhöhte Diabetesfrequenz bei Fällen von Mukoviszidose und Hämochromatose verantwortlich sein; sog. *Skleroseinseln* werden bei schwerer chronischer Pankreatitis angetroffen. Es handelt sich um große, unregelmäßig geformte Inseln, die manchmal zu dichtgelagerten Komplexen zusammengedrängt im chronisch-entzündlich veränderten Pankreasparenchym liegen; die B-Zellen sind dabei vermindert. Die häufige perisinusoidale Fibrose könnte eine Diffusionsbarriere für Glucose darstellen. Diese Veränderungen führen in etwa 30% der Fälle von chronischer Pankreatitis zum D. m.; viel seltener kommt es dagegen bei akuter nekrotisierender Pankreatitis zum Diabetes.

Extrainsuläre Befunde beim Diabetes mellitus. Ganz im Vordergrund steht die *diabetische Angiopathie*. Als diabetische Makroangiopathie bezeichnen wir eine Arteriosklerose, die ausgedehnter, stärker und frühzeitiger auftritt, aber qualitativ nicht verschieden ist von der Arteriosklerose des Nichtdiabetikers. Koronararterien, Extremitätenarterien und Hirnbasisarterien sind am häufigsten betroffen. Dementsprechend finden sich chronisch-ischämische Herzkrankheit, arterielle Verschlußkrankheit und zerebrovaskuläre Insuffizienz in den Spätstadien des D. m. signifikant häufiger als bei Stoffwechselgesunden (Abb. 5.4). Ursachen sind die u. a. auf verstärkter Lipolyse beruhende Hyperlipoproteinämie (LDL-Anstieg mit Vermehrung der Triglyceride und des Cholesterols, HDL-Abfall), metabolische Störungen der Proteoglycane der Gefäßwand (Permeabilitätsänderung!) sowie die Mikroangiopathie der Vasa vasorum und der adventitiellen Gefäße.

Die *diabetische Mikroangiopathie* wird hauptsächlich durch die generalisierte, PAS-positive Verbreiterung der kapillären Basalmembran repräsentiert, deren Intensität mit der Dauer des klinisch manifesten Diabetes korreliert. Dabei handelt es sich nicht um einen separaten genetischen Defekt, sondern um eine echte Komplikation des D. m. Man kann die Mikroangiopathie bioptisch aus einer Gewebsprobe von der Oberschenkelmuskulatur oder vom Ohrläppchen diagnostizieren. Der Veränderung liegt eine Vermehrung von Basalmembranproteinen (Kollagen Typ IV) zugrunde; ein möglicherweise durch die Hyperglycämie (oder durch STH?) ausge-

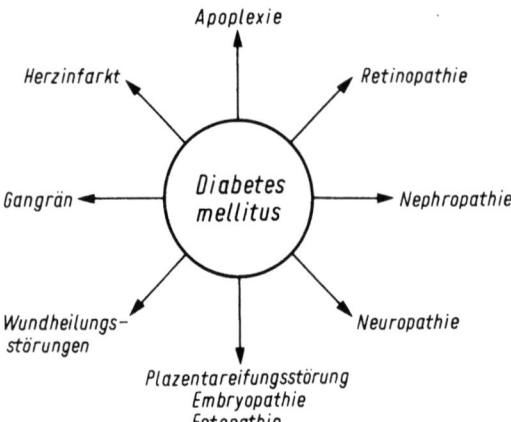

Abb. 5.4 Spätkomplikationen bei Diabetes mellitus (vorrangig Folgen der Makro- und Mikroangiopathie)

löster Aktivitätsanstieg von Glycosyltransferasen der Kapillarwandzellen soll dabei eine Rolle spielen. Manchmal ist die Basalmembranverdickung auch an Arteriolen und Venolen feststellbar. Die Veränderung ist nicht spezifisch für D. m.
Bei der *diabetischen Nephropathie* (Abb. 5.5) handelt es sich um eine diffuse oder noduläre Glomerulosklerose, die meist erst nach längerer Latenzzeit auftritt. Dabei besteht zunächst eine diffuse PAS-positive Verbreiterung der glomerulären Basalmembran und des Mesangiums sowie der peritubulären Basalmembran. Die später einsetzende noduläre Glomerulosklerose beruht auf herdförmigen Ablagerungen basalmembranähnlichen Materials, in seltenen Fällen auf organisierten Mikroaneurysmen. Ausgeprägt ist häufig eine schwere Arteriolosklerose, die sich histologisch als Hyalinose der Arteriolenwand manifestiert; betroffen sind afferente und efferente Gefäße, während bei Patienten ohne D. m. die efferenten Arteriolen nur selten Veränderungen aufweisen. Die Glycogenose und Lipidose von Tubuluszellen wird gelegentlich bei Fällen von unkontrolliertem Diabetes beobachtet. Eine Pyelonephritis, nicht selten in Kombination mit scharf abgegrenzten Papillen- oder Markkegelnekrosen, wird bei D. m. häufiger festgestellt.
Die *Retinopathia diabetica* soll sich bei 60% der Patienten nach einer Latenzphase von 10–15 Jahren entwickeln. Hierbei handelt es sich um das Auftreten einer progredienten Mikroangiopathie, kombiniert mit multiplen kleinsten Aneurysmen, die besonders im venösen Teil des Kapillarnetzes lokalisiert sind. Als Folgen werden häufig kleinherdige, z. T. streifige Blutungen, PAS-positive Exsudate und im Bereich der Nervenfaserschicht gelegene Mikroinfarkte festgestellt. Kapillar- und Fibroblastenproliferate können sich ausbilden *(Retinitis proliferans)*, die durch Kontraktur zur Netzhautablösung und so zur Erblindung führen. Auch Katarakte sind häufig.
Die *diabetische Polyneuropathie* findet sich sowohl beim Typ-I- als auch beim Typ-II-Diabetes und hängt im wesentlichen von der Güte der Stoffwechselführung des Patienten ab. Da diese beim Typ-I-Diabetes schwieriger ist, finden sich entsprechende Veränderungen bei diesem Typ häufiger. Die Veränderungen bestehen klinisch in einer distal betonten sensomotorischen autonomen Polyneuropathie mit einer socken- oder handschuhförmigen Symptomatik. Muskelatrophien (=diabetische Amyotrophie) kommen vor. Durch sekundäre vaskuläre Befunde verursachte

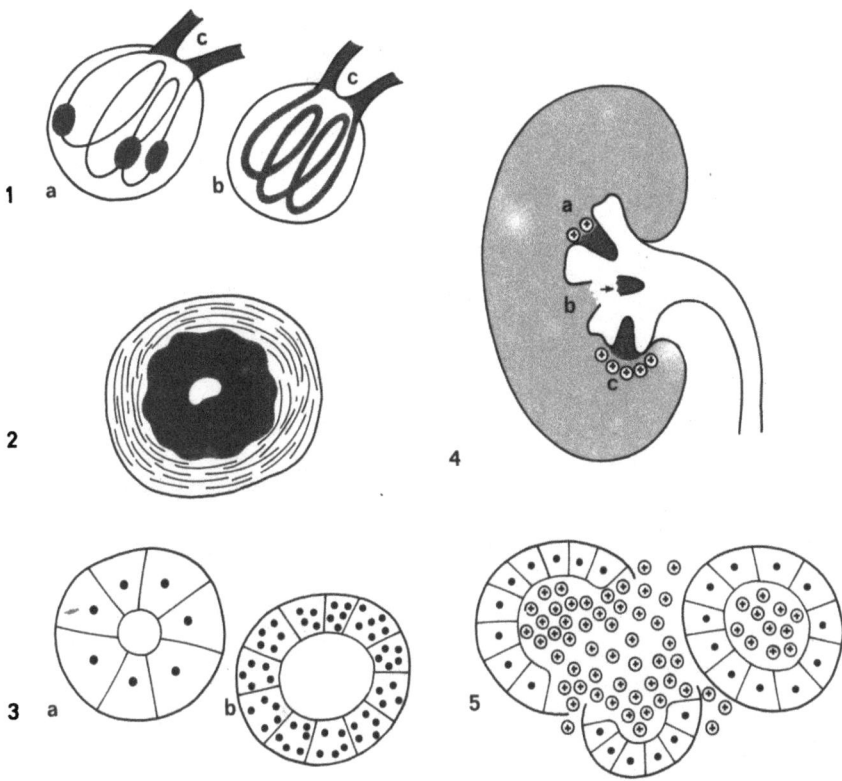

Abb. 5.5 Schematische Darstellung der Nierenveränderungen bei Diabetes mellitus
Die Nieren zeigen (in variabler Kombination) eine noduläre (*1a*) oder diffuse Glomerulosklerose (*1b*), eine verstärkte Arteriosklerose mit Befall von Vasa afferentia und efferentia (*1c*), eine schwere Arteriosklerose (*2*), Glycogenose (*3a*) und Lipidose (*3b*) von Tubulusepithelzellen, granulozytär demarkierte Papillennekrosen (*4a*), die abgestoßen werden können (*4b*), Markkegelnekrosen (*4c*) sowie in manchen Fällen eine Pyelonephritis (*5*) mit Ansammlungen von Granulozyten (*x*) in Interstitium und Tubuluslichtungen.
Klinisch: häufig nephrotisches Syndrom, Hypertonie; manchmal Urosepsis

Lähmungen stellen die Ausnahme dar. Für viele Komplikationen ist die vegetative Polyneuropathie verantwortlich zu machen. Ursächlich ist die Polyneuropathie auf primäre Stoffwechselstörungen des Perikaryon, der Axone und der Schwannschen Scheiden zurückzuführen.

Unter den *Hautveränderungen* beim D. m. (prätibiale Atrophien, Xanthome, Xanthelasmen, Karotinose, Tendenz zur Furunkulose und Mykose) ist die *Nekrobiosis lipoidica* hervorzuheben. Dies ist ein pfennig- bis handtellergroßer, an der Unterschenkelstreckseite liegender, zentral ulzerierter Herd, der in manchen Fällen einen frühzeitigen morphologischen Hinweis auf einen latenten Diabetes darstellt. Histologisch findet man einen Zerfall kollagener Fasern, Schaumzellen, Riesenzellen, Intimazellproliferate an kleinsten Arterien sowie lymphozytäre Infiltrate. Die Wundheilung ist bei D. m. verzögert.

Der Hirnschwellungszustand im Koma diabeticum erklärt sich aus einer erhöhten intrazellulären Flüssigkeitsaufnahme. Die Gelbfärbung des Schädeldachs ist Folge der Hyperlipidämie. Die Leber kann Fettablagerungen und in den vergrößerten Hepatozytenkernen Glycogen enthalten (Lochkerne).
Neugeborene diabetischer Mütter sind meist übergewichtig. Sie zeigen eine Kardiomegalie (erhöhter Glycogengehalt) und eine Hepatosplenomegalie (Folge verstärkt persistierender extramedullärer Hämozytopoese). Die erhöhte perinatale Mortalität hat häufig ein Atemnotsyndrom mit Entwicklung hyaliner Membranen oder eine unzureichende Bildung des Antiatelektasefaktors zur Ursache. Die Frequenz an Fehlbildungen (Herzfehler, Skelettveränderungen) ist bei nicht oder unzureichend Behandelten erhöht. Die Pankreasinseln sind bis zu etwa 2 Wochen nach der Geburt durch B-Zellhyperplasie vergrößert und vermehrt. Rieseninseln mit einem Durchmesser von 600–700 μm, z. T. mit starken Kernvergrößerungen der B-Zellen, treten häufig auf.
Die Plazenten diabetischer Mütter sind häufig schwerer als normal. Man findet plumpe, ungenügend vaskularisierte Zotten. Ob diese Persistenz embryonaler Zottenstrukturen u. a. auf einer Mikroangiopathie beruht, muß noch geklärt werden.

5.1.3.2. Hyperglycämie – Hypoglycämie

Außer beim Diabetes mellitus kann eine Hyperglycämie auch bei anderen Endokrinopathien beobachtet werden. Dabei handelt es sich um den seltenen malignen Pankreastumor aus glucagonproduzierenden A-Zellen, das *Glucagonom*, um einen Tumor des Nebennierenmarks, das *Phäochromozytom*, sowie um den *Morbus Cushing*. Im letztgenannten Falle entstehen Hyperglycämie und Glucosurie durch eine vermehrte Gluconeogenese aus Eiweiß und Fett. Diese Gluconeogenese wird durch eine erhöhte Sekretion von Nebennierenhormonen in Gang gesetzt, die auf Adenombildung oder Hyperplasie der Nebennierenrinde oder auf einem mukoidzelligen ACTH-produzierenden Adenom des Hypophysenvorderlappens beruht.
Zustände von Hypoglycämie kommen beim insulinbildenden *B-Zellenadenom* des Pankreas, dem *Insulinom*, und bei der diffusen Hyperplasie der Langhansschen Inseln vor. Derartige *Inselzellhyperplasien* finden sich nicht selten bei Kindern diabetischer Mütter. Während in der Schwangerschaft die erhöhte Insulinbildung den Bedarf der Mutter mit sichert, kommt es postnatal nicht selten beim Säugling zum Coma hypoglycämicum. Ursachen einer permanenten frühkindlichen Hypoglycämie, die wegen der konsekutiven Schäden am ZNS bedrohlich sein kann, sind die Nesidioblastose (= Aussprossung von endokrinen Zellen aus dem Epithel der Ausführungsgänge) und die Dysplasie des endokrinen Pankreasgewebes (Verteilungsstörung mit Verlagerung von Inselgewebe in die Peripherie der Drüsenläppchen).
Bei der Addison-Krankheit und bei anderen Formen der Nebenniereninsuffizienz, z. B. bei Simmond-Kachexie infolge einer tumorösen Destruktion des Hypophysenvorderlappens, sind hypoglycämische Zustände häufig beobachtet worden. Sie lassen sich auf eine Hemmung der Gluconeogenese und auf Adrenalinmangel zurückführen. Schließlich kann eine Hypoglycämie durch einen gestörten Glycogenabbau zustande kommen, wie bei verschiedenen Glycogenspeicherkrankheiten nachgewiesen wurde.

5.1.3.3. Glycogenspeicherung – Glycogenschwund

Fast alle Formen pathologischer Glycogenspeicherung beruhen auf einem Enzymblock in der Glycogenolyse. Es handelt sich um genetisch bedingte Defekte der Glucose-6-phosphatase, der α-Glucosidase, der Muskel- oder der Leberphosphorylase (s. 5.8.3.1. Störungen des Kohlenhydratstoffwechsels).
Dem *Glycogenschwund* in der Leber sowie im Herz- und Skelettmuskel können verschiedene Ursachen zugrunde liegen: ungenügende Kohlenhydrataufnahme im Hungerzustand oder durch häufiges Erbrechen führen ebenso zur Glycogenverarmung wie die Erhöhung des Grundumsatzes beim Morbus Basedow oder bei der akuten Unterkühlung. Eine Steigerung der anaeroben Glycolyse, z.B. bei allgemeiner Hypoxie oder bei lokalem Sauerstoffmangel des Herzens, hat den gleichen Effekt. Auch die durch Insulinmangel gestörte Synthese der Monosaccharide zum Glycogen beim Diabetes mellitus bewirkt einen Glycogenschwund, besonders in der Leber; der im Gegensatz dazu stehende Befund einer Glycogenhäufung in den Hepatozytenkernen bei Diabetes bedarf der weiteren Erforschung.

5.1.4. Störungen des Mineralstoffwechsels
5.1.4.1. Eisenstoffwechselstörungen

Morphologische Folgen eines gestörten Eisenstoffwechsels sind die lokale und allgemeine Hämosiderose sowie die Hämochromatose (s. a. 3.7.5.).
Eine *lokale Hämosiderose* (= Siderinpigmentablagerung, fast immer intrazellulär) ist in der Umgebung von Hämatomen, in der Wand von Aneurysmen, in der Nachbarschaft von Blutungsherden und traumatisch entstandenen Rindenprellungsherden des Gehirns sowie in den sog. „braunen Tumoren" des Skelettsystems regelmäßig vorhanden. Siderinpigmenthaltige Phagozyten (= Siderophagen) bilden sich innerhalb von 2–4 Tagen nach einer Blutung. Bei dem Pigment handelt es sich um das körnige gelbbraune Hämosiderin (an das Trägerprotein „Apoferritin" gebundenes Eisen), das mit der Turnbull- oder Berliner-Blau-Reaktion nachgewiesen werden kann und PAS-positiv ist. Sein Eisengehalt kann bis zu 35% betragen. Hämosiderin besitzt vor allem diagnostische Bedeutung. Ein gleichartiges Pigment kann auch aus exogen zugeführtem Eisen entstehen, weshalb heute die Bezeichnung *Siderin* bevorzugt wird. *Ferritin* ist demgegenüber eine eiweißreiche, schnell mobilisierbare, intrazelluläre Speicherform des Eisens. Ein weiteres hämoglobinogenes Pigment innerhalb von Blutungsherden, das *Hämatoidin*, ist rotbraun bis gelblich, eisenfrei und liegt stets extrazellulär. Die eine chronische Rückstauung des Blutes aus dem linken Herzen in die Lungen anzeigenden *Herzfehlerzellen* (= hämosiderinspeichernde Alveolarwandzellen und Makrophagen, manchmal im Sputum nachweisbar) sowie die Siderinpigmentablagerung in den Leberparenchymzellen bei alkoholischer Hepatose sind weitere Beispiele für eine örtliche Siderose.
Eine Lungenhämosiderose liegt bei Goodpasture-Syndrom vor (= schwere kombinierte Lungen- und Nierenkrankheit durch zytotoxische Anti-Basalmembran-Antikörper).
Bei der *allgemeinen Hämosiderose*, die hauptsächlich bei hämolytischen und sidero-

achrestischen Anämien sowie nach wiederholten Bluttransfusionen entsteht, können feinkörnige Eisenpigmentablagerungen in Leber, Milz, Nieren, Knochenmark und Speicheldrüsen festgestellt werden. Die Organe sind dabei häufig rostbraun gefärbt. Neben den Retikulumzellen zeigen auch Hepatozyten und Tubuluszellen der Niere eine starke Eisenspeicherung. Bei Fällen von chronischem Hunger läßt sich eine allgemeine Siderose von gleichem Verteilungstyp nachweisen.
Bei der seltenen *Hämochromatose* liegt möglicherweise eine auf Enzymstörungen beruhende Hemmung der Eisenverwertung vor. Auch Veränderungen des Transportproteins *Transferrin* werden als Ursache diskutiert. Diese Eisenspeicherungskrankheit zeigt die stärksten Grade der Siderinpigmentablagerung. Im Rahmen der schweren allgemeinen Siderose kann es zur Herzinsuffizienz infolge massiver Eisenspeicherung in den Herzmuskelzellen kommen. Ein Diabetes mellitus bildet sich bei exzessiver Siderose der Langerhansschen Inseln. Die bronzefarbene Hyperpigmentierung der Haut beruht nicht auf der geringen, hier besonders in den Schweißdrüsen nachweisbaren kutanen Siderose, sondern auf einer starken Zunahme von Melaninpigment. Diese Zunahme des Melanins entsteht durch noch nicht völlig aufgeklärte Interaktionen zwischen dem erhöhten Plasmaeisen und dem Tyrosinstoffwechsel. Für den weiteren Verlauf dieser Krankheit ist die sog. Pigmentzirrhose der Leber mit ihren Folgen auf das Pfortadersystem ausschlaggebend. Hierbei liegt reichlich Siderinpigment in Hepatozyten, Kupfferschen Sternzellen, Gallengangsepithelien und Endothelzellen. Häufiger als bei anderen Zirrhoseformen entwickelt sich in Pigmentzirrhosen ein Leberzellkarzinom.
Die wichtigste Folge einer *Sideropenie* (= Eisenmangelzustand) ist die hypochrome Anämie, bei der eine verminderte Hämoglobinsynthese in den erythropoetischen Zellen vorliegt. Sideropenien entstehen bei Hungerzuständen und Fehlernährungen, bei Maldigestion und Malabsorption sowie bei chronischen Blutverlusten.

5.1.4.2. Kupferstoffwechselstörungen

Eine seltene Erkrankung, bei der die Folgen einer progressiven Kupferintoxikation im Vordergrund stehen, ist die *Wilson-Krankheit*. Sie beruht wahrscheinlich auf einer vererbbaren Störung in der Bildung von Coeruloplasmin, einem kupferbindenden Serumenzym. Es kommt zu einer massiven Kupferspeicherung in der Leber, die häufig über eine Parenchymschädigung zur Leberzirrhose führt, Anämien, Ganglienzellschädigung, besonders im Linsenkern (= lentikuläre Degeneration) und der Kayser-Fleischersche Kornealring sind weitere Auswirkungen der pathologischen Kupferablagerung.
Durch *chronischen Kupfermangel* (bei Unterernährung oder durch genetisch bedingte Störungen des Kupferstoffwechsels, z. B. Menkesches Syndrom) entstehen neben zentralnervösen Störungen Wanddefekte in Aorta und Arterien mit auffälligen Anomalien in der Bildung von elastischen Fasern und Membranen. Ursache der zur Ruptur tendierenden Gefäßwandalteration ist dabei die Hemmung der kupferabhängigen Lysyloxidase, eines für die Vernetzungsreaktionen von Kollagen und Elastin verantwortlichen Enzyms (s. 4.).
Über morphologische Manifestationen eines gestörten Calciumstoffwechsels s. 4.3.2.

5.1.5. Zelltod – Nekrose

Die schwerwiegendste Folge einer Stoffwechselstörung ist der *Zelltod*. Er kann einzelne Zellen, Zellgruppen, Organteile, ganze Organe oder den Gesamtorganismus betreffen (s. 3.16.7.).
Der Zelltod tritt ein, wenn durch eine schädigende Einwirkung die Irreversibilitätsschwelle überschritten wird. Der genaue Zeitpunkt des Zelltodes ist häufig nicht sicher bestimmbar, da licht- und elektronenmikroskopisch sichtbare Strukturveränderungen (z. B. hydropische Schwellung, Verfettung, Proteinpräzipitate) bereits vorher bestehen und sich bei Fortfall der Noxe wieder zurückbilden können (Abb. 5.6). Nicht völlig klar ist, welche vitale Funktion geschädigt sein muß, damit es zum Zelltod kommt. Wahrscheinlich ist eine schwere Energiebildungsstörung die Hauptursache eines Überschreitens des „Punktes ohne Umkehr".
Die unterschiedliche Empfindlichkeit der Zellen gegenüber schädigenden Einflüssen ist auf folgende Faktoren zurückzuführen:
- Muster und Grad der metabolischen Aktivität
Beispiel: Herzmuskelzellen sind wegen ihres ständig hohen ATP-Bedarfs empfindlicher gegenüber Ischämie als Hepatozyten und Fibroblasten;
- extra- und intrazelluläres Milieu
Beispiel: Eine proteoglycanreiche extrazelluläre Matrix bedeutet einen gewissen Schutz gegenüber Ischämie und Toxineinwirkung (Chondrozyten, Aortenwandzellen); hohe intrazelluläre Glycogendepots verzögern die ischämische Schädigung (Muskelzellen);

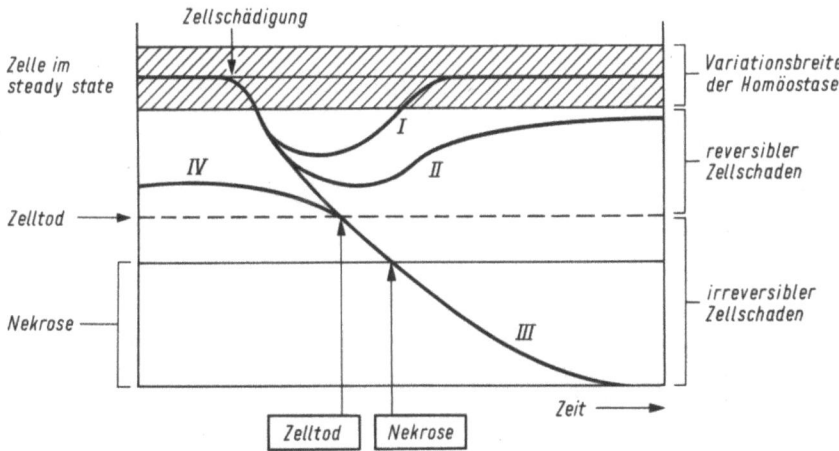

Abb. 5.6 Schematische Darstellung des zeitlichen Ablaufs von reversibler Zellschädigung, Zelltod und Nekrose
Die Läsion einer Zelle, die sich im steady state befindet, kann durch Reparaturprozesse vollkommen (*I*) oder teilweise (*II*) wieder ausgeglichen werden. Bei zu starker Zellschädigung (*III*) kommt es zum Überschreiten des „Punktes ohne Umkehr" (= Zelltod) und nach einem (noch nicht klar bestimmbaren) Intervall (etwa 1–2 h) zum Auftreten morphologischer Merkmale des eingetretenen Zelltodes, d.h. zur Nekrose. Toxische Einflüsse, die von intakten Zellen noch toleriert werden, können bei vorgeschädigten Zellen (*IV*) die letale Alteration bewirken (mit Veränderungen entnommen aus: Cottier, 1980)

- Differenzierungsgrad
  Beispiel: Differenzierte Nervenzellen des Erwachsenen sind wegen ihrer größeren Abhängigkeit vom oxydativen Metabolismus empfindlicher gegenüber einer hypoxischen Schädigung als die weniger differenzierten des Kleinkindes;
- Zellzyklusphase
  Beispiel: Zellen in der G_2-Phase zeigen eine größere Radiosensibilität im Vergleich mit G_1-Phasenzellen der gleichen Population;
- genetische Information
  Beispiel: Genetisch bedingtes Fehlen von Reparaturenzymen der DNA führt bei Patienten mit Xeroderma pigmentosum häufiger zum Auftreten von Plattenepithelkarzinomen an den von Sonneneinwirkung betroffenen Hautpartien als bei genetisch gesunden Menschen.

Bei der Zellantwort auf schädigende Einwirkungen sind ferner die Möglichkeit der Adaptation bei chronischen Formen der Schädigung (z. B. Herzmuskelzellhypertrophie bei Hypertonie) sowie die funktionelle Heterogenität der Parenchymzellen eines Organs (Leber, Niere) zu berücksichtigen. Neben der unterschiedlichen Vulnerabilität der verschiedenen Zellarten bestimmen Art, Wirkungsdauer und Intensität der Noxen das Ausmaß der Zellschädigung. Fallen Zelltod und Tod des Gesamtorganismus (z. B. bei einem transmuralen Herzinfarkt) zeitlich zusammen, so sind in dem betroffenen Myokardgebiet weder strukturelle noch funktionelle Alterationen überzeugend nachweisbar. Wird hingegen das zum Tode führende Ereignis (z. B. obturierende Koronarthrombose) wenige Stunden überlebt, so können im nachgeschalteten Myokardabschnitt charakteristische morphologische Veränderungen festgestellt werden. Diese Veränderungen werden als Nekrose bezeichnet.
Nekrose ist also die nach dem intravitalen Absterben eines umschriebenen Gewebebezirks oder einzelner Zellen auftretende Strukturveränderung.
Die Erkennung des eben eingetretenen Zelltodes ist hingegen morphologisch nicht möglich.

Morphologie der Nekrose. Folgende Typen der Nekrose sind zu unterscheiden:
- *Koagulationsnekrose.* Man findet sie hauptsächlich in parenchymatösen Organen (Herz, Niere, Milz, Leber). Es handelt sich um eine in der Regel scharf begrenzte, mit Wasserverlust verbundene Gerinnungsnekrose (Eiweißdenaturierung) von bröckeliger Konsistenz.

Eine Sonderform der Koagulationsnekrose ist die *käsige Nekrose*, die im Zentrum von Granulomen angetroffen werden kann; sie besitzt eine krümelig-trockene Konsistenz. Käsige Nekrosen finden sich vor allem bei Tuberkulose, aber auch bei Lepra, Tularämie und bestimmten Pilzinfektionen. Sie enthalten neben denaturierenden Proteinen vermehrt Lipide, die wahrscheinlich aus der lipidhaltigen Bakterienhüllsubstanz stammen;
- *Kolliquationsnekrose.* Sie ist vor allem in Gehirn und Rückenmark als Ischämiefolge anzutreffen. Da im ZNS nichtkoagulierbare Lipide überwiegen, kommt es hier zur Verflüssigung des abgestorbenen Gewebes. Kolliquationsnekrosen können bei Infektionen durch lysosomale Granulozytenenzyme oder durch bakterielle Proteolyse entstehen. Man findet sie auch in der Schleimhaut von Mundhöhle, Ösophagus und Magen nach Einwirkung von Alkalien.

Koagulations- oder Kolliquationsnekrosen sind meist blutarm, blaßgrau oder lehmfarben. Es handelt sich dann um *anämische Nekrosen.*
Kommt es durch Zirkulationsstörungen (Störungen des Blutabflusses, Bluteinstrom über andere Gefäße) zur Durchsetzung mit Erythrozyten, liegen *hämorrhagische Nekrosen* vor.

Als *gangränöse Nekrosen (Gangrän)* bezeichnet man an Extremitäten oder inneren Organen auftretende Nekrosen, die durch ihre schwarze Verfärbung den Eindruck einer Verbrennung erwecken (daher auch Brand genannt); Sulfidbildung (z.B. FeS) ist die Ursache der schwarzen Verfärbung.

Trockene Gangrän (Mumifikation) entsteht vor allem bei ischämisch bedingten Nekrosen von Extremitätenanteilen, wobei der Wasserverlust, besonders das allmähliche Eintrocknen bei der oberflächennahen Lage der Nekrose, charakteristisch ist. Ein Beispiel ist die diabetische Gliedmaßengangrän. Kommt es durch Bakterien (Fäulniserreger) zur Infektion der Nekrose, handelt es sich um den feuchten Brand (= *echte Gangrän*) mit Verflüssigung des grau-bräunlich verfärbten, übelriechenden nekrotischen Gewebes, in dem Gasbildung, auch toxische Substanzen (Ptomaine) auftreten können. Diese Gangränform kann einen Darmabschnitt, die Appendix, einen Lungenanteil oder Teile einer Extremität betreffen.

Unter *Schorf* versteht man fibrinreiche Koagulationsnekrosen von Schleimhautoberflächen.

Fettgewebsnekrosen können traumatisch entstehen, wobei die freigesetzten Lipide häufig die Bildung eines Fremdkörpergranulationsgewebes mit lipidphagozytierenden Makrophagen (= Schaumzellen) induzieren *(lipophages Granulom).* Enzymatische Fettgewebsnekrosen sieht man regelmäßig im peripankreatischen Gewebe bei akuter Pankreatitis. Charakteristisch ist dabei die Bildung von Kalkseifen, die aus der Reaktion von Fettsäuren mit Ca-Ionen resultiert und diesen Herden das typische kalkspritzerartige Aussehen verleiht. Auch traumatisch entstandene Fettgewebsnekrosen können auf diese Weise verkalken.

Fibrinoide Nekrosen finden sich in der Gefäßwand bei der Immunvaskulitis und bei immunpathologischen Prozessen im Bindegewebe (s. 4.7.). Es handelt sich um fibrinreiche, z.T. sektorförmige Nekrosen, in denen immunhistochemisch u.a. Komplementbestandteile nachgewiesen werden können.

Das mikroskopische Bild der Nekrose. Nekrosen sind mikroskopisch klar zu erkennen und von hohem diagnostischen Wert bei zahlreichen Erkrankungen (z.B. Hepatitis, Myokardischämie, Schockzustände, maligne Lymphome).

Zellkernveränderungen. Sie sind sichere Zeichen der Nekrose und manifestieren sich lichtmikroskopisch als Pyknose, Karyorrhexis und Karyolyse (= verschiedene, z.T. ineinander übergehende Erscheinungsformen des Kernuntergangs) (s. 3.16.7.).

Bei der *Pyknose* ist der Kern durch Chromatinkondensation und Flüssigkeitsverlust verkleinert, kompakt und erscheint geschrumpft; er färbt sich mit Hämatoxylin stark an. Die Formänderung kommt durch die Denaturierung der Nucleoproteine zustande. Kernpyknosen sind so charakteristisch, daß sie als Maß für die Zellverlustrate eines Gewebes verwendet werden können („Pyknose-Index").

Eine *Karyorrhexis* liegt vor, wenn die Kernmembran aufgelöst und der Zellkern in kleine Fragmente zerfallen ist.

Unter *Karyolyse* versteht man die vollständige Auflösung des Zellkerns durch ein lysosomales Enzym (Desoxyribonuclease). Bei einem Teil der nekrotischen Zellen ist lediglich die Kernanfärbbarkeit stark herabgesetzt.

Zytoplasmaveränderungen. Die häufig pathognomonische *Zytoplasmaeosinophilie* bedeutet den lichtmikroskopischen Nachweis der verstärkten Anfärbbarkeit mit Eosin. Nekrotische Zellen sind so häufig schon mit der Übersichtsvergrößerung als stärker rot angefärbte Zellen leicht zu erkennen. Die Ursachen dieser azidophilen Transformation liegen einmal im Basophilieverlust (bedingt u. a. durch den lysosomalen Ribosomenabbau), zum anderen in Änderungen der Proteinstruktur (Entfaltung, Aggregation) mit Freisetzung reaktiver Gruppen für Eosin. Empfindlicher ist der fluoreszenzmikroskopische *Nachweis mit Acridinorange* (z. B. im Myokard: nekrotische Zellen fluoreszieren hellgrün, normale gelborange). „Verdämmern" der Zellgrenzen, Verfettung, Homogenisierung, Abnahme der Nissl-Schollen in Ganglienzellen oder Querstreifungsverlust in Herz- und Skelettmuskelzellen sind weitere Kennzeichen der Nekrose.

Man muß hervorheben, daß alle bisher genannten Merkmale der Nekrose auch bei der postmortalen Autolyse auftreten, die vor allem durch lysosomale Enzyme zur Auflösung der Strukturen führt (vorrangig: Nucleinsäureabbau; Verlust der Anfärbbarkeit der Zellkerne). Am Abbau des in vivo abgestorbenen Gewebes sind aber auch Enzyme beteiligt, die von Granulozyten und Makrophagen der Randzone stammen *(Heterolyse).* Die in dieser Zone ablaufende demarkierende Entzündung geht mit Kapillarerweiterung und Hämorrhagien einher (hämorrhagischer Randsaum). Die von hier einwandernden Granulozyten und Makrophagen bewirken, daß der Abbau einer Koagulationsnekrose in der Regel in der Randzone weiter fortgeschritten ist als im Zentrum. Das morphologische Bild der Nekrose wird also von autolytischen *und* heterolytischen Vorgängen bestimmt.

Ätiologie und Pathogenese der Nekrose. Den Ursachen nach unterscheiden wir hypoxämische, ischämische, histotoxische, mechanische, thermische und radiogene Nekrosen.

Während das Vollbild der Nekrose die oben beschriebenen Merkmale aufweist und eine Differenzierung hinsichtlich der Entstehungsursache meist nicht mehr zuläßt, ergeben sich in der Frühphase der Schädigung signifikante Variationen hinsichtlich der Pathogenese. Das soll an einigen Beispielen verdeutlicht werden:

Histotoxische Nekrosen können durch chemische Substanzen (Tetrachlorkohlenstoff, Phosphor, Ethylenglycol, Insektizide, Monaminooxidasehemmer) oder durch Toxine von Mikroorganismen (Bakterien, Pilze, Viren) hervorgerufen werden.

Tetrachlorkohlenstoff schädigt in der Leber hauptsächlich die perizentral gelegenen Hepatozyten (wahrscheinlich Ausdruck der funktionellen Heterogenität: im Läppchenzentrum bevorzugt Cholesterolsynthese!). Der primäre Angriffspunkt sind die Membranen des endoplasmatischen Retikulums. Daraus resultieren strukturelle (Dilatation des ER, Polysomendissoziation) und chemische Folgeerscheinungen (Hemmung der Proteinsynthese, Bildung toxischer Lipoperoxide), während die Mitochondrien vorerst funktionell und morphologisch normal erscheinen. Nach wenigen Stunden kommt es zur Zellverfettung, beginnend mit dem Auftreten osmiophiler Tropfen in den ER-Zisternen. Der erhöhte Ca^{++}-Einstrom kann zu intramitochondrialen Hydroxylapatitablagerungen führen. Kern- und Nucleolusschäden treten hinzu. Neben den nun kompletten Nekrosen findet man durch die auf einen

Mangel an Trägerprotein zurückzuführende exzessive Speicherung von Triglyceriden eine Hepatomegalie.

Der *virusbedingte Zellschaden* beginnt mit der Adsorption an virusspezifischen Rezeptoren der Zelloberfläche. Nach Phagozytose und Freisetzen der viralen DNA kommt es sehr schnell zur Hemmung der RNA- und Proteinsynthese der infizierten Wirtszellen mit nachfolgender schneller Reduplikation der viralen DNA und Wiedereinsetzen der nun viralen RNA- und Proteinbildung. Lichtmikroskopisch können jetzt Einschlußkörper sichtbar werden. Bis zum Zelltod reichende zytopathologische Effekte (Zellödem, Koilozytosis, Riesenzellbildung) sollen durch die Virushüllproteine in Gang gesetzt werden. Zelluläre Adaptationsprozesse modifizieren diese Virus-Wirtszell-Interaktionen.

Bei der Genese *ischämisch bedingter Nekrosen* stehen demgegenüber wahrscheinlich anfangs mehr Störungen der Energieproduktion und des Ionentransports durch Zellmembranen im Vordergrund. Die primäre Schädigung des Energiestoffwechsels zeigt sich in einem frühzeitigen ATP-Abfall, in der stark reduzierten Phosphorylierung und in einem Anstieg der anaeroben Glycolyse. Nach Koronarligatur ist der mit Kontraktilitätsverlust gekoppelte ATP-Verlust im ischämischen Myokardgebiet schon innerhalb der ersten 3 min nachweisbar. Mitochondrienschwellung durch erhöhte Aufnahme von Ca^{++}, Na^+ und H_2O, Versagen der Proteinsynthese, Lysosomenaktivierung, Zelltod und Selbstverdauung schließen sich an. Weiteres über ischämisch bedingte Nekrosen s. 5.3.1.2. Totale Ischämie.

Radiogene Zellschäden entstehen über ionisierte Wassermoleküle und freie Radikale, die untereinander und mit Zellstrukturen in Wechselwirkung treten. Der lineare Energietransfer (Energieverlust über eine gegebene Distanz) und damit die zellschädigende Wirkung sind abhängig von der bei den verschiedenen Strahlenarten unterschiedlichen Ionisierungsdichte (α-Strahlen > β-Strahlen > Röntgenstrahlen). Besonders radiosensibel sind die Mikrotubuli, die u. a. die Spindelproteine für die Mitose bilden. Daher werden in der G_2-Phase stehende Zellen bevorzugt von ionisierenden Strahlen geschädigt, was den Abfall der Mitoserate in bestrahlten Geweben erklärt. Weitere Strahlenfolgen sind Verlängerung der S-Phase, Strukturschäden der DNA, Chromosomenschäden (möglicherweise Ursache onkogener Transformation!), Inaktivierung von Enzymen, Zytoplasmavakuolisierung, Riesenkernbildung und Zytolyse (s. 2.3.1.3.).

Bei *hypoxämischen Nekrosen* (z. B. bei CO-Vergiftung, Höhenkrankheit) tritt die unterschiedliche Vulnerabilität der Zellen besonders kraß zutage. Im Gehirn sind davon Ganglienzellen bestimmter Regionen (Großhirnrinde, Kleinhirnrinde, Nucleus lentiformis, Nucleus dendatus), im Herzen der Innenschichtbereich des linken Ventrikels und in der Leber die zentralen Läppchenabschnitte betroffen (s. 5.2.3.3.).

Mechanisch bedingte Nekrosen können abrupt durch Gewebequetschung oder durch chronische Druckwirkung entstehen. Ein Beispiel für den letztgenannten Entstehungsweg sind die Dekubitalulzera über dem Kreuzbein chronisch kranker bettlägeriger Patienten mit verminderter Infektresistenz. Bei der Genese dieser häufig schlecht zu beeinflussenden Ulzera wirken meist mechanische, ischämische und histotoxische Faktoren zusammen.

Reparatur von Nekrosen. An die Resorption des nekrotischen Materials schließen sich Reparaturvorgänge an, deren Art und Tempo vom Ausmaß der vorangegangenen Schädigung stark abhängig sind. Über Ausheilung durch vollkommene oder unvollkommene Regeneration s. 5.9. Kann eine Wiederherstellung der ursprünglichen organspezifischen Struktur nicht erreicht werden (z.B. aus genetischen Gründen oder durch fortdauernde Störungen des Regenerationsprozesses, z. B. durch chronische Toxinwirkung oder andauernde Ischämie), wuchert vom Randgebiet aus Granulationsgewebe ein, das schließlich zum funktionell minderwertigen narbigen Ersatz führt. Handelt es sich um umschriebene oberflächennahe Nekrosen, so kann die demarkierende Entzündung eine Abstoßung (Sequestrierung) des Materials bewirken. Einschmelzung und Resorption des nekrotischen Gewebes können auch von Zystenbildung (z.B. im Gehirn) gefolgt sein; nach Pankreasnekrosen entwickeln sich manchmal sog. Pseudozysten. Schließlich sind dystrophische Verkalkungen als Endzustände von Nekrosen zu nennen (z.B. nach käsigen oder Fettgewebsnekrosen); auch Einzelzellnekrosen können sekundär verkalken.

5.1.6. Allgemeiner Tod

Der Tod eines Individuums ist durch das irreversible Versagen von Atmung, Kreislauf und Zentralnervensystem gekennzeichnet, dem sich das Absterben der Gewebe und Zellen anschließt.

Beim Prozeß des Sterbens weisen die einzelnen Gewebe eine verschieden lange Reaktionsfähigkeit auf, die für die sog. supravitalen Reaktionen verantwortlich sind. Man versteht darunter die Aufrechterhaltung bestimmter Partialfunktionen von Geweben auch nach Eintritt des Todes, z. B. die elektrische Erregbarkeit der Skelettmuskulatur (bis zu 2 h) oder die Auslösbarkeit einer Pupillenreaktion durch Pharmaka (bis zu 15 h), was zur Todeszeitbestimmung von Bedeutung sein kann.
Im Zusammenhang mit der Entscheidung über Aufnahme und/oder Weiterführung von Reanimationsmaßnahmen, z.B. bei der Festlegung des Zeitpunkts der Organentnahme für die Transplantation, kommt es auf möglichst klare Begriffsbestimmungen an:
Der *klinische Tod* liegt vor bei Beendigung der Funktionen von Herz- und Kreislauf (Pulse nicht mehr palpabel, Herztöne nicht mehr auskultatorisch feststellbar) und Atmung (keine Atemexkursionen nachweisbar) sowie bei Erlöschen von Reflexen (z.B. kein Pupillenreflex nach Lichtreizen). Früher verwendete man bestimmte Proben (z. B. Spiegelprobe, Federprobe, Wasserglasprobe) zur Testung der Atemfunktion oder prüfte das Vorhandensein einer reaktiven Hyperämie nach Auftropfen von flüssigem Siegellack auf die Haut (sog. Siegellackprobe). – Alle genannten Merkmale können aber für sich genommen auch bei schweren krankhaften Zuständen auftreten und werden deshalb als unsichere Zeichen des Todes bezeichnet.
Der *Hirntod* umfaßt demgegenüber das Fehlen jeglicher elektrischen Aktivität im EEG bei wiederholter Ableitung innerhalb von 12 h, den angiographisch nachweisbaren intrakraniellen Zirkulationsstillstand für mindestens 30 min sowie weitere klinische Kriterien (z. B. Blutdruckabfall trotz Gabe vasopressiver Pharmaka). Es handelt sich um einen vollständigen und irreversiblen Zusammenbruch der Gesamtfunktion des Gehirns, dem morphologisch ein hochgradiges Hirnödem mit nachfolgendem Übergang in eine Totalnekrose des Gehirns zugrunde liegt.
Aus den oben genannten Gründen ist die möglichst frühzeitige exakte Feststellung des Zeitpunkts, bei dem ein sog. Hirntod vorliegt, besonders wichtig. Die für diese

Entscheidung maßgeblichen Kriterien und die erforderlichen diagnostischen Maßnahmen sind gesetzlich geregelt. Die zwischen dem klinischen Tod und dem sog. Hirntod liegende *Phase des intermediären Lebens* wird in ihrer Dauer vom Zustand der Ganglienzellen bestimmt. Während dieser Phase und darüber hinaus können die Herzfunktion durch Elektrostimulation und die Atemtätigkeit durch Respiratoren aufrechterhalten werden. Der Temperaturabfall, die einsetzende Leichenkälte, zählt zu den objektiven Merkmalen des Todes; wegen der induzierbaren „Hypothermie", die bei langdauernden Operationen benötigt wird, rechnet man jedoch das Absinken der Körpertemperatur nicht mehr zu den sicheren Todeszeichen. *Sichere Zeichen des allgemeinen Todes* sind Totenflecke, Totenstarre, Autolyse und Fäulnis.

Totenflecke bilden sich etwa 30–60 min post mortem durch Senkung des Blutes in die tiefsten Körperregionen (Hypostase) und vergrößern sich nachfolgend durch Konfluieren. Die Totenflecke sind bei Lageveränderung der Leiche bis zu 5 h vollständig, bis zu 12 h teilweise verlagerbar. Sie können durch festen Druck bis zu 6 h vollständig, bis zu 17 h unvollständig weggedrückt werden. Danach setzt die Hämolyse ein; der Blutfarbstoff diffundiert in die Gewebe, die Totenflecke sind dann nicht mehr wegdrückbar. Beim zentralen Tod finden sich ausgedehnte, bei Oligämie lediglich kleinherdige Totenflecke. Normalerweise ist ihre Farbe blaurot bis blauviolett, bei Kohlenmonoxidvergiftung (CO-Hämoglobin) finden sich hellrote, bei Gifteinwirkung (Methämoglobin) braungraue Totenflecke.

Die *Totenstarre* beginnt etwa 1–2 h post mortem am Unterkiefer und läuft in ihrem weiteren Auftreten der Aktivität der einzelnen Muskelgruppen parallel. Auch Herzmuskulatur und glatte Muskeln zeigen Totenstarre. Nach etwa 8 h ist sie in allen Gelenken voll ausgebildet und dauert etwa 2–3 Tage. Die Lösung folgt in gleicher Reihenfolge. Eine bis 8 h postmortal gebrochene Starre kann sich danach in anderer Stellung erneut ausbilden. Als *kataleptische Totenstarre* ist jene schlagartig einsetzende Starre der gesamten Muskulatur bekannt, bei der der Körper in der zum Zeitpunkt des Todeseintritts eingenommenen Haltung fixiert wird, z. B. nach einer Kopfschußverletzung oder nach einem Hirntrauma anderer Art.
Die Ursache der Totenstarre wird im postmortalen Abbau von ATP-Vorräten gesehen, der zur Muskelkontraktion führt. Infolge Energiemangels kommt es zunächst nicht – wie intra vitam – zur Muskelerschlaffung, da die Lösung der Actin-Myosin-Vernetzung nur im ATP-Überschuß möglich ist. Erst Autolyse und Fäulnis führen schließlich zur spontanen Lösung.

Autolyse ist die Gewebsauflösung durch körpereigene (lysosomale) Enzyme. Beispiele hierfür sind die saure Erweichung des Magens (Gastromalacia acida) sowie die schnelle postmortale Zersetzung von Pankreas und Nebennierenmark.

Fäulnis ist demgegenüber der Gewebsabbau durch bakterielle Enzyme. Die schnelle postmortale Ausbreitung von Mikroorganismen führt zur graugrünen Verfärbung der Haut des Unterbauches und der inneren Organe (Sulfhämoglobinbildung durch Reaktion von H_2S mit Hämoglobin), zur Pseudomelanose (FeS-Bildung aus H_2S und Hämosiderin, z. B. an der Leberunterfläche) und zum Hervortreten des Hautvenennetzes (Venektasie durch intravasale Gasbildung); weitere Folgen der Gasbildung sind die Auftreibung der Darmschlingen, die Ausbildung sog. Schaumorgane und das Entstehen von Hautblasen; die beim Eiweißabbau entstehenden Produkte wie Tyramin, Kadaverin, Putrescin und Ptomain bedingen den teilweise starken Fäulnisgeruch. Autolyse und Fäulnis können bei

Aufenthalt einer Leiche in trockenen Räumen mit stärkerem Luftzug gehemmt werden; es kommt zur Mumifikation. Auch die sog. Fettwachsbildung an der Körperoberfläche, die manchmal bei Wasserleichen oder bei nassen Grabstellen zustande kommt, wirkt der Autolyse und Fäulnis entgegen.

Abschließend sei noch erläutert, was unter Mortalität und was unter Letalität zu verstehen ist:

Mortalität bedeutet die Anzahl der an einer bestimmten Krankheit Verstorbenen, bezogen auf die Gesamtbevölkerung; im allgemeinen wird die Zahl der Todesfälle bei einer Krankheit/100 000 Einwohner und Jahr angegeben.

Letalität ist die Anzahl der an einer bestimmten Krankheit Verstorbenen, bezogen auf die Zahl derjenigen, die an dieser Krankheit leiden.

5.2. Störungen der äußeren und inneren Atmung und ihre Folgen

5.2.1. Normale Sauerstoffversorgung

Der Stoffwechsel der tierischen Zelle ist durch die **biologische Oxydation** charakterisiert. Durch stufenweisen Abbau der angebotenen Substrate, vor allem Kohlenhydrate und in geringerem Umfang auch Fette und Eiweiße, erfolgt eine schrittweise Freisetzung von Energie, die in Form von Adenosintriphosphat (ATP) und im Muskel auch in Form von Kreatinphosphat gespeichert wird. Durch hydrolytische Spaltung dieser energiereichen Phosphate durch das Enzym Adenosintriphosphatase und durch Kinasen wird die für die Aufrechterhaltung der Grundprozesse der Zelle notwendige Energie zur Verfügung gestellt. Diese Prozesse betreffen im wesentlichen:

- die *Wahrung der Integrität der Zellstrukturen, die einem ständigen Abbau und Aufbau (turnover) unterworfen sind,*
- die *Bildung von Enzymeiweiß,*
- die *Aufrechterhaltung der Funktion der Zelle,* wie die Bildung von Hormonen und Sekreten, die Leistung mechanischer Arbeit durch die Muskelzelle oder den aktiven Stofftransport (wie z.B. durch die Endothelzellen der Kapillaren) und die Erregungsprozesse,
- die *Aufrechterhaltung der Membranfunktion.*

Die Abhängigkeit der Funktionstüchtigkeit und Lebensfähigkeit der tierischen Zelle von Sauerstoff erfordert eine stetige und ungestörte Sauerstoffversorgung. Diese hängt von folgenden Faktoren ab:
- von einer ungestörten Sauerstoffaufnahme, dem *Gaswechsel in der Lunge,*
- von einem *regelrechten Sauerstofftransport.* Dieser wird bestimmt:
 - von der *Blutströmung* in den Gefäßen einschließlich dem *intravasalen Blutdruck,*
 - *von der Arbeitsleistung des Herzens,*
 - von der *Beschaffenheit des Blutes,* insbesondere des Hämoglobins,
 - vom *Gasaustausch an der Grenzmembran Kapillare/Zelle,*
 - *vom Sauerstoffverbrauch,* der durch den Energiebedarf der Zelle bestimmt wird.

Vorraussetzung für den normalen Ablauf dieser Funktionen ist die Integrität der entsprechenden morphologischen Strukturen. Dazu gehören die Atemwege, die

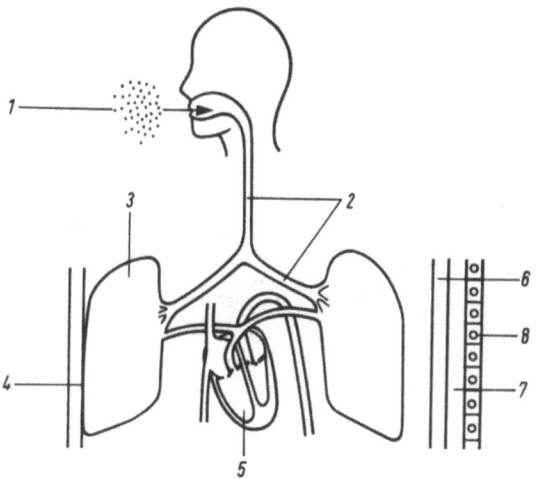

Abb. 5.7
Übersicht über die Mechanismen für eine normale Sauerstoffversorgung
1 Atemluft, *2* Tracheal- und Bronchialbaum, *3* Lunge, *4* Austauschfläche Alveole/Kapillare, *5* Herz, *6* Sauerstofftransport, *7* Austauschfläche Kapillare/periphere Körperzelle, *8* Sauerstoffverbrauch der Zelle

Lunge, das Herz, das arterielle und venöse Gefäßsystem, die terminale Strombahn und die Bestandteile des Blutes, vor allem die Erythrozyten. Funktion und Struktur bilden auch hier eine untrennbare dialektische Einheit (Abb. 5.7). Die Störung der einen der beiden Kategorien wirkt sich stets auf die andere aus. Irreversible funktionelle und/oder strukturelle Veränderungen können die Ursache und die Folge eines Sauerstoffmangels sein und Tod von Einzelzellen, Organen oder des Gesamtorganismus bedingen.

5.2.2. Störungen der äußeren Atmung

Die **Störungen der äußeren Atmung** betreffen den Weg des Sauerstoffs von der Atemluft bis hin zum Gasaustausch zwischen peripherer Kapillare und Parenchymzelle (s. Abb. 5.7). Ihre Kenntnis ist deshalb von Interesse, weil sie entscheidend für die Ätiologie einer gestörten Sauerstoffversorgung und die sich hieraus ableitenden Folgen sind. Aufgabe der äußeren Atmung ist es, den Organismus und seine Zellen und Gewebe entsprechend dem Bedarf mit Sauerstoff zu versorgen und gleichzeitig die in gasförmiger Form vorliegenden Stoffwechselendprodukte wie das CO_2 abzuführen. Jede Störung dieses Mechanismus hat einen O_2-Mangel im Gewebe zur Folge. Entsprechend der in Tabelle 5.2 gegebenen Charakterisierung lassen sich die folgenden Störungen der Sauerstoffversorgung unterscheiden.

5.2.2.1. Störungen der Atemluft

Die Atemluft kann zum begrenzenden Faktor der Sauerstoffversorgung des Organismus werden, wenn sich entweder ihr Gesamtdruck oder ihre Zusammensetzung ändert. Derartige Störungen treten z. B. im Ergebnis von Unterdruckexperimenten in der Druckkammer auf sowie bei Störungen in Druckkabinen von Flugzeugen und in Weltraumflugkörpern. Zu entsprechenden Abweichungen kann es weiter infolge von Verschüttungen oder Bergwerksunfällen kommen, oder sie können auch iatrogen verursacht werden bei einer fehlerhaften Zusammensetzung des Beatmungsgemisches bei einer Narkose.

Tabelle 5.2 Ursachen gestörter O_2-Versorgung

Betroffener Anteil im System der O_2-Versorgung	Kausale Genese	Folgen f. O_2-Gehalt i. Blut und Gewebe
Atemluft	Unterdruck, Atemgemisch	O_2-arter. ↓
Transportweg	völlige Unterbrechung, Stenosen d. Trachea u. Bronchien	O_2-Gewebe ↓ O_2-arter. ↓
Störungen d. Gasaustausches in d. Lunge	Verringerung d. Atemfläche d. Lunge;	O_2-Gewebe ↓
	Erschwerung d. O_2-Diffusion, z. B. bei hyalinen Membranen, Ödem	O_2arter. ↓ O_2-Gewebe ↓
Störungen der Blutströmung	Herzversagen (allgem.)	O_2-ven. ↓ O_2-Gewebe ↓
	örtliche Durchblutungsstörungen	O_2-ven. ↓ O_2-Gewebe ↓
Störungen d. O_2-Transports	Anämien Met-Hb.	O_2-arter. ↓ O_2-Gewebe ↓
Diffusionsstörungen Kapillare/Zelle	Ödeme	O_2-art. + ven. ± 0 O_2-Gewebe ↓
Zelle	erhöhter O_2-Bedarf	O_2-ven. ↓ O_2-Gewebe ↓
	Hemmung d. Atmung	O_2-art. + ven. ↓ O_2-Gewebe ± 0

5.2.2.2. Ventilationsstörungen

Bei den **Ventilationsstörungen** liegen die Ursachen für eine gestörte Sauerstoffversorgung in Veränderungen der Atemwege selbst, wobei zwischen den *obstruktiven* und *restriktiven* Ventilationsstörungen unterschieden wird.

Obstruktive Ventilationsstörungen. Diese Gruppe der Ventilationsstörungen geht mit einer Erhöhung des Atemwiderstands einher. Bei einer totalen Obstruktion kommt es zum Tod durch Ersticken. In der Klinik spielen ursächlich *Blut- und Speisebreiaspiration* sowie die *Aspiration von Fremdkörpern* wie Fruchtwasser, Korn oder Zement eine Rolle. Derartige Ereignisse treten im Zusammenhang mit Krankheitszuständen (Bewußtlosigkeit) oder auch bei Unfällen auf. Hinzuweisen ist weiter auf das *Ödem der aryepiglottischen Falten* (sog. Glottisödem) bei Insektenstichen, Mundbodenphlegmone oder Quincke-Ödem (s. u.). Folge ist ebenfalls ein Verschluß des Kehlkopfs mit Erstickungstod. Eine Kombination von O_2-Mangel und CO_2-Anreicherung im Blut (= Asphyxie) tritt bei Ersticken, Erwürgen und Erdrosseln auf, was im Zusammenhang mit Tötungsdelikten bedeutungsvoll ist.

Weiter kann eine Obstruktion der Atemwege durch verschiedenartige pathologische Prozesse an Trachea und Bronchien bedingt sein. Sie können von innen ausgehen, wie Fibrome: Kehlkopfpapillome oder auch entzündliche Prozesse mit Exsudatbildung sind zu beobachten. Bedeutungsvoll sind in diesem Zusammenhang die Mukoviszidose und das Asthma bronchiale. Von außen einwirkende Prozesse kommen ebenfalls als stenosierende Ereignisse in Frage. Wir verweisen auf die retrosternale Struma und die Lymphknotenvergrößerungen bei bösartigen Gewächsen oder der Tuberkulose.

Restriktive Ventilationsstörungen. Diese Störungen sind durch eine Verminderung des dehnbaren Lungenparenchyms charakterisiert. Sie gehen funktionell mit einer Verringerung der Vitalkapazität einher. Die Ursachen können *primäre pulmonale* Veränderungen sein oder auch *extrapulmonale Genese* haben.

Zu den **pulmonalen restriktiven Störungen** gehören z.B. das *chronisch-substantielle Lungenemphysem*, die *chronisch-karnifizierende Pneumonie*, die *chronische Lungentuberkulose*, die *Silikose* und auch *Atelektasen* verschiedenster Genese.

Als **extrapulmonale Ursachen** spielen *Pleuraschwarten, Pleuraergüsse* und *Pneumothorax* eine wichtige Rolle, Zustände, bei denen es zu einer mechanischen Behinderung der Entfaltung der Lunge kommt. Außerdem kann die Funktion der Atemmuskulatur gestört sein, sei es durch zentralnervöse Störungen oder durch Beeinträchtigungen der Atemmuskulatur selbst. Als Beispiel sei auf die *Bulbärparalyse*, die *Poliomyelitis*, die *Myasthenia gravis* oder eine *Phrenikusparese* verwiesen. Auch Verschüttungen führen zu einer mechanischen Behinderung der Atmung durch Kompression des Thorax und damit zu einem Sauerstoffmangel. Ebenso können raumfordernde Prozesse im Bauchraum die Ursache für Ventilationsstörungen sein, indem sie die Zwerchfellatmung behindern. Dies ist z.B. bei *Aszites, Tumoren, Adipositas* oder physiologischerweise auch gegen Ende der Schwangerschaft der Fall.

Häufig liegt eine Kombination obstruktiver und restriktiver Störungen vor, wie z.B. beim chronischen Asthma bronchiale. Dieses geht mit der Entwicklung eines chronisch-substantiellen Lungenemphysems einher, wozu im akuten Asthmaanfall erschwerend eine übermäßige Schleimproduktion hinzukommt.

5.2.2.3. Diffusionsstörungen – Pneumonosen

Bei dieser Gruppe von Störungen ist der Gasaustausch zwischen Alveolen und Kapillaren infolge einer Verlängerung des Diffusionsweges beeinträchtigt. Dies ist z.B. beim *intraalveolären Ödem* der Fall, das als *mechanisches, entzündliches* oder *toxisches* Ödem zu beobachten ist. In gleicher Weise wirkt ein *interstitielles* Ödem, das z.B. beim Schocksyndrom (s.u.) auftritt. Auch *Pneumonien*, die mit einer Ansammlung eines entzündlichen Exsudats einhergehen, führen zu Diffusionseinschränkungen. In gleicher Weise wirken **hyaline Membranen**, wie sie in der *Schocklunge*, bei *Urämie, künstlicher Atmung* oder der *Einwirkung toxischer Gase* zu beobachten sind. Auch die **chronische Blutstauung** mit Verdickung der Alveolarwände behindert den Gasaustausch.

5.2.2.4. Perfusions- und Verteilungsstörungen

Perfusionsstörungen beziehen sich auf die Durchströmung der Lungenstrombahn, die z. B. bei Lungenembolie oder passiver Hyperämie infolge Stauung der Lungenvenen beeinträchtigt ist. Hinzuweisen ist auch auf *Mikroembolien* der Lunge. In gleicher Weise wirken *restriktive Ventilationsstörungen*, die mit einer Reduzierung der Zahl der Kapillaren einhergehen. Ebenso können **Verteilungsstörungen** der Ventilation vorliegen. Dies ist der Fall bei einem *Lungenödem*, bei *Atelektasen*, aber auch bei einer *nervalen Beeinflussung der Atemfunktion*. Die **Folge** ist ein Mißverhältnis zwischen regionaler Perfusion und Ventilation in dem Sinne, daß eine regelrechte Perfusion bei beeinträchtigter Ventilation oder eine normale Ventilation mit Störungen der Perfusion vorliegt. Eine ausreichende O_2-Versorgung ist nur gewährleistet, wenn beide Vorgänge aufeinander abgestimmt sind.

5.2.2.5. Störungen des Sauerstofftransports

Störungen des Sauerstofftransports beruhen entweder auf einer Beeinträchtigung der *Transportfunktion des Blutes* selbst oder auf *Störungen, die vom Herzen ausgehen*. Erstere betreffen die *Sauerstoffkapazität* und die *Sauerstoffeffektivität*. Die **Sauerstoffkapazität** ist eingeschränkt bei *Anämien*, bei Bildung von *Methämoglobin*, z. B. infolge der Einwirkung von Natriumnitrat oder Schlangengiften und bei einer *CO-Hb-Bildung*. Unter der **Sauerstoffeffektivität** ist die Fähigkeit zur Sauerstoffabgabe an das Gewebe zu verstehen. Es liegen Verschiebungen der Sauerstoffbindungskurve vor. Eine Rechtsverschiebung bedeutet eine leichtere und eine Linksverschiebung eine erschwerte Abgabe von Sauerstoff. Eine Linksverschiebung besteht z. B. bei einer *Verringerung des 2,3-Diphosphoglycerat-Gehalts*, bei *Temperaturerniedrigung* sowie bei einem *Anstieg des pH-Wertes*.

Vom Herzen ausgehende Störungen beruhen auf angeborenen und erworbenen Herzfehlern, sowie auf kardialer Dekompensation bei Hypertonie. Beeinträchtigung der Kreislauffunktion als Ursache einer gestörten O_2-Versorgung finden sich generalisiert beim Schock und lokal bei Ischämien sowie bei passiver Hyperämie.

5.2.2.6. Diffusionsstörungen in der Gefäßperipherie

Hierbei handelt es sich um Veränderungen, die den Gasaustausch zwischen Kapillaren und peripheren Körperzellen beeinträchtigen. Es erfolgt eine Verbreiterung der Transitstrecke mit Erschwerung des Gasaustausches. Man findet diese Störungen bei Veränderungen der Interzellularsubstanz, bei entzündlichen Prozessen mit Exudatbildung und auch beim Stauungsödem.

5.2.2.7. Störungen der zellulären Atmung

Schließlich kann trotz ausreichenden O_2-Angebots eine Energiemangelsituation dadurch entstehen, daß die oxydativen Prozesse in der Zelle selbst beeinträchtigt sind. Dies ist der Fall bei einer kompetetiven Hemmung der Succinodehydrogenase durch Malonsäure, bei einer

Blockierung der eisenhaltigen Atmungsenzyme durch KCN oder SH-Gruppenblocker oder bei einer Entkopplung der oxydativen Phosphorylierung durch Thyroxin oder experimentell bei der Anwendung von Dinitrophenol.

5.2.3. Folgen einer gestörten Sauerstoffversorgung

5.2.3.1. Faktoren, die die Folgen eines Sauerstoffmangels bestimmen

Die Folgen eines Sauerstoffmangels sind nicht in jedem Fall gleich. Sie werden von einer Vielzahl von Faktoren beeinflußt, deren Kenntnis für die Einschränkung oder gar Verhinderung der Folgen einer beeinträchtigten Sauerstoffversorgung von großer Wichtigkeit ist.

Dauer eines Sauerstoffmangels. Die Zeit ist einer der wichtigsten Faktoren, die bei der Diskussion der Folgen eines Sauerstoffmangels zu berücksichtigen sind. Je länger ein Sauerstoffmangel besteht, um so schwerwiegender sind seine Folgen.

Intensität des Sauerstoffmangels. Das Ausmaß der Veränderungen steigt mit der Schwere eines Sauerstoffmangels. Dauer und Schwere eines Sauerstoffmangels stehen in enger Wechselbeziehung zueinander. Bei schwerem Sauerstoffmangel sind bereits nach kurzdauernder Einwirkung Abweichungen in Zellen und Geweben erkennbar. Geringe Grade des Sauerstoffmangels werden erst nach einem längeren Zeitraum wirksam.

Empfindlichkeit des Gewebes. Die Toleranz eines Gewebes gegenüber einem Sauerstoffmangel ist unterschiedlich und wird im wesentlichen von folgenden Faktoren bestimmt:
- *vom Charakter des vorliegenden Hauptstoffwechsels.* So sind Parenchymzellen mit einem hohen oxydativen Stoffwechsel gegenüber einem Sauerstoffmangel empfindlicher als Bindegewebszellen mit der Fähigkeit zur anaeroben Glycolyse;
- vom *Aktivitätszustand der Zelle* zum Zeitpunkt der Schädigung. Bei einer hohen funktionellen Aktivität der Zelle mit einem daraus erwachsenden großen Sauerstoffbedarf ist die Empfindlichkeit gegenüber einem Sauerstoffmangel natürlich größer als wenn dieser die Zelle in einem Zustand relativer Ruhe trifft;
- *von der vorhandenen Energiereserve* in Form energiereichen Phosphats. Sie ist gewöhnlich sehr gering;
- *von einer vorher durchgeführten Konditionierung.* Die Resistenz von Zellen gegenüber einem Sauerstoffmangel läßt sich durch verschiedene Maßnahmen erhöhen, wobei ein vorher bestehender chronischer Sauerstoffmangel eine wichtige Rolle spielt (s. 5.2.3.4.);
- *von der Temperatur.* Unterkühlte Zellen und Gewebe sind auf Grund der verlangsamt ablaufenden chemischen Prozesse gegenüber einem Sauerstoffmangel weniger empfindlich. Dieser Aspekt spielt vor allem in der Herzchirurgie und bei der Aufbewahrung von Organen und Geweben zu Transplantationszwecken eine bedeutende Rolle;
- *von der Gefäßversorgung.* Insbesondere ist von Bedeutung, ob eine ausreichende kollaterale Blutversorgung vorhanden ist oder ob die versorgenden arteriellen Gefäße den Charakter von Endarterien tragen. Dieser Gesichtspunkt spielt vor allem bei örtlichem Sauerstoffmangel eine Rolle;

pO_2 im Gewebe

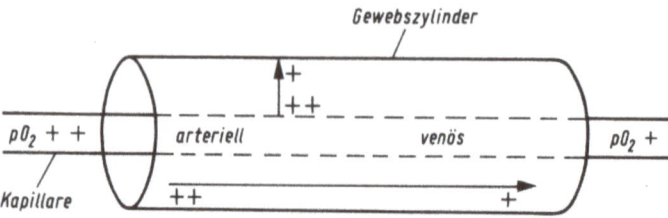

Abb. 5.8 Abfall des pO_2 vom arteriellen zum venösen sowie vom zentralen zum peripheren Anteil des Gewebszylinders

● *von örtlichen Besonderheiten des Sauerstoffangebots.* Die Folgen eines O_2-Mangels werden mit davon bestimmt, ob eine Zelle am arteriellen oder venösen Schenkel einer Kapillare liegt und wie weit entfernt sie von der versorgenden Kapillare lokalisiert ist. Normalerweise besteht ein abfallender Druckgradient für den Sauerstoff vom arteriellen zum venösen Kapillarende und von den zentralen zu den peripheren Anteilen des von einer Kapillare versorgten Gewebszylinders (Abb. 5.8). Diese Zellen sind unter den Bedingungen eines Sauerstoffmangels besonders gefährdet. Vor allem bei gestörter Blutversorgung und mangelhafter Kapillarisierung wirkt die Sauerstoffdiffusionsstrecke limitierend.

5.2.3.2. Hypoxydose

So lange regulative und adaptive Mechanismen einen Ausgleich der gestörten Sauerstoffversorgung ermöglichen, sind schwerwiegende Folgen nicht zu erwarten. Derartige Anpassungsmechanismen betreffen z.B. Atemfrequenz, Atemtiefe, Herzfrequenz, Schlagvolumen, Steigerung der Durchblutung, Eröffnung von Kollateralen. Sie sind aber auch auf zellulärer Ebene zu finden und können hier mit morphologisch faßbaren Befunden einhergehen (s. 5.2.3.4.). Bei Überschreiten der Kapazität dieser Anpassungsmechanismen treten erst funktionelle und später strukturelle Abweichungen auf.

Als Folge des Sauerstoffmangels sinkt der Sauerstoffdruck im Gewebe ab. Dieses Absinken unter die Norm wird als **Hypoxie** bezeichnet. Vom **kritischen Sauerstoffdruck** spricht man dann, wenn die Sättigung der Cytochrom-Oxidase absinkt. Er beträgt etwa 0,5–0,6 kPa (4–5 Torr) und soll in den Mitochondrien etwa 0,1–0,3 kPa (1–2 Torr) ausmachen. Erreicht der Sauerstoffdruck im Gewebe den Wert 0, dann liegt eine **Anoxie** vor. Bei ungenügender Sauerstoffversorgung und bei gleichzeitig fehlendem CO_2-Abtransport (z.B. beim Ersticken) spricht man von einer **Asphyxie**.

> Die Summe der metabolischen Folgen eines Sauerstoffmangels im Gewebe wird unter dem Begriff Hypoxydose zusammengefaßt. Hierunter ist eine hochgradig gestörte Zell- und Gewebsatmung zu verstehen, die dann einsetzt, wenn der kritische Sauerstoffdruck unterschritten wird.

Entsprechend der Ursache werden verschiedene Formen der Hypoxydose unterschieden.

Hypoxische Hypoxydose. Diese Form der Hypoxydose beruht auf einem *primären Sauerstoffmangel unterschiedlicher Genese*. Sie stellt in der menschlichen Pathologie die wichtigste Form dar (Tabelle 5.3).

Tabelle 5.3 Hypoxische Hypoxydose

Durchblutung	Bezeichnung der Hypoxie	Ursachen	Gestörter Abschnitt der O_2-Versorgung
Keine Durchblutungsstörungen	atmosphärische	Unterdruck Gemischatmung	
	respiratorische	Stenosen	O_2-Angebot
	pulmonale	Pneumonosen Vermind. d. respirat. Fläche	
Durchblutungsstörungen	anämisch	Anämie Hb-Störungen	
	allgem. D.-Störungen	Herzinsuffiz. Schock	O_2-Transport
	ischämische (örtlich)	Thrombose Embolie Arteriosklerose	
Überforderung d. Anpassung d. Gefäße	erhöhte Belastung	gesteigerte Funktion	O_2-Bedarf
	hormonelle	Catecholamine Thyroxin	

Histotoxische Hypoxydose. Der Sauerstoff selbst steht bei dieser Form der Hypoxydose in ausreichender Menge zur Verfügung. Er kann aber nicht zur Oxydation verwendet werden, weil der oxydative Zellstoffwechsel infolge enzymatischer Vergiftung oder Entkopplung der oxydativen Phosphorylierung beeinträchtigt ist.
Hypoxydose bei Substratmangel. Unter diesen Bedingungen liegt die primäre Störung ebenfalls nicht in einem Sauerstoffmangel begründet. Sie beruht vielmehr darauf, daß das oxydierbare Substrat nicht zur Verfügung steht. Dieser Fakt ist z. B. bei einer totalen Ischämie (s. 5.3.1.2.) mit zu berücksichtigen. Im Tierexperiment (isoliertes Herz) läßt sich zeigen, daß bei fehlender Substratzufuhr das Herz trotz ausreichender Sauerstoffversorgung seine Tätigkeit einstellt. Die geringen endogenen Vorräte sind rasch erschöpft. Störungen dieser Art sind eigentlich nicht mehr der Hypoxydose zuzurechnen.

Außer den bereits diskutierten Faktoren, die die Toleranz eines Gewebes gegenüber einem Sauerstoffmangel bestimmen (s. 5.2.3.1.) hängen die Folgen des Sauerstoffmangels davon ab, ob es sich um eine *ungenügende Sauerstoffversorgung bei intakter Durchblutung* (hypoxische Hypoxydose) oder um eine *gestörte Sauerstoffversorgung bei einer primären Beeinträchtigung der Durchblutung* (ischämische Hypoxydose) (s. Ischämie, 5.3.1.2.) handelt. Noch entscheidender werden die Folgen aber davon bestimmt, ob ein *akuter* oder ein *chronischer* Sauerstoffmangel vorliegt.

5.2.3.3. Akuter Sauerstoffmangel

Metabolische Veränderungen. Nach einer Latenzzeit, deren Dauer von verschiedenen Faktoren abhängt (s. 5.2.3.1.), erfolgt die Umstellung des Zellstoffwechsels auf **anaerobe Glycolyse**. Der Zeitpunkt hängt sehr wesentlich von der meist nur außerordentlich geringen Sauerstoffreserve ab. So reicht der an das Myoglobin gebundene sowie physikalisch gelöste Sauerstoff des Myokards nur für sechs bis acht Kontraktionen aus. Der Pasteur-Effekt, d. h. die Hemmung der Glycolyse durch die Atmung, ist aufgehoben. Die Folgen sind:
- *rascher Schwund der Substratreserve* (Glycogen), *Lactatanstieg mit Abfall des pH-Wertes, Abnahme der energiereichen Phosphate* wie des Adenosintriphosphats und des Kreatinphosphats, *Anstieg der ATP-Zerfallsprodukte* wie ADP, AMP und P_a;
- *Entkopplung der oxydativen Phosphorylierung* mit einer stark reduzierten Bildung von energiereichem Phosphat (oxydativer Abbau mit 1 mol Glucose ergibt 38 mol ATP, der anaerobe Abbau von 1 mol Glucose nur 2 mol ATP);
- *Anstieg reduzierter Abbaustufen*, z. B. von reduzierten Pyridinnucleotiden;
- *Elektrolytverschiebungen* mit Kaliumverlust der Zelle und Natriumanstieg sowie damit vergesellschaftete Veränderungen des Wasserhaushalts der Zelle;
- *Zusammenbruch des Membranpotentials* und damit Verlust der Erregbarkeit;
- *Einstellung der Zellfunktion*, z. B. der Kontraktion des Muskels.

Ultrastrukturelle Veränderungen. Die elektronenmikroskopischen Veränderungen sind durch frühzeitige Befunde an den Mitochondrien als dem Sitz der oxydativen Stoffwechselprozesse gekennzeichnet. Die Abweichungen bestehen in einer *Schwellung und Auftreibung der Cristae*, wobei diese Veränderungen mit einer Verminderung des ATP-Bestands in den Mitochondrien parallel laufen. Es kommt weiter zu *Vakuolenbildung und Zerreißung der Mitochondrienmembran* mit Austritt des Inhalts. Frühzeitig ist ein *Verlust der Mitochondriengranula* auffällig. Der letztgenannte Befund wie auch der Schwellungszustand der Mitochondrien sind reversibler Natur. In einem frühen Stadium der Schädigung erfolgt eine *Erweiterung des endoplasmatischen Retikulums* mit späteren Vakuolenbildungen und Rupturen. Die Veränderungen des Kernes bestehen im Auftreten eines *Kernödems*, einer *Kernwandhyperchromatose* und einem Zerfall. **Bei rechtzeitiger Wiederzufuhr von Sauerstoff sind insbesondere die frühesten metabolischen Veränderungen reversibel.** Das gilt auch für den Schwellungszustand der Mitochondrien. Die Kernveränderungen entsprechen jedoch bereits einer weitgehend irreversiblen Schädigung, was sich aus der Funktion des Kernes (Informationszentrum der Zelle) ableitet.

Histochemische Veränderungen. Es gibt keine für einen Sauerstoffmangel charakteristischen histochemischen Abweichungen. Auffällig ist z. B. am *Myokard* ein frühzeitiger Verlust der histochemisch nachweisbaren Phosphorylaseaktivität. Alle anderen Befunde bilden sich erst mit der Entwicklung der Nekrose heraus.

Histologisch-morphologische Veränderungen. Sie sind in der Frühphase eines Sauerstoffmangels durch *Ödembildung* gekennzeichnet. Weiter sind *Vakuolenbildung* und *Verfettung* nachweisbar. Nach entsprechender Manifestationszeit entwickelt sich das Bild der *Nekrose* (s. 5.1.5. Das mikroskopische Bild der Nekrose).
Pathogenese des Zelltodes bei Sauerstoffmangel. Nicht eindeutig beantwortet ist die Frage, welche Veränderungen letztlich für den Eintritt des Zelltodes verant-

wortlich zu machen sind. Folgende Mechanismen sind bei der Beantwortung dieser Fragestellung zu berücksichtigen:
- *Zusammenbruch des Membranpotentials* als Folge des Mangels an energiereichem Phosphat und damit Aufhebung des Ungleichgewichts zwischen Intra- und Extrazellularraum. Es erlischt zuerst vor allem die Fähigkeit, rhythmische Membranpotentiale zu bilden;
- *strukturelle Veränderungen der Mitochondrien* und damit irreversible Schädigungen des oxydativen Stoffwechsels;
- *Kernveränderungen* und damit Inaktivierung des Informationszentrums, dessen Integrität Voraussetzung für den normalen Ablauf der Stoffwechselprozesse in der Zelle ist;
- *Schädigung der Lysosomen* und ihrer Membran mit Aktivierung der lysosomalen Enzyme. Diese sind lytischen Charakters und könnten dann destruierend auf die Eiweißstrukturen der Zelle einwirken;
- *Lähmung der spezifischen Zellfunktion*, wie z.B. der Kontraktion der Muskelzelle mit strukturellen Veränderungen der Träger dieser Funktion (hier der kontraktilen Elemente).

Örtliche Toleranz bei akutem Sauerstoffmangel. Die beschriebenen Folgen treten bei einem allgemeinen Sauerstoffmangel nicht in allen Organen in der gleichen Weise und zum gleichen Zeitpunkt auf. Selbst in einem Organ zeigen nicht alle Abschnitte die gleiche Empfindlichkeit. Als besonders vulnerabel erweisen sich das Gehirn und der Herzmuskel, es folgen parenchymatöse Organe wie die Leber und die Nieren. Am *Gehirn* sind die Purkinje-Zellen des Kleinhirns besonders empfindlich. Am *Myokard* sind die Fasern der Arbeitsmuskulatur weniger resistent als die des Reizleitungssystems. Dies beruht darauf, daß das Reizleitungssystem wesentlich weniger Mitochondrien enthält, damit einen niedrigen oxydativen Stoffwechsel aufweist und auf Grund seiner Enzymausstattung den Weg der Glycolyse bevorzugt. Aber auch das Arbeitsmyokard ist nicht in allen Abschnitten gleich empfindlich. Auf Grund von Besonderheiten der Durchblutung sind die inneren, dem Endokard zugewandten Muskelschichten besonders gefährdet. Im Gegensatz zu den äußeren epikardialen Schichten werden diese Abschnitte der Muskulatur fast ausschließlich in der Diastole durchblutet. Dies gilt besonders unter pathologischen Bedingungen, wie einer reduzierten Durchblutung bei der ischämischen Herzerkrankung. In der *Leber* sind vor allem die zentralen Läppchenabschnitte betroffen, weil hier bereits normalerweise ein Abfall des O_2-Druckes von den peripheren zu den zentralen Läppchenanteilen vorhanden ist. In der *Niere* treten die Veränderungen bevorzugt in den Tubulusepithelien auf.

Reversibilität der Veränderungen nach einem Sauerstoffmangel. Für den Kliniker ergibt sich die bedeutsame Frage, wo die Grenzen der Wiederbelebung nach einem Sauerstoffmangel liegen. Hierbei ist von den verschiedenen Phasen des Sauerstoffmangels (Abb. 5.9) auszugehen, die gekennzeichnet sind durch das **störungsfreie Intervall**, in dem noch eine nach außen nicht erkennbare Ausregulation der ersten, unmittelbaren Folgen des Sauerstoffmangels möglich ist. Es folgt die **Phase der zunehmenden Funktionsstörung**, die zusammen mit dem störungsfreien Intervall unter dem Begriff **Überlebenszeit** zusammengefaßt wird. Durch die alleinige Zufuhr von Sauerstoff läßt sich in dieser Phase die normale Funktion wiederherstellen. Hieran schließt sich die Phase des **reversiblen Funktionsausfalls**. Zusammen mit der *Überlebenszeit* charakterisiert sie die **Wiederbelebungszeit**. Auch jetzt kann, meist allerdings erst nach einem längeren Zeitraum, eine völlige Normalisierung der Funktion erreicht werden. Besteht der Sauerstoffmangel über die Wiederbelebungszeit hinaus, so tritt der **irreversible Funktionsausfall** ein. Die-

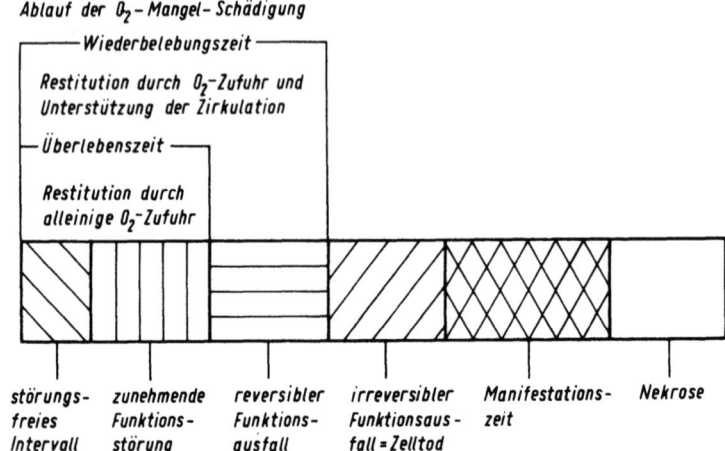

Abb. 5.9 Stadien der Sauerstoffmangelschädigung

ser stellt den Beginn des Zelltodes dar, der zuerst nur metabolisch definiert ist und sich nach längerer Manifestationszeit morphologisch als **Nekrose** zu erkennen gibt.

Die Sauerstofftoleranz des Gesamtorganismus wird von dem Organ bestimmt, das am empfindlichsten gegenüber einem Sauerstoffmangel reagiert. Diese Organe sind das *Gehirn* und der *Herzmuskel*. Zwar ist das Gehirn am empfindlichsten und bestimmt somit die Überlebenszeit des Gesamtorganismus; trotzdem wird die von letzterem tolerierte Anoxiedauer vom Herzen mitbestimmt, weil von seiner Pumpleistung auch die Sauerstoffversorgung des Gehirns abhängig ist. Sinkt z. B. die ATP-Konzentration im Myokard bei einem Sauerstoffmangel auf Werte unterhalb von 50% des Normalwerts, so ist mit einer ungestörten Organfunktion nicht mehr zu rechnen.

5.2.3.4. Chronischer Sauerstoffmangel

Aus dem Tierexperiment ist bekannt, daß sich der Organismus gegenüber einem Sauerstoffmangel im Sinne einer Adaptation (s. 2.2.2.2.) konditionieren läßt. Das Ergebnis ist eine Erhöhung der Toleranz gegenüber dem akuten Sauerstoffmangel. Diese Konditionierung kann sowohl durch einen *chronischen Sauerstoffmangel* als auch durch eine *Trainingsbelastung* (Ausdauertraining) erzielt werden.

In den Prozeß der Adaptation an einen chronischen Sauerstoffmangel ist eine Vielzahl von Teilsystemen des Organismus einbezogen, wie die Atmung mit dem Gasaustausch, der Sauerstofftransport, Herz und Gefäße sowie schließlich die Zelle selbst. Es geht unter den Bedingungen einer Sauerstoffmangeladaptation um eine Verbesserung der Energiebereitstellung (vor allem hinsichtlich eines ausreichenden O_2-Angebots an die Zelle) und der Energieverwertung (vor allem hinsichtlich der Erweiterung der Kapazität des oxydativen Stoffwechsels der Zelle) und einer verbesserten O_2-Utilisation mit dem Ziel einer Erhöhung des Wirkungsgrads, z. B. der mechanischen Arbeit. In der Vergangenheit wurde der begrenzende Faktor einer Sauerstoffmangeladaptation vor allem im energiebereitstellenden System gesehen, d. h. in der Funktion von Herz und Kreislauf. Heute kann kein Zweifel daran bestehen, daß die Zelle als Ort der Energieverwertung eine gleichrangige Bedeutung besitzt.

Sauerstofftransport. Anatomisch erfolgt eine *Zunahme der Zahl der Kapillaren*, die insbesondere zu einer Verbesserung der Blutversorgung der Herz- und Skelettmuskulatur führt. Die Sauerstofftransportkapazität des Blutes ist infolge der *Erhöhung der Zahl der Erythrozyten* und vor allem als Resultat der *Vermehrung des Hämoglobingehalts* gesteigert. Der Verbesserung der Effektivität der Sauerstoffversorgung dient die nachweisbare *Zunahme des 2,3-Diphosphoglycerats* in den Erythrozyten, die von einer Rechtsverschiebung der O_2-Dissoziationskurve und damit einer erleichterten Sauerstoffabgabe an das Gewebe begleitet wird. Im gleichen Sinne ist die *Erhöhung des Myoglobingehalts* in Herz- und Skelettmuskulatur zu bewerten. Einmal erfolgt damit eine gewisse Vermehrung der Sauerstoffreserve, zum anderen wird hierdurch vor allem der Sauerstofftransport im Gewebe erleichtert und beschleunigt.

Sauerstoffverwertung. In der **Muskelzelle** selbst ist der auffälligste Befund eine *Erhöhung der Zahl der Mitochondrien*, eine *Vergrößerung derselben* sowie eine *zahlenmäßige Zunahme der Cristae mitochondrialis*. Durch die beiden zuerst genannten Veränderungen wird vor allem eine Verkürzung des Sauerstofftransportweges innerhalb der Zelle erreicht, da die Mitochondrien hierdurch näher aneinanderrücken und eine Vergrößerung der stoffwechselaktiven *Oberflächen* eintritt. Die Vermehrung der Zahl der *Cristae* (Sitz der oxydativen Phosphorylierung und der oxydativen Enzyme) bedeutet eine Vergrößerung der enzymatischen Aktivität. Biochemisch läßt sich eine *Steigerung der Aktivität oxydativer Enzyme* nachweisen wie auch eine Verbesserung der Energiebereitstellung durch eine vermehrte ATP-Bildung. Die erhöhte Aktivität beruht nicht in erster Linie auf einer veränderten Michaelis-Konstante, sondern auf einer echten Neusynthese von Enzymeiweiß. Die oxydative Kapazität der Zelle ist also erhöht. Im *Myokard* erfolgt bei chronischem Sauerstoffmangel außerdem eine Zunahme der Zahl der Bindegewebszellen. Dieser Befund steht möglicherweise im Zusammenhang mit der noch nicht geklärten Funktion dieser Zellen bei der Bildung von Vorläufern für die Nucleinsäuresynthese der Myokardzelle. Diese ist anscheinend zu einer de-novo-Synthese von Nucleinsäuren nur begrenzt in der Lage.

Schließlich tritt eine *Vermehrung des Glycogengehalts* in der Muskelzelle ein. Hierdurch wird das Substratangebot der Zelle erhöht mit einer Verbesserung der aeroben *Glycogenverwertung und notfalls auch der Fähigkeit zur anaeroben Glycolyse*. Zu Veränderungen im Bereich der anaeroben Glycolyse, etwa im Sinne einer erhöhten glycolytischen Enzymaktivität, kommt es nicht.

Diese Ergebnisse sind als vorläufig und unvollständig zu betrachten. Hinsichtlich der Wirkungsweise übergeordneter regulativer Einflüsse auf hormoneller Basis ist die Beobachtung von Interesse, daß die eben geschilderten zellulären Anpassungsvorgänge an einen Sauerstoffmangel verhindert bzw. eingeschränkt werden, wenn der Versuch einer Höhenadaptation bei *adrenalektomierten* Tieren vorgenommen wird. Das gleiche gilt für eine *Thyreoidektomie*.

5.2.3.5. Training der physischen Ausdauer

Ein Training der physischen Ausdauer führt zu gleichartigen Adaptationserscheinungen wie ein chronischer Sauerstoffmangel, vermutlich deshalb, weil die Auslösung der elementaren Prozesse der Adaptation auch hier auf einer Sauerstoffarmut der Zelle beruht. Die Befunde, die den Sauerstofftransport und die Sauerstoffverwertung betreffen, entsprechen grundsätzlich denen bei chronischem Sauerstoffmangel. Der Wert der strukturellen Anpassung besteht hier darin, daß sie die Voraussetzung für die Fixierung eines Trainingsergebnisses ist. Aus derartigen Untersuchungen ist aber auch bekannt, daß sich das Adaptationsergebnis in einem biologischen System zurückbildet, wenn nicht durch entsprechende Maßnahmen das Niveau der strukturellen Anpassung aufrechterhalten wird. Dabei liegt der *Erhaltungsreiz* deutlich unter dem Niveau des Reizes, der notwendig ist, um die strukturelle Anpassung zu erzielen. Am Skelettmuskel führt ein Ausdauertraining zu einer Umwandlung der weißen in rote Muskelfasern, so daß sich die Relation zwischen beiden zugunsten letzterer verschiebt (Abb. 5.10).

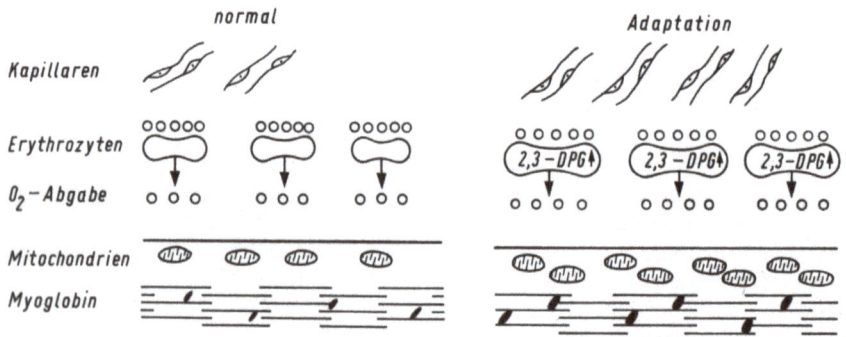

Abb. 5.10 Schematische Darstellung von wichtigen Anpassungsvorgängen an einen chronischen Sauerstoffmangel

Aus dem Tierexperiment ist bekannt, daß die Anpassungsfähigkeit nicht in allen Lebensaltern in der gleichen Weise ausgebildet ist. Sie ist bezüglich eines chronischen Sauerstoffmangels am ausgeprägtesten, wenn die Konditionierung in der unmittelbaren postnatalen Entwicklungsperiode durchgeführt wird. Dies hängt damit zusammen, daß sich der Organismus des Neugeborenen durch das Vorhandensein von Mechanismen auszeichnet, die in der pränatalen Periode, die im Prinzip auch eine des chronischen Sauerstoffmangels ist, eine ausreichende Sauerstoffversorgung der Zelle gewährleisten.

5.2.3.6. Bedeutung der Adaptationsvorgänge bei chronischem Sauerstoffmangel

Die biologische Bedeutung der Adaptation liegt darin begründet, daß sich die Stabilität des Organismus und seiner Teilsysteme gegenüber einem Sauerstoffmangel erhöht. Durch Erweiterung bzw. Veränderung des Stabilitätsbereichs wird eine *Schutzwirkung gegenüber einem akuten Sauerstoffmangel* erzielt.

Dieser Schutzmechanismus beruht auf einer verbesserten Energiebereitstellung als Folge der Veränderungen am Herz-Kreislauf-System und der Neubildung von Kapillaren sowie auf einer erhöhten Toleranz, insbesondere der Muskelzelle gegenüber einem verringerten Sauerstoffangebot. Die Zelle ist als Folge der Adaptation in der Lage, mit einer geringeren O_2-Menge die gleiche Leistung zu vollbringen, d. h., ihr Wirkungsgrad ist erhöht. Die auf diese Weise erzielte *Verbreiterung des Sta-*

bilitätsbereichs äußerst sich z. B. darin, daß eine derart adaptierte Zelle Sauerstoffkonzentrationen im Gewebe toleriert, die bei der nicht adaptierten Zelle bereits zu Schädigungsreaktionen führen. Insofern besteht ein Unterschied zur *Kompensation*, die mit einer Einschränkung des Stabilitätsbereichs einhergeht. Der Wert der Beobachtung, daß eine Trainingsbelastung zu einer gleichartigen Beeinflussung des Stabilitätsbereichs führt wie chronischer Sauerstoffmangel, liegt darin begründet, daß die theoretisch fundierte und systematische Einführung derartiger Trainingsmethoden von großer Bedeutung bei der Prävention und Rehabilitation der ischämischen Herzerkrankung ist.

5.3. Kreislaufstörungen

5.3.1. Pathogenetische Grundlagen und Morphologie

Kreislaufstörungen sind durch Veränderungen der Durchblutung gekennzeichnet. Sie gehen mit einer *vermehrten* oder einer *verringerten* Durchblutung einher. Sie treten in Form von *allgemeinen* wie *örtlichen* Durchblutungsstörungen auf und können mit einer *Blutdruckerhöhung* oder mit einer *Blutdrucksenkung* verbunden sein.

5.3.1.1. Allgemeine Kreislaufstörungen

Allgemeine Kreislaufstörungen gehen meist vom Herzen aus (zu beachten sind außerdem Blutmenge und extravasale Faktoren wie die Schwerkraft), können aber auch in primären Veränderungen der *terminalen Strombahn* begründet sein. Die vom **Herzen** ausgehenden Störungen beruhen auf einer *Insuffizienz des Myokards bei angeborenen und erworbenen Herzfehlern*, aber auch *primären Veränderungen des Myokards*. Die Folge ist eine verlangsamte Blutströmung in den Gefäßen, die mit einer gesteigerten Sauerstoffutilisation einhergeht, einem gestörten Gasaustausch in der Lunge und einer Anhäufung von Stoffwechselzwischen- und -endprodukten im Gewebe. Die ungenügende O_2-Sättigung des Blutes äußert sich klinisch häufig in einer Zyanose. Bei allgemeinen Kreislaufstörungen kann es zu einer Blutdruckerhöhung oder einer Blutdruckerniedrigung kommen. Für den Schock ist ein Blutdruckabfall charakteristisch, bei dem ebenfalls die Erscheinungen eines Sauerstoffmangels auftreten (s. 5.3.4.1.).

5.3.1.2. Örtliche Kreislaufstörungen

Diese können durch eine vermehrte oder eine verringerte Durchblutung charakterisiert sein.
Hyperämie. Bei einer Hyperämie kann es sich um eine echte Durchblutungssteigerung handeln. Sie kann aber auch auf einer Blutfülle anderer Genese beruhen. Wir unterscheiden die *aktive*, die *passive* und die *terminale* Hyperämie.
Aktive Hyperämie. Die aktive oder arterielle Hyperämie ist als ein weitgehend physiologisches Geschehen zu betrachten. Sie beruht darauf, daß ein Organ bei gesteigerter funktioneller Anforderung einen erhöhten Bedarf an Substrat und Sauerstoff hat, der durch eine vermehrte Durchblutung gedeckt wird. Das Blutvolumen der Organe ist erhöht (Hyperämie), was auf eine Erweiterung der Gefäße zurückzufüh-

ren ist. Diese Erweiterung betrifft in erster Linie die Arteriolen, aber auch die Kapillaren und Venen. Mit der **aktiven Hyperämie** gehen einher ein *erhöhter Stoffwechsel*, eine *Temperatursteigerung* und eine *Erhöhung des Gewebsturgors* mit einer Vergrößerung des Organs. An Oberflächen, besonders gut an Haut und Schleimhäuten zu beobachten, läßt sich eine deutliche Rötung im Vergleich zum Ruhezustand erkennen. Diese aktive Hyperämie besteht als *Arbeitshyperämie* bei erhöhter funktioneller Beanspruchung eines Organs oder auch als *kompensatorische Hyperämie*, z. B. der einen Niere, wenn die andere entfernt wird. Aktive Hyperämien treten auch in der Initialphase der Entzündung auf.

Passive oder venöse Hyperämie. Die passive Hyperämie ist die Folge einer Verlegung des venösen Abflußgebiets eines Organs. Die Blutfülle in den betroffenen Organen oder Gewebsabschnitten nimmt infolge der Verminderung der abfließenden Blutmenge zu. **Ursächlich** spielen vor allem *Varizenbildung, thrombotische Verschlüsse* und *Insuffizienz der Venenklappen* eine wichtige Rolle. Infolge der durch die Stauung verlangsamten Blutströmung wird wie bei allgemeiner Stauung durch *Rechtsherzinsuffizienz* der Sauerstoff des Blutes im arteriellen Schenkel der terminalen Strombahn verstärkt ausgenutzt, die Sauerstoffversorgung im Gebiet des *venösen* Schenkels wird verschlechtert. Außerdem tritt im Gewebe eine Anreicherung von CO_2 und Stoffwechselschlacken ein.

Weiterhin *überwiegt* der hydrostatische über den kolloidosmotischen Druck, und Flüssigkeit tritt ins Gewebe über. Es kommt zur Ausbildung eines *Ödems*. Als Endresultat dieses Geschehens kann es zu *Nekrosen* kommen, wie sie z. B. am Unterschenkel als *Ulcus cruris* in Erscheinung treten.

Die **Folgen** der passiven Hyperämie hängen wesentlich von der Geschwindigkeit ab, mit der sie sich entwickelt:
- **Der plötzliche venöse Verschluß** kann zu schwerwiegenden Befunden führen. Erfolgt er z. B. in einer Mesenterialvene, so ist eine *hämorrhagische Infarzierung* des Darmes das Resultat. Bei einer Sinusthrombose bilden sich *hämorrhagische Nekrosen* im Gehirn aus.
- **Chronische venöse Stauungen** führen häufig zur Ausbildung von Kollateralkreisläufen. Ein klinisch wichtiges Beispiel stellt die *portale Hypertension* dar, z. B. als Folge einer Pfortaderthrombose oder einer Leberzirrhose. Unter diesen Bedingungen entwickeln sich Kollateralen, die u. a. die Ösophagusvenen mit einbeziehen und die Ausbildung von Ösophagusvarizen verursachen. Ihre Ruptur kann zum Tod des Patienten durch Verbluten führen.

Terminale Hyperämie. Die Veränderungen bei der terminalen Hyperämie betreffen die Gefäße der terminalen Strombahn, d. h. die Kapillaren sowie Venolen und Arteriolen, die auch als Widerstandsgefäße bezeichnet werden. Die terminale Hyperämie stellt eine *Störung der Mikrozirkulation* dar und betrifft folgenden Komplex von Veränderungen:
– aktive Hyperämie,
– passive Hyperämie,
– Prästase und Stase.

Die *aktive Hyperämie* ist das Ergebnis einer hormonal und nerval bedingten Weitstellung der Arteriolen mit einer verstärkten Durchströmung des kapillären Stromgebiets.

Die *passive Hyperämie* ist dadurch gekennzeichnet, daß zur Erweiterung der Arteriolen die der Venolen hinzutritt. Diese, wie die Weitstellung des kapillären Strombetts, bedingt eine verlangsamte Durchströmung des terminalen Gefäßgebiets. Im weiteren Verlauf erfolgt eine zunehmende Weitstellung der terminalen Blutgefäße. Es bildet sich ein Zustand heraus, der als *Prästase* bezeichnet wird. Die Permeabilität der Gefäße ist erhöht, und aus dem sich weiter verlangsamenden Blutstrom treten Plasma und korpuskuläre Bestandteile in die Umgebung aus. Hieran schließt sich die **Stase** an, die durch einen völligen Stillstand der Blutströmung charakterisiert ist. Die in der Prästase sichtbar werdenden Erythrozyten verklumpen zu einer Blutsäule, deren einzelne Bestandteile sich jetzt nicht mehr differenzieren lassen.

Die weiteren Veränderungen verlaufen wie folgt:
- Es schließt sich die *Poststase* mit zunehmender Normalisierung der Durchblutung des terminalen Strombetts an, oder
- es bilden sich *Fibrinthromben*, die zu einem Gefäßverschluß führen. Die Folge ist eine Ischämie mit Ausbildung von Nekrosen, oft hämorrhagischen Charakters. Morphologisch ist außerdem eine Anschwellung der Kapillarendothelien zu beobachten.

Die terminale Hyperämie ist vor allem bei *entzündlichen Vorgängen* zu beobachten. Die mit ihr einhergehenden Veränderungen und Folgen sind eindrucksvoll zu sehen bei *Furunkeln, nekrotisierenden Entzündungen des Darmes, Erfrierungen und Verbrennungen, Eklampsie der Leber, im Herzen* nach Operationen im künstlichen Herzstillstand sowie im *Randgebiet von Myokardinfarkten*. Vergleichbare Befunde treten in vielen Organen beim Schock (s. 5.3.4.3.) auf.

Arterielle Durchblutungsstörungen (Ischämie). Die arteriellen Durchblutungsstörungen sind in der menschlichen Pathologie von größter Wichtigkeit. Sie gehen mit einer Verminderung der arteriellen Blutversorgung von Organen oder von umschriebenen Anteilen derselben einher. Derartige arterielle Durchblutungsstörungen werden unter dem Begriff der **Ischämie** zusammengefaßt. Wir unterscheiden die **totale Ischämie** von der **relativen Ischämie**.

Totale Ischämie.

> Eine totale Ischämie liegt dann vor, wenn es zu einer völligen Unterbrechung der arteriellen Blutversorgung eines Organs oder eines Organteils im lebenden Organismus kommt.

Die totale Ischämie ist gegenüber den vorher besprochenen Sauerstoffmangelsituationen ohne primäre Durchblutungsstörungen dadurch gekennzeichnet, daß zu dem *Mangel an Sauerstoff* noch ein absoluter *Substratmangel* hinzutritt. Weiterhin ist der sog. *Spüleffekt* aufgehoben, d.h., auch der venöse Abfluß existiert auf Grund des fehlenden Stromes vis a tergo nicht mehr. Das Resultat ist eine Anhäufung von Stoffwechselend- und -zwischenprodukten im ischämisch geschädigten Gewebe (Tabelle 5.4).

Die **Ursachen** einer totalen Ischämie können eine obturierende *Thrombose* (s. 5.3.1.3. Folgen eines Thrombus) oder die *Embolie* (s. 5.3.1.4. Folgen der Embolie) eines arteriellen Gefäßes sein bzw. von außen *einengende Prozesse*, wie z. B. eine gewollte oder ungewollte Ligatur eines arteriellen Gefäßes im Rahmen operativer Eingriffe.

Die unmittelbaren **Folgen** für das Gewebe beruhen auf einem Sauerstoffmangel

Tabelle 5.4 Verhalten des Gewebes bei verschiedenen Formen des O_2-Mangels

	Totale Ischämie	Relative Ischämie	Reiner O_2-Mangel
Durchblutung:	o	↓↓	–
Spüleffekt:	o	↓↓	–
O_2-Druck:	o	↓o↓	↓o
Substratangebot:	o	o ↓	–
Folgen:	+++	++	+

Zeichenerklärung: o = völlig aufgehoben;   + = Grad d. Schädigung;
↓ = vermindert;   – = keine Änderung

und werden kompliziert durch die bereits erwähnte Aufhebung des Spüleffekts. **Die Folgen einer Ischämie sind stets schwerwiegender als die einer reinen Anoxie ohne Durchblutungsstörungen.**

Metabolisch, ultrastrukturell und morphologisch treten qualitativ die gleichen Abweichungen auf, wie sie bereits beim akuten Sauerstoffmangel beschrieben wurden. Es bestehen jedoch deutliche quantitative Unterschiede, und der Ablauf der Veränderungen erfolgt wesentlich rascher. Das Endergebnis einer totalen Ischämie ist der Infarkt.

Den Infarkt definieren wir als eine ischämisch bedingte Nekrose. Die Nekrose ist bekanntlich der morphologische Ausdruck des Zelltodes und tritt erst zu einem relativ späten Zeitpunkt nach Eintritt des Zelltodes in Erscheinung. Sie beruht auf autolytischen und heterolytischen Einwirkungen auf das tote Gewebe. Der Infarkt zeigt einen charakteristischen Aufbau (Abb. 5.11) und besteht aus der

- *zentralen Nekrosezone*, die in ihrem Verhalten dem des Gewebes beim allgemeinen Tod entspricht und durch autolytische Prozesse gekennzeichnet ist;
- *Infarktrandzone*, die infolge der heterolytischen Einflüsse aus dem umliegenden Gewebe am frühesten als Nekrose zu erkennen ist. Hier sind die für die Nekrose typischen Veränderungen am deutlichsten ausgebildet;

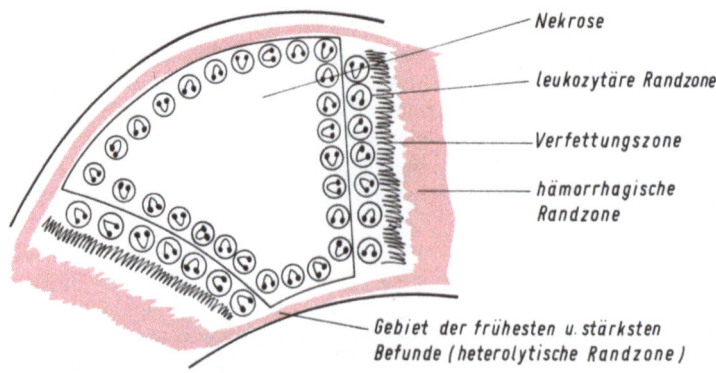

Abb. 5.11 Histologischer Aufbau eines Infarkts

- *leukozytären Randzone,* die auf das Einwandern von Granulozyten zurückzuführen ist, die eine gewisse Strecke in das nekrotische Gewebe vordringen;
- *Verfettungszone,* die sich aus verfetteten Granulozyten sowie Parenchymzellen zusammensetzt. Die Verfettung ist die Folge einer ungenügenden Sauerstoffversorgung. Sie ist nur bei geschädigten, nie bei toten Zellen zu beobachten;
- *hämorrhagischen Randzone,* die auf einer Hyperämie der Arteriolen und Kapillaren sowie auf Hämorrhagien aus geschädigten Kapillaren zurückzuführen ist.

Im weiteren Verlauf erfolgt eine *bindegewebige Organisation* des Infarktgebiets durch mesenchymale Zellen und Kapillaren des umgebenden, nicht betroffenen Randgebiets sowie durch besonders perivasal erhalten gebliebene Bindegewebszellen im Infarktgebiet selbst. Das nekrotische Gewebe wird abgebaut und erst durch das zell- und gefäßreiche Granulationsgewebe und später durch die zell- und gefäßarme aber faserreiche Narbe ersetzt. Dies bedeutet eine *Defektheilung,* die eine Einschränkung der Funktion des betroffenen Organs beinhaltet. Die Geschwindigkeit der Vernarbung hängt von der Größe des Infarkts ab und davon, inwieweit innerhalb des Infarkts noch Gewebsabschnitte erhalten sind, von denen die Granulationsgewebsbildung ihren Ausgang nehmen kann.

Der Infarkt tritt morphologisch nicht als einheitliches Bild auf, was mit durch den Entstehungsmechanismus bedingt wird und von den Besonderheiten des Organs, z. B. seiner Blutversorgung, abhängt.

Der *anämische Infarkt* ist die häufigste Form des Infarkts. Er tritt immer dann auf, wenn es sich um die ischämische Schädigung von Gewebe im Bereich einer Endarterie handelt.

Der *hämorrhagische Infarkt* ist dann zu beobachten, wenn ein Organ entweder eine doppelte Blutversorgung aufweist, wie etwa Lunge und Leber, oder ausgedehnte arterielle Anastomosen vorliegen, wie sie etwa in Form der Arkaden am Darm zu verzeichnen sind. Erfolgt ein Verschluß des versorgenden arteriellen Hauptastes bei gleichzeitig bestehender venöser Stauung, so ist ein hämorrhagischer Infarkt die Folge. Bei embolischem Verschluß, z. B. der A. pulmonalis, erfolgt weiter ein Bluteinstrom in das ischämisch geschädigte Gewebe über die Aa. bronchiales. Dieses Blut kann aber bei bestehender passiver Hyperämie, z. B. bei einer Mitralklappenstenose, nicht im erforderlichen Umfang abfließen. Es tritt daher durch die geschädigte und permeable Kapillarwandung in das umliegende Lungengewebe (Abb. 5.12). Der *septische Infarkt* ist das Ergebnis des Verschlusses eines arteriellen Gefäßes durch einen bakteriell infizierten Thrombus oder Embolus. Bei ihm kombiniert sich die mechanische Wirkung des Verschlusses mit der infektiös-toxischen der Erreger.

Der Infarkt kann schließlich auch als *subtotaler Infarkt* auftreten (s. Relative Ischämie).

Die **Folgen eines Infarkts für den Gesamtorganismus** werden davon bestimmt, welches Organ von der ischämischen Schädigung betroffen ist. So können Infarkte des Herzens und des Gehirns (am Gehirn spricht man auch von Erweichungen = Kolliquationsnekrose) je nach Lokalisation und Ausdehnung zu wichtigen Funktionsausfällen oder zum Tod des Gesamtorganismus führen.

Relative Ischämie. Eine zunehmende Bedeutung hat in den letzten Jahren die Kenntnis der relativen Ischämie und ihrer Folgen erfahren. Sie ist heutzutage weiter zu fassen als in der Vergangenheit, als bei der Entstehung der relativen Isch-

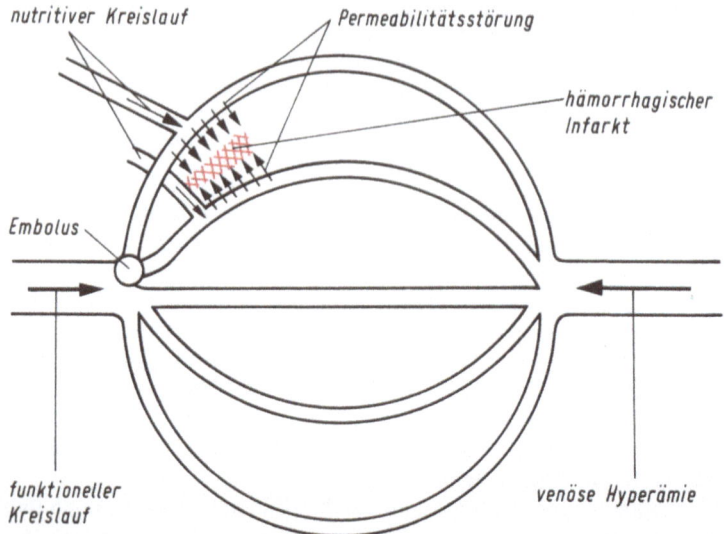

Abb. 5.12 Schematische Darstellung des Entstehungsmechanismus eines hämorrhagischen Infarkts
Pfeile: Austritt von Erythrozyten aus dem geschädigten Kapillargebiet

ämie im wesentlichen nur Veränderungen der Gefäße berücksichtigt wurden. **Die relative Ischämie wird als ein Mißverhältnis zwischen Sauerstoffangebot und -bedarf definiert, das unter den Bedingungen einer Belastung in Erscheinung tritt.** Dabei können die Ursachen dieses Mißverhältnisses sowohl in Veränderungen der Gefäßwand zu suchen sein als auch ihren Ausgangspunkt in Störungen des Sauerstofftransports im Blut sowie im Stoffwechsel der Zelle selbst haben. Insbesondere können Abweichungen des Stoffwechsels nicht nur als Folge einer Ischämie auftreten, sondern sie können selbst kausal eine entscheidende Rolle spielen (Tabelle 5.5).

Die **Ursachen der relativen Ischämie** können in folgenden Veränderungen liegen:
- *Einschränkung der Anpassungsfähigkeit eines arteriellen Gefäßes* auf Grund struktureller Veränderungen der Wandung, wie sie besonders bei der *Arteriosklerose* vorliegen. Diese Einschränkung kann auch durch eine *wandständige Thrombose* (s. 5.3.1.3. Formale Genese der Thrombose) oder durch von außen stenosierende Prozesse bedingt sein. Am Herzen sprechen wir in solchen Fällen von einer Einschränkung der Koronarreserve, die normalerweise die Anpassung an einen gesteigerten Sauerstoffbedarf gewährleistet;
- *gesteigerter Sauerstoffbedarf* der Parenchymzelle, die die Anpassungsfähigkeit des versorgenden arteriellen Gefäßes überschreitet. Die Sauerstoffversorgung kann nicht mehr dem Bedarf entsprechend aufrechterhalten werden. Diese Steigerung des Stoffwechsels kann z. B. auf einer beträchtlichen *funktionellen Mehrbelastung* beruhen; sie kann aber auch durch die Stoffwechselwirkung von Hormonen, wie des *Thyroxins* und der *Catecholamine* stimuliert werden;

Tabelle 5.5 Mögliche Entstehungsmechanismen einer relativen Ischämie

	Verminderung des O_2-Angebotes	Erhöhung des O_2-Bedarfs
Verminderung d. O_2-Angebots		+
Erhöhung des O_2-Bedarfs	+	
funktionelle Überforderung d. Gefäßreserve	+	+
strukturelle Einschränkung d. Gefäßreserve	+	+

- *Absinken des Perfusionsdrucks* im arteriellen Gefäßsystem. Der kritische systolische Druck in den Arterien beträgt 80 mm Hg (10,6 kPa). Unterhalb dieses Druckes ist z. B. eine normale Sauerstoffversorgung des Myokards nicht mehr gewährleistet;
- ein *vermindertes Sauerstoffangebot*, wie wir es ursächlich bei akutem und chronischem Sauerstoffmangel geschildert haben.

Im Zusammenhang mit der menschlichen Pathologie handelt es sich in der Mehrzahl der Fälle um die Kombination von zwei oder mehreren Faktoren, wie sie eben genannt wurden.
Die **Folgen einer relativen Ischämie** werden von ihrem Ausmaß sowie von den Besonderheiten des betroffenen Gewebes bestimmt. Sie reichen morphologisch von der Einzelzellnekrose bis zum Infarkt. Dies ist darauf zurückzuführen, daß die relative Ischämie keine völlige Unterbrechung, sondern nur eine unterschiedliche Einschränkung der arteriellen Blutversorgung bedeutet. Als Folge einer relativen Ischämie beobachten wir:
- am *Gehirn* die elektive Parenchymnekrose, gekennzeichnet durch einen Unter-

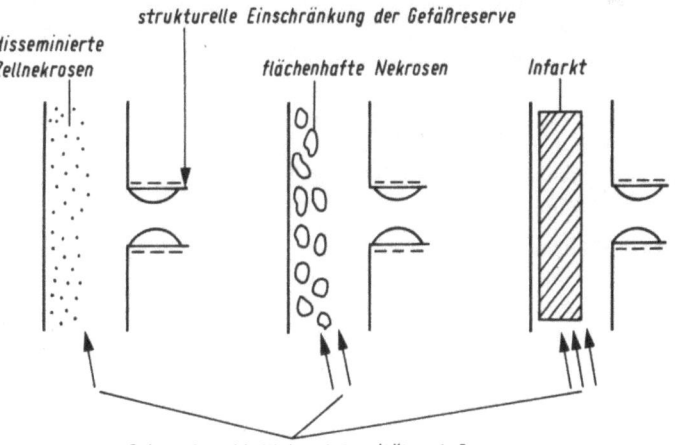

Abb. 5.13 Schematische Darstellung der Folgen einer relativen Ischämie

gang von Ganglienzellen und Nervenfasern, während die Gliazellen erhalten bleiben;
- an der *Niere* den subtotalen Infarkt (auch Subinfarkt oder inkompletter Infarkt). Dieser ist durch eine Nekrose der empfindlichsten Teile des Tubulussystems gekennzeichnet, nämlich der Hauptstücke und der dicken Schleifenschenkel;
- am *Herzen* disseminierte Nekrosen in der inneren Muskelschale des linken Ventrikels und den subtotalen (subendokardialen) Infarkt. Letzterer ist auf das innere Drittel bzw. die innere Hälfte der Muskulatur der linken Kammerwand beschränkt, wobei die interstitiellen Zellen häufig erhalten bleiben.

Die Folgen der relativen Ischämie lassen sich in Abhängigkeit von der Intensität des ischämischen Schadens besonders eindrucksvoll am Herzmuskel demonstrieren (Abb. 5.13). Sie reichen von der Einzelzellnekrose über unterschiedlich ausgedehnte Massennekrosen bis zum typischen subtotalen Infarkt mit Untergang auch der interstitiellen Bindegewebszellen.
Diese Form des Infarkts weist auch eine günstigere Prognose auf als die nach totaler Ischämie. Das beruht auf der Tatsache, daß die Ausheilung von den häufig noch erhaltenen mesenchymalen Gewebsteilen rascher vor sich geht.

5.3.1.3. Thrombose

Als Thrombose definieren wir das intravitale und intravasale Festwerden von Blut.

Wir grenzen sie damit einerseits vom Leichengerinnsel und andererseits von der Blutgerinnung intra vitam ab. Letztere ist bei Verletzung der Gefäßkontinuität zu beobachten.

Ursachen der Thrombose. Die Ursache der Thrombose ist in der bereits von Rudolf Virchow formulierten Trias von *Strömungsänderungen, Wandveränderungen und Veränderungen der Blutbeschaffenheit* zu sehen.
Strömungsänderungen sind durch *Verlangsamungen* und durch *Wirbelbildungen* gekennzeichnet. Erstere treten z.B. bei allgemeinen Kreislaufstörungen und Varizenbildungen auf, letztere sind z.B. bei Aneurysmen vorhanden.
Wandveränderungen der Gefäße reichen von einer *Änderung der chemischen Beschaffenheit des Endothels* über leichte *Endothelläsionen* bis zu schwersten strukturellen Veränderungen bei der *Arteriosklerose*.
Änderungen der Beschaffenheit des Blutes beruhen vor allem auf *Abweichungen des Gerinnungsstatus* des Blutes und der Klebrigkeit der Thrombozyten.

Formale Genese der Thrombose. In Abhängigkeit vom Entstehungsmechanismus sind im wesentlichen zwei Thrombenarten zu unterscheiden, nämlich der weiße oder Abscheidungsthrombus und der rote oder Gerinnungsthrombus.
Weißer Thrombus. Diese Form des Thrombus beruht auf einer Agglutination von Thrombozyten.

Der Mechanismus ist grundsätzlich folgender: Das lädierte Endothel ist im Gegensatz zur negativen Ladung der Thrombozyten elektropositiv geladen. Auf Grund dieser unterschiedlichen elektrostatischen Ladung erfolgt eine Adhäsion der Thrombozyten an die Gefäßwand. Bei dem Kontakt zwischen Thrombozyten und Bindegewebszellen wird sowohl aus den Thrombozyten als auch aus den geschädigten Gefäßwandzellen ADP freigesetzt. Die Klebrig-

keit der Thrombozyten wird hierdurch erhöht, und sie agglutinieren miteinander. Bis hierher handelt es sich um eine noch reversible Plättchenagglutination.
Es folgt eine Freisetzung von Gewebsthrombokinase und eine Thrombinbildung mit jetzt irreversibler Agglutination der Thrombozyten.
Außerdem spielt bei der Thrombogenese das antagonistische Wechselspiel zwischen Thromboxan und Prostacyclin eine wichtige Rolle. Prostacyclin wird in der Gefäßwand, vor allem im Endothel gebildet und wirkt gefäßdilatierend und auf die Thrombozyten aggregationshemmend. Thromboxan ruft eine Vasokonstriktion hervor und begünstigt die Aggregation von Thrombozyten.

Die Entstehung des weißen Thrombus unterscheidet sich somit grundsätzlich von der Blutgerinnung, die durch den Ausfall von Fibrin gekennzeichnet ist.

Morphologisch baut sich der weiße Thrombus aus einem Balkenwerk von Thrombozyten auf, dessen Lücken durch ein Fibrinfasernetz ausgefüllt werden. In diesem Fibrinnetz liegen die korpuskulären Bestandteile des Blutes, also vor allem Erythrozyten und Leukozyten. Dies ist das Bild des *Korallenstockthrombus* (Abb. 5.14). Eine andere Erscheinungsform des weißen Thrombus ist der *geschichtete Thrombus* (Abb. 5.15), bei dem die eben erwähnten Thrombusbestandteile in Schichten angeordnet sind. Der weiße Thrombus tritt vor allem als *wandständiger* und seltener als obturierender Thrombus auf.

Roter Thrombus.

Die Entstehung des roten Thrombus ist durch eine Fibringerinnung gekennzeichnet und entspricht so der normalen Blutgerinnung.

Er besteht aus Fibrin und überwiegend Erythrozyten und ähnelt in seiner Zusammensetzung einer erstarrten Blutsäule. Es handelt sich bei ihm meist um einen *obturierenden Thrombus*, der das Gefäßlumen völlig verschließt (Abb. 5.16).
Aus Anteilen eines weißen und eines roten Thrombus setzt sich der *gemischte*

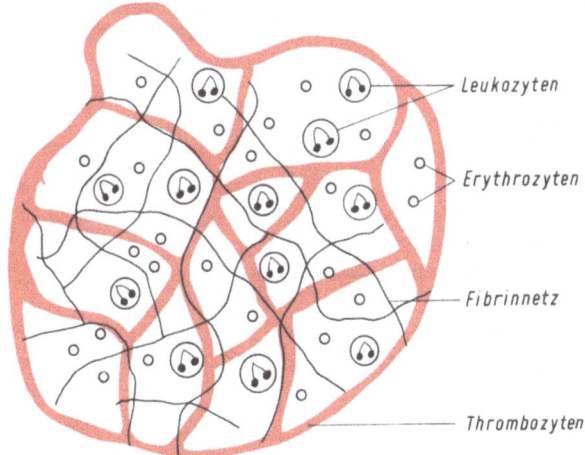

Abb. 5.14 Schematischer Aufbau eines Korallenstockthrombus

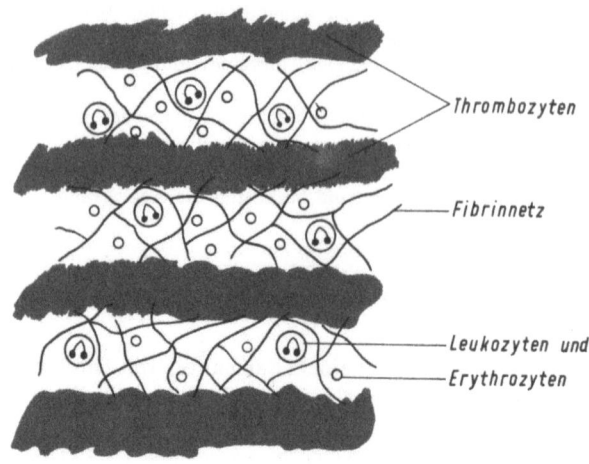

Abb. 5.15 Schematischer Aufbau eines geschichteten Thrombus

Thrombus zusammen. Er besteht aus einem *Kopfteil* (weißer Thrombus), an den sich der *Schwanzteil* (roter Thrombus) anschließt.

Als Sonderformen des Thrombus sind zu nennen:
- *Septischer Thrombus.* Entweder handelt es sich hierbei um einen sekundär infizierten Thrombus, wobei die Infektion ihren Ausgang vom Gefäßlumen aus nehmen kann, oder sie greift aus der Gefäßnachbarschaft auf den Thrombus über. Es kann sich aber auch um eine primär entzündliche Veränderung der Wandung handeln, an die sich die Thrombenbildung anschließt. Ein derartiger Thrombus kann die Ursache einer Sepsis bzw. einer Septikopyämie sein. Septische Thromben finden sich z.B. in Uterusvenen nach einem septischen Abort oder an den Herzklappen bei einer septischen Endokarditis.

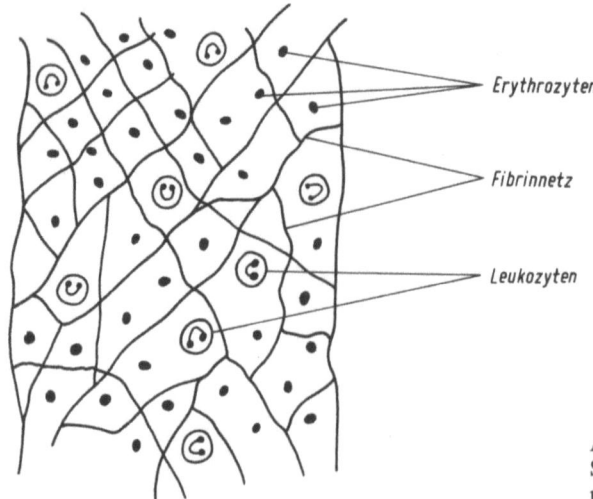

Abb. 5.16
Schematischer Aufbau eines roten Thrombus

● *Hyaliner Thrombus.* Er tritt entweder als primärer hyaliner Thrombus auf, oder es kann sich um die sekundäre hyaline Umwandlung eines Thrombus handeln. Er findet sich vor allem in Kapillaren und kaum in größeren Gefäßen. In der Regel handelt es sich um Thromben, die aus Fibrin und Thrombozyten bestehen und sich sekundär hyalin umwandeln. Sie finden sich in den Gefäßen der terminalen Strombahn, vor allem beim Schock und auch im Randgebiet von Entzündungen.

Sekundäre Veränderungen des Thrombus. Im allgemeinen erfolgt eine *Organisation des Thrombus* von der Gefäßwand her durch einsprossendes Granulationsgewebe mit Abbau der Erythrozyten (Bildung von Hämosiderin in der Peripherie und von Hämatoidin im Zentrum des Thrombus) und Kapillarisierung des Thrombus (Revaskularisation des Gefäßes). Über den letztgenannten Mechanismus kann es zu einer Wiederdurchblutung des ursprünglich verschlossenen Gefäßes kommen, in dem an beiden Polen des Thrombus die Kapillaren Anschluß an das Gefäßlumen finden.
Sekundär kann eine *Verkalkung* (dystrophische Verkalkung) des Thrombus erfolgen mit Ausbildung eines Phlebolithen (Venensteins). Phlebolithen können die Ursache von Fehldiagnosen sein, wenn sie auf dem Röntgenbild des kleinen Beckens mit Uretersteinen verwechselt werden.
Die *puriforme Erweichung* des Thrombus ist ein der Autolyse vergleichbarer Prozeß.

Folgen eines Thrombus. Die Folgen eines Thrombus hängen ab
● von der Lokalisation des Thrombus,
● vom Grad des Gefäßverschlusses.

Tabelle 5.6 Folgen der Thrombose

	Gefäß	Ausmaß d. Verschlußes	Art d. Durchblutungsstörung	Folgen
örtliche Wirkung	Arterie	wandständig	relative Ischämie	disseminierte Nekrosen
		obturierend	absolute Ischämie	Infarkt
	Vene	wandständig	passive Hyperämie	Ernährungsstörungen
		obturierend	passive Hyperämie	Ernährungsstörung – hämorrhag. Infarkt
Fernwirkung	Arterienembolie	obturierend	absolute Ischämie	Infarkt

Arterielle Thromben bedingen eine *totale* oder *relative Ischämie* des von dem betroffenen Gefäßabschnitt versorgten Gewebes (Infarktentstehung). **Venöse Thromben** führen zu einer *passiven Hyperämie* mit ihren Folgen (s. 5.3.1.2. Hyperämie und Tabelle 5.6). Die wichtigste Komplikation des Thrombus ist die *Embolie.* Zu ihr kommt es dann, wenn sich der noch nicht organisierte Thrombus von der Gefäßwand löst und auf dem Blutweg verschleppt wird. Besonders disponiert hierzu sind Thromben mit puriformer Erweichung.

5.3.1.4. Embolie

Unter einer Embolie versteht man die Verschleppung und Einkeilung von Stoffen, die sich mit dem Blut nicht mischen. Die Einkeilung erfolgt dort, wo die Größe des Embolus den Querschnitt des Gefäßes überschreitet. Der *Embolus* ist gegenüber der Metastase abzugrenzen. Während er nur eine *rein mechanische Wirkung* entfaltet, ist die Metastase (sowohl die Gewächsmetastase als auch die bakterielle Metastase) dadurch gekennzeichnet, daß die verschleppten Gewächszellen oder Bakterien am Ort des Haftenbleibens Wachstum und Vermehrung zeigen. Je nach Beschaffenheit des Embolus werden verschiedene Embolieformen unterschieden.

Embolie fester Körper. Zu dieser Gruppe gehört als häufigste Form die **Blutpfropfembolie**. Sie entwickelt sich im Gefolge einer venösen Thrombose, vor allem der Femoral- und Beckenvenen bei bettlägrigen Patienten, als gefürchtete Komplikation nach operativen Eingriffen oder im Gefolge einer Thrombophlebitis. Sie tritt aber auch als arterielle Embolie in Erscheinung. Weiter sind die *Krebszellembolie*, die *Fruchtwasserembolie* und die *Plazentarzellembolie* zu erwähnen sowie die *Embolie von Fremdkörpern*, die in die Blutbahn eingedrungen sind.

Embolie flüssiger Körper. Sie findet sich vor allem als *Fettembolie*. Diese kann einmal die Folge mechanischer *Traumen* mit und ohne Knochenfrakturen sein. Bemerkenswert ist, daß sie bei Frakturen und geschlossenem Foramen ovale häufig erst nach einem freien Intervall von mehreren Tagen in Erscheinung tritt. Die Fetttropfen können dann die Lungenkapillaren passieren. Es kommt zu einer Fettembolie des Gehirns mit einer Purpura cerebri sowie der Nieren, was zum Auftreten von Fett im Urin führt. Eine Fettembolie ist auch zu beobachten, wenn das in der Blutbahn normalerweise fein emulgierte Fett zu größeren Fetttropfen zusammenfließt. Dies kann z.B. bei *chronischen Anämien* und nach *Verbrennungen* der Fall sein

Embolie gasförmiger Körper. Hierzu gehört vor allem die *Luftembolie*. Sie ist überwiegend als venöse Embolie bedeutsam und z.B. nach der *Verletzung herznaher Venen* (Strumaoperation) zu beobachten. Bei Verletzung der V. jugularis kann in der Inspirationsphase in die Vene Luft eindringen, da hier zu diesem Zeitpunkt ein negativer Druck herrscht. Bedeutsam ist die Luftembolie als lebensbedrohliche Komplikation beim *kriminellen Abort*, wenn in den Uterus Luft eingespritzt wird. Die Luft dringt dann über die Uterusvenen auch in die Blutbahn ein. Luft und Blut bilden in der Lungenstrombahn und im rechten Ventrikel ein schaumiges Gemisch, das die Lungenkapillaren nicht passieren kann.

Als besondere Form der Luftembolie ist die *Caissonkrankheit* zu erwähnen. Sie beruht auf einem plötzlichen Druckabfall, wie z. B. bei zu raschem Ausschleusen von Tauchern und Caissonarbeitern, die in größeren Wassertiefen unter höherem Druck gearbeitet haben. Unter diesen Bedingungen erfolgt eine rasche Freisetzung des im Blut und im Gewebe gelösten Stickstoffs, der dann in Form feinster Gasblasen die Kapillaren verstopft. Derartige Unfälle können auch in der Luft- und Raumfahrt bedeutsam sein, wenn es zu Beschädigungen der Druckkabinen kommt.

Die eben beschriebenen Embolieformen können als *direkte* und als *indirekte* Embolien auftreten (Abb. 5.17).
Bei der **direkten Embolie** gelangt der Embolus direkt aus dem Venensystem über das rechte Herz in die A. pulmonalis.

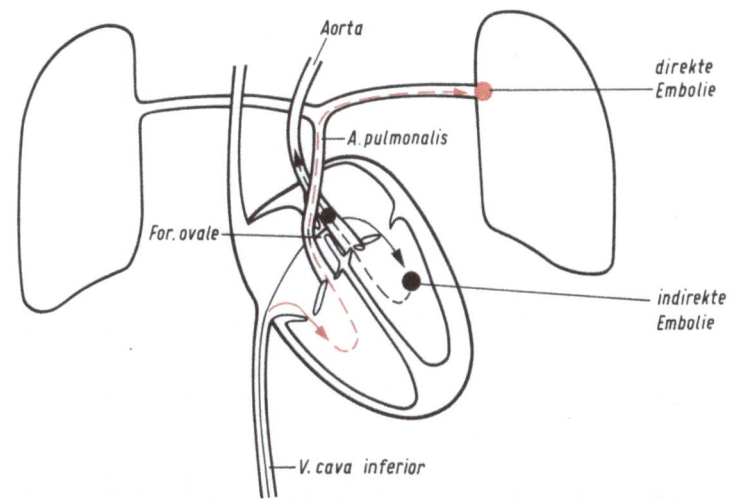

Abb. 5.17 Strömungsweg eines Embolus bei direkter (rot) und indirekter (schwarz) Embolie

Die **indirekte** oder auch **paradoxe Embolie** setzt das Vorhandensein eines offenen Foramen ovale voraus. Unter Umgehung des Lungenkreislaufs kann ein Embolus jetzt direkt aus dem rechten Vorhof in den linken Vorhof und damit in den arteriellen Blutkreislauf gelangen (s. Abb. 5.17). Voraussetzung ist weiter eine Druckerhöhung im kleinen Kreislauf und damit im rechten Herzen (möglicherweise durch eine vorangehende Lungenembolie), da normalerweise infolge des höheren Druckes im linken Vorhof ein Embolus das Foramen ovale entgegen dem Druckgefälle nicht passieren kann. Es muß eine, wenn auch nur vorübergehende, *Druckumkehr* erfolgen (z. B. bei mehrzeitiger Lungenembolie).

Folgen der Embolie. Bei massiver **Lungenembolie** erfolgt der Tod unter dem Bild des *akuten Cor pulmonale*. Infolge eintretender Hypoxämie (große Lungenabschnitte werden nicht mehr ausreichend mit Blut durchströmt) bei gleichzeitig erhöhtem Energie- und damit Sauerstoffbedarf des rechten Kammermyokards infolge vermehrt zu leistender Druckarbeit bildet sich eine *Energiemangelinsuffizienz* aus. Bei Überleben einer kleineren Lungenembolie bildet sich ein *hämorrhagischer Lungeninfarkt*. Eine **Embolie im arteriellen Kreislauf** führt zu *Infarkten* in verschiedenen Organen wie Gehirn, Darm, Milz, Niere und auch in den unteren Extremitäten. Dringt Fett in den arteriellen Körperkreislauf ein, ist vielfach eine *Purpura cerebri* zu beobachten. Die Folge eines septischen Embolus ist der septische Infarkt.

5.3.2. Störungen des Blutdrucks und ihre Folgen

Der **Blutdruck** des Menschen ist eine variable Größe, die von *Alter, Geschlecht, Arbeitsbelastung, psychischem Erregungszustand, Tagesrhythmus* u. a. beeinflußt wird und deshalb keine absolute Größe darstellt. Entsprechend einer Festlegung der WHO liegt eine Blutdruckerhöhung dann vor, wenn der Grenzwert von 160 mm Hg (= 21,3 kPa) systolisch und 95 mm Hg (=12,7 kPa) diastolisch überschritten wird. Grundsätzlich unterscheiden wir zwischen einer *Hypertonie im großen Kreislauf*, einer *Hypertonie im kleinen Kreislauf* und der im *Portalkreislauf*.

5.3.2.1. Hypertonie im großen Kreislauf

Die Hypertonie im großen Kreislauf wird unter ätiologischem Aspekt in die *symptomatische* und die *essentielle Hypertonie* unterteilt. Letztere stellt mit 80% weitaus die Mehrzahl aller Hypertoniefälle.

Symptomatische Hypertonie. Bei diesen Formen stellt der Hypertonus kein eigenes Krankheitsbild dar, sondern er ist als das Symptom einer Grundkrankheit aufzufassen. In diesem Fall geht es klinisch somit nicht um die Senkung des Blutdrucks allein, sondern vordergründig um die Erkennung der ihm zugrunde liegenden Krankheit. Eine kausale Therapie des Hochdrucks ist hier nur durch die Beseitigung der Grundkrankheit möglich.
Renale Hypertonie. **Erkrankungen der Nieren** stellen die häufigste Ursache eines symptomatischen Hypertonus dar, wobei der Pathomechanismus der Blutdruckerhöhung unterschiedlich ist. Bei der *renovaskulären* Hypertonie besteht eine Stenose eines größeren arteriellen Gefäßes. Sie entspricht dem experimentellen Goldblatt-Phänomen mit Einengung der A. renalis. Die Blutdruckerhöhung ist auf den Renin-Angiotensin-Mechanismus zurückzuführen. Infolge der renalen Minderdurchblutung reagieren die Druck- und Volumenrezeptoren des juxtaglomerulären Apparats. Es wird aus seinen Zellen Renin freigesetzt, das das in der Leber gebildete Angiotensinogen in das nicht vasokonstriktorische Angiotensin I umwandelt. Dieses wiederum wird durch das sog. converting enzyme in die wirksame Form, das Angiotensin II, überführt, welches eine Arteriolenkonstriktion und damit eine Blutdruckerhöhung bewirkt. Außerdem spielen ein antinatriuretischer und ein aldosteronstimulierender Effekt eine Rolle. Das bedingt eine Hypernatriämie und eine Steigerung der Erregbarkeit der glatten Muskulatur der kleinen Arterien und der Arteriolen, die damit auf konstriktorisch wirksame Reize, z. B. des Sympathikus und des Angiotensin II, verstärkt ansprechen.
Die *renoparenchymale* Hypertonie beruht wahrscheinlich auf einem vergleichbaren Mechanismus. Infolge einer Schrumpfung des Parenchyms kommt es hier aber zu einer Einengung der kleineren intrarenalen arteriellen Gefäße. Auch hier schließt sich wahrscheinlich dann der Renin-Angiotensin-Mechanismus an. Zu dieser Gruppe von Krankheiten gehören die *entzündliche* (glomerulonephritische und pyelonephritische) sowie die *vaskuläre* (Arteriosklerose, maligne Nephrosklerose) *Schrumpfniere* wie auch die *Zystenniere* und entzündliche Erkrankungen der Nierenarterien, z. B. bei *Panarteriitis nodosa*, ebenfalls mit Einengung des arteriellen Lumens. Hämodynamisch handelt es sich bei diesen renalen Hypertonieformen um einen Widerstandshochdruck.
Endokrine Hypertonie. Diese Gruppe von Hypertonie ist auf die Störung verschiedener hormoneller Regulationsmechanismen zurückzuführen. Zu ihnen gehört z. B. das *Phäochromozytom*. Bei diesem handelt es sich um einen Tumor des Nebennierenmarks, der mit einer gesteigerten Produktion von Adrenalin und Noradrenalin einhergeht. Diese Stoffe wirken bekanntlich vasokonstriktorisch, und die Folge ist

auch hier ein Widerstandshochdruck. Klinisch charakteristisch sind paroxysmal (anfallsweise) auftretende Blutdruckkrisen.

Der Hochdruck beim *M. Cushing* beruht auf einer vermehrten Bildung von Cortisol infolge Störung der hypothalamischen Steuerung der Hypophyse oder infolge des Vorliegens eines basophilen oder seltener chromophoben Hypophysenvorderlappenadenoms bzw. eines Nebennierenrindenadenoms.

Bedeutsam ist auch der Hypermineralocorticoidismus, wie er sich beim *Conn-Syndrom* infolge eines Adenoms der Nebennierenrinde findet. Die Folge ist eine vermehrte Aldosteronausschüttung. Der Hochdruck wird in diesem Fall auf eine Natriumretention und verstärkte Ansprechbarkeit der Gefäßmuskulatur auf vasokonstriktorische Substanzen zurückgeführt. Es handelt sich bei dieser Hochdruckform um eine Kombination von Widerstands- und Volumenhochdruck.

Eine *Hyperthyreose* führt ebenfalls zu einem erhöhten Blutdruck infolge Erhöhung des Herzminutenvolumens, vor allem durch die immer vorhandene Tachykardie. Hämodynamisch handelt es sich somit um einen Volumenhochdruck.

Kardiovaskuläre Hypertonie. Zu dieser Gruppe sind Hochdruckformen infolge Verringerung der Windkesselfunktion der Aorta zu rechnen, z. B. der *Elastizitätshochdruck*, der *Volumenhochdruck* infolge gesteigertem Herzminutenvolumen und der erhöhte Blutdruck infolge einer *Aortenisthmusstenose*.

Neurogene Hypertonie. Diese Form des Hochdrucks ist auf eine verringerte Ansprechbarkeit der Barozeptoren infolge Herabsetzung der Gefäßelastizität oder auf regulatorische Störungen des Vasomotorenzentrums in der Medulla oblongata durch krankhafte Prozesse wie z. B. Durchblutungsstörungen zurückzuführen. Das Vasomotorenzentrum spricht nicht mehr regulierend auf eine Blutdruckerhöhung an. Diese Form des Hochdrucks wird auch als *Entzügelungshochdruck* bezeichnet.

Essentielle Hypertonie. Die essentielle Hypertonie stellt die eigentliche Bluthochdruckkrankheit dar. Sie ist als eine *Regulationskrankheit* aufzufassen und in ihrer Anfangsphase durch einen labilen Hochdruck gekennzeichnet, der später, u. a. bedingt durch sekundäre Veränderungen an den Nierengefäßen (Arteriolosklerose), zu einem stabilen Hochdruck wird. Schon die Bezeichnung essentielle Hypertonie weist darauf hin, daß Ätiologie und formale Pathogenese dieser Hochdruckform noch weitgehend offen und in der Diskussion sind. Die *neurogene Theorie* der Hochdruckgenese spielt hier eine wichtige Rolle. Sie geht davon aus, daß insbesondere sich wiederholende negative Emotionen zu einer Neurose führen. Offensichtlich haben psychoemotionale Überforderungen in diesem Zusammenhang besondere Bedeutung. Wahrscheinlich bedingen derartig sich wiederholende Belastungen erst eine funktionelle Störung der Blutdruckregulation über Angriffspunkte im ZNS, die sich späterhin stabilisieren. Diese Stabilisierung kann neben den bereits erwähnten Veränderungen an der Niere auch auf eine stabile, veränderte Ansprechbarkeit des Vasomotorenzentrums zurückzuführen sein. Weiterhin ist bei der Ätiologie auch eine erbliche Disposition möglich, und eine Häufung ist bei Adipösen und bei Diabetikern zu beobachten.

Ätiologisch bedeutsam sind wahrscheinlich weiterhin zentral ausgelöste neuroendokrine Störungen. In diesem Zusammenhang sind Hypophyse und Nebenniere zu beachten. Besonders psychische Belastungen, die über das individuell tolerierbare Maß hinausgehen und dann als Stress im negativen Sinne wirken, führen zu einer ACTH-Ausschüttung mit einer sich anschließenden Mobilisation von Corticosteroiden sowie einer Ausschüttung von Adrenalin über eine Stimulierung des sympathischen Nervensystems. Diskutiert wird weiterhin eine Anreicherung von Natrium in der glatten Gefäßwandmuskulatur mit einer gesteigerten konstriktorischen Reagibilität gegenüber vasoaktiven Substanzen. Insgesamt handelt es sich um ein außerordentlich komplexes ätiologisches Geschehen, das in seiner komplizierten Verflechtung noch einer Klärung bedarf.

Folgen des Hochdrucks. Die Folgen des Hochdrucks sind in erster Linie an den Veränderungen des Herz-Gefäß-Systems abzulesen. Der erhöhte Blutdruck bedeutet eine vermehrte Belastung und damit Arbeit für das Herz. Auf die gesteigerte Druckarbeit reagiert es mit einer *Hypertrophie*, die das linke Herz betrifft. Weiterhin stellt die Hypertonie einen essentiellen Risikofaktor für die *Arteriosklerose* dar. Diese bestimmt mit ihren verschiedenen **Erscheinungsformen**, so vor allem der chronisch-ischämischen Herzkrankheit, der *zerebrovaskulären Insuffizienz* und den *Durchblutungsstörungen* der Extremitäten, das klinische Bild. So sind wesentliche **Todesursachen** der Hypertonie der *Myokardinfarkt*, die *chronische Insuffizienz des hypertrophierten Herzens*, die *zerebrale Erweichung und Massenblutung*, die *Gangrän* der unteren Extremitäten und bei Nierenbeteiligung auch die *Urämie*.

5.3.2.2. Hypertonie im kleinen Kreislauf

Die **Hypertonie im kleinen Kreislauf** ist nur im Ausnahmefall primär. In der Regel handelt es sich um eine sekundäre Hypertonie. Die Ursachen für eine pulmonale Hypertonie liegen in Veränderungen einmal der Lunge selbst und zum anderen im Herzen. **Pulmonal** ist auf die *Mikroembolie* mit sich wiederholendem Verschluß kleiner Pulmonalarterienäste, *restriktive Ventilationsstörungen*, die mit einer Verringerung des Kapillarquerschnitts einhergehen wie das chronisch-substantielle Lungenemphysem, die chronische Pneumonie, die Silikose, chronische Tuberkulose und auch Atelektase zu verweisen. Als **kardiale Ursachen** kommen alle die Krankheitsbilder in Frage, die infolge des Versagens des linken Herzens zu einer Stauung im kleinen Kreislauf und damit zu einer Blutdruckerhöhung im pulmonalen Arteriensystem führen. Hierzu gehören vor allem die *dekompensierte Hypertonie* des großen Kreislaufs, die *angeborenen und erworbenen Herzfehler* und auch die *chronische Herzinsuffizienz bei der chronisch-ischämischen Herzkrankheit*. Auch *Tumoren des Vorhofs*, wie Myxome, können eine Rolle spielen. Zu den ausgeprägtesten Formen einer pulmonalen Hypertension kommt es bei der reinen *Mitralklappenstenose*. Die **Folge** der Blutdruckerhöhung in der A. pulmonalis ist eine *Rechtsherzhypertrophie*. Diese wird als *chronisches Cor pulmonale* bezeichnet, wenn die Ursache in primären Veränderungen der Lunge liegt. Weiterhin beobachtet man als ein weiteres wichtiges morphologisches Hinweiszeichen auf eine pulmonale Hypertonie eine mehr oder minder ausgeprägte *Pulmonalarteriensklerose*.

5.3.2.3. Hypertonie im Portalkreislauf

Ursächlich spielen für den Druckanstieg im Portalkreislauf die *Leberzirrhose*, eine *Pfortaderthrombose* und *Einengungen der Pfortader* durch Gewächse die wichtigste Rolle. **Folge** ist eine *passive Hyperämie* im Pfortadersystem mit Ausbildung eines

Aszites, einer sinuösen *Hyperplasie der Milz* sowie der Ausbildung von *Kollateralen* über die Ösophagus-, Hämorrhoidal- und Umbilikalvenen. Außerdem kann man eine *Serositis chronica intestinii* beobachten. Eine tödliche Komplikation besteht häufig in der *Ruptur von Ösophagusvarizen* mit Verblutung.

5.3.3. Blutungen

5.3.3.1. Ursachen von Blutungen

Rhexisblutungen beruhen auf einer mechanischen Zerstörung der Gefäßwand. Es kann sich einmal um *arterielle Blutungen* handeln, die sich durch ein entsprechend der Herztätigkeit rhythmisch spritzendes hellrotes Blut auszeichnen. Sie finden sich bei Traumen wie Zerreißung und Kontinuitätsunterbrechung durch Schnitt mit scharfen Gegenständen (Messer, Glas), bei Arrosion infolge destruierenden Gewächswachstums sowie Gewebseinschmelzung, wie z. b. dem Magenulkus und anderen entzündlichen Prozessen. Eine Ruptur arterieller Gefäße kommt als Komplikation von Aneurysmen und bei der Medionecrosis aortae vor. Auch die Herzruptur mit Herzbeuteltamponade bei transmuralem Myokardinfarkt stellt eine arterielle Blutung dar.

Zum anderen gibt es die *venöse Blutung,* die durch einen gleichmäßigen Blutstrom gekennzeichnet ist, und das Blut weist einen mehr blaurötlichen Farbton auf. Bekanntestes Beispiel einer venösen Blutung ist die Ösophagusvarizenruptur. Außerdem findet man sie bei traumatischen Venenverletzungen.

Schließlich lassen sich noch die *parenchymatösen Blutungen* abgrenzen, die bei flächenhaftem, tangentialem Schnitt und Riß sowie bei Schürfwunden auftreten, und die durch ein hellrotes Blut gekennzeichnet sind, das langsam und gleichmäßig aus dem Wundbett strömt. Entsprechend der Lokalisation lassen sich verschiedene Erscheinungsformen der Blutung unterscheiden (Tabelle 5.7).

Tabelle 5.7 Erscheinungsformen von Blutungen

Petechien/Ecchymosen	= punktförmige Blutungen
Suffusionen/Sugillationen	= flächenhafte Blutungen
Hämatom	= Blutung ins Gewebe mit dreidimensionaler Ausbreitung
Epistaxis	= Nasenbluten
Hämoptoe	= Bluthusten
Hämatemesis	= Bluterbrechen
Melaena	= Blut im Stuhl
Hämaturie	= Blut im Urin
Hämaskos	= Blut im Bauchraum
Hämatoperikard	= Blut im Herzbeutel
Hämarthros	= Blut im Gelenk
Hämatothorax	= Blut im Pleuraraum
Hämatosalpinx	= Blut in der Tube
Hämatometra	= Blut im Cavum uteri
Hämatozephalus	= Blut in den Hirnhöhlen

Diapedeseblutungen beruhen auf *vaskulären Schädigungen, Störungen der Thrombozyten* in Form von Thrombopenien und Thrombopathien sowie auf dem *Mangel an plasmatischen Gerinnungsfaktoren.*
Als **Ursache für eine vaskuläre Schädigung** mit erhöhter Permeabilität für das Blut kommen eine *hypoxämische Gefäßwandschädigung,* eine *Schädigung durch toxische Substanzen und Arzneimittel, infektiös-toxische Einwirkungen* wie Milzbrand, Grippe, Pocken, Meningokokkensepsis und Vitamin-C-Hypovitaminose in Frage.
Störungen der Thrombozyten finden sich in Form der *Thrombasthenie,* der *konstitutionellen Thrombozytopathie,* der *indiopathischen thrombopenischen Purpura* (Werlhoff) sowie von *sekundären Schädigungen der Thrombozyten* durch immunpathogene Mechanismen, Medikamente oder infektiös-toxische Einflüsse.
Störungen der plasmatischen Gerinnungsfaktoren sind die Ursache für Blutungen *bei Bildungsstörungen,* z. B. durch Vitamin-K-Mangel bei Leberzirrhose, und *Umsatzstörungen* wie Verbrauchskoagulopathien, Hyperfibrinolyse und Immunkoagulopathien.
Die **Folgen** der Diapedeseblutung äußern sich in einer *hämorrhagischen Diathese* mit Blutungen vor allem im Bereich der Haut- und Schleimhäute wie auch der serösen Häute, z. B. Pleura, Perikard und Epikard, aber auch in Organblutungen.

5.3.3.2. Folgen einer Blutung

Die Folgen einer Blutung werden bestimmt von
- der Geschwindigkeit der Blutung,
- dem Blutverlust,
- dem Ort der Blutung.

Eine massive **akute Blutung** führt zum *hämorrhagischen Schock.* **Chronische Blutungen**, z. B. in Form einer okkulten (versteckten) Blutung, bedingen eine Eisenmangelanämie und haben eine *Verfettung parenchymatöser Organe* zur Folge, die sich z. B. in einer zentrolobulären Verfettung der Leber oder der sog. Tigerung des Herzmuskels äußert. Man beobachtet auch ein *regeneratorisches Knochenmark,* d. h., statt des im Alter vorhandenen Fettmarks liegt ein blutbildendes Mark vor.
Doch auch mengenmäßig bedeutungslose Blutungen können bei entsprechender **Lokalisation** lebensbedrohlich wirken. Dies geschieht durch die Kompression lebenswichtiger Organe oder durch Zerstörung wichtiger für die Lebensfunktion bedeutsamer Zentren. So stellen die Blutungen im Bereich des Schädels und des Gehirns stets ein lebensbedrohliches Ereignis dar, sei es durch einen erhöhten Hirndruck oder durch Zerstörung von Hirnzentren. Wir verweisen z. B. auf die *epi-* und *subduralen* oder auch *meningealen Blutungen* oder auf manchmal mengenmäßig ganz geringfügige *Blutungen des Pons.* Auch bei der *Herzbeuteltamponade* beim Myokardinfarkt führt eine mengenmäßig nur geringe Blutmenge zu einer Einstellung der Herzfunktion infolge Abklemmung der großen herznahen Venen.
Blutaspiration mit Ersticken findet sich bei Bronchialkarzinom mit Gefäßarrosion und auch bei Schädelbasisfrakturen.
Bei Blutungen im Gewebe sind *Hämatome* die Folge, die organisiert werden, aber auch den Boden für eine Infektion bilden können.

5.3.4. Schock
5.3.4.1. Definition und formale Genese

> Der Schock stellt eine generalisierte Kreislaufinsuffizienz dar mit einem unzureichenden Blutfluß in der Gefäßperipherie. Er ist das Resultat eines Mißverhältnisses zwischen Gefäßkapazität und vorhandener Blutmenge und zeichnet sich durch schwere Stoffwechselstörungen aus.

Der Schock ist gegenüber dem **Kollaps** abzugrenzen (z.B. orthostatischer Kollaps). Für diesen ist nur die hämodynamische Komponente mit Abfall des Blutdrucks charakteristisch. Er ist das Ergebnis einer nervalen Dysregulation.
Der **Schock** läßt sich in ein reversibles und ein irreversibles Stadium unterteilen. Das **reversible Stadium** ist vorwiegend durch funktionelle und nur geringgradige morphologische Abweichungen gekennzeichnet. In der Anfangsphase des Schocks besteht eine *Vasodilatation*. In ihr bestimmen das sympathische Nervensystem sowie lokale Faktoren wie CO_2, Lactat, Adrenalin, Histamin, Prostacyclin und Kinine die Vasomotion der Endstrombahn. Daran schließt sich eine *prä- und postkapilläre Vasokonstriktion* an. Diese betrifft vor allem die terminale Strombahn der Haut und der quergestreiften Skelettmuskulatur, die etwa 40–50 % der gesamten Körpermasse ausmacht. Die Ruhedurchblutung der Skelettmuskulatur wird auf 15–20 % des Normalwerts reduziert. Das Ergebnis ist eine **Zentralisation** des Kreislaufs mit Aufrechterhaltung der Durchblutung lebenswichtiger Organe wie des Herzens, des Gehirns und der Nieren. Diese Zentralisation hat eine Schädigung der Kapillaren mit metabolischen Störungen im gedrosselten Stromgebiet zur Folge. Bei der sich anschließenden *allgemeinen Vasodilatation* wird der Organismus mit den im gedrosselten Gewebe angestauten Stoffwechselprodukten überschwemmt. Dies führt zu einer weiteren Steigerung des Schockgeschehens. Man beobachtet dann eine Vasokonstriktion der Arteriolen mit Stase und Bildung von Plättchenthromben, Auftreten des *Sludge-Phänomens*, Ödem, mit zunehmender Hypoxie kommt es zu einer Vasodilatation (Schema 1). Im einzelnen treten in den Gefäßen der terminalen Strombahn das sog. *Plasmaskimming* auf, d. h., die Gefäße werden von reinem Plasma ohne korpuskuläre Anteile durchströmt. Die Blutviskosität ist erhöht. Es tritt der sog. *rote sludge* auf, der auf eine reversible Erythrozytenagglutination mit

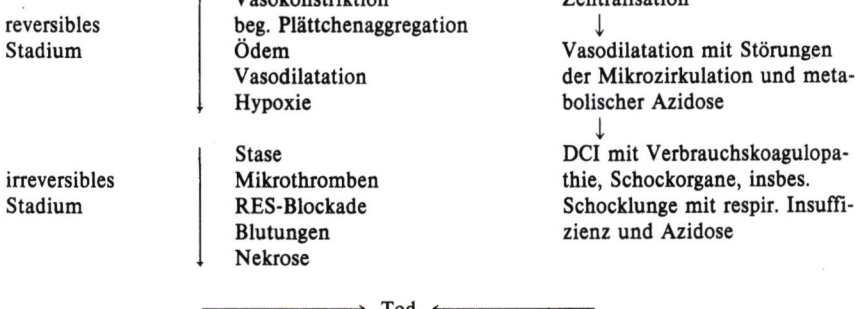

Schema 1 Wesentliche funktionelle und morphologische Veränderungen beim Schock

Verquellung derselben zurückzuführen ist. Dieser Vorgang bedeutet ein Passagehindernis für das strömende Blut. Es folgt dann der *weiße sludge*, an dessen Bildung vorzugsweise die Leukozyten beteiligt sind. Im weiteren Verlauf bilden sich Thrombozytenaggregate, für die die verringerte Blutströmung, der Austritt von ADP aus dem hypoxisch geschädigten Gewebe sowie die Einwirkung von Serotonin, Histamin und Catecholaminen verantwortlich sind. Letztlich entstehen fibrin- und plättchenreiche Mikrothromben. Damit ist das **irreversible Stadium** des Schocks erreicht. Diese Veränderungen beginnen zwar bereits in der noch reversiblen Phase, erreichen jedoch ihr Maximum mit Ausbildung einer *disseminierten intravaskulären Gerinnung* (= DIC, C = Coagulation) in der irreversiblen Phase. Die DIC beinhaltet eine Aktivierung des plasmatischen Gerinnungssystems mit Freisetzung von Gewebs- und Plättchenthromboplastin und anderen Gerinnungsfaktoren. In den kleinen Gefäßen bilden sich hyaline Thromben, die sich aus Fibrin und Plättchen zusammensetzen. Das hat eine unzureichende Blut- und Sauerstoffversorgung des Gewebes zur Folge mit dem Auftreten von Nekrosen. Die Abnahme der Gerinnungsfaktoren mit Auftreten von Mikrothromben wird unter dem Begriff **Verbrauchskoagulopathie** zusammengefaßt und bewirkt eine *generalisierte hämorrhagische Diathese* (s. Schema 1). Das Gleichgewicht zwischen latenter Gerinnung und Fibrinolyse ist zugunsten ersterer verschoben. Dabei spielt die Blockierung des RHS durch schockbedingte Stoffwechselprodukte eine wichtige Rolle, da es jetzt nicht wie üblich die bei latenter Gerinnung auftretenden Produkte abbauen kann. Das Ausmaß und die Qualität der beschriebenen Veränderungen differieren etwas in Abhängigkeit von der vorliegenden Schockform.

5.3.4.2. Ätiologie und Einteilung des Schocks

Die **Einteilung** des Schocks geht von **ätiopathogenetischen Gesichtspunkten** aus. Grundsätzlich werden Schockformen mit **primären Störungen der Makrozirkulation** von solchen unterschieden, bei denen **primäre Störungen der Mikrozirkulation** im Vordergrund stehen. Eine primäre Störung der Makrozirkulation ist für die im folgenden angeführten Schockformen charakteristisch.

Kardiogener Schock. Diese Form des Schocks wird durch eine Verminderung des Herzzeitvolumens ausgelöst. Ätiologisch ist an erster Stelle der Herzinfarkt zu nennen. Weiterhin ist er bei Abriß von Sehnenfäden oder des Papillarmuskels, bei Herzbeuteltamponade, Lungenembolie und Arrhythmien zu beobachten.

Hypovolämischer Schock. Diese Schockform ist grundsätzlich auf eine Verminderung des Blut- und Flüssigkeitsvolumens im Gefäßsystem zurückzuführen. Wichtige Formen des hypovolämischen Schocks sind:
- der *hämorrhagische Schock*. Ursächlich spielen bei ihm akute, massive Blutverluste eine entscheidende Rolle, wie z. B. Blutungen aus einem Magenulkus, Blutungen aus Ösophagusvarizen, Arrosionsblutungen bösartiger Gewächse, z. B. beim Bronchialkarzinom, oder auch Blutungen im Gefolge von Traumen mit Kontinuitätsunterbrechung arterieller oder venöser Gefäße oder der Ruptur innerer Organe, z. B. der Leber und der Milz, mit parenchymatösen Blutungen in die Bauchhöhle. Schließlich sind Rupturblutungen bei Aneurysmen unterschiedlicher Lokalisation oder der Medionecrosis aortae erwähnenswert;

- *der protoplasmatische Schock.* Dieser tritt z. B. nach Traumen mit Quetschung von Gewebe oder ausgedehnten Verbrennungen auf. Hier erfolgt der Flüssigkeitsverlust durch geschädigte Kapillaren;
- der *Schock durch Flüssigkeits- und Elektrolytverlust*. Diese Form ist bei entzündlichen Darmerkrankungen mit Flüssigkeitsverlust durch reiswasserartige Stühle und bei unstillbarem Erbrechen infolge einer angeborenen oder erworbenen Pylorusstenose (letztere vor allem bei Magenulkuskrankheit) zu beobachten.

Schock bei relativem Volumenmangel. Diese Schockform wurde früher auch als normovolämischer Schock bezeichnet. Auch hier handelt es sich um primäre Störungen der Makrozirkulation. Zu dieser Gruppe gehören:
- der *neurogene Schock*, wie er im Ergebnis von Hirnverletzungen und -blutungen und auch bei schweren Schmerzzuständen auftritt;
- der *anaphylaktische Schock* oder auch allergische Schock als Ausdruck einer pathogenen Immunreaktion (immunpathogene Reaktion vom Soforttyp bei der Zufuhr von Fremdserum oder bei Penicillinüberempfindlichkeit).

Endotoxinschock (septischer Schock). Der Endotoxin-Schock beruht auf einer primären Störung der Mikrozirkulation (terminale Strombahn). Als wichtiges Modell für den Endotoxinschock, das auch zu wesentlichen Erkenntnissen für andere Schockformen geführt hat, ist das *Sanarelli-Shwartzman-Phänomen* zu nennen. Dieses praktisch nur beim Kaninchen auszulösende Phänomen tritt nach einer im Abstand von 24 h vorgenommenen intravenösen Zweitinjektion von Endotoxin, einem Lipopolysaccharid aus der Zellwand gramnegativer Bakterien, auf. Es finden sich wenige Stunden nach der Zweitinjektion ein protrahierter Schock und eine Hyperämie der inneren Organe, Blutungen von Leber, Lunge, Milz und Nieren sowie fibrinreiche Gerinnungsthromben im venösen Anteil der terminalen Strombahn aller Organe. Damit geht eine Verbrauchskoagulopathie einher. Ursächlich spielt eine Blockierung der RHS-Clearance für aktivierte Gerinnungsmetabolite und Endotoxin eine Rolle. Morphologisch imponieren Thromben in der Lungenstrombahn, eine Endokarditis, Nekrosen und ein perivaskuläres Ödem im Herzen sowie vor allem Nierenrindennekrosen.

Beim Menschen beobachten wir den Endotoxinschock als septischen Schock, z. B. im Ergebnis einer Peritonitis. Wichtig ist in diesem Zusammenhang das *Waterhouse-Friderichsen-Syndrom*, das im Rahmen einer Meningokokkensepsis auftritt und durch ausgedehnte Blutungen und Nekrosen in den Nebennieren gekennzeichnet ist.

Auch für diese Schockformen ist wichtig, daß im Verlauf des Schockgeschehens als Folge einer Kapillarschädigung mit interstitiellem Flüssigkeitsaustritt eine hypovolämische Komponente hinzutritt.

5.3.4.3. Folgen des Schocks

Die **Folgen** des Schocks werden im wesentlichen von seiner *Dauer* und *Intensität* und auch von seiner *Art* bestimmt. Sie werden entscheidend geprägt von den **Mikrothromben**, die sich praktisch in allen Organen nachweisen lassen und ein wichtiges **morphologisches Korrelat des Schocks** darstellen, das auch diagnostische Bedeutung besitzt. Ihre Häufigkeit ist am größten beim Endotoxinschock und am

| funktionelle Störungen | morphologische Veränderungen |

respiratorische Insuffizienz	Mikrozirkulationsstörung → O_2-Mangel Endothel- und Epithelpermeabilität ↗ Störungen des Gerinnungssystems Übertritt von Gerinnungssubstanzen Surfactant-Faktor ↙ Perfusionsstörungen	reversibel interstitielles Ödem Endothel- u. Epithelschädigung → Nekrose Mikrothromben hyaline Membranen Atelektasen Alveolarwandverdickung Alveolozyten II ↗ Fibroblasten ↗ kollagene Fasern ↗ irreversibel

Schema 2   Formale Pathogenese und morphologische Veränderungen der Schocklunge

geringsten beim hämorrhagischen Schock. Als das entscheidende **Schockorgan** ist die *Lunge* anzusehen, deren Veränderungen sehr wesentlich für die Irreversibilität des Schocks sind (Schema 2). Für Schocklunge werden auch andere Bezeichnungen synonym verwendet, wie feuchte Lunge, Respiratorlunge, toxisches Lungenemphysem u. a. m. Diese verschiedenen Bezeichnungen bringen zum Ausdruck, daß sich die Befunde, wie sie für die Schocklunge charakteristisch sind, auch bei anderen Krankheitszuständen nachweisen lassen. Die Schocklunge ist funktionell durch einen *gestörten Gasaustausch* gekennzeichnet. Dieser ist auf ein **interstitielles Ödem** infolge einer Permeabilitätsstörung bei gestörter Membranfunktion der Endothelien und Epithelien zurückzuführen. Dieser erst noch reversible Befund wird dann von einer echten Schädigung der Endothelien und Epithelien gefolgt. Das Bild der Schocklunge wird offensichtlich am Ende der 1. Woche irreversibel. Die Alveolozyten vom Typ II überwuchern die Alveolozyten vom Typ I, und es tritt eine *interstitielle Fibroblastenwucherung* mit Faserbildung auf. Dieser Prozeß ist nicht mehr rückbildungsfähig. Daneben finden sich *vaskuläre Mikrothromben* und auch *hyaline Membranen*, die die Alveolen tapetenartig auskleiden. Infolge des O_2-Mangels wird der Surfactant-Faktor gar nicht oder unzureichend gebildet, und es treten *Atelektasen* auf. Diese Veränderungen der Lunge bedingen eine **respiratorische Azidose**, die zu einer Verstärkung der bereits bestehenden metabolischen Azidose führt. Die Lunge und die sich hier abspielenden Veränderungen tragen damit zu einer weiteren Verstärkung des Schockgeschehens bei.
In anderen Organen kommt es ebenfalls zu Veränderungen. So beobachtet man im **Herzen** *hämorrhagische Nekrosen* und sog. *zonale Schädigungen*, bei denen es sich um Kontraktionsbänder handelt. In der **Leber** finden sich *Schocknekrosen*, die besonders in den zentralen Läppchenabschnitten angeordnet sind. In der **Darmschleimhaut** treten *Blutungen* und *Nekrosen* bis zur Ausbildung eines *hämorrhagischen Darminfarkts* auf. In den **Nieren** sind *Rindennekrosen* nachweisbar, und infolge des Absinkens des Perfusionsdrucks reicht der Filtrationsdruck in den Glomeruli nicht mehr aus, und der Tod kann als Folge einer Niereninsuffizienz unter dem Bild der Urämie eintreten.

5.4. Das Ödem

> Unter einem Ödem ist die extravasale und vorwiegend extrazelluläre Flüssigkeitsansammlung im interstitiellen Raum und/oder in Körperhöhlen zu verstehen.

Ein Ödem kann *lokalisiert* oder *generalisiert* auftreten. Wenn es sich im Bereich der Haut bildet, entsteht bei Fingerdruck eine Delle, die sich langsam wieder zurückbildet. Ein allgemeines Ödem der Haut wird *Anasarka* genannt, während die Ansammlung von Flüssigkeit in Körperhöhlen als *Hydrops* gekennzeichnet wird (z. B. Hydroperikard, Hydrothorax oder Aszites = Flüssigkeitsansammlung in der Bauchhöhle).

5.4.1. Ätiopathogenese des Ödems

Normalerweise lassen sich die Flüssigkeitsräume des Organismus wie folgt kompartimentieren: die *intrazelluläre* Flüssigkeit, die etwa 50% der Gesamtflüssigkeit umfaßt, die *interstitielle* und die *intravasale* Flüssigkeit. Diese Flüssigkeitsräume stehen in einem engen Wechselspiel zueinander, wobei die Bewegungsrichtung der Flüssigkeit von verschiedenen Faktoren beeinflußt wird. Zu diesen gehören
- der hydrostatische Druck,
- der kolloidosmotische Druck im Gefäß,
- der kolloidosmotische Druck im Gewebe,
- der Flüssigkeitsabfluß über die Lymphbahnen,
- die Gefäßwandpermeabilität,
- der Elektrolytgehalt (insbesondere NaCl) im Gewebe.

Als die wesentlichen Faktoren für die Gewährleistung des Flüssigkeitsgleichgewichts sind die beiden erstgenannten hervorzuheben. Zu einem Flüssigkeitsaustritt in das Gewebe kommt es dann, wenn der *hydrostatische Druck* im Gefäß, der vom arteriellen Blutdruck sowie vom venösen Abfluß bestimmt wird, den *kolloidosmotischen Druck* des Gefäßes (er wird von den Albuminen und ihrem Wasserbindungsvermögen bestimmt) übersteigt und die Flüssigkeit in den Extravasalraum gelangt. Einen geringen Einfluß auf diesen Flüssigkeitstransport hat auch der kolloidosmotische Druck im Gewebe, der dem der Gefäße entgegenwirkt. Grundsätzlich entsteht ein Ödem immer dann, wenn das Gleichgewicht des Flüssigkeitsaustausches zwischen intravasalem und interstitiellem Raum in der Weise gestört wird, daß mehr Flüssigkeit aus dem Gefäß austritt als über die Lymphbahnen abtransportiert werden kann. Da ein großer Teil der Gewebsflüssigkeit nicht im Bereich des venösen Gefäßschenkels der terminalen Strombahn rückresorbiert wird, sondern über die Lymphbahnen abfließt, bedingt die Verlegung großer Lymphgefäße ebenfalls einen vermehrten Flüssigkeitsgehalt im Gewebe. Für die Aufrechterhaltung des Gleichgewichts zwischen intravasaler und interstitieller Flüssigkeit ist auch die Integrität des Endothels der Kapillaren und Venolen bedeutungsvoll. *Steigerungen der Kapillarpermeabilität* haben einen vermehrten Flüssigkeitsaustritt zur Folge. Dies ist vor allem bei entzündlichen Prozessen der Fall, wobei Histamin, Toxine, Eiweißzerfallsprodukte und Allergene zu einer gesteigerten Endotheldurchlässigkeit führen. Der *kolloidosmotische Druck im Gewebe* spielt demgegenüber, wie eben erwähnt, nur eine geringfügige Rolle bei der Flüssigkeitsregulation. Doch ist durch eine Erhöhung seines Na-Gehalts eine gesteigerte Wasserretention und damit die Ausbildung eines Ödems möglich. Dies ist besonders bei Nierenerkrankungen der Fall, wenn die Na-Ausscheidung durch die Nieren zurückgeht und damit die Na-Konzentration im Gewebe ansteigt. Das Kochsalzgleichgewicht wird weiter durch die Nahrung beeinflußt und durch das Aldosteron. Dieses Hormon bewirkt in der Niere eine Retention von Natrium auf der einen und eine gesteigerte Ausscheidung von Kalium auf der anderen Seite. Unter Beachtung dieser formal pathogenetischen Aspekte lassen sich ätiologisch verschiedene Formen des Ödems unterscheiden.

5.4.2. Ätiologie des Ödems

5.4.2.1. Entzündliches Ödem

Wie bereits angedeutet, ist das entzündliche Ödem die Folge einer erhöhten Durchlässigkeit von Kapillaren und Venolen. Wie der Name sagt, tritt es im Bereich von entzündlichen Prozessen auf und wird ausgelöst durch Histamin, Bakterientoxine, Antigen-Antikörper-Reaktionen und andere Reize, die am Entzündungsgeschehen beteiligt sind (s. biochemische Phase der Entzündung s. 5.5.4.1.). Das entzündliche Ödem, auch *Exsudat* genannt, zeichnet sich durch einen hohen Eiweißgehalt sowie das Vorhandensein von Entzündungszellen aus (s. 5.5.4.2.). Auf einer Schädigung der Kapillarpermeabilität beruht auch das *toxische Ödem*. Es wurde vor allem bei den im 1. Weltkrieg angewandten Kampfgasen wie Stickstoff-Lost und Phosgen beobachtet.

5.4.2.2. Stauungsödem

Diese Form des Ödems ist die Folge einer Druckerhöhung im venösen Schenkel der Kapillaren und Venolen, wie sie z. B. bei einer *venösen Abflußbehinderung* (s. passive Hyperämie, 5.3.1.2.) oder bei *kardialer Insuffizienz* auftritt. Hinzu kommt in der Regel eine hypoxische Schädigung des Kapillarendothels mit erhöhter Durchlässigkeit für die intravasale Flüssigkeit. Charakteristisch für die kardiale Genese eines Ödems ist die Tatsache, daß es sich zuerst in den abhängigen Körperpartien ausbildet (Knöchelödem am Abend nach Tagesbelastung).

5.4.2.3. Mechanisches Ödem

Es ist die Folge einer Verlegung großer Lymphabflüsse, wie sie z. B. bei Veröcung von Lymphgefäßen infolge chronisch-entzündlicher Prozesse, nach Traumen, Krebsabsiedlungen oder Verschluß durch Parasiten (Filarien) auftreten. So beobachten wir ein solches *Lymphödem* z. B. am Arm nach Ausräumung oder Bestrahlung der axillären Lymphknoten bei einem Mammakarzinom. Ein solcher Verschluß kann auch die großen abdominalen und thorakalen Lymphabflüsse betreffen. Die Folge eines Verschlusses des D. thoracicus ist z. b. ein chylöser Erguß im Bauchraum (chylöser Aszites) oder in der Pleurahöhle (Chylothorax), der sich durch eine milchig-trübe Beschaffenheit auszeichnet.

5.4.2.4. Renales Ödem

Diese Form des Ödems, die z. B. bei *Nephrosen, chronischen Glomerulonephritiden mit nephrotischem Einschlag* und auch sekundärer Mitbeteiligung der Nieren im Rahmen anderer Krankheiten zu beobachten ist, beruht vor allem auf einer verstärkten Kochsalzretention und einer Hypalbuminämie infolge gesteigerter Albuminausscheidung durch die Niere. Bei Glomerulonephritiden spielt auch eine allgemeine Kapillarschädigung eine Rolle. Unter Umständen kann eine Blutdruckerhöhung ebenfalls begünstigend wirken. Diagnostisch ist wichtig, daß das renale Ödem, im Gegensatz zu dem oben erwähnten kardialen, im Gesicht beginnt (Lidödeme).

5.4.2.5. Hungerödem und Ödem bei Leberschäden

Die Ursache für das Ödem ist in diesem Fall eine Dysproteinämie, vor allem ein Albuminmangel. Bei Hunger kommt es infolge verminderter Eiweißaufnahme mit der Nahrung zu einer Albuminverarmung im Blut und damit zu einer Herabsetzung seines kolloidosmotischen Druckes und Wasserbindungsvermögens. Bei Erkrankungen der Leber, z. B. bei der Leberzirrhose, wird Albumin in verminderter Menge gebildet, der Effekt ist der gleiche. Weiter spielt hier ein verminderter Aldosteronabbau durch die Leber mit Kochsalzretention im Gewebe eine Rolle.

5.4.2.6. Angioneurotisches Ödem

Diese auch als Quincke-Ödem bezeichnete Form tritt örtlich auf und ist wahrscheinlich allergischer Genese mit Veränderungen im Gebiet der terminalen Strombahn.
Für diese Ödeme, die auch als *Transsudate* bezeichnet werden, gilt, daß sie eiweißarm sind, ihre Dichte liegt im Gegensatz zum Exsudat bei der Entzündung unter 1015.

5.4.3. Folgen des Ödems

Die Folgen eines Ödems sind vielfältig und hängen vom Ausmaß und der Lokalisation ab. Als Folge einer Lymphstauung kann es zur Ausbildung einer *Elephantiasis* kommen. Es tritt eine monströse Verdickung und Schwellung der unteren Extremitäten ein. Bedeutungsvoll ist das *Ödem der aryepiglottischen Falten* (Glottisödem). Dieses kann z. B. nach Insektenstich, traumatischer Verletzung durch feine Knöchelchen oder Übergreifen eines entzündlichen Ödems bei Mundbodenphlegmone oder phlegmonöser Tonsillitis entstehen. Die Folge ist oft eine Stenose der oberen Luftwege mit Tod durch Ersticken. Ein *Lungenödem* führt zu einer Erschwerung des

Gasaustausches mit einer diffusionsbedingten Ventilationsstörung (s. 5.2.2.3.). Ein *Hydrothorax* hat eine Kompression der Lungen mit Ausbildung von Kompressionsatelektasen zur Folge. Durch Verlagerung des Mediastinums kann es zu einer Erschwerung der Herztätigkeit kommen. Ebenso wird durch einen *Aszites* infolge Zwerchfellhochstands die Atmung und die Herztätigkeit behindert. Ein chronisches Ödem, z. B. bei gestörtem Lymphabfluß oder venösem Gefäßverschluß, führt zu einer Bindegewebsvermehrung mit Sklerosierung (= Ödemsklerose). Das Gewebe ist in diesem Fall derb und fest.

5.5. Die Entzündung (Inflammatio, Phlogosis)

5.5.1. Einleitung

Die Entzündung ist eine der am längsten bekannten Krankheitserscheinungen. Sie wurde bereits im Altertum beobachtet und recht genau beschrieben. Aus den Anfängen der Medizin stammen die sog. Kardinalsymptome der Entzündung, die von Celsus (30 v.–38 n. u. Z.) als Rubor, Tumor, Calor und Dolor charakterisiert wurden. Später fügte Galen (130–200 n. u. Z.) das 5. Kardinalsymptom, die Functio laesa, hinzu. Diese Kardinalsymptome besitzen heute noch ihre Gültigkeit:

- **Rubor** (*Rötung:* bedingt durch eine terminale Hyperämie),
- **Tumor** (*umschriebene Volumenzunahme und Verfestigung des Gewebes:* bedingt durch entzündliches Ödem, zellige Infiltrate, Faser- und Bindegewebsneubildung u. ä.),
- **Calor** (*örtliche Temperaturerhöhung* – Hitze –: bedingt durch die Mehrdurchblutung),
- **Dolor** (*Schmerz:* bedingt durch die Reizung der Schmerzfasern infolge Volumenvermehrung und Druck),
- **Functio laesa** (*gestörte Funktion:* besonders bezogen auf die Funktion des ortsständigen Gewebes und sekundär auf die ortsständigen parenchymatösen Zellen – vermehrte Schleimproduktion).

5.5.1.1. Die Entzündung als reaktiver Vorgang

> Die Entzündung ist eine umschriebene **Reaktion** des Organismus auf einen örtlich angreifenden Reiz.

In der lebenden Materie unterliegt die Reaktion immer einer in zeitlicher und quantitativer Hinsicht aufeinander abgestimmten **Regulation**, die der unbelebten Materie fehlt. Diese Regulation beeinflußt die durch den Reiz ausgelöste Reaktion durch Gegen- oder Mitreaktion so, daß hemmende, fördernde oder abweichende Mechanismen wirksam werden. Somit werden die Regulation und die Reaktion zu einem System, das die *Wirkung der schädlichen Reize begrenzen, abwehren oder aufheben soll*, um den Fortgang und die Konstanz der Lebensvorgänge zu sichern. Die Folge dieser regulierten Reaktion kann in einer *Reparation* (Narbenbildung) oder in einer teilweisen oder vollständigen Wiederherstellung des vorherigen Zustands, also in einer Heilung *(Sanatio)* enden (Abb. 5.18).

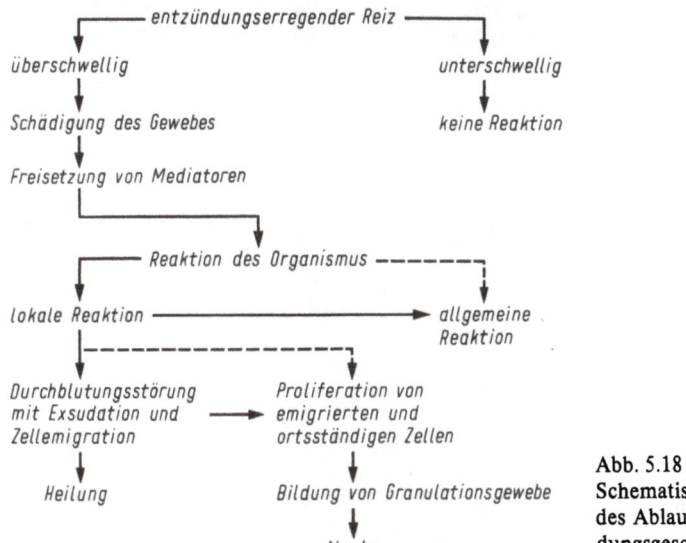

Abb. 5.18
Schematische Darstellung des Ablaufs eines Entzündungsgeschehens

5.5.1.2. Die entzündliche Reaktion

Die Reaktion spielt sich grundsätzlich im Gefäßbindegewebsapparat *(Histion)* des Organismus ab und ist ein komplexer Mechanismus, der aus vielen biochemischen und morphologischen Einzelvorgängen besteht. Diese Einzelvorgänge kommen auch bei nichtentzündlichen Prozessen vor.

Sie alle geben nur dann das Bild der Entzündung ab, wenn sie zwar in unterschiedlicher Ausprägung, aber immer in der gleichen Reihenfolge auftreten. Auf Grund dieser Tatsache ist der Entzündungsbegriff nur schwer zu fassen. Er war deshalb besonders im vergangenen Jahrhundert sehr, ist aber auch heutzutage noch umstritten. Einige Forscher wollen ihn eng gefaßt sehen und bezeichnen nur die Reaktionen als Entzündung, die in dieser geordneten Reihenfolge auftreten. Andere Forscher verwenden noch den Entzündungsbegriff, wenn mehrere Glieder dieser Reihenfolge fehlen (vielleicht vorhanden sind, aber so schwach, daß sie nicht zur Ausprägung kommen). Eine weitere Gruppe gibt sich mit der Anwesenheit einiger transmigrierter segmentkerniger Granulozyten im Gewebe zufrieden und spricht das schon als Entzündung an.

5.5.1.3. Kennzeichnung der Entzündung

Im medizinischen Sprachgebrauch werden krankhafte Vorgänge, die in den Bereich der entzündlichen Reaktion einzuordnen sind, im allgemeinen mit dem Suffix **-itis** gekennzeichnet. Diese Endung wird an den anatomischen Namen des entsprechenden Gewebsabschnittes bzw. Organs angehängt. So spricht man von

Enzephal*itis*, Hepat*itis* oder Splen*itis*, eine Ausnahme bildet die Lungenentzündung. Sie wird als *Pneumonie* bezeichnet. Der Ausdruck *Pneumonitis* wird nur gelegentlich bei einer bestimmten Form der Lungenentzündung angewendet.

5.5.2. Definition der Entzündung

> Die Entzündung ist eine gesetzmäßige Folge *entzündungserregender Reize* (Schädlichkeiten), wenn diese die *individuelle Toleranzgrenze* (Intensität und Dauer) überschritten haben. Sie stellt sich als ein komplexer Reaktions-Regulations-Vorgang am Gefäßbindegewebe – dem Histion – dar, der zunächst aus *alterativen Veränderungen* (Schädigung der ortsständigen Zellen) besteht, dann mit *Durchblutungsstörungen* (terminale Hyperämie) und später mit *proliferativen, resorptiven bzw. phagozytären Vorgängen* einhergeht.

Es handelt sich somit um einen mesenchymalen Prozeß, bei dem das umgebende Parenchym nur sekundär als Folge des ablaufenden Geschehens mit einbezogen werden kann. Alle diese Veränderungen finden sich auch bei anderen krankhaften Ereignissen im Organismus. Bei dem vorliegenden Zusammenspiel geben sie aber das Krankheitsbild der *Entzündung* ab.

Die Reaktion ist als Antwort des Organismus auf den Angriff von Schädlichkeiten aufzufassen, die einen gewissen Stellenwert überschritten haben. Sie dient ihrer Abwehr. Die Entzündung muß von *Degenerationen* und *Nekrosen* scharf unterschieden werden, da diese regressiven Prozesse nur als Zeichen der eingetretenen Schädigung zu werten sind.

5.5.3. Kausale Pathogenese (entzündungserregende Reize)

Reize bzw. Schädlichkeiten, die Entzündungen auslösen können, sind in ihrer Art vielgestaltig. Oft addieren und potenzieren sich mehrere Faktoren gemeinsam oder nacheinander. Diese Reize können im Organismus selbst entstehen *(endogene Reize)* oder auch von außen einwirken *(exogene Reize)*.

5.5.3.1. Innere, endogene, autogene Reize

Sie entstehen im Organismus selbst sekundär als Folge anderweitiger, pathogener Vorgänge bzw. Veränderungen, wenn dabei Stoffe freigesetzt werden, die schädigend auf die Umgebung oder auch auf entferntere Stellen im Körper wirken können:

- Urämie (harnpflichtige Substanzen, die von der kranken Niere nicht ausgeschieden werden können)
    - urämische Gastritis, Proktitis, Perikarditis,
- maligne Tumoren (Eiweißzerfallsprodukte oder -abbauprodukte) in Verbindung mit tumorassoziierten Antigenen
    - Stromareaktion, pathogene Immunreaktionen,

- Enzyme (wenn sie außerhalb ihres physiologischen Wirkungsortes aktiv werden können)
  - Pankreassaft, Galle, Magensaft u. a.,
- Autoimmunreaktionen (s. a. 5.6.14.),
- ischämische Nekrosen (die im Randgebiet auftretenden Leukozytenemigration als Entzündung zu deuten, ist umstritten. Wahrscheinlich handelt es sich hier nur um resorptiv-reparative Vorgänge, da alle anderen Kriterien – insbesondere Mediatoren – der Entzündung fehlen).

5.5.3.2. Äußere, exogene, heterogene Reize

Sie sind äußerst mannigfaltig und können das Leben einer Zelle und damit den Zellstoffwechsel im positiven und negativen Sinn beeinflussen. Fast alle *Umwelteinflüsse* (s. 2.3.) können am Ort ihrer Einwirkung eine entzündliche Reaktion auslösen, wenn sie die individuelle Toleranzgrenze überschreiten. Zu diesen Reizen zählen:
- Mikroorganismen (Bakterien, Pilze, Viren),
- tierische Organismen (Protozoen, Würmer, Insekten),
- toxische Substanzen (Ekto- und Endotoxine von Bakterien),
- anorganische und organische chemische Substanzen (Säuren, Laugen),
- mechanische Reize (Fremdkörper, Reibung, Druck, Traumen),
- thermische Reize (Kälte, Hitze),
- aktinische Reize (Röntgenstrahlen, Radiumstrahlen, ultraviolette Strahlen),
- pharmakologisch wirksame Substanzen.

Die Pathogenität der aufgeführten Ursachen ist unterschiedlich und von der Intensität und der Dauer abhängig. Außerdem spielt für den möglichen Charakter der ausgelösten Entzündung die Konstitution und Disposition des Organismus eine bedeutsame Rolle.

5.5.4. Formale Pathogenese (das regulative System der Reizbeantwortung)

Die Antwort auf einen entzündungserregenden Reiz kann in *Steigerung bzw. Hemmung oder Abwandlung* der Intensität der Lebensvorgänge der Zellen und in *Intensivierung oder Lähmung* ihrer Funktionen bestehen. Es kann aber auch ein **morphologisch sichtbarer Schaden** am gereizten Substrat bis hin zur *Nekrose* auftreten. Die Entzündung und damit die Reizbeantwortung läuft unabhängig von ihrer Ursache in einem gleichbleibenden Schema ab. Die Reaktion kann durch *pharmakologisch wirksame Substanzen unterdrückt werden*.
Die Beantwortung eines Reizes ist in der Regel auf den Ort der Reizeinwirkung beschränkt und somit herdförmig. Die Entzündung kann sich von diesem Herd aus unter Abschwächung in die Umgebung ausbreiten. Eine Verschleppung der entzündlichen Reaktion in andere Körperregionen ist nicht möglich. Wenn allerdings das auslösende Agens (z. B. Bakterien bei Sepsis oder Septikopyämie) in andere Organe transportiert wird und dort als Reizauslöser wirkt, kann natürlich auch dort eine Entzündung als Antwort in Gang gesetzt werden.

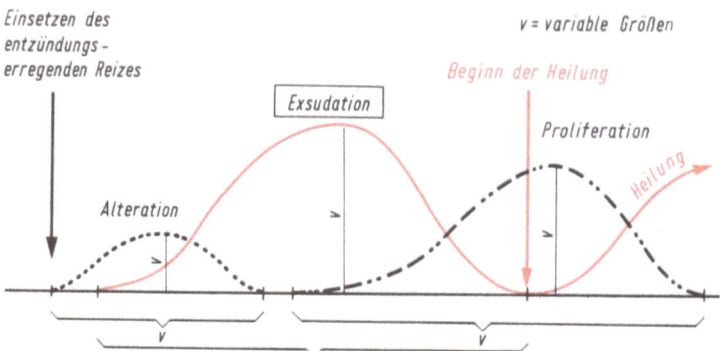

Abb. 5.19 Ablauf der Phasen bei der Entzündung in Abhängigkeit von Qualität und Quantität des Reizes sowie von der Zeitdauer und möglichen Reaktionsstärke des Organismus

> Die reaktiven Vorgänge führen gewöhnlich zu einem *Komplexgeschehen*, das in drei Phasen abläuft. Diese Phasen treten meist in bestimmter Reihenfolge auf, wobei die einzelnen Abschnitte unterschiedlich stark betont sein können und häufig sich überlagernd ineinander übergehen. In ihrem zeitlichen Ablauf und in ihrer Intensität sind sie aber außerordentlich unterschiedlich, so daß eine Phase kaum bemerkbar sein kann, eine andere dagegen so stark überwiegt, daß sie der gesamten Entzündung ihren besonderen Charakter aufprägt (Abb. 5.19).

5.5.4.1. I. Phase: Alteration (biochemische Phase)

Der entzündungserregende Reiz führt an der Stelle seiner Einwirkung unmittelbar zu örtlichen *Zell- und Gewebsschädigungen* unterschiedlicher Schweregrade (bis hin zur Nekrose). Die dadurch eingetretene **Störung in der Zellbiologie** der betroffenen Gewebsabschnitte (= *Alteration*) kann durch die verschiedensten Initialereignisse über mehrfache, jeweils unterschiedliche Wirkungsmechanismen in Gang gebracht werden.

Durch diese Störung kommt es zur *Freisetzung bzw. Aktivierung* von Substanzen (= **Mediatoren**) (Tabelle 5.8), die ihre biochemischen Wirkungen im Bereich der Reizeinwirkung entfalten können. Die Mediatoren werden einmal in Zellen produziert und gespeichert und liegen bereits in aktiver Form vor, wenn sie freigesetzt werden (= *zytogene Mediatoren*), oder sie finden sich im Blutplasma. Dort werden sie zunächst in einer inaktiven Form synthetisiert und sind im Plasma ständig anwesend. Bevor sie wirksam werden können, müssen sie durch Plasmaproteasen aktiviert werden (= *serogene Mediatoren*).

Sicher sind es diese biochemisch wirksamen Substanzen, welche die eigentliche entzündliche Reaktion in Gang setzen und denen eine entscheidende Wirkung beim Zustandekommen des Entzündungsbildes zugeschrieben werden muß. Die Mediatoren sind es auch, die mit dafür verantwortlich sind, daß die unterschied-

Tabelle 5.8 Wesentliche biochemische Mediatoren bei der Entzündung

Herkunft	Hauptgruppen	biochemische Mediatoren	Wirkung
Zellen und Gewebe (zytogene Mediatoren)	vasoaktives Amin	Histamin – bes. Mastzellen –	Erweiterung der Arteriolen u. Venen, Permeabilitätssteigerung, Kontraktur der glatten Muskelfasern (größere Gefäße, Darm, Bronchien)
	saure Lipide	Leukotrien (= slow reacting substance = SRA-A) – Zellmembranen bes. Mastzellen –	1000fach stärkere konstriktorische Wirkung als Histamin Permeabilitätssteigerung
		Prostaglandine – Zellmembranen, Synthese bei Bedarf	Kontraktion der glatten Muskelfasern, Vasodilatation, Permeabilitätssteigerung (II. Phase), Schmerz?, Steigerung der Wirkung d. Lymphokine
	Lysosomenkomponenten von segmentalen Granulozyten, Monozyten/ Makrophagen	saure und neutrale Proteasen	intrazelluläre Verdauung phagozytierten Materials – Abbau von Proteinen – Freisetzung von Leukokinen – Schädigung von Zellen und Membranen
	chemokinetische und chemotaktische Faktoren	Zytotaxine Lymphokine u. a.	Anlockung von Zellen (Granulozyten, Monozyten, Makrophagen, Lymphozyten) und Herabsetzung ihrer Wanderungsfähigkeit
Blutplasma (serogene Mediatoren)	Kallikrein-Kinin-System	Bradykinin	Vasodilatation d. Kapillaren u. Venolen, Steigerung der Permeabilität, Effekt auf glatte Muskulatur, Schmerzerzeugung
		Kallidin	Steigerung der Permeabilität, Vermehrung des Lymphflusses, Schmerzerzeugung
	Komplementsystem	C3 und C5	Opsonierung von Zellen, Permeabilitätssteigerung
		C8 und C9	Vorbereitung der Lyse von Zellen

lichsten entzündungsauslösenden Faktoren immer das relativ einheitliche Bild der entzündlichen Reaktion verursachen. Die wesentlichsten Mediatoren sind in Tabelle 5.8 (s. auch Lehrbücher der Biochemie) zusammengestellt.

5.5.4.2. II. Phase: Durchblutungsstörung (Mikrozirkulationsstörung)

Die Mediatoren bewirken dann in der II. Phase eine Durchblutungsstörung im Bereich der Mikrozirkulation mit Steigerung der Gefäßpermeabilität, eine Exsudation von Blutplasma und eine Transmigration von Blutzellen in das umgebende Gewebe. Unmittelbar nach der Reizeinwirkung kommt es zu einer nur Sekunden bis Minuten dauernden *Konstriktion der Arteriolen*, die zu einer kurzfristigen Blässe führt und die wahrscheinlich eine direkte Antwort der Gefäßnerven auf den Reiz darstellt. Deshalb ist diese Arteriolenkonstriktion auch nur bei einigen bestimmten Reizen zu beobachten.

Unter Einfluß der Mediatoren setzt dann wenige Minuten später eine *Vasodilatation* zunächst der Arteriolen ein, die zu einer lokalen Steigerung der Durchblutung führt. Anschließend werden auch die Venolen dilatiert, wodurch die Blutmenge im Kapillarbereich noch erhöht wird.

Im weiteren Verlauf – Stunden nach der Reizung – verengen sich die Venolen und Venen wieder. Damit wird der Abfluß im venösen Schenkel ungenügend. Es entsteht eine Stauung im Kapillarbereich (= *terminale Hyperämie*). Die Blutströmung wird langsamer, und es kommt zur *Prästase* oder auch zum Stillstand der Blutströmung, zur *Stase*. Die Folge ist eine Hyperämie mit Rötung (= *Rubor*) und Temperaturerhöhung (= *Calor*) in diesem Gewebsabschnitt. Die in diesem Zustand verminderte bzw. aufgehobene O_2-Versorgung führt zur Beeinträchtigung des Zellstoffwechsels, besonders der Parenchymzellen, bis zur Atrophie bzw. Nekrose.

In den strotzend mit Blut gefüllten und erweiterten Kapillaren kommt es zum Auseinanderweichen der abdichtenden Kapillarendothelien mit Auftreten von Endothellücken unterschiedlicher Weite und damit zur Permeabilitätssteigerung. Bei je nach Reizstärke und -dauer zunehmender Durchlässigkeit treten zunächst nieder- später hochmolekulare Plasmabestandteile aus bis hin zu den Globulinen und dem Fibrinogen (= *entzündliches Exsudat*, Dichte größer als 1 018). Schließlich wandern auch zelluläre Blutbestandteile besonders aus dem venösen Schenkel der Endstrombahn aus.

Die Ursache für das Zustandekommen eines Exsudats liegt in der Verkleinerung der Gefäßendothelien (Gefäßerweiterung + nutritive Atrophie (?) durch verlangsamten Blutfluß, zusätzlich Histamin- und Kininwirkung), die an ihren Berührungsstellen nun *Lücken* freigeben und damit ihre Abdichtungsfunktion verlieren. Sicher spielen auch die Menge der betroffenen Kapillaren und Venolen sowie der Druck in ihnen eine nicht unwesentliche Rolle bei der Exsudation. Durch diese Lücken treten auch die Blutkörperchen aus. Ein Transport durch die *Endothelzellen hindurch* wird weitgehend *abgelehnt*. Während die Basalmembran der Gefäßwände für flüssige Bestandteile kein Hindernis bedeutet, ist sie doch für die korpuskulären Bestandteile des Blutes (weiße und rote Blutzellen, Immunkomplexe) ein bedeutender Hemmfaktor. Immunkomplexe können hier abgelagert werden und ihre Wirkung (s. 5.6.8.3.) entfalten. Die Granulozyten sind es wahrscheinlich, die mit ihren *lysosomalen Enzymen* die Basalmembranen so schädigen, daß sie für Partikeln durchgängig werden.

Die verschiedenen Veränderungen der Motilitäten der Gefäße der Endstrombahn und die darauf zurückzuführende Durchblutungsstörung werden gelegentlich in verschiedene, voneinander abgrenzbare Verlaufsformen eingeteilt, weil wahrscheinlich unterschiedliche Mediatoren verantwortlich zu machen sind.

Der Austritt von Blutwasser, Plasmabestandteilen und Blutzellen bedingt somit das **entzündliche Exsudat**, das sich nun in den Gewebsspalten ausbreitet und ein Auseinanderdrängen der Zell- und Fasersysteme verursacht. Das Gebiet schwillt an und es entsteht das entzündliche Ödem (= *Tumor*). Dadurch wird aber der *Perfusionsweg* zu den Fasern und Zellen nicht nur verlängert, sondern auch erschwert. Die Folge ist eine *Ernährungsstörung* des betroffenen Gewebes, die zu dem schon bestehenden Nährstoffmangel (Stase) noch hinzukommt, bis hin zur *Zell- und Gewebsnekrose*. Auch hier wirken die Mediatoren der Alteration *(lysosomale Komponenten)* zusätzlich mit. Dabei hat das aus dem Blut austretende Fibrinogen, das im Gewebe zu Fibrin polymerisiert, die Wirkung, den gesetzten Schaden abzugrenzen. Während die Erythrozyten passiv durch die Endothellücken ausgeschwemmt werden, können die segmentkernigen Granulozyten aktiv infolge ihrer amöboiden Beweglichkeit durch Endothellücken austreten und in das Entzündungsfeld einwandern. Als Aktivator der Leukozytenemigration wirken Mediatoren (chemotaktische Faktoren) der Alteration. Daneben verlassen in unterschiedlicher Menge auch Lymphozyten und Plasmazellen die Blutgefäße. Sie sollen nach neuesten Untersuchungen auch ihren Weg durch die Endothellücken nehmen. Das gleiche gilt für eosinophile Granulozyten und für Monozyten bzw. Makrophagen (Abb. 5.20).

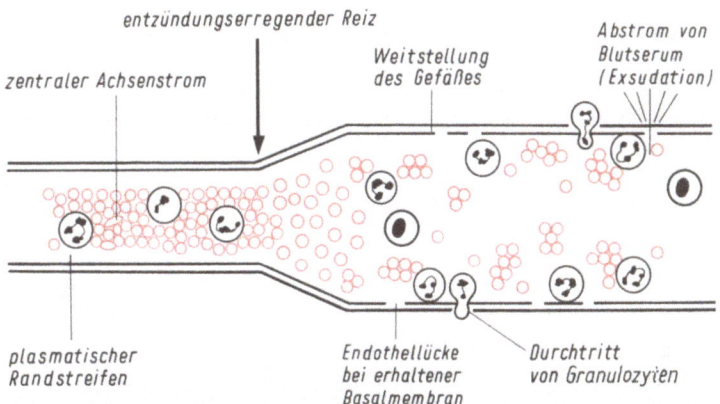

Abb. 5.20 Schematische Darstellung der Veränderungen in der terminalen Strombahn bei Einwirkung eines entzündungserregenden Reizes

Die *segmentkernigen Granulozyten* (Mikrophagen) und *Makrophagen* phagozytieren im Entzündungsfeld korpuskuläre Bestandteile (besonders Mikroorganismen und Zelltrümmer). Dabei gehen sie häufig selbst zugrunde. Während der *Nekrobiose* werden von diesen Zellen zusätzlich lysosomale Enzyme freigesetzt, die zu weiteren Nekrosen der bereits geschädigten oder stark angeschlagenen Zellen führen können. Granulozytenhaltiges Exsudat und nekrotisches Zell- und Gewebsmaterial werden als **Eiter** bezeichnet.

Mit dem Abklingen der Reizintensität und der Mediatorenwirkung wird die *Gefäßmotilität wieder normal* und die Gefäßwände werden wieder dicht. Es setzt erneut eine Durchblutung ein, die bald ihre normalen Werte erreicht hat. Damit ist der Beginn für eine *Heilung* gesetzt.

5.5.4.3. III. Phase: Proliferation

Mit dem Abklingen bzw. Schwächerwerden der auslösenden Ursache kommt es zu einer gesteigerten Ansammlung und Teilungsfähigkeit der Zellen im Entzündungsfeld, zur *Proliferation*. Die Folge ist eine erhebliche Vermehrung der hier bereits vorhandenen ortsständigen und der eingewanderten Zellen.
Beim Nachlassen der Durchblutungsstörung wird die Anzahl der aus den Gefäßen transmigrierenden Granulozyten immer geringer. Sie gehen mit Ausübung ihrer Funktion (Phagozytose, Auflösung und peptische Verdauung der Bakterien bzw. des nekrotischen Zell- und Gewebsmaterials u. a.) langsam zugrunde, zumal ihre Lebensfähigkeit außerhalb der Blutbahn sowieso nur auf wenige Tage begrenzt ist.
Die sich vermehrenden lymphoiden Zellen sowie die *Monozyten-Makrophagen* und *Fibroblasten* beherrschen dann bald das Entzündungsgebiet.
Wodurch diese Reaktion gesteuert wird, ist weitgehend unbekannt. Wahrscheinlich sind es schwächer werdende oder von vornherein nur kurz oberhalb der Reizschwelle liegende Agenzien, die diese Zellproliferation veranlassen. Mit großer Wahrscheinlichkeit spielen bei der erheblichen Vermehrung der lymphoiden Zellelemente (Lymphozyten, Lymphoblasten, Plasmazellen u. a.) *immunologische Mechanismen* die ausschlaggebende Rolle. Der weitere Verlauf der Zellteilungs- und -differenzierungsvorgänge ist sicher von der Art des entzündungserregenden Reizes, seiner Dauer und Stärke und auch von der Art des betroffenen Gewebes sowie von anderen Faktoren abhängig. Die Proliferationsphase kann außerordentlich kurz sein, sich aber auch über mehrere Wochen bis Monate hinziehen.
Wenn die Ernährung für die neugebildeten Zellen nicht mehr ausreichend ist, bilden sich Blutgefäße, die zunächst als *solide Endothelstränge* aus den bereits vorhandenen Gefäßen aussprossen und in die Zentren der Zellproliferation vorwachsen. Langsam folgt die *Kanalisation* dieser Stränge vom Stammblutgefäß aus und führt zur ansteigenden Durchblutung im Versorgungsgebiet. Damit kommt es immer mehr zur Reifung der neugebildeten Zellen und Fasern. Es entsteht eine neue gewebliche Primitiveinheit, die als **Granulationsgewebe** bezeichnet wird.
Nach Abklingen des auslösenden Reizes wird die Zellproliferation geringer, sie kann sich vollständig zurückbilden, und es kann eine *Restitutio ad integrum* (= völlige Wiederherstellung des ursprünglichen Zustandbilds) erfolgen. *Granulationsgewebe* wird besonders dann ausgebildet, wenn im Rahmen der Phase der Durchblutungsstörung größere *Zell- und Gewebsuntergänge* eingetreten sind. Das untergegangene Gewebe wird dann durch das Granulationsgewebe ersetzt. Es besteht aus neugebildeten Zellen, Fasern und Blutgefäßen und kann ebenfalls Wochen bis Monate bestehen bleiben, bis es in ein meist *zellarmes Narbengewebe* umgewandelt wird (Defektheilung der Entzündung).

5.5.4.4. Wirkung der Reize

In der Regel führen kräftige und akut einsetzende Reize zu einer stärkeren Alteration und damit zu einer stärkeren Betonung der Durchblutungsstörung. Die *exsudative Entzündung* beherrscht dann das klinische Bild und sie entspricht auch oft der **akuten Entzündung**. Andererseits kommt es durch schwache aber lang anhaltende Reize (deren Schwellenwert nicht für eine exsudative Entzündung ausreicht) zur

Ausprägung der Zellproliferation. Es entsteht das Bild der *proliferativen Entzündung*, die teilweise mit einer **chronischen Entzündung** gleichzusetzen ist.

5.5.5. Am Entzündungsgeschehen beteiligte Zellen

Die an der Entzündung beteiligten Zellen stammen fast ausnahmslos aus dem *Knochenmark* und leiten sich von *hämatopoetischen Stammzellen* – 1. Kompartiment – ab. Diese haben die Fähigkeit zur *Selbsterneuerung* und die Möglichkeit zur *multipotenten Differenzierung*. Damit sind sie einmal in der Lage, neue hämatopoetische Stammzellen zu bilden, zum anderen können sie sog. hämatopoetische Vorläuferzellen für die erythrozytäre, megakaryozytäre, myeloide, monozytäre und lymphozytische (?) Determinierung – 2. Kompartiment – entwickeln. Diese *multipotent determinierten Vorläuferzellen*, mit Ausnahme der lymphozytischen Reihe, besitzen die Fähigkeit, unter bestimmten Bedingungen Kolonien zu bilden (colony forming cells) und weiter auszureifen. Sie können sich offenbar nicht selbst reproduzieren. Im 3. Kompartiment werden die voll funktionstüchtigen Blutzellen zusammenge-

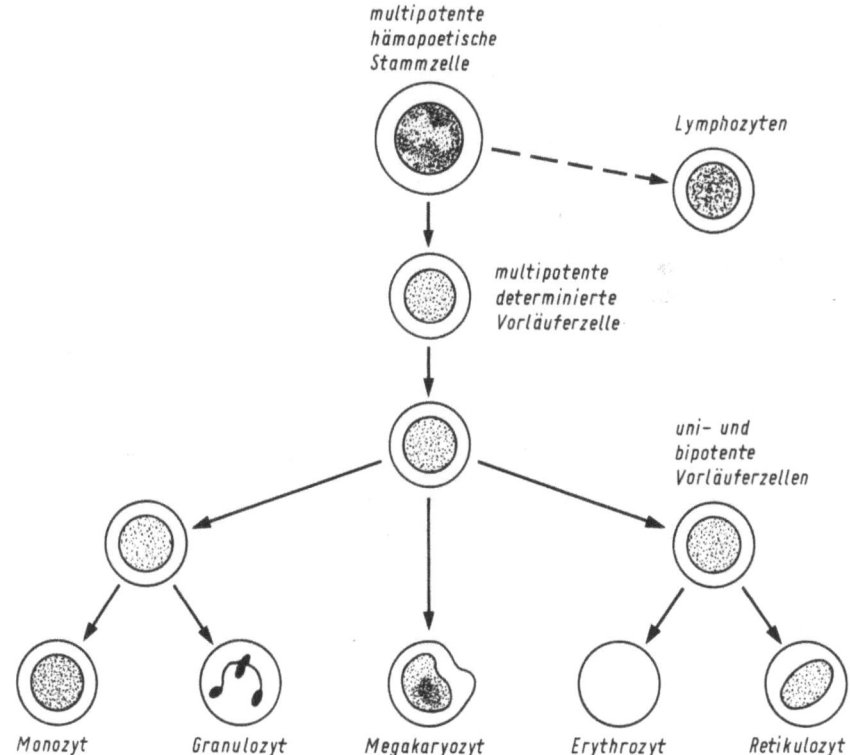

Abb. 5.21 Schematische Darstellung der Entwicklung der Blutzellen (nach v. Melchner und Mitarb., Dtsch. med. Wschr. 44 (1983), S. 1686)

faßt, die nur eine begrenzte Lebensdauer besitzen und ständigen Nachschub aus dem Stammzellkompartiment bedürfen (Abb. 5.21).

Im Verlauf der Vorgänge, die sich bei der Entzündung abspielen, werden auf dem Blutweg Zellen angeflutet, die fast durchweg dem Knochenmark entstammen und die zum großen Teil das *morphologische Bild der Entzündung* bestimmen. Zuerst sind die Granulozyten nachweisbar, später kommen die Monozyten und Makrophagen hinzu und zuletzt tauchen die Lymphozyten und Plasmazellen auf.

5.5.5.1. Die Granulozyten

Die Granulozyten entstehen aus *pluripotenten Stammzellen* des Knochenmarks, die sich zu dem *Stammzellkompartiment des granulopoetischen Systems* differenzieren. Durch Proliferation und Differenzierung entwickeln sich innerhalb von 12–15 Tagen die Granulozyten, die in den Blutstrom abgegeben werden. Über die Signale, die den Granulozytennachschub in das strömende Blut, besonders bei steigendem Bedarf in der Peripherie, regeln, bestehen bisher nur geringe und auch widersprüchliche Kenntnisse. Die Aufenthaltsdauer dieser Zellen im Blut ist unterschiedlich und beträgt zwischen 5 und 24 h. Sie verlassen die Blutbahn dort, wo für sie günstige Auswanderungsbedingungen vorliegen. Die Lebensdauer der *neutrophilen Granulozyten* im Gewebe hängt von ihren Aufgaben und von den örtlichen Gewebsbedingungen ab. Im allgemeinen kann man annehmen, daß sie sich im Gewebe durchschnittlich 7 Tage aufhalten. Bei entzündlichen Prozessen muß eine deutliche Verkürzung der Lebenszeit angenommen werden.

Für die *eosinophilen* und *basophilen Granulozyten* muß eine ähnliche Entwicklung angenommen werden. Wahrscheinlich reifen die eosinophilen Granulozyten schneller als die neutrophilen, ihre Aufenthaltsdauer sowohl im Blut als auch im Gewebe scheint länger zu sein als bei den neutrophilen.

Über die Kinetik der basophilen Granulozyten ist noch weniger bekannt. Als Mastzellen in Geweben haben sie aber offensichtlich eine lange Lebenszeit (etwa 1 Jahr?).

5.5.5.2. Die Monozyten/Makrophagen

Es wird angenommen, daß die Monozyten mit den Granulozyten eine *gemeinsame Stammzelle* haben. Über ihre Proliferation ist ebenfalls wenig bekannt. Sie werden aber offensichtlich bei Bedarf schon sehr zeitig und in großen Mengen aus dem Knochenmark ausgeschleust und tauchen bei entzündlichen Reaktionen bereits nach 24 h im peripheren Blut auf. Ihre Lebenszeit in der Zirkulation scheint nicht mehr als 6 Tage zu dauern. Sie siedeln sich in der Leber als *v. Kupffersche Sternzellen* und in der Lunge als *Alveolarmakrophagen* an, wandern in die Bauchhöhle aus und gelangen als Gewebsmakrophagen in das Gewebe. Hier haben sie eine sehr lange Überlebenszeit.

5.5.5.3. Die Lymphozyten
(s. pathogene Immunreaktionen, 5.6.3.1.)

5.5.6. Das klinische Bild der Entzündung

5.5.6.1. Einteilung der Entzündung

Die Entzündung kann entsprechend ihrem klinischen Ablauf und somit meist erst retrospektiv in eine *perakute, akute, subakute und chronische Form* unterteilt werden. Dabei sind die zeitlichen Abläufe außerordentlich unterschiedlich. So kann eine Entzündung von wenigen Stunden bis zu 1/2 Jahr (Hepatitis B) noch als akut bezeichnet werden. Diese Unterteilung hat ausschließlich klinische Bedeutung.
Die *perakute Entzündung* ist durch einen sehr kurzen Verlauf gekennzeichnet. Sie beginnt schlagartig und führt in nicht seltenen Fällen innerhalb kurzer Zeit zum Tode. Als Ursache wird einerseits eine ganz massive Wirkung des entzündungserregenden Reizes angesehen, andererseits kann auch eine erheblich verminderte Abwehrkraft des Organismus die Ursache sein. In beiden Fällen resultiert eine schwere Zell- und Gewebsschädigung am Ort der Reizeinwirkung mit baldigem Zelltod und Auslösung eines *Kreislaufschocks*.
Auch die *akute Entzündung* kann dramatisch beginnen. Hierbei steht die örtliche Kreislaufstörung mit ihren möglichen Folgen (Transsudation von Blutplasma, Transmigration von Blutzellen) im Vordergrund. Gewebsveränderungen brauchen nicht aufzutreten, können aber bis zum örtlichen Zelltod (Abszeß) alle Übergänge zeigen. Entsprechend ist auch die folgende proliferative Phase sehr unterschiedlich. Sie kann so gering sein, daß eine Restitutio ad integrum möglich ist.
Die gesetzmäßige Folge der im Gewebe ablaufenden Reaktion ist meist kurz, so daß schnell der entzündungserregende Reiz beseitigt und der angerichtete Schaden im Gewebe in kurzer Zeit behoben ist.
Die *chronische Entzündung* kann in zwei Formen unterschieden werden. Die eine geht aus einer klinisch sicheren akuten Entzündung hervor. Meist ist es die proliferative Phase, die Verzögerungen aufweist und somit die chronische Verlaufsform bedingt. Bei der zweiten Form war die gesetzmäßig vorausgehende Phase der Durchblutungsstörung so gering, daß sie vom Patienten unbemerkt bleibt oder nur angedeutet wahrnehmbar ist, praktisch also nicht bestanden hat. Somit ist sie klinisch „*primär chronisch*" entstanden und schreitet – oft schubweise verlaufend – progredient fort.
Die *subakute bzw. subchronische Entzündung* stellt eine Variante dar, deren zeitlicher Ablauf zwischen der akuten und chronischen Verlaufsform liegt.

5.5.6.2. Die exsudative Entzündung

Die exsudative Entzündung ist morphologisch und auch klinisch der nachweisbare Beginn einer jeden Entzündung. Ihr liegen die Merkmale der Phase der *Durchblutungsstörung* zugrunde. Sie kann unterschiedlich stark ausgeprägt sein und somit gelegentlich überhaupt nicht bemerkt werden. Das aus dem Blutserum stammende entzündliche Exsudat sammelt sich je nach der Lokalisation des Entzündungsherdes in den Gewebsspalten und drängt somit das umliegende Gewebe auseinander, oder es fließt auf eine Schleimhautoberfläche ab und breitet sich dann dort mehr oder weniger aus.
Die exsudative Entzündung deutet fast immer auf einen akuten Verlauf hin und

hält oft so lange an wie auch der auslösende Reiz besteht. Beim Abklingen des Reizes geht sie dann in die proliferierende Form über, besonders dann, wenn Zellen während der Reizeinwirkung bzw. Reizbeantwortung nekrotisch geworden sind. Solange die Exsudation im Vordergrund steht, gibt sie der Entzündung den Namen. Die exsudative Entzündung kann nach Art und Zusammensetzung des Exsudats oder (besonders von Seiten der Klinik) nach der Lokalisation des Exsudats eingeteilt werden.

Einteilung nach Art und Zusammensetzung des Exsudats.
– **Die seröse Entzündung.** Das entzündliche Exsudat besteht hauptsächlich aus *Blutserum und ist praktisch zellfrei.* Sein Albumingehalt ist meist größer als im Blut, während der Globulingehalt geringer ist.
Die seröse Entzündung ist häufig der Beginn einer entzündlichen Reaktion, dem sich dann die anderen Formen anschließen. Sie kann aber auch als selbständige Entzündungsform auftreten. Sie wird besonders an serösen Häuten, im Gelenk und an Schleimhäuten beobachtet.
– **Die serös-schleimige Entzündung.** Sie tritt ausschließlich an Schleimhäuten und ihren Oberflächen auf. Dem Exsudat sind dabei die *Produkte der Schleimdrüsen,* die infolge der entzündlichen Reizung oft übermäßig Schleim produzieren, beigemischt. Abgeschilferte Epithelien und auch einige Granulozyten können mit im Exsudat beobachtet werden.
Das klassische Bild der serös-schleimigen Entzündung findet sich beim Schnupfen – Erkältungskrankheiten – und bei einigen Enteritisformen.
– **Die fibrinöse Entzündung.** Infolge der Gefäßwandschädigung können auch höhermolekulare Eiweißkörper aus dem Blutserum austreten. Das reicht vom Globulin bis hin zum *Fibrinogen,* das außerhalb der Blutbahn zu *Fibrin* polymerisiert. Auf epithelialen oder endothelialen Oberflächen schlägt sich das Fibrin als mehr oder weniger fest mit der Unterlage verbundene *Pseudomembran* nieder.
Diese Form der Entzündung wird besonders auf den serösen Häuten von Pleura, Peritoneum, Perikard und Synovialis beobachtet, kommt aber auch auf Schleimhäuten, besonders bei der Diphtherie, vor.
– **Die eitrige Entzündung.** Bei dieser Entzündungsform sind dem Exsudat neben nekrotischen Zell- und Gewebselementen massenhaft *neutrophile Granulozyten* beigemischt (Eiter = Exsudat + neutrophile Granulozyten + nekrotisches ortsständiges Zellmaterial).
Die eitrige Entzündung ist häufig Folge von Bakterieneinwirkung. Sie kann sich ebenfalls auf Oberflächen des Organismus abspielen, kommt aber auch in der Tiefe von Organen vor.
Bricht der Eiter aus einem Organ oder von der Schleimhaut in einen *unmittelbar angrenzenden Hohlraum* ein (Pleura, Gallenblase u. a.), dann entsteht hier eine Eiteransammlung, ein **Empyem.** Somit ist das Empyem keine besondere Entzündungsform, sondern Folge einer eitrigen Entzündung im Wandbereich eines Hohlraums.
– **Die hämorrhagische Entzündung.** Hier mischen sich dem entzündlichen Exsudat größere Mengen von Erythrozyten bei, die das Exsudat hämorrhagisch machen. Diese Entzündungsform beruht auf einer schweren *Schädigung der terminalen Blutgefäße* und ist meist Folge der Toxinwirkung von Bakterien.
– **Die akute rundzellige Entzündung** (lymphozytär-plasmazelluläre Entzündung).

Diese Entzündungsform ist umstritten. Sie ist nur bedingt hier einzuordnen, sie kann besonders bei pathogenen Immunprozessen auftreten. Sie ist mit der zellig-proliferierten Entzündung (s. 5.5.6.3.) weitgehend identisch und muß als Übergangsform zur chronischen Entzündung angesehen werden. Sie wird vornehmlich bei Virusinfektionen beobachtet.

Einteilung nach Art und Lokalisation der exsudativen Reaktion.
– **Die katarrhalische Entzündung.** Sie ist eine *exsudative* bzw. *exsudativ-schleimige Entzündung* und spielt sich auf der Schleimhautoberfläche des Körpers ab (Respirations- und Verdauungstrakt).
– **Die pseudomembranöse Entzündung.** Ihr liegt die *fibrinöse Entzündungsform* zugrunde. Wenn das fibrinogenreiche Exsudat auf eine Schleimhautoberfläche abfließt und sich hier ausbreitet, kommt es zur Bildung von Fibrinhäuten (= *Pseudomembranen*). Dabei bleibt das darunterliegende Epithel meist intakt und somit läßt sich die Pseudomembran leicht abziehen oder kann leicht abgestoßen werden.
– **Die pseudomembranös-nekrotisierende Entzündung.** Hierbei wird unter der *Pseudomembran* das Epithel nekrotisch und dadurch kann eine feste Verbindung zwischen Fibrin und nekrotischem Epithel entstehen. Löst sich nun diese Verbindung, liegt die Submukosa frei. Bei der Diphtherie und der Ruhr steht diese Entzündungsform im Vordergrund.
– **Die verschorfende oder nekrotisierende Entzündung.** Auf der Schleimhautoberfläche entstehen unterschiedlich ausgedehnte Nekrosen, die von der Mukosa bis in die Submukosa hineinreichen können. Infolge der Austrocknung oder Verfärbung der Nekrosen (Atemwege, Darmtrakt) kommt es zu schorfartigen Umwandlungen mit entsprechender Verfestigung.
– **Die ulzerierende Entzündung** (erosive Entzündung). Sie ist vorwiegend Folge der *nekrotisierenden Entzündung* (pseudomembranös-nekrotisierende) und entsteht nach der Abstoßung des nekrotischen Schleimhautmaterials. Zurück bleibt ein Defekt, der, wenn er nur die Mukosa betrifft oder bis zur Basalmembran reicht, als **Erosion**, wenn er bis in die Submukosa oder noch tiefer dringt, als **Ulkus** bezeichnet wird (Abb. 5.22).
– **Die abszedierende Entzündung.** Sie entsteht bei einer *eitrigen Entzündung* in der Tiefe der Gewebe, besonders wenn sie mit einer Ernährungsstörung der ortsständigen Zellen – Nekrose – kombiniert ist. So kommt es an dieser Stelle zu einer *Gewebseinschmelzung*, die letztlich zu einem mit Eiter angefüllten Hohlraum – zum Abszeß – führt. Bricht der Abszeß in eine Körperhöhle durch, kann wiederum ein *Empyem* entstehen.
– **Die phlegmonöse Entzündung.** Sie ist eine *Sonderform der eitrigen Entzündung*

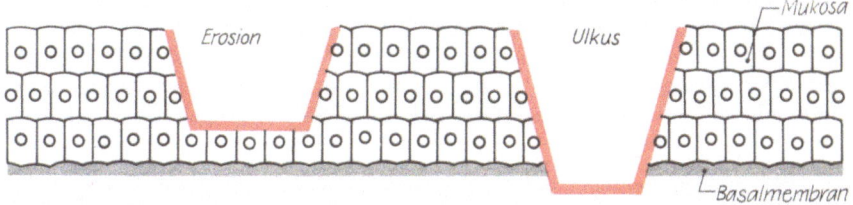

Abb. 5.22 Vergleichende Darstellung der Tiefenausdehnung einer Erosion und eines Ulkus

mit schneller Ausbreitung des Eiters in den Gewebsspalten von lockerem Gewebe (besonders Mundboden, Mediastinum u. a.), während die zelligen Strukturen und Fasern weitgehend unverändert bleiben.
- **Die gangräneszierende Entzündung.** Diese Form entsteht, wenn sich in der *eitrigen Entzündung zusätzlich Fäulniserreger* ansiedeln.
- **Die vesikulöse oder bullöse Entzündung.** Hier liegt eine Sonderform der *exsudativen Entzündung* der Haut bzw. Schleimhautoberflächen vor. Dabei kommt es zur Ansammlung von Exsudat innerhalb der Epithelschicht oder unmittelbar darunter, wobei die Epithelien durch das Exsudat herdförmig auseinandergedrängt bzw. hochgedrückt werden. So entstehen intra- oder subepitheliale **Bläschen** bzw. **Blasen**.

5.5.6.3. Die proliferative Entzündung

Sie zeigt die Merkmale der proliferativen Phase des Entzündungsgeschehens. Sie schließt sich in der Regel an die exsudative Entzündung an, wenn der auslösende Reiz sehr langsam geringer wird oder das auslösende Agens nicht oder nur ungenügend während der exsudativen Reaktion eliminiert werden konnte. Sie kann als Ausdruck eines subakuten oder chronischen, längere Zeit hinschwelenden Verlaufs der Entzündung angesehen werden, stellt aber den *Beginn eines Heilungsprozesses* (auch Defektheilung) dar.

Die Zellproliferation dient der Bereitstellung von Zellen, die den Abbau von exsudativen Entzündungsprodukten wie Firbrin, Nekrosen und ihren Zelltrümmern sowie Eiter übernehmen und die die dabei entstandenen Gewebsdefekte mit Primitiv- oder Füllgewebe ausgleichen können. Dabei vermehren sich besonders die *histiozytären Zellelemente* und die *Fibroblasten*. Zusätzlich werden *Lymphozyten und Plasmazellen* in größerer Menge an den Herd herangebracht. Die proliferierende Entzündung kann sich aber auch bis zu einem gewissen Grad verselbständigen. Dabei kann es zu überschießenden Proliferationen kommen, die dann polypenartigen *Charakter* annehmen, besonders im Urogenital- und im Nasen-Rachen-Bereich (= **Granulationsgewebspolyp**).

Morphologisch lassen sich zwei unterschiedliche, ineinander übergehende Formen unterscheiden.
- **Die zellig-proliferative Entzündung.** Sie ist gekennzeichnet durch eine dichte Infiltration von Makrophagen, Lymphozyten und Plasmazellen, während die Granulozyten weniger werden. Außerdem kommt es bei ihr zur Vermehrung der Fibroblasten. Sie kann sich schnell zurückbilden oder in die nachfolgend beschriebene Form übergehen, je nach den Defekten während des exsudativen Stadiums.
- **Die granulierende Entzündung** (*organisierende Entzündung*). Sie entsteht meist aus der zellig-proliferativen Entzündung und ist somit auch mit dieser eng vermischt. Durch Neubildung von aussprossenden kapillären Blutgefäßen und durch zusätzliche Bildung von Fasern zu den bereits vorhandenen Zellen entsteht eine Primitiveinheit mit Gewebscharakter, die als **Granulationsgewebe** bezeichnet wird.

Die dabei öfter zu beobachtende *vermehrte Mitosetätigkeit von Epithel- und Parenchymzellen ist als sekundäre reparatorische Begleiterscheinung anzusehen.* Sie gehört somit *nicht* zum Begriff der proliferativen Entzündung.

Beim Abklingen der proliferativen Entzündung werden die Zellen langsam weniger. Die Fibroblasten wandeln sich in Fibrozyten um. An die Faserstrukturen lagern sich hyaline Substanzen an, die Blutgefäße veröden zum großen Teil und so entwickelt sich ein zell- und gefäßarmes fibröses Gewebe (= **Reparationsfibrose**), das im weiteren Verlauf in **Narbengewebe** übergehen kann (s. 5.5.10.). Dieses Narbengewebe unterscheidet sich in nichts von einem Narbengewebe anderer Herkunft.

5.5.6.4. Die proliferierende Entzündung bei chronischen Gewebsdefekten

Wenn sich Abszesse im akuten Stadium nicht durch Bildung einer Fistel oder durch Anschluß an ein Kanalsystem (z. B. Bronchien) spontan entleeren oder durch einen chirurgischen Eingriff entleert werden, dann kann sich um diesen Prozeß herum eine bindegewebige Kapsel ausbilden, die den Abszeß gegen die Umgebung sicher abgrenzt und die ihn zum *chronischen Abszeß* macht. Diese *Abszeßmembran* entwickelt sich aus einer Granulationsgewebsschicht, die den Abszeßeiter fest umschließt. Sie hat drei Zonen (Abb. 5.23).

Die innerste Schicht besteht aus *neutrophilen Granulozyten* und *Makrophagen*. Dabei sehen die Makrophagen häufig wie **Schaumzellen** aus, weil sie mit lipidhaltigem Heterophagiematerial vollgestopft sind. Diese innerste Schicht wird als **Resorptionszone** der Abszeßmembran bezeichnet. Daran schließt sich eine Schicht aus Fibroblasten mit neugebildeten Kapillaren an. Diese geht nach außen in eine Schicht aus ausgereiftem faserreichem Bindegewebe über, in der sich kleine Lymphozyteninfiltrate befinden können. Eine ähnliche Schichtung findet sich auch als *Wandauskleidung* von *Fistelkanälen*, die den Abszeß mit der inneren oder äußeren Körperoberfläche verbinden.

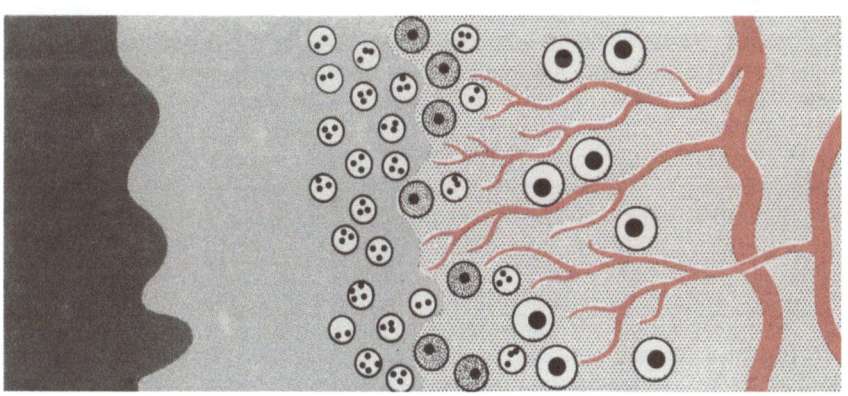

Abb. 5.23 Schichtung einer Abszeßmembran

Eiter — Nekrose — neutrophile Granulozyten — Makrophagen Schaumzellen — Bindegewebsproliferation aussprossende Blutgefäße — bindegewebige Kapsel (Abszeßmembran)

Auch im Randbereich einer *ulzerierenden Entzündung* im Magen-Darm-Kanal oder in den Bronchien wird beim längeren Bestehen eine Abgrenzung des ulzerösen Wanddefekts gegen das gesunde Gewebe erfolgen (= **chronisches Ulkus**). Auch hier wird der längere Zeit bestehende Defekt durch Granulationsgewebe demarkiert. Dabei findet man auf dem Ulkusgrund eine Zone der *fibrinoiden Nekrose*, der sich *Granulationsgewebe* mit Übergang in *ausgereiftes Bindegewebe* anschließt.

5.5.7. Besonders charakterisierte Entzündungsformen

Neben dem allgemein üblichen Ablauf einer Entzündung sind einige entzündliche Reaktionen dadurch gekennzeichnet, daß bei ihnen in der Phase der Proliferation ein Granulationsgewebe entsteht, das in seinem *Aufbau bis zu einem gewissen Grad charakteristisch für einen bestimmten Reiz* ist. Aus diesem Grund werden solche Formen auch als sog. *spezifische Entzündungen* der unspezifischen Entzündung gegenübergestellt. Dabei sind die qualitativen geweblichen Besonderheiten nicht „spezifisch", sondern höchstens *charakteristisch*.

Sie sind durch eine bestimmte Anordnung und Umgestaltung der Gewebsreaktion im Granulationsgewebe mit besonderen Umwandlungsformen der Zellen gekennzeichnet.
Bei der **granulomatösen Entzündung** kann man aus der Zellproliferation und -lagerung gewisse Rückschlüsse auf das auslösende Agens ziehen, auch wenn dieses Agens (z. B. Bakterien) im Entzündungsfeld nicht nachzuweisen ist. Die Proliferation äußert sich dabei in Form kleiner, meist umschriebener Granulationsgewebsherde mit bestimmten Aufbau, die gewächsähnlichen Charakter tragen und deshalb als *Granulome* bezeichnet werden. Die von den Blutmonozyten stammenden Makrophagen übernehmen hier die führende Rolle, nachdem sie durch Antikörper oder Nucleotide stimuliert wurden. Mit der Steigerung ihrer Funktion und ihrer Stoffwechselleistung werden sie größer, entwickeln ein kräftiges endoplasmatisches Retikulum und erhalten einen ausgeprägten Golgi-Apparat. Der Kern vergrößert sich ebenfalls. Durch die dichte Lagerung dieser Zellen und ihr gewandeltes Aussehen werden sie *epithelähnlich* und deshalb **Epitheloidzellen** genannt. Durch Fusion der Epitheloidzellen entstehen gelegentlich *mehrkernige Riesenzellen*, die 40 und mehr Kerne aufweisen können. Die Kerne können ungeordnet im Zytoplasma liegen (= *Riesenzellen vom Fremdkörpertyp*) oder geordnet, räumlich als Halbkugel im Bereich der Zellperipherie (*Riesenzellen vom Langhans-Typ*), angetroffen werden.
Die Granulome sind in der Lage, Fremdsubstanzen (Parasiten, Bakterien, Fremdkörper u. ä.) durch die massierte Ansammlung von Makrophagen zu zerstören. Wenn das auslösende Agens antigenen Charakter trägt, können solche *Granulome auch der Ausdruck einer zellvermittelten Immunreaktion* sein. Dann lassen sich in der Peripherie der Makrophagenansammlung vermehrt Lymphozyten beobachten, die als Wall die granulomatöse Entzündung umgrenzen.
Nach ihrem Aufbau kann man die Granulome in zwei große Gruppen einteilen: die tuberkuloseähnlichen und die tuberkuloseunähnlichen Granulome.

5.5.7.1. Die tuberkuloseähnlichen Granulome

Sie sind sich zwar in ihrem Aufbau sehr ähnlich, trotzdem kann man für gewöhnlich zwischen einem tuberkulösen und einem sarkoiden Granulom unterscheiden.

Das tuberkulöse Granulom. Nach einer meist kurzfristigen oder schwachen Schädigung der ortsständigen Zellen durch das Mycobacterium tuberculosis bzw. seiner Toxine oder Stoffwechselprodukte (Alteration) folgt die exsudative Phase, die gegenüber den vorher dargestellten keinerlei Besonderheiten aufweist. Das entstehende Exsudat ist reichlich von neutrophilen Granulozyten durchsetzt, und es kommt frühzeitig zum Untergang ortsständiger Zellen (*Sonderform der Nekrose* = **Verkäsung**, s. 5.1.5. Morphologie der Nekrose).
Bei stärkerem Erregerbefall und bei schlechter allgemeiner Abwehrlage kann diese exsudative Phase längere Zeit bestehen bleiben (= *verkäsende Tuberkulose*). Als Besonderheit veröden nach einer gewissen Zeit im Entzündungsherd die Blutgefäße und die Granulozyten verschwinden. Im Randbereich (abgeschwächte Reizwirkung) können sich Makrophagen und Epitheloidzellen sowie Lymphozyten ansammeln (Beispiel: käsige Pneumonie, Sepsis tuberculosa gravissima).
Bei üblichem Erregerbefall und normaler Abwehrlage setzen bereits während der exsudativen Phase in der Peripherie des Entzündungsherdes Proliferationsvorgänge ein, die nun die Besonderheiten des sich entwickelnden Granulationsgewebes ausmachen. Dieses ist frei von Blutgefäßen und besteht aus *Makrophagen*, die sich bald in *Epitheloidzellen* umgestalten, gelegentlich bilden sich *Langhanssche Riesenzellen* aus. Dieses Granulationsgewebe umgibt mantelförmig den Käseherd im Zentrum. Entsprechend der Immunitätslage sammeln sich um die Epitheloidzellschicht Lymphozyten an, denen sich in späteren Stadien einige Fibroblasten beigesellen. So entsteht eine *Dreischichtung des Entzündungsfelds*, die sich histologisch als kokardenförmig manifestiert (Abb. 5.24):

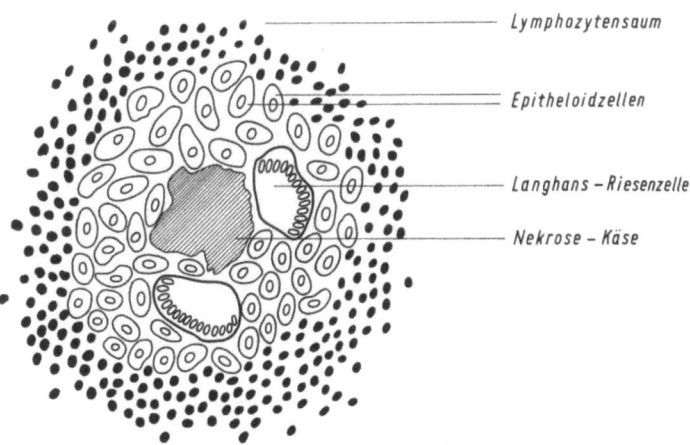

Abb. 5.24 Kokardenförmiger Aufbau eines Tuberkels

- innen = Vekäsung,
- Mitte = Epitheloidzellen mit Langhansschen Riesenzellen,
- außen = Lymphozytensaum.

Ein solcher Entzündungsherd ist makroskopisch als ein Knötchen von etwa Stecknadelkopfgröße sichtbar. Es wird *Tuberkel* genannt und hat der Krankheit den Namen gegeben.
Granulome dieses Aufbaus kommen außer bei der *Tuberkulose*, auch bei der *Lepra* und bei der *Syphilis* vor. Nur der *jeweilige Erregernachweis in den Granulomen* sichert die histologische „spezifische" Diagnose.

Die Tuberkulose. Die Tuberkulose ist eine Infektionskrankheit, die beim Menschen in der überwiegenden Mehrzahl der Fälle (etwa 95 %) durch das Mycobacterium tuberculosis variatio hominis infolge Inhalation der Erreger oder bakterienhaltiger Trägermedien (Staub, Tröpfchen) hervorgerufen wird. Somit bildet sich der erste Krankheitsherd (**Primärinfektion**) fast ausschließlich in der Lunge und zwar in den meist- und bestbeatmeten Anteilen des sog. Mittelfelds. Die enterale Infektion durch den Genuß bakterienhaltiger Milch oder Milchprodukte sowie eine Schmutzinfektion ist dagegen außerordentlich selten (etwa 5 %), da die durch das Mycobacterium tuberculosis variatio bovis verursachte Rindertuberkulose als Infektionsquelle heute weitgehend beherrscht ist (tuberkulosefreie Rinderbestände, Pasteurisierung der Milch!).
Für das Angehen der Infektion sind nicht nur Menge und Virulenz der eingedrungenen Erreger von Bedeutung, sondern auch die Reaktionsfähigkeit des befallenen Organismus, die durch eine unterschiedliche Allergie und durch das Lebensalter mit bestimmt wird. Hunger (schlechter Ernährungszustand), chronische und konsumierende Krankheiten, anderweitige Infektionen, Stoffwechselstörungen (Diabetes mellitus), Schwangerschaft und körperliche Überanstrengungen begünstigen die Ansteckung und Krankheitsentwicklung.
Der Kontakt mit den Bakterien und ihren Toxinen führt zur Umstimmung des Organismus. Durch die Erstinfektion und die erfolgreiche Auseinandersetzung mit den Erregern (= Antigen) kann im Organismus eine protektive immunologische Reaktion = *Immunität* ausgelöst werden. Andererseits kann aber auch eine pathogene Reaktion, eine gesteigerte Empfindlichkeit (*Überempfindlichkeit = Allergie vom zellvermittelten Typ*) hervorgerufen werden. Auf Grund dieser Bedingungen kann das klinische und anatomische Bild der Tuberkulose außerordentlich bunt und vielgestaltig werden, zumal sich die beiden Qualitäten „Immunität" und „Allergie" im Verlauf der Krankheit mehrfach verändern können.
Mit der **BCG-Schutzimpfung** gegen die Tuberkulose versucht man, im Organismus eine *Immunität* zu erzeugen (nimmt aber dabei die mögliche Allergie mit in Kauf). Eine intrakutane Injektion von bovinen Tuberkulosebakterien mit stark abgeschwächter Virulenz (Stamm Calmette und Guérin – französ. Bakteriologen) läßt an der Injektionsstelle eine leichte, lokal umschriebene *tuberkulöse Entzündung* entstehen, die für den Organismus ungefährlich ist. Der Impfschutz (z.Z. wieder etwas umstritten) hält etwa 2–5 Jahre an.
Dringen Bakterien (Antigen) in einen nichtsensibilisierten Organismus ein, dann sind es zunächst die *neutrophilen Granulozyten*, die, wie bei jeder anderen bakteriellen Infektion, die Abwehr übernehmen. Sie sind weitgehend in der Lage, die Mykobakterien zu phagozytieren und sie in ihrem Zytoplasma zu zerstören. Somit ent-

steht das Bild der *exsudativen Entzündung* im **tuberkulösen Primärherd** (*Primäraffekt*).
Durch Makrophagen bzw. Lymphozyten kann nun der Antigenkontakt aufgenommen und damit die immunologische Abwehr etwa 4–6 Wochen nach der Primärinfektion in Gang gesetzt werden. Die anfänglich entstandene exsudative Entzündung in Form einer herdförmigen intraalveolären *gelatinösen Pneumonie* wandelt sich unter Einschmelzung der Alveolarsepten in eine käsige Nekrose um. Dabei kommt es zu einer fast hemmungslosen Vermehrung der Mykobakterien. Die neutrophilen Granulozyten verschwinden allmählich, und es tauchen immer mehr Makrophagen auf, die sich in stoffwechselaktive *Epitheloidzellen* umwandeln und sich außen um die Nekrose legen. Offenbar sind die aktivierten Makrophagen in der Lage, die Masse der Erreger zu vernichten, so daß ihre Anzahl deutlich abnimmt. Dabei gehen ortsständiges Gewebe, aber auch beachtliche Mengen an Makrophagen zugrunde. Ähnliches kann im lymphatischen Abflußgebiet und in den regionären Lymphknoten geschehen (*verkäsende Lymphknotentuberkulose*), wenn Erreger über den Lymphstrom dorthin gelangen (**tuberkulöser Primärkomplex**).
Beim Überwiegen des protektiven Effekts ist jetzt eine Ausheilung möglich. Um den Käseherd bildet sich ein breiter Saum von Epitheloidzellen mit Langhansschen Riesenzellen und einer peripheren Infiltration von B- und T-Lymphozyten (*Lymphozytensaum*). Unter diesen Zellen stehen die T-Lymphozyten im Vordergrund und sorgen für die zelluläre immunologische Abwehr. Schließlich bilden sich im Lymphozytensaum zunehmend Fasern. Somit kommt es zur fibrösen Abkapselung des Herdes, die mit der Zeit in eine Vernarbung übergeht. Mit der Vernarbung verschwinden auch die Epitheloidzellen, so daß der zentrale Käseherd mit den restlichen Bakterien von Narbengewebe fest umschlossen wird (*produktive oder indurative Tuberkulose*). Durch Wasserentzug kann der Käse eindicken und später verkalken (*tuberkulöser Kalkherd*). Im eingedickten Käse, aber auch im Kalkherd können die Bakterien über Jahrzehnte (vielleicht lebenslang) virulent bleiben. Damit ist der Prozeß – wenigstens vorläufig – zum Stillstand gekommen. Bei Änderung der Immunitätslage – vielleicht nach jahrelangen Intervallen – können die Bakterien wieder aktiv werden. Es kommt zum *endogenen Reinfekt*, der dann zur **postprimären Tuberkulose** führt.
Kommt es aber zu einer Hypersensitivitätsreaktion vom zellvermittelten Typ (Typ IV), dann besteht die Möglichkeit, daß die Verkäsung schnell forschreitet (käsige Pneumonie). Bei Anschluß an das Bronchialsystem kann der bakterienhaltige Käse (Infektionsgefahr) ausgehustet werden und zurück bleibt ein entsprechend großer Gewebsdefekt (**Primärkaverne**). Greift dieser Vorgang rasch um sich, kann er einen ganzen Lungenlappen erfassen und damit zur *progredienten verkäsenden Lungentuberkulose* bzw. zur „galoppierenden Schwindsucht" führen.
Andererseits kann es aber durch den Anschluß an das Bronchialsystem zu einer *bronchogen-kanalikulären Ausbreitung* mit Durchsetzung einer oder auch beider Lungen kommen. Dabei entstehen in der Bronchialwand peribronchiale exsudativ-käsige Herde, die anfänglich klein sind, im Verlauf der Krankheit aber größer werden können = **azinösnodöse Lungentuberkulose**. Eine geänderte Reaktionslage kann wiederum die protektive Reaktion mit Granulation und Abkapselung der Herde in Gang setzen und damit den Entzündungsprozeß zum Stillstand bringen.
Beim Einbruch eines tuberkulösen Herdes in die Blutbahn oder über den Lymphabfluß (Ductus thoracicus, Venenwinkel) werden die Erreger über den gesamten

Organimus verstreut, und es kommt zur hämatogenen Streuung in andere Organe oder zur *hämatogenen Generalisation* mit dem Bild der **Miliartuberkulose**. Dabei treten in den befallenen Organen (mit Ausnahme der Extremitätenmuskulatur) *miliare* (hirsekorngroße) *tuberkulöse Granulome* auf.

Die **Postprimärtuberkulose** kann durch einen **exogenen Reinfekt** (*Neuinfektion*) ausgelöst werden oder als **endogener Reinfekt** durch Aufbrechen von liegengebliebenen Herden aus der Primärperiode (sog. *Simonsche Lungenspitzenherde*) entstehen. Voraussetzung ist eine wesentliche Verschlechterung der Abwehrlage. Das kann je nach Lage des Infektionsherdes (Lunge oder Organherd aus miliarer Streuung) ein sehr buntes Bild der Tuberkulose ergeben. Von der Lungenspitze können bronchogen neue, meist größere Herde auftauchen (exsudatives Frühinfiltrat), die zur Einschmelzung von Lungengewebe, zu Kavernenbildung (= Sekundärkaverne) mit Abhusten der Käsemassen über das Bronchialsystem (*gereinigte Kaverne*) führen. Es kann aber auch eine **chronisch-produktive Tuberkulose** mit dem typischen tuberkulösen Granulationsgewebe um die Verkäsungszone entstehen. Bei verbesserter Abwehrlage können die Lungenherde durch Bindegewebe abgekapselt werden, und es bildet sich die **indurierend-zirrhotische Lungentuberkulose**. Ähnliche Veränderungen sind auch beim Befall anderer Organe zu beobachten.

Das sarkoidöse Granulom. Die kausale Pathogenese dieses Granulomtyps ist noch unklar. Es besteht aus einer knötchenförmigen Ansammlung von *Epitheloidzellen*, unter die *Riesenzellen vom Langhans-Typ* gemischt sind. Im Zytoplasma dieser Riesenzellen sind öfter als bei anderen tuberkuloseähnlichen Granulomen *asteroide* bzw. *konchoide Einschlußkörperchen* nachweisbar (Abb. 5.25). Sie sind als Kriterium, aber nicht als Beweis für eine Sarkoidose aufzufassen.

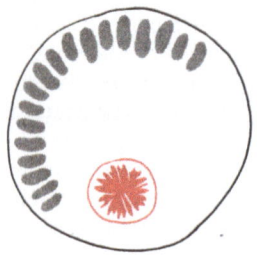 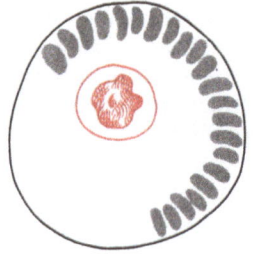

Langhans Riesenzelle mit asteroid body   *Langhans-Riesenzelle mit conchoid body*

Abb. 5.25   Langhanssche Riesenzellen mit Einschlußkörperchen bei Sarkoidose

Auch hier wird das Epitheloidzellknötchen von Lymphozyten und einigen Fibroblasten umsäumt. Es zeigt aber *keine* zentrale Verkäsung, wie sie beim tuberkulösen Granulom fast regelmäßig zu beobachten ist.

Die sarkoidösen Granulome werden außer bei der *Sarkoidose* (M. Boeck) bei der *Ileitis terminalis* und bei der *Berylliose* sowie in Lymphknoten, die im *Abflußgebiet von Karzinomen* liegen, angetroffen. Bei der *Lymphogranulomatose* gibt es eine *epitheloidzellige Sonderform*, die hier mit einzuordnen wäre.

Im *Ausheilungsstadium* kommt es bei beiden Formen zur verstärkten Proliferation der Fibroblasten. Epitheloidzellen und Lymphozyten verschwinden, und das Gebiet wird von der Peripherie her langsam von Fasern durchwachsen, die sich mit kollagenen Substanzen beladen. So entsteht eine Fibrosierung des Knötchens. Nur bei den tuberkulösen Granulomen bleiben im Zentrum die nekrotischen Massen liegen und schließen noch lange Zeit die lebensfähigen Erreger ein.

Das pseudotuberkulöse Granulom. Diese Granulomform zeigt im Zentrum reichlich neutrophile Granulozyten, die bald nekrotisch zerfallen. Im Laufe der Zeit entsteht eine zellfreie zentrale Nekrose. Um diese Nekrose ordnen sich Makrophagen in unterschiedlicher Menge an, die sich teilweise in Epitheloidzellen umwandeln können. Ihre *palisadenartige Stellung zur zentralen Nekrose* unterscheidet das Granulom meist reicht eindeutig vom Tuberkulosetyp.

Diese pseudotuberkulösen Granulome werden beim *Lymphogranuloma inguinale*, bei der *Katzenkratzkrankheit*, bei der *Tularämie* und gelegentlich beim *Thyphus abdominalis* beobachtet.

5.5.7.2. Die tuberkuloseunähnlichen Granulome

Das rheumatische Granulom. Es kommt ausschließlich beim *rheumatischen Fieber (akuter fieberhafter Rheumatismus)* vor und wird besonders im Herzmuskel gefunden.
Diese Granulome entwickeln sich in der unmittelbaren Umgebung von Blutgefäßen. Sie zeigen eine fibrinoide Nekrose der Kollagenfasern, die von Makrophagen umsäumt werden, denen sich Lymphozyten und Plasmazellen beigesellen. Vereinzelt kommen auch Granulozyten in der Peripherie zur Beobachtung. Gelegentlich treten Riesenzellen mit vier bis acht ungeordneten Kernen hinzu. Diese Granulome werden als **Aschoff-Knötchen** bezeichnet.
Das rheumatoide Granulom (Rheumaknoten). *Rheumatoidgranulome* werden bei der *primär chronischen Polyarthritis* besonders in der Subkutis, aber auch in Herz, Lungen, Speicheldrüsen und Gefäßwänden beobachtet.
Die oft bis kirschgroßen Knoten bestehen aus einem fibrinoidnekrotischen Zentrum, um das Makrophagen gelagert und deren Kerne palisadenartig zum Zentrum angeordnet sind. Das Granulom wird von lockeren Bindegewebszügen umkapselt.
Das Fleckfiebergranulom. Es kann in allen Geweben auftreten und besteht aus einer Ansammlung histiozytärer Zellelemente, die von Lymphozyten und Plasmazellen durchmischt werden.
Ähnliche Granulome werden bei der *Malaria* und der *Listeriose* gefunden.
Das Fremdkörpergranulom. *Fremdkörpergranulome* bilden sich im menschlichen Organismus, wenn *korpuskuläres Material* von außen in das Gewebe gelangt, wie das durch Inhalation, Traumen, Operation oder bei Injektionen der Fall sein kann. Sie können sich aber auch entwickeln, wenn im Organismus Substrate mit Kristallcharakter entstehen, die auf ihre Umgebung wie Fremdkörper wirken (Uratkristalle, Cholesterolkristalle u. a.). Im Granulom wird dann das Material von einer Ansammlung *ungeordneter Riesenzellen* (**Fremdkörperriesenzellen**) umgeben, die dem Fremdkörper direkt anliegen und oft Partikeln phagozytiert haben. Daneben finden

sich Makrophagen und Lymphozyten sowie Plasmazellen in dichter ungeordneter Lagerung. Auch neutrophile Granulozyten und einsprossende Blutgefäße sind häufig zu beobachten.

5.5.8. Allgemeine Reaktion des Gesamtorganismus

> Die entzündliche Reaktion am Ort der Einwirkung des entzündungserregenden Reizes kann über die lokalen Erscheinungen hinaus auch den *Gesamtorganismus beeinflussen* und damit *allgemeine Reaktionen auslösen.*

Diese allgemeinen Reaktionen sind meist Folge der entzündlichen Abwehr und der Mediatorenwirkung und nur selten Folge des entzündungserregenden Reizes. Dabei gelangen aus dem Entzündungsgebiet Mediatorenstoffe sowie Abbauprodukte und katabolisierte Substanzen in die Zirkulation. Sie haben wahrscheinlich Auswirkungen auf die Funktion anderer Organsysteme (Immunsystem, Knochenmark u. a.) und kommen auch in das Zentralnervensystem (Zwischenhirn), wo sie ihre Wirkung entfalten können. Außerdem können sie die hormonale Steuerung beeinflussen. Schmerzen können Impulse in die vegetativen Zentren des Rückenmarks und in das Zwischenhirn entsenden.

5.5.8.1. Änderung der Körpertemperatur

In erster Linie sind es wohl *Abbauprodukte* und *Mediatorenstoffe* der *Granulozyten* und *Monozyten* aus dem Entzündungsgebiet, die als **pyrogene Substanzen** auf dem Blutweg die subkortikalen wärmeregulierenden Strukturen (= Thermozentrum) des Großhirns und des vorderen Thalamuskerns erreichen und **Fieber** hervorrufen. Ob diese Stoffe direkt oder erst über eine Aktivierung durch andere Substanzen wirken können, ist noch nicht abgeklärt. Wahrscheinlich können auch nervale Impulse reflektorisch über zentral gelegene Rezeptoren im Thermozentrum wirksam werden. Daraus resultiert eine Steigerung der Körpertemperatur bis zu 40 °C.

5.5.8.2. Änderung des zellulären Blutbilds

Durch die entzündlichen Vorgänge kommt es häufig zu Verschiebungen der relativen und absoluten Anzahl von Blutleukozyten. Zunächst werden die im Knochenmark gespeicherten *neutrophilen segmentkernigen* (z. T. auch *stabkernigen*) *Granulozyten* in die Zirkulation ausgeschleust. Später tritt eine Steigerung der Proliferation von Myeloblasten und Promyelozyten auf, um den Bedarf in der Peripherie zu decken. Folge ist eine Granulozytose im Blut und evtl. eine Vermehrung unreifer (überstürzt ausgeschwemmter) Granulozyten (= klinisch „**Linksverschiebung**"). Die *eosinophilen Granulozyten* sind oft vermindert und tauchen erst wieder am Ende der entzündlichen Reaktion im strömenden Blut auf. Lediglich IgE-Antikörper sind in der Lage, eine stärkere *Bluteosinophilie* auszulösen (*anaphylaktische Reaktion*).

Erst im späteren Stadium der entzündlichen Reaktion (besonders bei bakteriellen Infekten) ist eine *Blutmonozytose* nachweisbar. Wahrscheinlich ist es der Mediatorstoff FIM (= factor inducing monocytopoiesis), der die Monozytenproduktion im Knochenmark und die Ausschüttung in die periphere Blutbahn steuert.

5.5.8.3. Änderung in der Zusammensetzung der Plasmaproteine

Während des Ablaufs entzündlicher Prozesse lassen sich Verschiebungen in der *relativen und absoluten Konzentration der Plasmaproteine* und anderer gelöster Blutbestandteile nachweisen. In der akuten Phase kommt es zu einer Vermehrung des *Fibrinogens*, des α_2-*Globulins* und des *C-reaktiven Proteins*, wobei letzteres bei Gesunden oftmals überhaupt nicht nachweisbar ist. Folge ist eine Beschleunigung der **Blutsenkungsgeschwindigkeit**.

In der zweiten, chronischen Phase bilden sich die vorherigen Veränderungen zurück, dafür vermehren sich aber die γ-*Globuline* erheblich (= Zunahme der Antikörperproduktion).

5.5.8.4. Änderung des immunologischen Verhaltens

Durch Aktivierung der immunologischen Abwehr auf humoraler und zellvermittelter Ebene wird die Proliferation immunkompetenter Lymphozyten angeregt, die auf dem Blutweg in das Entzündungsgebiet transferiert werden.

5.5.8.5. Änderung des psychischen Verhaltens

Hier spielen *Abgeschlagenheit, Müdigkeit* und eingeschränkte *Leistungsfähigkeit* eine wesentliche Rolle. Bis zur *Somnolenz* sind alle Schweregrade der psychischen Veränderungen zu beobachten.

5.5.8.6. Änderung des neuroendokrinen Verhaltens

Die Einwirkung des auslösenden Agens wie auch die Alteration des zuständigen Gewebsabschnitts sind für den Organismus als belastend anzusehen. Daraus resultiert ein Zustand der „*Anspannung*". Über *nervale* und *neuroendokrine Reaktionen* kommt es mehr oder weniger kurzfristig zu einer übermäßigen Inanspruchnahme vegetativer Funktionen, die als **Streß** bezeichnet wird, mit einer vermehrten Ausschüttung von ACTH und Cortisol sowie TSH und Thyreoideahormonen einhergeht und von einem Anstieg des Gesamtstoffwechsels und des Blutzuckers gefolgt wird.

Insgesamt lassen sich aus den entsprechenden Einzelveränderungen in ihrer Kombination untereinander wertvolle Hinweise für die klinische Diagnostik ableiten.

5.5.9. Komplikationen und Folgen der Entzündung

5.5.9.1. Bakteriämie und Sepsis

Gelangen die Bakterien als Erreger der Entzündung vom Primärherd aus in die Zirkulation, dann entsteht eine **Bakteriämie**. Normalerweise werden die Bakterien aber durch die humorale Immunabwehr in der Blutbahn vernichtet. Unter besonderen Bedingungen (Versagen der Immunabwehr) können sie sich jedoch auch im Blut vermehren und ihre Ekto- und Endotoxine absetzen, dann entsteht das klinische Bild der **Sepsis** mit Fieber und Schädigung der Mikrozirkulation bis hin zum **septischen Schock**. Der Nachweis pathogener Keime im Blut sichert bei entsprechender Allgemeinsymptomatik diese *rein klinische Diagnose*.

5.5.9.2. Septikopyämie

Siedeln sich die Bakterien, durch den Blutstrom im gesamten Organismus verstreut, irgendwo in den Organen an und vermehren sie sich da (**Bakterienmetastasen**), dann können sie eine Vielzahl von neuen Entzündungsherden (Abszesse) erzeugen, die besonders in Lunge und Niere augenfällig werden und zum Tod des Organismus führen können.

5.5.9.3. Chronische Entzündung

Wenn der entzündungserregende Reiz unterschwellig bestehen bleibt und damit die proliferative Reaktion lange Zeit weiterschwelt, evtl. schubweise verläuft und nicht zum Stillstand kommt, dann kann das befallene Gewebe weitgehend umgestaltet werden und einen neuen Charakter erhalten. Spielt sich diese Entzündungsform in einem Organ ab, dann kann das funktionstüchtige Gewebe mehr oder weniger langsam in Narbengewebe umgewandelt werden. Der Umbau des Organs kann so weit gehen, daß es seine Funktion einstellen muß. Bei lebenswichtigen Organen kann das den Tod des Gesamtorganismus bedeuten.

5.5.9.4. Chronisch-rezidivierende Entzündung

Wie die chronische Entzündung aus nicht näher bekannten Gründen mehr oder weniger schnell endgültig zum Stillstand kommen kann, so kann andererseits während des chronischen Fortschwelens der proliferativen Reaktion plötzlich bei erneuter massiver Reizung an gleicher Stelle akut die exsudative Entzündung wieder aufflammen. Klingt diese massive Reizung ab, ist es möglich, daß die exsudative Reaktion wieder in die proliferative Phase umschlägt. Dieser Vorgang kann sich lange hinziehend öfter wiederholen (Cholezystitis, Appendizitis u. a.).

5.5.9.5. Auslösung immunologischer Vorgänge

Durch das entzündungserregende Agens, aber auch durch die darauffolgende entzündliche Reaktion (Mediatorenstoffe, freigesetzte Stoffwechselprodukte u. a.) können immunologische Vorgänge ausgelöst werden, die nun ihrerseits in der Lage sind, *pathogene Immunprozesse* in Gang zu bringen. Auch *kreuzreaktiv stimulierte immunkompetente Zellen* können *Autoaggressionsvorgänge* entfachen.

5.5.10. Die Heilung

Die Heilung nach einer Entzündung ist ein Prozeß, der fließend aus den entzündlichen Veränderungen hervorgeht. Der *eigentliche Heilungsprozeß* – ob ohne oder mit Defektheilung – beginnt bereits mit dem *Ende der Durchblutungsstörung*, wenn die aktive Hyperämie wieder einsetzt. Damit ist die Voraussetzung für die Anflutung von phagozytierenden Zellen, von Antikörpern und Lymphozyten eingeleitet. Nun können Auflösung, Phagozytose und Abtransport auf dem Lymphweg der irreversibel geschädigten Zellen und Gewebsanteile beginnen, und die Fibrinolyse kann schnell ablaufen. Zudem kann bereits die *Regeneration von untergegangenen Parenchymzellen* beginnen. Bei größeren Gewebsverlusten wird bereits in der Proliferationsphase die Reparation durch Bildung von Granulationsgewebe, das dann in Narbengewebe übergeht, eingeleitet.
Zudem gibt es eine erhebliche Menge pharmakologischer Substanzen, sog. *Antiphlogistika*, die den Ablauf entzündlicher Reaktionen beeinflussen, insbesondere mildern oder auch völlig unterdrücken können (s. Lehrbücher der Pharmakologie).

5.5.10.1. Restitutio ad integrum

Beim normalen Ablauf einer Entzündung ohne wesentliche Komplikationen wird das entzündliche Exsudat resorbiert bzw. abgeleitet. Das geschieht über die Lymphgefäße. Bakterien, die im Entzündungsfeld *nicht zu vernichten waren*, können so in die regionären Lymphknoten gelangen und auf ihrem Weg dorthin eine entzündliche Reaktion, eine **Lymphangitis** bzw. **Lymphadenitis**, hervorrufen. Zusätzlich kann eine Stimulierung der in den Lymphknoten befindlichen immunkompetenten Zellen erfolgen.
Bakterien, Zell- und Gewebstrümmer werden zum größten Teil durch die Makrophagen (auch Mikrophagen) aus dem Entzündungsfeld oder auf dem Transportweg in die regionären Lymphknoten abgeräumt. Beim Ersatz der wenigen geschädigten und nekrotisch gewordenen Zellen durch gleichwertige Zellelemente läßt sich so eine *völlige Wiederherstellung = Restitutio ad integrum* erreichen.

5.5.10.2. Die Heilung mit Defekten

Wenn am Ende der exsudativen Reaktion eine Störung in der *Auflösung des fibrinreichen Exsudats* eintritt, dann kann in der folgenden proliferativen Reaktion das Fibrin von Granulationsgewebe durchwachsen und damit bindegewebig organisiert werden (z. B. chronische Pneumonie, Perikardfibrose u. a.).
Entstehen während der exsudativen Entzündung *größere Gewebsdefekte* (eitrig-abszedierende Entzündung), dann lassen sie sich nicht mehr durch Mitose der erhal-

tenen Zellen ersetzen. Granulationsgewebe durchwächst diese Defekte, und somit kommt es zur **narbigen Ausheilung.** Das Organ bleibt zwar arbeitsfähig, muß aber mehr oder weniger große Einbußen an funktionstüchtigen Zellen hinnehmen.

5.5.11. Biologische Bedeutung der Entzündung

Dem Gefäßbindegewebe obliegt eine Schutzfunktion gegen endogene und exogene Schädlichkeiten, die der Erhaltung der morphologischen und funktionellen Integrität des Organismus dient.

Bei der Abwehr von Schädlichkeiten spielen naturgemäß auch unspezifische Reaktionen und immunbiologische Vorgänge eine Rolle. Daß dabei aber körpereigene Strukturen umgestaltet werden können, die zu Strombettverlagerungen der Blutversorgung bis hin zur Zerstörung von Nervenfasern mit den daraus sich ergebenden Folgen führen, wird mit in Kauf genommen. Art und Ausmaß der Entzündungsvorgänge richten sich dabei nicht immer nach Qualität und Quantität des auslösenden Agens, sondern mehr nach den dem Organismus zur Verfügung stehenden Reaktionsmustern.

Die Möglichkeiten, die das Gefäßbindegewebe dabei einsetzen kann, sind *Phagozytose bzw. Pinozytose, parenterale Verdauung bzw. Abbau oder Auflösung schädlicher Substanzen, Auslösung einer Immunantwort und Behebung oder Beseitigung von entstandenen Gewebsdefekten.* Die entzündliche Reaktion ist darüber hinaus noch in der Lage, auch überdurchschnittliche extreme Reizwirkungen abzufangen oder abzugrenzen. Bei Wegfall eines Reaktanten in dieser Reaktionsfolge oder bei gleichzeitig auftretenden anderen Krankheiten (z. B. Granulozyten bei Agranulozytose) kann dieses Abwehrsystem gestört oder funktionsuntüchtig gemacht werden. Damit kann die Entzündung nicht nur als ein krankhafter Vorgang angesehen werden, sie muß vielmehr auch als Ausdruck einer gesteigerten Auseinandersetzung des Organismus mit den Reizen der Umwelt aufgefaßt werden. Die entzündliche Reaktion ist somit in der Lage,

– durch Serumdiapedese eine Verdünnung eingedrungener toxischer Substanzen (Endotoxine von Bakterien) herbeizuführen,
– durch Ausschleusung von Fibrinogen, daß außerhalb der Gefäße zu Fibrin polymerisiert, die Reizwirkung einzugrenzen bzw. zu beschränken,
– durch Transmigration oder Attraktion von Granulozyten (= Mikrophagen), Makrophagen und histiozytären Zellelementen die Aufnahme und intrazelluläre Verdauung von korpuskulären Fremdsubstanzen durchzuführen,
– durch Freisetzung lysosomaler, proteolytischer Enzyme die geschädigten Zellen aufzulösen (Heterolyse) und sie als Bruchstücke der parenteralen Verdauung zuzuführen sowie untergegangenes Gewebe einzuschmelzen und auf dem Lymphweg oder intrakanalikulär abzutransportieren,
– durch Attraktion bzw. Ausschleusung von immunkompetenten Lymphozyten immunologische Abwehrvorgänge auf humoraler oder zellvermittelter Ebene einzuleiten,
– durch Proliferationsanregung von Fibroblasten den Herd gegen das ungeschädigte Gewebe abzugrenzen und einzudämmen,

– durch Proliferation von Zellen, Fasern und Blutgefäßen (Granulationsgewebsbildung) größere Gewebsdefekte, die durch die Schädigung oder auch im Gefolge der Abwehr entstanden sind, auszufüllen.

5.6. Immunopathologie (pathogene immunologische Reaktionen)

5.6.1. Das menschliche Abwehrsystem

Der menschliche Organismus ist in der Lage, sich gegen krankmachende Einwirkungen von außen zu wehren. Hierfür stehen ihm zwei Abwehrsysteme zur Verfügung. Die Resistenz und die Immunität.

Während die **Resistenz** angeboren ist und als unspezifischer Mechanismus funktioniert, bei dem viele Einzelfaktoren zusammenwirken müssen, ist die **Immunität** eine im Laufe des Lebens erworbene und weitgehend spezifische Abwehrreaktion.

Beide Systeme haben vielfältige wechselseitige Beziehungen und arbeiten eng zusammen. Dabei richtet sich die Resistenz besonders gegen krankmachende physikalische Einflüsse (Strahlen, Temperatur u. a.); die Immunität soll in erster Linie Mikroorganismen und chemische Substanzen unschädlich machen.

5.6.2. Die immunologische Abwehr

Die **immunologische Reaktion** zielt gegen *Fremdsubstanzen*, die in der Lage sind, im Organismus eine nachweisbare, gegen sich selbst gerichtete und damit *spezifische Abwehr* einzuleiten.

Solche Fremdsubstanzen werden als **Antigene** bezeichnet. Sie dringen von außen in den Organismus ein. Unter bestimmten Voraussetzungen können sich aber auch körpereigene Substanzen so umwandeln, daß sie von diesem Abwehrsystem nicht mehr als körpereigen erkannt und dann wie Fremdstoffe behandelt werden (= **Autoantigene**). Das Immunsystem erkennt ganz geringfügige Strukturänderungen an körpereigenen Molekülen und merzt diese aus dem Organismus aus. Es ist somit in der Lage, zwischen *selbst* (körpereigen) und *nicht selbst* (körperfremd) zu unterscheiden. Körpereigenes Material wird *toleriert*. Damit dient das Immunsystem auch der **Erhaltung der individuellen Integrität**.

Wird eine Substanz vom Organismus als *Antigen* erkannt, dann wird das Immunsystem alarmiert, und es werden die notwendigen Abwehrmaßnahmen eingeleitet. Dieser Vorgang wird als **Sensibilisierung** bezeichnet. Bei einem zweiten Kontakt mit dem gleichen Antigen kann nun die aufgebaute Abwehr voll zur Wirkung kommen.

5.6.3. Das Immunsystem (Struktur und Funktion)

Das Immunsystem muß in Analogie zu den anderen Organsystemen wie Kreislauf-, Verdauungs-, Atmungs- oder Urogenitalsystem gesehen werden. Phylogenetisch ist die Fähigkeit, Fremdmaterial durch *Phagozytose* bzw. *Pinozytose* in Zellen abzufangen und abzubauen, die einfachste Form der Abwehr bei den niederen Tierarten. Ein Immunsystem ist erst bei den Vertebraten ausgebildet. Bei den Säugetieren erfährt es seine höchste Differenzierung und Spezialisierung. Anatomisch ist es in den *lymphatischen Geweben* lokalisiert, und die *Lymphozyten* sind die Hauptträger der immunologischen Reaktion.

5.6.3.1. Entwicklung der immunkompetenten Zellen

Die Lymphozyten entwickeln sich aus einer **hämatopoetischen Stammzelle** der blutbildenden Gewebe, welche die Fähigkeit zur *Selbsterneuerung* (Mitose) und zur *multipotenten Differenzierung* besitzt. Aus ihr geht der Prolymphozyt – neben der multipotenten determinierten Vorläuferzelle der übrigen hämatopoetischen Reihen – hervor, aus dem sich die Vorläuferzellen der Lymphozyten bereits in zwei verschiedenen Differenzierungen herausbilden (Abb. 5.26). Hier wird sehr wahrscheinlich schon festgelegt, welche Zellen die **primären oder zentralen lymphatischen Organe** (Immunorgane I. Ordnung), als *Prä-T-Zellen* den Thymus und als *Prä-B-Zellen* die Bursa Fabricii (nur bei Vögeln) bzw. die Bursaäquivalente – beim Menschen vermutlich das Knochenmark (**Bown marrow**) – besiedeln.
Im Thymus läßt sich dann eine lebhafte Proliferation der über die Rinde eingeschwemmten lymphatischen Zellen beobachten, die auch „*Thymozyten*" genannt werden. Sie haben eine hohe Mutationsrate. Offenbar erfolgt hier die Prägung zu *immunkompetenten, thymusabhängigen Lymphozyten*. Sie sind danach durch besondere Oberflächenantigene und bestimmte Eigenschaften, z. B. Rosettenbildung mit Schafserythrozyten charakterisiert.
Wahrscheinlich geht ein großer Teil der Tochterzellen der Thymozyten zugrunde. Im Markanteil des Thymus sind jedenfalls wesentlich weniger Thymozyten anzutreffen. Vom Mark aus verlassen sie das Organ und gelangen als T-Lymphozyten (= **T-Zellen vom Thymus hergeleitet**) in die Blutbahn bzw. in den Lymphstrom (= *spezifisch antigenreaktive Lymphozyten*).
Ähnliche Vorgänge vermutet man in den anderen Immunorganen I. Ordnung, die auch als *Bursaäquivalente* bezeichnet werden. In ihnen reifen die *Prä-B-Zellen* zu immunkompetenten bursaabhängigen (thymusunabhängigen) *B-Lymphozyten* (= B-Zellen) heran. Dabei bilden sich an der Zellmembran IgM und IgD sowie Rezeptoren für C3, C4 und Fc-Fragmente aus. Danach werden auch sie in die Zirkulation abgegeben.
Die *primären Immunorgane* nehmen nicht an immunologischen Reaktionen teil. Sie prägen nur die lymphozytären Vorläuferzellen zu *immunkompetenten T- und B-Zellen*, ohne daß bisher ein Antigenkontakt stattgefunden hat. Nachdem sie in das Blut abgegeben sind, stehen sie aber für einen Antigenkontakt zur Verfügung.
Die **T- und B-Lymphozyten** bilden die Grundlage für zwei verschiedene Effektorsysteme in der immunologischen Abwehr. Die T-Lymphozyten sind für die *zelluläre* (zellvermittelte) *Abwehr* und die B-Lymphozyten für die *humorale* (= Bildung

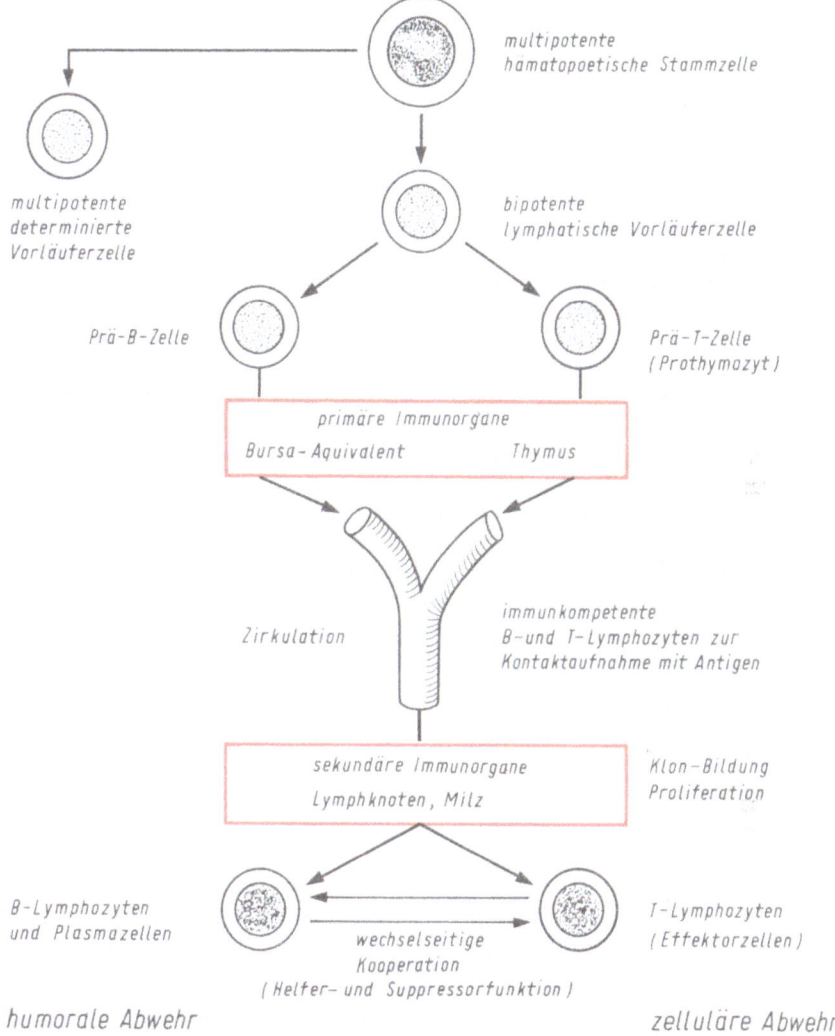

Abb. 5.26 Morphologische Grundlage des Immunsystems

von Antikörpern bzw. Immunglobuline) *Abwehr* zuständig. Trotz dieser Zweigleisigkeit des Immunsystems lassen sich eine Reihe *spezifischer und unspezifischer, kooperativer und regulativer Beziehungen zwischen T- und B-Zellen* sowie zwischen ihnen und *Makrophagen* deutlich erkennen.
Die im Thymus und in den Bursaäquivalenten gereiften Lymphozyten gelangen auf dem Lymph- bzw. Blutweg in die **sekundären oder peripheren lymphatischen Organe** (Immunorgane II. Ordnung). In den Lymphknoten und den lymphatischen Geweben sowie in der Milz wandern die immunkompetenten Zellen in verschie-

dene Regionen ein. Während sich die T-Zellen in der *tiefen kortikalen* oder *parakortikalen Zone* der Lymphknoten oder in den *periarteriolären Lymphozytenscheiden* in der Milz festsetzen (thymusabhängige Zonen), besiedeln die B-Zellen die *äußere Rindenzone* (kortikomedulläre Grenzzone) sowie die *Markstränge der Lymphknoten* oder die *Keimzentren* der weißen Milzpulpa (thymusunabhängige Zonen). Hier kommt es zur Proliferation dieser Zellen (Abb. 5.27). Die T-Lymphozyten verlassen relativ schnell diese Proliferationszonen, dabei geht wahrscheinlich wiederum ein größerer Teil dieser Zellen zugrunde. Die überlebenden gelangen in den Blut- oder Lymphstrom zurück. Während die T-Lymphozyten langlebig sind und unaufhörlich im Organismus zirkulieren (Suche nach dem zugehörigen Antigen?), sind die B-Lymphozyten weniger wanderungsfreudig, kurzlebiger und bei der Rezirkulation deutlich in der Minderzahl.

Kommt es bei den sich in der Zirkulation bzw. im Gewebe befindlichen Zellen zum Antigenkontakt, werden sie durch das Antigen – evtl. durch Vermittlung von Makrophagen – gegen dieses Antigen spezifisch *sensibilisiert*. Nach Rückkehr in ihre entsprechende Zone in den peripheren Immunorganen bilden sie einen Klon und lösen eine *lebhafte Proliferation* aus, so daß bald danach spezifisch *sensibilisierte Lymphozyten* (aus den T-Zellen hervorgehend) und *antikörperbildende Zellen – große Lymphozyten* (= Immunoblasten) bis Plasmazellen (aus den B-Zellen hervorgehend) – für die immunologische Abwehr als Effektorzellen in der Peripherie zur Verfügung stehen.

Einige der im Klon gebildeten Lymphozyten – sowohl der T- als auch der B-Lymphozyten – behalten ihre ursprüngliche Struktur und die Eigenschaften der spezifisch antigenreaktiven Zellen, ein bestimmtes Antigen zu erkennen. Deshalb wer-

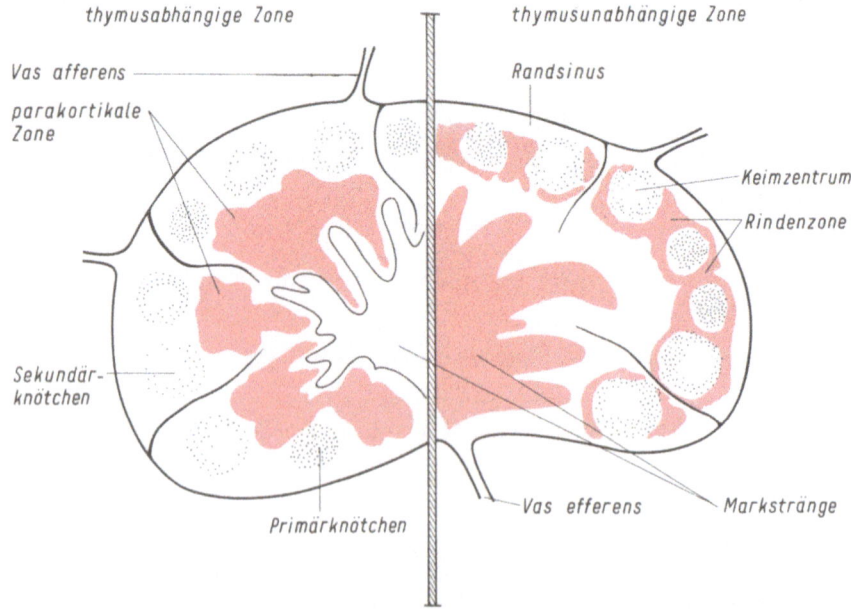

Abb. 5.27 Schematische Darstellung der Proliferationszonen im Lymphknoten

den sie als *Gedächtnis*zellen (= *memory cells*) bezeichnet und sind entsprechend ihrer Funktion besonders *langlebig*. Aus ihnen geht der Pool der in der Zirkulation befindlichen spezifisch antigenreaktiven immunkompetenten Lymphozyten hervor, die auch *nach langer Zeit* noch in der Lage sind, ihr Antigen zu erkennen und eine Immunantwort einzuleiten.

5.6.3.2. Die immunologischen Effektorsysteme

Auf diesen Grundlagen bauen sich zwei Effektorsysteme auf, die für die immunologische Abwehr fast immer gemeinsam zuständig sind.
Das *humorale System* beruht auf *Antikörpern* (vornehmlich der Klassen IgG, IgM und IgA), die im Blut zirkulieren und die von **B-Lymphozyten** und ihren Abkömmlingen, den *Immunoblasten* und *Plasmazellen*, gebildet werden. Nach Erstkontakt mit einem Antigen (*immunologische Primärreaktion*) werden die B-Lymphozyten spezifisch sensibilisiert und zur Produktion von Antikörpern angeregt, die gegen dieses Antigen gerichtet sind. Erfolgt nach einiger Zeit ein Zweitkontakt mit dem gleichen Antigen (*immunologische Sekundärreaktion*), wird die Bildung von Antikörpern verstärkt, so daß eine frühzeitige Immunabwehr einsetzen kann. Daher wird die **humorale Immunreaktion** auch als **Immunreaktion vom Früh- bzw. Soforttyp** bezeichnet.
Im zellulären Abwehrsystem spielen die **T-Lymphozyten** die tragende Rolle. Sie sind mit den entsprechenden Antigenrezeptoren ausgestattet. Da sie ständig im Blut und im Gewebe vorhanden sind, überwachen sie den Organismus. Nach Antigenkontakt gelangen sie in die für sie zuständigen Zonen der Lymphknoten bzw. der Milz, und hier bilden sie Klone, in denen dann eine anhaltende Zellteilung stattfindet. Dadurch kann die Abwehrreaktion erst später erfolgen als bei der humoralen Reaktion. Da hier die Lymphozyten selbst die Abwehr übernehmen, spricht man von **zellvermittelter oder zellgebundener Immunreaktion** oder **Immunreaktion vom verzögerten oder Spättyp**.

5.6.3.3. Die Zellen des Immunsystems

T- und B-Lymphozyten sind mit den z. Zt. zur Verfügung stehenden morphologischen Methoden nicht unterscheidbar. Trotzdem gibt es Merkmale und Eigenschaften, die eine serologische Differenzierung, besonders mit monoklonalen Antikörpern ermöglichen.
• **T-Lymphozyten.** Es sind meist kleine Zellen, die nur einen ganz geringfügigen Zytoplasmasaum um den Kern aufweisen. Der Nucleolus ist ebenfalls sehr klein. Im Zytoplasma finden sich wenige besonders kleine Polysomen. Elektronenmikroskopisch ist die Zelloberfläche meist glatt. Im histologischen Schnitt hat sich als brauchbare (aber nicht sichere) Routinemethode zu ihrer Erfassung der positive Nachweis der α-Naphtylacetat-Esterase in ihren Lysosomen erwiesen. Ihre Eigenschaft, mit Schafserythrozyten Rosetten zu bilden, ist augenblicklich der sicherste Nachweis dieser Zellen im Blut beim Menschen. Auch ihre Stimulierbarkeit durch PHA (= Phythämagglutinine) und ConA (= Concanavalin A) kann zum Nachweis

herangezogen werden. Sie sind zu einem großen Teil langlebig, treiben im Blut- oder Lymphstrom von einem Organ zum anderen und setzen sich gelegentlich in den Geweben, meist nur für kurze Zeit, fest. Damit sind sie in der Lage, überall antigene Substanzen aufzuspüren und nach Kontaktaufnahme als sensibilisierte Zellen in den T-Zonen der peripheren Immunorgane Klone zu bilden und zu proliferieren, bis eine genügende Anzahl zur Abwehr bereit steht. Nach ihrer Aktivierung durch den Antigenkontakt setzen sie Faktoren frei, die sog. *Lymphokine*, die auf andere Zellen – insbesondere auf Makrophagen – wirken und diese zu Funktionen stimulieren.

● **B-Lymphozyten.** Sie sind wahrscheinlich etwas größer als die T-Zellen, besitzen zumindest etwas mehr Zytoplasma. Im Zytoplasma sind reichlich Polyribosomen nachweisbar. Elektronenoptisch lassen sich unter bestimmten Bedingungen viele, unterschiedlich lange zytoplasmatische Ausläufer (hairy cells) nachweisen. Diese stellen jedoch auch kein sicheres Kriterium zur Differenzierung der B-Lymphozyten dar. In der Mehrzahl sind auf der Zellmembran IgM und IgD nachweisbar, außerdem finden sich hier Rezeptoren für die Komplementfraktionen C3 und C4 sowie für das C-terminale Ende der Immunglobuline.

Die B-Lymphozyten machen 25–30 % der menschlichen Blutlymphozyten aus. Sie sind somit relativ sessil und bis auf die Gedächtniszellen nicht sehr langlebig. Auch sie proliferieren nach Antigenkontakt in den für sie zuständigen Zonen der peripheren Immunorgane, wandeln sich zu großen *Lymphozyten*, die sich über *Immunoblasten* zu *Plasmazellen* entwickeln sowie spezifische Antikörper produzieren und sezernieren.

● **Makrophagen/Histiozyten.** Sie stammen von multipotenten determinierten Vorläuferzellen des Knochenmarks ab (s. Abb. 5.21), die über die *Promonozyten* zu den *Blutmonozyten* reifen, die dann als *Makrophagen* in das Gewebe übertreten. Hier können diese eine gewisse Migrationsfähigkeit entwickeln oder sich als *v. Kupffersche Sternzellen* oder *Alveolarmakrophagen* an den jeweiligen Orten festsetzen. Da die Masse der Makrophagen in den Geweben bald zugrunde geht, muß ein ununterbrochener Nachschub erfolgen. Ein kleiner Teil scheint aber eine lange Überlebenszeit zu haben. Ob sie alle Endzellen sind, ohne die Fähigkeit sich selbst zu reproduzieren, ist beim Menschen noch nicht entschieden.

Die Makrophagen nehmen Antigen auf. Zum Teil wird es im Zytoplasma abgebaut, ein anderer Teil bleibt unverändert für lange Zeit an der Zellmembran zurück. Auf der Zellmembran tragen die Makrophagen Rezeptoren für Immunglobuline und Komplement. Die Haftung der antigenen Substanzen erfolgt zum Teil durch eine spezifische Bindung an diese Immunglobuline. Die Makrophagen können solche antigenen Informationen direkt an immunkompetente Lymphozyten weitergeben und sie auch über Zytoplasmaausläufer untereinander austauschen (= sog. Transferfaktor).

Durch Produkte der sensibilisierten T-Lymphozyten (= Lymphokine) können die *Makrophagen aktiviert* werden und verstärkt phagozytiertes Material (Bakterien) abtöten; der „*Arming factor*" verleiht ihnen eine spezifische zytotoxische (zytolytische) Reaktivität gegen das sensibilisierende Antigen, und zusätzlich kann die unspezifische Zytotoxizität gesteigert werden (firing).

● **Akzessorische Zellen des Immunsystems.** Als sog. *Null-Zellen* bezeichnet man lymphozytoide Zellelemente, die nur unter bestimmten Bedingungen durch ihre zytotoxische bzw. zytolytische Aktivität an einer Immunreaktion teilnehmen. Sie sind weder den T- noch den B-Zellen zuzuordnen. Sie werden z.T. auch als *K-Zellen* (*Killer-cells*) bezeichnet.

Die sog. *dendritischen Zellen* sind offensichtlich unterschiedliche Elemente mit dem gemeinsamen Merkmal, lange zytoplasmatische Ausläufer zu bilden. Damit besitzen sie die Fähigkeit, flüssiges und partikuläres antigenes Material zu binden.
- **Granulozyten** (s. 5.5.5.1.). Sie beteiligen sich an der Endozytose von *Immunkomplexen*, meist durch Vermittlung von *Komplementkomponenten*. Außerdem sind sie bei der Transplantatabstoßung unentbehrlich.

5.6.4. Defektimmunopathien

Hier können sowohl *angeborene* als auch *erworbene Defekte* auftreten, die sich besonders bei der Infektabwehr durch eine *ungenügende oder gar fehlende Immunreaktivität* des Organismus bemerkbar machen. Solche Defekte können sich im humoralen oder zellvermittelten System oder in beiden zusammen abspielen. Ihnen liegt einmal eine *mangelhafte Produktion* von *Anti*körpern bzw. *sensibilisierten Lymphozyten* zugrunde (Immunmangelsyndrom); zum anderen kann auch bei normalen Konzentrationen von Immunglobulinen eine Unfähigkeit der Antikörperreaktion gegen das Antigen (**Antikörpermangelsyndrom**) bestehen. Dabei kann die Störung die Blutbildungsstätten, die multipotente hämatopoetische Stammzelle, die bipotenten lymphozytären Vorläuferzellen, die zentralen Immunorgane (Thymus, Bursaäquivalent) oder die peripheren Immunorgane (Lymphknoten, Milz) betreffen. Je nachdem wo der Schaden liegt, ergeben sich unterschiedliche Krankheitsbilder, die aber insgesamt nur selten zu beobachten sind.

Die Immundefekte können durch genetisch bedingte, vererbbare Leiden (*hereditäre Defektimmunopathien*) oder auch z. Z. noch nicht aufklärbar *primär* entstehen, oder erst während des uterinen Lebens oder noch später erworben sein (*erworbene Defektimmunopathien*). Dabei kann das Immunsystem durch krankhafte oder andersartige Prozesse (Strahlen, Zytostatika) geschädigt werden, so daß es seine Funktion nicht mehr aufrecht erhalten kann.

Das erworbene Immundefektsyndrom (AIDS = *acquired immune deficiency syndrome*) wurde anfänglich bei Homosexuellen und Drogensüchtigen (Fixern) beobachtet. Es wird wahrscheinlich durch ein Agens (Virus?) ausgelöst, das homo- und heterosexuell sowie durch kontaminierte Injektionsnadeln und durch Bluttransfusionen übertragen werden kann. Zur Zeit ist noch kein sicherer ätiologischer Faktor bekannt. Mit diesem AIDS sind opportunistische Infektionen (Viren, Bakterien, Pilze, Protozoen) mit besonders schweren gastrointestinalen Symptomen und das *Kaposi-Sarkom* vergesellschaftet, wobei letzteres in einem hohen Prozentsatz als Todesursache in Frage kommt. Offenbar bewirkt das auslösende Agens eine deutliche *Herabsetzung der zellvermittelten Immunabwehr* mit einer starken Reduzierung der T-Helfer- gegenüber den T-Suppressorlymphozyten bei extrem niedriger Gesamtlymphozytenzahl.

Die bekanntesten Defektimmunopathien sind in der Tabelle 5.9 zusammengefaßt.

Von diesen Defektimmunopathien müssen *Immunmangelzustände* abgegrenzt werden, wie sie bei Früh- und Neugeborenen sowie im hohen Alter physiologischerweise auftreten. Da sich das Immunsystem erst am Ende der Fetalperiode entwik-

Tabelle 5.9 Defektimmunopathien

	Angeborene Defekte	Erworbene Defekte analog bei:
Stammzellen	retikuläre Dysgenesie, Schweizer Typ der lymphopenischen Agammaglobulinämie	Knochenmarkinsuffizenz, lymphatische Leukämie, zytostatische Therapie
Thymus (T-Zelldefekt)	Di George-Syndrom, Nezelof-Syndrom, Ataxia teleangiectatica	Lymphogranulomatose, Sarkoidose, maligne Tumoren
Bursaäquivalent (B-Zelldefekt)	Brutonsche Agammaglobulinämie, Ataxia teleangiectatica, selektives Immunglobulinmangelsyndrom (= Dysgammaglobulinämie)	Plasmozytom, maligne Tumoren, lymphoproliferative Erkrankungen
Periphere Immunorgane (Lymphknoten, Milz u. a.)	Wiskott-Aldrich-Syndrom	

kelt und auch nach der Geburt in den ersten Lebensmonaten noch nicht voll leistungsfähig ist, sind die Neugeborenen besonders infektanfällig. Umgekehrt stellt das Immunsystem (nach der physiologischen Thymusinvolution) im zunehmenden Alter seine Funktionen langsam ein. Vermehrte Infekte, eine erhöhte Bereitschaft, Autoimmunkrankheiten und maligne neoplastische Prozesse zu entwickeln, werden mit dem zunehmenden Immunmangel im Alter in Verbindung gebracht.

Letztlich haben aber alle Prozesse, bei denen es zu einer *Lymphozytopenie* kommt, eine Einschränkung der immunologischen Reaktionen zur Folge. Auch die operative Entfernung von lymphatischen Geweben (Tonsillen, Milz, Appendix u. a.) wirkt sich nachweisbar nachteilig auf die Infektabwehr aus. Natürlich können *Defekte im Komplementsystem* ebenfalls zu Störungen bei der Immunabwehr führen.

5.6.5. Proliferative Entgleisung des Immunsystems

5.6.5.1. Pathologische Lymphozytenproliferation

Unter den *lymphoproliferativen Entgleisungen* versteht man pathologische Vorgänge, die durch eine abnorme, nicht mehr gesteuerte *Proliferation* oder durch eine Störung in der *Differenzierung* der verschiedenen Lymphozytenarten gekennzeichnet sind.

So kommen *Neoplasien* zustande, die den Gewächsen zuzuordnen bzw. gleichzusetzen sind. Es gibt hierbei bösartige Formen der Lymphozytenproliferation, die als *maligne lymphozytäre Lymphome* zusammengefaßt werden. Daneben existieren Formen, die in der Regel einen benignen Verlauf nehmen und letztlich findet man Formen, die sich durch eine zunehmende Progredienz auszeichnen. Die *Immunpro-*

liferationskrankheiten lassen sich entsprechend ihrer lymphozytären Zellcharakteristika in T- und B-Zelltypen sowie in undifferenzierte (non-T-, non-B-) Typen einteilen. Bei den *Lymphomen* ist die Zellproliferation auf die sekundären Immunorgane lokalisiert, bei den *lymphatischen Leukämien* sind die proliferierenden Zellen vorwiegend im Blut vorhanden. Dabei lassen sich bestimmte Proliferationen mit der normalen Entwicklung der Immunzellen in Verbindung bringen. Von den malignen *Lymphomen* werden die *Hodgkin-Lymphome* abgetrennt. Deshalb bezeichnet man erstere auch als **Non-Hodgkin-Lymphome**. Für die Einteilung kommen heutzutage zwei Klassifikationen zur Anwendung: die „Kiel-Klassifikation" (Lennert, 1974) und die „Klassifikation nach Lukes and Collins" (1974).

Undifferenzierte maligne lymphoidzellige Lymphome (non-T, non-B). Wahrscheinlich sind es die *Vorläuferzellen* der lymphatischen Reihe, oder die *Prä-T-, Prä-B-Zellen*, die hier die hemmungslose Zellteilung durchführen. Zumindest sind dabei weder T- noch B-Zellcharakteristika festzustellen. Dieser Typ findet sich vornehmlich bei Kindern und Jugendlichen. *Akute undifferenzierte Leukämien* und *hochmaligne immunoblastische Lymphome* sind hier einzuordnen.

Maligne T-Zellenlymphome. Das *maligne lymphoblastische Lymphom*, das häufig mit einem *Thymom* vergesellschaftet ist, und gewisse Formen der *akuten* und vereinzelt auch der *chronischen lymphatischen Leukämien* sind hier einzuordnen. Weiterhin gelten die *Mycosis fungoides* und das *Sézary-Syndrom* sowie das *T-Zonenlymphom* als klassische Vertreter der malignen T-Zellenneoplasie. Die Kerne dieser neoplastischen Zellen besitzen meist einen unregelmäßig gestalteten (convoluted) Kern, der zur histologischen Differenzierung mit herangezogen wird.

Maligne B-Zellenlymphome. Durch ihre membranständigen Immunglobuline sind sie leichter als die anderen Formen zu identifizieren. Bei den humoralen Immunreaktionen geht aus einer Prä-B-Zelle durch Stimulation eine erhebliche Anzahl antikörperproduzierender Zellen hervor, die eine Vielzahl kleiner Zellklone bilden. Diese Zellklone produzieren mit großer Wahrscheinlichkeit auch je Klon einheitliche Immunglobuline = *monoklonale Immunglobuline*, die hinsichtlich ihrer Eigenschaften und Antigenspezifität identisch sind. Im Gegensatz zum T-Zellenlymphom haben hier die neoplastischen Zellen fast immer rundliche Kerne, die bei bestimmten Formen auch tief eingekerbt sein können.

Hodgkin-Lymphom. Beim Hodgkin-Lymphom kombiniert sich wahrscheinlich eine mäßige Lymphozytenproliferation mit einem *Defekt in der zellgebundenen Immunreaktion*. Man nimmt an, daß die *proliferierten Lymphozyten eine Supressionsfunktion auf die T-Zellen* ausüben. Die Malignität ist dabei unterschiedlich. Lymphozytenreiche Formen und der noduär-sklerosierende Typ haben eine bessere Prognose als der gemischtzellige Typ. Der lymphozytenarme Typ, der sich durch eine stark reduzierte zellvermittelte Immunreaktivität auszeichnet, weist eine hohe Malignität auf.

Angioimmunoblastische Lymphadenopathie. In den betroffenen Lymphknoten fallen in Gruppen zusammenliegende, proliferierende, große basophile Immunoblasten und eine deutliche Vermehrung kleiner Blutgefäße auf. Die Krankheit verläuft progressiv und führt meist innerhalb von 2 Jahren zum Tode. Ob eine hemmungslose Proliferation der Immunoblasten oder eher eine abnorme Hyperimmunantwort von B-Zellen vorliegt, ist noch unklar.

Mononucleosis infectiosa. Hierbei handelt es sich um eine durch das *Epstein-Barr-Virus* verursachte, sich selbst limitierende und damit *gutartige lymphoproliferative*

Störung. An dieser Störung sind offenbar nacheinander Proliferationen der B- und später der T-Lymphozyten beteiligt. In den Lymphknoten läßt sich in den thymusabhängigen Zonen eine Vermehrung meist mittelgroßer bis großer lymphozytischer Zellen mit bläschenförmigen Kernen und kräftig betonten Nucleolen beobachten.

5.6.5.2. Pathologische Plasmazellenproliferation

Multiples Myelom. Progredient verlaufende Wucherungen der *Plasmazellen* können auch als Neoplasien der B-Zellreihe angesehen werden. Kennzeichnend ist die fortgeschrittene Ausreifung der Zellen mit der Fähigkeit zur Bildung von *monoklonalen Immunglobulinen*. Entsprechend werden diese **plasmozytischen Myelome** auch klassifiziert. Der Häufigkeit nach gibt es IgG-, IgA-, IgM-(= M. Waldenström), IgD- und IgE-produzierende Myelome. Die Zellproliferation spielt sich in erster Linie im Knochenmark (= Myelon) mit Zerstörung des umgebenden Knochens ab und ist gelegentlich auch extraossär (IgD-Myelom) anzutreffen. Eine renale Beteiligung (Bence-Jones-Proteine) und eine schwere Anämie sowie eine Amyloidose sind häufige Begleiterscheinungen.

Makroglobulinämie Waldenström. Dieser Krankheit liegt eine diffuse Proliferation von *monoklonalen IgM-produzierenden Plasmazellen* zugrunde, wobei die Generalisation der neoplastischen Zellen zu einer Hepatosplenomegalie und Lymphadenopathie führen kann. Die dabei auftretenden klinischen Erscheinungen (Augenveränderungen, Schleimhautblutungen) sind Ausdruck des Hyperviskositätssyndroms.

Schwere-Ketten-Krankheit (heavy chain diseases). Diese seltene Krankheit zeichnet sich durch eine progressive Proliferation *plasmozytischer Zellen* aus, die monoklonale α-, γ-, oder μ-Ketten produzieren. Es gibt enge Beziehungen zur chronischen, lymphatischen Leukämie.

5.6.6. Abklärung des Begriffs der pathogenen Reaktionen

Die Reaktionen zwischen den verschiedenen Antigenen und ihren Antikörpern bzw. spezifisch-sensibilisierten Lymphozyten können im Organismus unterschiedlich sein. Man kann sie in drei Gruppen zusammenfassen:
- die Wirkung kann für den Organismus neutral sein – reaktionslose Bindung von Zellen und Antikörpern in vivo und in vitro;
- die Wirkung kann für den Organismus günstig sein und ihn vor Krankheit schützen – **protektive immunologische Reaktion = Immunität**;
- die Wirkung kann für den Organismus ungünstig sein und Krankheit verursachen – **pathogene immunologische Reaktion = Allergie**.

Diese Einteilung entspricht den klinischen Erscheinungsformen der immunologischen Reaktionen. Alle diese Reaktionen beruhen aber auf dem *gleichen Mechanismus*. Nach Antigenkontakt kann die folgende Reaktion zwischen Antigen und Antikörper einerseits oder sensibilisierten Lymphozyten andererseits Schutz vor Krankheit und unter bestimmten Bedingungen auch Krankheit bedeuten. Gerade

die *krankheitserzeugenden immunologischen Reaktionen* haben aber die Immunologie nicht nur zu einem biologischen, sondern zu einem *allgemeinen medizinischen* und im besonderen *klinischen Problem* gemacht.
Alle immunologisch ausgelösten pathogenen Phänomene im Organismus werden unter dem Begriff „Überempfindlichkeit" (= *hypersensitivity*) zusammengefaßt. Damit wird ein Zustand gekennzeichnet, in dem ein bereits mit einem Antigen in Berührung gekommener und damit sensibilisierter Organismus einen erneuten Kontakt mit dem gleichen, die Sensibilisierung auslösenden Antigen (Allergen) mit einer krankmachenden *Überempfindlichkeit* oder *Andersempfindlichkeit* (= Allergie) beantwortet. *Allergie* und *Überempfindlichkeit* werden allgemein synonym gebraucht.

5.6.7. Formen der pathogenen Immunphänomene

> Die Überempfindlichkeit oder Allergie ist im Organismus *nicht nachweisbar*. Sie wird grundsätzlich erst durch die *Besonderheit der Reaktion* auf antigene Reize erkannt.

Somit kann die Definition der Überempfindlichkeit nur auf Grund der besonderen Reaktion während der immunologischen Abwehr getroffen werden. Der Verlauf und der spezifische, eine Krankheit auslösende Mechanismus der Reaktion und somit die auftretenden pathogenen immunologischen Phänomene entsprechen den beiden Effektorsystemen, die fast immer in enger Kooperation gemeinsam vorkommen.
Pathogene Immunphänomene durch humorale Antikörper (Soforttyp) beruhen auf dem Vorhandensein von *humoralen Antikörpern (Immunglobulinen)*, die eine Zustandsänderung des Organismus (= *Allergie*) herbeiführen. Bei der Übertragung dieser *Antikörper* durch Serum oder Plasma auf einen anderen, nicht sensibilisierten Organismus rufen sie dort die gleiche Zustandsänderung hervor.
Pathogene Immunphänomene durch sensibilisierte Lymphozyten (zellgebundener oder zellvermittelter Typ – Spättyp) beruhen auf dem Vorhandensein von *spezifisch antideterminierten Lymphozyten*, die eine Zustandsänderung des Organismus (= *Allergie*) herbeiführen. Bei der Übertragung dieser *lebenden Zellen* oder Teile davon auf einen anderen, nicht sensibilisierten Organismus rufen sie dort die gleiche Zustandsänderung hervor.

5.6.8. Pathogene Immunphänomene durch humorale Antikörper (= Soforttyp)

Die Überempfindlichkeit durch humorale Antikörper ist an folgende Bedingungen geknüpft:
- **Antigen.** Nach dem Zusammentreffen mit dem Organismus löst es in den immunkompetenten B-Zellen die Bildung spezifischer Antikörper aus, die mit dem Antigen reagieren (= *Sensibilisierung*). Allein kann das Antigen diese Zustandsänderung nicht herbeiführen.
- **Latenzzeit.** Das ist die Zeit, die zwischen der ersten Antigenberührung und der

Auslösung einer spezifischen Überempfindlichkeitsreaktion vergehen muß. Sie entspricht dem Zeitraum, der zur Bildung *hinreichender Mengen von Antikörpern* benötigt wird. So können Reaktionen auftreten, wenn das Antigen noch im Überschuß gegenüber dem sich bildenden Antikörper vorhanden ist, und andere Reaktionen, die erst bei Überschuß des Antikörpers gegenüber dem Antigen zustande kommen.
- **Spezifität.** Die pathogene Reaktion kann nur durch ein Antigen ausgelöst werden, das in seiner spezifischen Struktur dem Erstantigen, welches die Antikörperproduktion ausgelöst hat, voll entspricht oder dieser Struktur weitgehend ähnlich ist.
- **Passive Übertragbarkeit.** Bei Übertragung des *humoralen* Antikörpers durch Serum oder Plasma auf einen vorher nicht mit dem spezifischen Antigen in Berührung gekommenen Organismus läßt sich in diesem nach Verabfolgung des gleichen Antigens die Überempfindlichkeitsreaktion auslösen.

Die pathogenen Immunphänomene vom Soforttyp entwickeln sich in drei aufeinanderfolgenden Phasen, die vom Moment der Entstehung einer Überempfindlichkeit bis zum Auftreten morphologisch und/oder funktioneller Symptome ablaufen:
- **Spezifische Phase.** Sie wird durch die nach *Erstantigenzufuhr* gebildeten Antikörper bzw. durch passive Antikörperzufuhr eingeleitet. Besonders nach *Zweitantigenzufuhr* können diese mit den nun bereits vorhandenen Antikörpern reagieren und die Überempfindlichkeitsreaktion einleiten.
- **Unspezifische Phase.** Durch die Reaktion des Antikörpers mit dem Antigen wird die Bildung, Aktivierung oder Freisetzung biochemisch wirksamer Stoffe ausgelöst, die dann ihrerseits funktionell oder morphologisch faßbare Symptome verursachen = *Überträgerstoffe* oder **Mediatoren** genannt (Tabelle 5.10).
- **Phase der Auswirkungen.** Durch die Vorgänge in der spezifischen und/oder unspezifischen Phase kommt es zur Manifestation im Gewebe, die funktionell oder *morphologisch* nachweisbar wird; die pathogenen Phänomene (Krankheit) werden ausgelöst.

Abzugrenzen davon sind alle funktionell oder morphologisch faßbaren Veränderungen, die den Überempfindlichkeitsreaktionen völlig gleichen oder ihnen weitgehend ähnlich sind, denen aber *keine* Antigen-Antikörper-Reaktion als Auslösungsursache zugrunde liegt. Hier sind in erster Linie die *Entzündungen* (s. 5.5.) zu nennen, jedoch kommen auch andersartige Schockzustände in Frage.
Die jeweiligen Erscheinungsformen der pathogenen Immunphänomene, die durch humorale Antikörper ausgelöst werden, sind weitgehend von dem unterschiedlichen Zusammenwirken folgender Faktoren abhängig:
- Art des auslösenden Antigens,
- Aufnahmeort und -weg des Antigens bei der Primärstimulation und Sekundärstimulation,
- Zeitdauer zwischen Erst- und Zweitantigenkontakt,
- Art, Dauer und Intensität der Antikörperbildung,
- Eigenschaft und Menge des gebildeten Antikörpers,
- Art der Bindung zwischen Antigen und Antikörper,
- Art des Gewebes bzw. Organs in dem die Reaktion zwischen Antigen und Antikörper stattfindet,

Tabelle 5.10 Mediatoren humoraler Immunreaktionen

Mediatoren			Biologische Aktivität
niedermolekulare Substanzen	vasoaktive Amine: Histamin (Mastzellen), Serotonin (Thrombozyten = PAF)	schnelle kurzfristige Reaktion	– Kontraktion glatter Muskelzellen – Weitstellung und Steigerung der Durchlässigkeit der terminalen Strombahn – Steigerung der Sekretion exokriner Drüsen
	Leukotriene (Mastzellen) (ehemals SRS-A) Prostaglandine (Mastzellen)	langsame anhaltende Reaktion	Kontraktion der glatten Muskelzellen
	eosinophil chemotactic factor of anaphylaxis (= EFC-A) (Mastzellen)		hemmende Wirkung auf Histamin und Abbau von Histamin
	Kinine: Bradykinin		– Weitstellung und Steigerung der Durchlässigkeit der terminalen Strombahn – kurzfristige Kontraktion glatter Muskelzellen – Schmerzauslösung
höhermolekulare Substanzen	neutrophil chemotactic factor of anaphylaxis (= NCF-A) (Mastzellen)		Anlockung von Granulozyten
	Komplementsystem – direkt –		– Lyse (Zellen, Bakterien) – Steigerung der Phagozytose – Opsonierung, Immunadhärenz – Virusneutralisation
	– indirekt – (Spaltprodukte)		– Anaphylatoxin (Freisetzung von Histamin) – Leukotaxis (Chemotaxis)

– Art und Menge der in der unspezifischen (biochemischen) Phase aktivierten oder freigesetzten Mediatoren,
– genetische oder organotrope Besonderheiten bzw. Disposition des Organismus.

Die daraus resultierenden Krankheiten lassen sich auf wenige immunpathogenetische Mechanismen zurückführen. Diese Mechanismen geben die Grundlage für die Einteilung der immunologisch bedingten Erkrankungen vom *Soforttyp*. Ausschlaggebend sind dabei die Eigenart des Antikörpers, die Zusammensetzung der Antigen-Antikörper-Aggregate und die aktivierten Mediatoren. Das Antigen wird in diesem Zusammenhang auch oft als **Allergen** bezeichnet. Das Allergen kann die Eigenschaft eines Vollantigens besitzen, aber auch als kupplungsfähige niedermolekulare Verbindung (*Hapten*) auftreten, die erst zusammen mit einem körpereigenen Trägerprotein antigene Wirkung bekommt.

Auf dieser Grundlage lassen sich die pathogenen Immunphänomene vom Soforttyp nach Gell and Coombs (1968) in folgende grundlegende drei Reaktionstypen zusammenfassen:

- Typ I: anaphylaktische Reaktion (einschließlich Atopie),
- Typ II: zytotoxische Reaktion,
- Typ III: Antigen-Antikörper-Komplex-Reaktion (Serumkrankheit einschließlich Arthus-Reaktion).

5.6.8.1. Anaphylaktische Reaktionen (Typ I)

Anaphylaktische Reaktionen sind charakterisiert durch ihr rasches Auftreten (Sekunden bis wenige Minuten – *Prototyp der Sofortreaktion*) nach entsprechender Sekundärstimulation bei sensibilisierten Individuen.

Je nach Eintrittspforte und Aufnahme des Antigens kann die pathogene Reaktion lokalisiert oder generalisiert sein. Voraussetzung sind häufig großmolekulare Antigene (Proteine, Polysaccharide, Verbindung von Haptenen mit großmolekularen, körpereigenen Makromolekülen), die überwiegend eine Antikörperbildung der Klasse IgE veranlassen.

Pathogenese. In der spezifischen Phase kommt es nach Kontakt mit bestimmten Antigenen (= *Allergenen*), offenbar genetisch bedingt, zur überdurchschnittlich starken Bildung anaphylaktischer Antikörper (= *Reagine*), die der Immunglobulinklasse E angehören (fraglicher Defekt der Supressor-T-Zellen?). IgE kommt normalerweise nur in Spuren im menschlichen Serum vor (die Konzentration entspricht 1/50 000 der Konzentration von IgG).

Die Besonderheit dieser Immunglobuline besteht in der Affinität ihres Fc-Fragments zu körpereigenen Zellmembranen (= *Homozytotropie*) – besonders *Mastzellen* und *basophilen Granulozyten* – an denen sie auf entsprechenden Membranrezeptoren unspezifisch haften. Damit bleiben ihre Bindungsstellen (Fab-Fragmente) für das Antigen frei (Abb. 5.28).

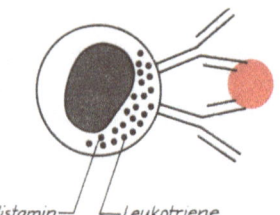

Abb. 5.28 Schematische Darstellung der anaphylaktischen Reaktion (Typ I)

Unter der Annahme, daß die Immunglobuline auf den Zellmembranen dicht nebeneinander angeordnet sind, kann es bei Zweitkontakt mit dem gleichen Antigen zur *bivalenten* Antigen-Antikörper-Bindung zwischen zwei Fab-Fragmenten zweier IgE-Moleküle kommen. Damit wird die biochemische Phase eingeleitet. Bei dieser Konstellation zwischen Antigen und membrangebundenen Antikörpern wird ein

Mechanismus ausgelöst, der zur *selektiven Ausschleusung* der Granula bzw. ihres Inhalts aus den Zellen führt. Im wesentlichen handelt es sich dabei um Histamin, daneben spielen aber auch Leukotriene und Prostaglandine als Mediatoren eine bemerkenswerte Rolle, die aus den gleichen Zellen freigesetzt werden. Die Mastzellen bzw. basophilen Granulozyten werden dabei nicht zerstört. Zusätzlich kann in bestimmten Fällen aus Thrombozyten mit Hilfe eines Lymphokins (= *platelet activating factor*) Serotonin freigesetzt werden.

In der morphologisch und/oder funktionell faßbaren Phase wirken diese Substanzen dann auf den Organismus ein. Sie sind im wesentlichen auch Mediatoren der akuten Entzündung und rufen somit auch das Bild der Entzündung hervor. In den zelligen Infiltraten sind meist bemerkenswert viele *eosinophile Granulozyten* vorhanden, die offenbar von einem aus den Mastzellen bei deren Degranulation freigesetzten Faktor (*eosinophil chemotactic factor of anaphylaxis* = ECF-A) angelockt werden. Die Eosinophilen enthalten zudem sog. *blockierende Faktoren*, die den aus den Mastzellen stammenden Mediatoren weitgehend entgegenwirken bzw. sie inaktivieren.

Die *Verschiedenheit der Manifestation* und die Unterschiede in der Systematik sind im wesentlichen auf die *Art und den Ort des zweiten Antigenkontakts* des spezifisch sensibilisierten Organismus zurückzuführen.

Einteilung nach Sensibilisierung:
– aktive Anaphylaxie,
– passive Anaphylaxie. Sie benötigt eine gewisse Latenzzeit zur Bindung des Antikörpers an entsprechende Gewebsstrukturen;
a) direkte passive Anaphylaxie. Zuerst passive Sensibilisierung durch Antikörperzufuhr, dann nach einer gewissen Zeit Antigenprovokation;
b) inverse passive Anaphylaxie. Zuerst Antigenkontakt, dann *ohne Latenzzeit* passive Sensibilisierung mit anaphylaktischen Antikörpern.

Einteilung nach Manifestation (Lokalisation und Ausdehnung):
– systematisierte oder generalisierte Anaphylaxie (= Systemreaktion als anaphylaktischer Schock),
– lokale Anaphylaxie. Sie tritt meist als lokale Hautreaktion (Quaddel-Erythem-Reaktion) auf, z.B. passive kutane Anaphylaxie (PCA).

Art, Menge und Verteilung der Zellen, aus denen nach spezifischer Antigen-Antikörper-Reaktion Mediatoren freigesetzt werden, können stark wechseln. Bei unterschiedlichen Spezies werden aus den entsprechenden Zellen nicht immer die gleichen Substanzen freigesetzt.

Aus diesen Besonderheiten ergeben sich für jede Spezies bestimmte morphologische und funktionelle Eigenheiten, die zu charakteristischen Unterschieden bei der generalisierten Anaphylaxie, dem anaphylaktischen Schock, führen. Dabei stehen bestimmte Organe bei den verschiedenen Tierarten im Vordergrund, die entsprechend als **Schockorgane** bezeichnet werden. Beim Menschen gelten die *Lungen als Schockorgan*, obwohl häufig noch andere Symptome hinzukommen.

Bei der *lokalen Anaphylaxie* kommt es besonders an den Stellen, an denen physiologisch eine Konzentration von Mastzellen vorhanden ist, zur pathogenen Auswirkung. In erster Linie sind das Korium der äußeren Haut sowie die Submukosa der Schleimhäute des Atem- und Verdauungstrakts betroffen. Das sind auch die Stellen der stärksten Antigenexposition. An der Haut können **urtikarielle Reaktionen** als Quaddelbildung (Ödem, Rötung, Juckreiz) vorkommen. Im Atemtrakt werden **Rhinitis** (kombiniert mit Konjunktivitis), sog. **Heuschnupfen und allergisches Asthma bronchiale** und im Verdauungstrakt **Nahrungsmittel-(Medikamenten-)allergien** beobachtet.

5.6.8.2. Durch humorale Antikörper vermittelte zytotoxische bzw. zytolytische Reaktionen (Typ II)

Unter dem Begriff „*zytotoxisch*" wird jede durch eine Antigen-Antikörper-Reaktion direkt oder indirekt unter Mithilfe anderer Faktoren zur *Zellschädigung* und/oder zum *Zelluntergang* (= *zytolytisch*) führende Einwirkung verstanden.

Dabei kann das Antigen Bestandteil von körperfremden oder körpereigenen Zellen oder extrazellulären Gewebsbestandteilen (Fasern) sein, es kann sich aber auch passiv mit einer Zell- oder Gewebsmembran verbunden haben. Zellen stellen immer komplexe Antigene dar, an deren Oberfläche oder in deren Inneren zahlreiche Areale gleicher oder verschiedener Spezifität vorhanden sind. Der *zytotoxische Antikörper* ist gegen eines oder mehrere dieser Areale gerichtet, die auch auf der Oberfläche nichtzellulärer Gewebselemente (z.B. Kollagen, elastische Fasern) lokalisiert sein können. Er muß *Komplement aktivieren* können und läßt sich ebenfalls passiv auf einen nichtsensibilisierten Organismus übertragen.

Pathogenese. In der spezifischen Phase kommt es nach Antigenkontakt zur Bildung von „zytotoxischen" Antikörpern (IgG_1, IgG_3 und IgM, weniger IgG_2), die sich mit den entsprechenden *antigenen Determinanten* der Zellen oder nichtzellulären Gewebsbestandteilen binden. Die Bindung beruht auf einer *spezifischen Antigen-Antikörper-Reaktion* (Abb. 5.29).

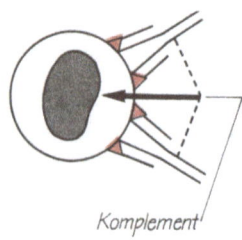

Abb. 5.29 Schematische Darstellung der zytotoxischen Reaktion (Typ II)

Diese Reaktion löst die biochemische Phase aus, indem es durch die *Bindung zur Aktivierung von Komplement* kommt, wobei der kaskadenartige Reaktionablauf der Komplementkomponenten auf der Stufe des *Anaphylaktins* stehen bleiben kann, meist aber bis zum Ende der *lytischen Wirkung* abläuft.

Das *Komplement* (s. Lehrbücher der Immunbiologie) ist ein System aus neun Einzelkomponenten (C1 bis C9) bzw. elf Serumproteinen, die nach bestimmten Antigen-Antikörper-Reaktionen in einer festgelegten Sequenz aktiviert und gebunden werden. Dadurch erfährt der Antigen-Antikörper-Komplex charakteristische Veränderungen (*direkte Effekte*). Im Laufe der Komplementaktivierung werden daneben biologisch aktive Fragmente gebildet (*indirekte Effekte*), die ebenfalls als Mediatoren fungieren können. In der morphologisch und/oder funktionell faßbaren Phase sind alle auftretenden Veränderungen von den Folgen der Komplementwirkung abhängig und entsprechen den *vielfältigen Aktivitäten* der *Teilkomponenten des Komplements*. So wechseln die Bilder von anaphylaktischen Erscheinungen über Leukozytenattraktion mit gesteigerter Phagozytose und Destruktion durch lysosomale Enzyme aus Leukozyten bis hin zur Zytolyse.

Komplement wird nur von bestimmten Ig-Klassen gebunden (IgM und IgG – außer IgG_4 – nicht IgA und IgE). Bei IgM-Antikörpern reicht ein gebundenes Molekül an einer Zelloberfläche für die Aktivierung und Bindung des Komplementsystems und damit zur Lyse einer Zelle aus. Bei IgG müssen zwei Antikörpermoleküle in unmittelbarer Nachbarschaft (doublet) gebunden sein, um eine Aktivierung und Bindung von Komplement zu bewirken (s. Abb. 5.29).

Antigene und Antikörper müssen miteinander reagieren können, der Kontakt zwischen beiden ist eine unabdingbare Voraussetzung. Für die meisten Gewebszellen im Organismus ist das praktisch nicht möglich. Diese Möglichkeit besteht aber für Blutzellen, z. B. bei **autoimmunhämolytischen Anämien, Immunthrombozytopenien, Immunleukopenien**. Auch einige extrazelluläre Strukturen können mit dem humoralen Antikörpern reagieren, z. B. die **Basalmembranen der Nierenglomeruli**. Hier erhalten durch direkten Kontakt mit dem Blut über die Endothelporen die Antikörper die Möglichkeit, sich an Basalmembranantigene und Komplement zu binden, und es entsteht eine **Glomerulonephritis**, besonders durch die indirekten Effekte der C-Aktivierung und -Bindung (z. B. Masugi-Nephritis).

5.6.8.3. Immunkomplex-Reaktion (Typ III, Antigen-Antikörper-Komplex-Reaktion)

Diese Reaktion kann nach einmaligem Antigenstimulus und nach Bildung einer hinreichenden Menge (Latenzzeit) von spezifischen Antikörpern auftreten. Ein Zweitantigenkontakt ist nicht erforderlich.

Die Reaktion ist nicht nur von der absoluten Menge an Antigenen und Antikörpern, sondern von den *relativen Mengenverhältnissen* abhängig. Pathogene Auswir-

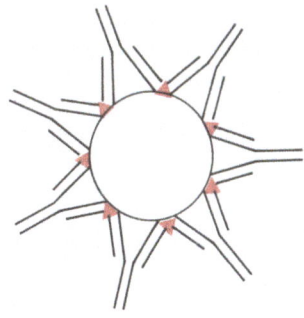

Antikörperüberschuß

Abb. 5.30
Schematische Darstellung der Antigen-Antikörper-Komplex-Reaktion (Typ III)

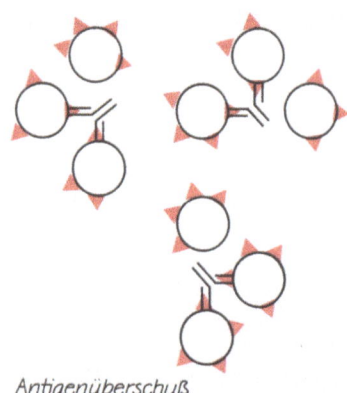

Antigenüberschuß

Abb. 5.31
Antigen-Antikörper-Komplex-Reaktion
(Typ III)

kungen sind vor allem durch *lösliche Antigen-Antikörper-Komplexe* zu erwarten, wie sie bei Antigen- oder Antikörperüberschuß in der Zirkulation entstehen können (Abb. 5.30 und 5.31). Im Äquivalenzbereich, wenn sich Antigen- und Antikörpermenge etwa ausgleichen, bilden sich größere und unlösliche Komplexe, die von Phagozyten rasch abgebaut werden und keine pathogene Wirkung entfalten.

Pathogenese. Die spezifische Phase tritt unmittelbar nach dem ersten Antigenkontakt ein und zwar dann, wenn das Antigen mengenmäßig im Überschuß vorhanden ist und die Antikörperproduktion eben anläuft. Erfolgt dabei das Zusammentreffen der beiden Reaktanten im Bereich der Blut-Gewebs-Schranke der Gefäße (= Antikörper im Blut – Antigen diffundiert aus dem Gewebe durch die Gefäßwand in Richtung Blut) und kommt es hier zur Bildung von Immunkomplexen, so können krankmachende Veränderungen vom Typ der **Arthus-Reaktion** entstehen. Treffen aber Antigen und Antikörper im strömenden Blut aufeinander und kommt es dort zur Komplexbildung, dann können sich diese Komplexe unter bestimmten Bedingungen (Zustand der Gefäßinnenfläche) der Wand anlagern oder im Bereich verstärkter Plasmainfiltration (Nierenglomeruli) in die Wand eindringen. Dadurch werden Veränderungen vom Typ der **Serumkrankheit** hervorgerufen. Üblicherweise werden aber diese Komplexe in ihrer Menge schnell durch Phagozyten aus der Zirkulation entfernt.

Mit der Bindung und Aktivierung von Komplement, das teilweise auch mit in die Antigen-Antikörper-Komplexe eingebaut wird, wird der Übergang zur biochemischen Phase eingeleitet. Komplement kann dabei auch über den *„alternativen Weg"* direkt aktiviert werden. Aus C3 und C5 können *Spaltprodukte mit Anaphylatoxineffekt* entstehen, die aus Mastzellen und basophilen Granulozyten Histamin und andere Mediatoren ausschleusen. C5a und C5b wirken chemotaktisch auf neutrophile Granulozyten, die, in großen Mengen angelockt, in der morphologisch faßbaren Phase das Bild beherrschen.

Aus ihren Lysosomen setzen sie aktiv wirksame Enzyme frei, die heterolytische Gewebsschäden am Ort der Komplexablagerung verursachen. Die Wirkungen von Histamin einerseits und Komplement mit seinen Folgen andererseits rufen das Bild der exsudativen Entzündung, oft mit zentralen Nekrosen, hervor. Dabei werden die abgelagerten Immunkomplexe meist recht schnell von den angelockten neutrophilen Granulozyten phagozytiert und somit abgebaut.

Immunhistologisch kann man während der Immunkomplex-Reaktion Antigen, Antikörper und Komplement, teilweise auch Fibrin, in den Gefäßwänden nachweisen. Durch Austritt von Blutflüssigkeit entsteht ein Ödem, das durch Zutritt von Erythrozyten oft hämorrhagisch sein kann. Später finden sich Monozyten und Makrophagen ein, die sich besonders perivaskulär ansammeln und das Bild einer **granulierenden Vaskulitis** hervorrufen.

Die verschiedenen Formen der Immunkomplex-Vaskulitiden, **akuter fieberhafter Gelenkrheumatismus**, **Iummunkomplex-Glomerulonephritis** sowie bestimmte Formen der **Karditis**, sind neben **Hautreaktionen** die bekanntesten Krankheitserscheinungen, die dabei auftreten können. Erwähnt werden sollen aber auch bestimmte Formen der **Pneumonien** (Pneumonitis), **Immunkomplex-Schäden bei Hepatitiden** und nicht zuletzt die **Serumkrankheit** selbst, die bei passiver Immunisierung (Fremdserum) auftreten kann.

5.6.9. Pathogene Immunphänomene vom zellvermittelten Typ, Typ IV (= Spättyp)

Die Bedingungen für das Entstehen einer Überempfindlichkeit vom Spättyp sind die gleichen wie beim Soforttyp (s. 5.6.8.), nur daß hier keine spezifischen Antikörper, sondern *spezifisch sensibilisierte T-Lymphozyten* als Reaktionspartner mit dem Antigen auftreten.

Beteiligt sind weiterhin *Lymphokine* als Mediatoren und *andere Lymphozyten*, die nicht sensibilisiert sind, sowie *Makrophagen*. Dabei entstehen Bilder, wie sie von der chronischen Entzündung her bekannt sind und die noch vor nicht sehr langer Zeit als „spezifische Entzündung" bezeichnet wurden. Kennzeichnend ist das epitheloidzellige Granulationsgewebe (= *granulomatöse Überempfindlichkeitsreaktion*). Die Überempfindlichkeit vom Spättyp kann nicht durch Serum, sondern nur durch lebende, sensibilisierte T-Lymphozyten von einem Spender auf ein nichtsensibilisiertes Individuum übertragen werden.

Das Auftreten krankmachender Symptome geschieht wie bei der Sofortreaktion über eine Reaktionskette, die wiederum in drei Phasen abläuft:

● **Spezifische Phase.** Die im Organismus überall anwesenden immunkompetenten T-Lymphozyten sind in der Lage, an jeder Stelle mit dem Antigen in Kontakt zu treten, gleichgültig, ob sie das direkt tun oder ob sie die *Hilfe von Makrophagen* (*Transferfaktor*) in Anspruch nehmen. Die so sensibilisierten T-Lymphozyten beginnen sich zu teilen, in erster Linie in den thymusabhängigen Zonen der Lymphknoten und der Milz und transformieren zu *Lymphoblasten*. Dabei entstehen auch die sog. *Gedächtnis-T-Zellen*, die langlebig bei einem späteren Kontakt mit dem gleichen Antigen rascher reagieren können. Vermutlich kommt es jetzt schon zur Freisetzung von *Lymphokinen*. Aus den Lymphoblasten entwickeln sich mittelgroße und kleine Lymphozyten, die nun für die Antigenabwehr zur Verfügung stehen.

● **Unspezifische Phase.** Sie wird durch den Kontakt der spezifisch sensibilisierten Lymphozyten mit ihrem korrespondierenden Antigen eingeleitet. Jetzt kommt es zur massiven Freisetzung von *Lymphokinen* und anderen *biochemisch wirksamen Substanzen mit Mediatorenfunktion* (Tabelle 5.11) sowie zur *Einwirkung auf B-Zellen* und zur Produktion von *Interferon*. Die Bedeutung dieser Stoffe und ihre Wirkungs-

Tabelle 5.11 Mediatoren zellulärer Immunreaktionen – Lymphokine –

Mediatoren	Biologische Aktivitäten
Interleukine 1 + 2	– Helfer und Supressor sowie Wachstums- und zytotoxische Aktivitäten
Makrophagen – Migrationshemmfaktor	– hemmt die Wanderungsfähigkeit der Makrophagen
Makrophagen – aktivierender Faktor	– regt die Makrophagen zur Aktivierung am Ort der Antigeneinwirkung an
Makrophagen – mitogener Faktor	– regt die Makrophagen zur Proliferation an
Makrophagen – chemotaktischer Faktor	– lockt die Makrophagen an
Leukozyten – Migrationshemmfaktor	– hemmt die Wanderungsfähigkeit der Granulozyten
Leukozyten – chemotaktischer Faktor	– lockt Granulozyten an
Lymphotoxin	– zytotoxische bzw. zytostatische Wirkung
Interferon	– hemmt die Replikation von Viren
Transferfaktor	– überträgt die spezifische Sensibilisierung auf nicht sensibilisierte Zellen
Wachstumshemmfaktor	
a) "clooning"-Hemmfaktor	– hemmt die Bildung von Zellklonen
b) Proliferationshemmfaktor	– hemmt die Proliferation der Lymphozyten

Es wird neuerdings vermutet, daß einige Faktoren der Lymphokine untereinander identisch sind

weise sind beim Menschen noch nicht eindeutig gesichert, wahrscheinlich sind es aber diese Stoffe, die das folgende morphologische Bild hervorrufen.

● **Morphologisch und/oder funktionell faßbare Phase.** Durch die Lymphokine werden besonders *Blutmonozyten/Makrophagen* an den Ort der Antigenablagerung angezogen, hier festgehalten und zur Proliferation stimuliert. Das gilt in geringerem Maße ebenfalls für neutrophile *Granulozyten*. Auch *Lymphozyten* werden in verstärktem Maße angelockt und zur Proliferation angeregt. So entstehen Zellinfiltrate mit teilweise destruktivem Charakter. Insgesamt entwickeln sich Bilder vom Typ des *Epitheloidzellgranuloms* bzw. einer *epitheloidzelligen aggressiven proliferativen Entzündung*, wobei auch neutrophile Granulozyten mit eine Rolle spielen können.
Art und Ort des Antigeneintritts in den Organismus sind mit verantwortlich für das Auftreten einer Spätreaktion. Unlösliche Antigen-Antikörper-Komplexe im Antikörperüberschuß, niedrige Antigendosen oder schwache Antigene rufen bevorzugt eine zellvermittelte Reaktion hervor, ebenso die intrakutane Antigenverabfolgung.
Folgenden pathogenen Erscheinungsformen liegen vorwiegend Phänomene vom zellvermittelten Typ zugrunde:
– Infektallergie (Allergie durch Mikroorganismen),
– Kontaktüberempfindlichkeit (Ekzemtyp, häufig durch einfache chemische Verbindung),

- Autoaggressionskrankheit,
- Tumorimmunologie,
- Transplantationsreaktion (Transplantationsimmunität) – nimmt eine Sonderstellung ein.

5.6.10. Weitere mögliche Reaktionen

In diesem Zusammenhang sollen noch zwei weitere Immunreaktionen erwähnt werden, die in die klassischen pathogenen Reaktionen nur teilweise einzuordnen sind und deren Bedeutung für die menschliche Pathologie noch nicht voll abgeklärt ist.

5.6.10.1. Pathogene Reaktionen durch Immunstimulation (fragl. Typ V)

Unter bestimmten Bedingungen ist die Reaktion eines Antikörpers mit seinem korrespondierenden Antigen in der Lage, die *Funktionen von Zellen zu stimulieren*. Über Einzelheiten dieser Reaktionen bestehen noch viele Unklarheiten. Trotzdem scheint ein Teil dieser Effekte auf *submaximale zytotoxische Wirkungen* zurückzuführen zu sein, wobei offenbar Komplement nicht mitspielt. Wenn Schilddrüsenantigen zur Bildung eines Antikörpers der IgG-Klasse geführt hat und beide Reaktanten sich komplexieren, entsteht der „long acting thyroid stimulator" (= LATS), der eine langanhaltende Stimulierung der endokrin aktiven Schilddrüsenzellen verursacht (evtl. eine Ursache für die Entstehung des M. Basedow). Ähnliches gilt wahrscheinlich für die Anregung der Proliferation von B-Lymphozyten durch Anti-Ig-Antiserum und die Transformation von T-Lymphozyten durch Antilymphozytenserum (= ALS).

5.6.10.2. Pathogene Reaktionen durch antikörperabhängige zelluläre Zytotoxizität (antibody-dependent cell mediated cytotoxicity = ADCMC) (fragl. Typ VI)

Bei dieser Reaktion werden in der ersten Phase die *Antikörper an entsprechende membranständige Determinanten* einer Zelle gebunden. Durch diese Bindung werden in einer weiteren Phase über Fc-Rezeptoren *lymphozytäre Zellen* (wahrscheinlich auch Makrophagen) angelagert und aktiviert. Diese lymphozytären Zellen sind es dann, die die *antikörpertragenden Ziel-Zellen* vernichten. Sie tragen die entsprechenden Fc-Rezeptoren und benutzen den zellgebundenen Antikörper als Brücke. Die Herkunft dieser Lymphozyten ist unklar. Vielleicht handelt es sich dabei um eine eigenständige Zellrasse, sog. *K-Zellen* (killer cells), die unter die 0-Zellen mit einzuordnen sind und die besondere *Affinität zu zellgebundenen Immunglobulinen* haben.
Wenn auch die klinische Bedeutung dieser Reaktion bei weitem nicht abgeklärt ist, scheint sie doch in der *Tumorimmunologie*, bei der Abstoßung von *Transplantaten* und bei den *Autoimmunkrankheiten* eine noch nicht zu überblickende Rolle zu

spielen. Die Reaktion wird häufig der zytotoxischen Reaktion (Typ II) mit zugerechnet, obwohl hierbei Komplement keine nennenswerte Rolle spielt.
Die Aufgliederung der pathogenen Immunreaktionen in die *vier* (fraglich sechs) *verschiedenen Typen* muß als **rein theoretisch** gesehen werden und soll nur besagen, welche Reaktion bei der jeweiligen Immunantwort im Vordergrund steht. In fast allen Fällen der pathogenen Immunreaktionen liegt eine *Kombination* der verschiedenen Typen vor, die sich außerdem noch untereinander beeinflussen können (Hemmungseffekte!).

5.6.11. Die Bedeutung der Immuntoleranz bei pathogenen Immunreaktionen

Antigene rufen im Organismus allgemein eine Immunantwort hervor. Sie wirken somit als Immunogene. Gelegentlich kann aber auch eine *immunologische Reaktionslosigkeit* des Organismus gegenüber diesen Substanzen beobachtet werden. Diese immunologische Reaktionslosigkeit wird als **Immuntoleranz** (= *Immunparalyse*) bezeichnet, und man meint damit eine *antigenbedingte* immunologische *Nichtansprechbarkeit* der immunkompetenten Zellen gegenüber dem Antigen, das vom Organismus toleriert, nun als *Tolerogen* bezeichnet wird. Dabei bleibt die Fähigkeit zur Immunantwort uneingeschränkt erhalten; nur ausschließlich auf diesen einen antigenen Reiz spricht das Immunsystem nicht an. Im Gegensatz dazu führen medikamentös bedingte Unterdrückungen des Immunsystems zu einer fehlenden Immunantwort gegen alle Antigene = **Immunsuppression**.
Auslösend für eine Immuntoleranz kann ein Antigenkontakt während der Ausreifungsphase des Immunsystems sein. Wenn ein noch nicht voll entwickeltes Immunsystem öfter mit ein und demselben Antigen in Berührung kommt, wird dieses als „selbst" betrachtet und anerkannt. Auch durch hohe Antigendosen – wenn das Antigen ein erhebliches Übergewicht gegenüber den antigenreaktiven Zellen besitzt – ist beim Erwachsenen eine Immuntoleranz bei B- und T-Lymphozyten zu erreichen (high dose tolerance). Dabei sind unter bestimmten Bedingungen die T-Lymphozyten leichter tolerant zu machen und sie behalten diese Toleranz auch länger bei als die B-Lymphozyten. Durch öfteres Einwirken von geringen (subimmunogenen) Antigendosen kann sich im Verlauf einer längeren Zeit ebenfalls eine Immuntoleranz (low dose tolerance) ausbilden. Sie ist allerdings meist nur von kurzer Dauer.
In besonderen Fällen können auch die *Suppressor-T-Zellen* die *Aktivierung der Helfer-T-Zellen verhindern*. Dies soll besonders bei niedrigen Antigendosen der wesentlichste Mechanismus der Toleranzinduktion sein.

> Die Bedeutung dieser Immuntoleranz liegt sowohl bei den Autoimmunkrankheiten, bei denen offenbar die physiologische Toleranz gegenüber körpereigenen Substanzen funktionsuntüchtig wird, als auch bei den malignen Zellwucherungen, bei denen eine Toleranzentwicklung gegenüber den hemmungslos proliferierenden Zellen eine Rolle zu spielen scheint.

Sicher kommt ihr auch eine beachtenswerte Bedeutung bei der Einheilung von Allotransplantaten (Niere, Leber u a.) zu. Die Immuntoleranz besteht so lange wie das

Tolerogen im Organismus vorhanden ist. Sobald das Tolerogen verschwindet, ist die Toleranz aufgehoben. Beim späteren Kontakt mit dem gleichen Material tritt dann wieder die Fähigkeit ein, mit einer *spezifischen Immunantwort* zu reagieren.

5.6.12. Zellvermittelte Infektallergie (Allergie durch Mikroorganismen)

Obwohl es sich dabei in erster Linie um eine *Abwehr- bzw. Schutzreaktion* handelt, kann doch eine gewebsschädigende und damit *krankmachende Komponente* nicht ganz außer acht gelassen werden. Besonders die zellvermittelten Reaktionen führen ja zu recht eingreifenden Gewerbsveränderungen bei der Abwehr von Mikroorganismen.

Als Prototyp der zellvermittelten Allergie durch Mikroorganismen und ihre Toxine ist die Reaktion eines tuberkulösen Organismus auf eine intrakutane Tuberkulininjektion anzusehen. Etwa 6–8 h nach der Injektion kommt es an der Injektionsstelle zu einer kleinen Quaddelbildung, die mit Rötung und Schwellung einhergeht. Nach 24–48 h entwickelt sich aus dieser Quaddel ein derbes, rotes Knötchen mit zentraler Verkäsung. Dieses Knötchen entspricht einem Tuberkel (s. Kap. Entzündung). Die Reaktion wird primär durch bereits *spezifisch sensibilisierte Lymphozyten* ausgelöst. Solche Lymphozyten finden sich im lymphzelligen Randsaum des Tuberkels. Es kann jedoch immer nur ein geringer Teil dieser Lymphozyten als sensibilisiert angesehen werden. Aus diesem Randsaum kann Zellmaterial entnommen und auf einen normalen, nicht tuberkulösen Organismus passiv übertragen werden. Finden die mittransplantierten sensibilisierten Lymphozyten im Empfängerorganismus günstige Lebensbedingungen, können sie hier mit Hilfe des *Transferfaktors* T-Zellen zu entsprechend *spezifisch determinierten Zellen* umprägen. Bekommt danach der Empfänger eine Tuberkulininjektion, dann entsteht an der Injektionsstelle als Ausdruck einer immunologischen Spätreaktion ein Tuberkel. Diese Reaktion gelingt naturgemäß am besten bei Inzucht-Individuen, da sonst die transplantierten Spenderzellen, die genetisch anders determiniert sind, vom Empfänger als Antigen empfunden werden. Nach dem Abklingen der zellvermittelten Reaktion bleibt ein Gewebsdefekt (Verkäsung) zurück, der nur durch eine Narbenbildung gedeckt werden kann.

Allergien vom Spättyp mit *Gewebsdefekten* lassen sich auch im Anschluß an Staphylo-, Strepto- und Pneumokokkeninfektionen nachweisen. Bei Pilzinfektionen werden sie ebenfalls beobachtet. Weiter treten sie bei Protozoen und Metazoen sowie nach Insektenbissen bzw. -stichen auf.

Bei Virusinfekten sind Begleitreaktionen (Hautausschläge bei Röteln, Masern, Varizellen u.a.) auf eine zellvermittelte Immunreaktion zurückzuführen. Außerdem kann sich eine immunologische Reaktion krankmachend auswirken, wenn körpereigene Zellen durch Viren besiedelt werden und sich die Abwehr nun nicht nur gegen die Viren, sondern auch gegen die befallene Zelle richtet (Hepatitis u.a.).

5.6.13. Kontaktüberempfindlichkeit

Sie kommt hauptsächlich durch *perkutane Absorption* niedermolekularer Substanzen zustande, die als *Haptene* an ein körpereigenes Protein (*Trägerprotein*) gekoppelt, ihre antigene Wirksamkeit erhalten. Zu solchen Substanzen zählen besonders Stoffe, die wegen ihrer Fähigkeit zur Reaktion mit Eiweißen in der Industrie Verwendung finden, z. B. Chromsalze, Formalin, Pikrinsäure, Haarfärbestoffe, Sprays, Antiseptika u. v. a. Die dabei auftretende Sensibilisierung ist oft nicht nur auf den Hautbezirk beschränkt, in dem der Antigenkontakt stattgefunden hat. Meist ist die gesamte Haut oder der ganze Organismus entsprechend sensibilisiert. Endogene Faktoren spielen bei der Auslösung der pathogenen Reaktion sicher mit eine Rolle. Arzneimittelallergien (u. a. Sulfonamide, Penicillin) gehören ebenfalls in diese Gruppe.

5.6.14. Autoaggressionskrankheiten (Autoimmunkrankheiten)

Offensichtlich liegt hier eine gestörte Regulation der Immunantwort vor, denn normalerweise besteht gegen *körpereigene Substanzen Immuntoleranz*. Unter **Autoimmunisation** versteht man eine *humorale und/oder zellvermittelte Immunreaktion gegen körpereigene Substanzen*, die unter bestimmten Bedingungen antigene Wirksamkeiten entfalten können. Andererseits bedeutet das aber auch, daß körpereigene Strukturen an dieser Reaktion beteiligt sein können, ohne daß sie selbst die Immunreaktion ausgelöst haben. Dabei wird nichts über die klinische Bedeutung ausgesagt. Zwischen *pathogenen* und *apathogenen* (evtl. sogar physiologischen) *Autoimmunreaktionen* treten eine Reihe von Phänomenen auf, die letztlich nur eine diagnostische Bedeutung besitzen. Wenn von Autoimmunkrankheiten gesprochen wird, dann müssen die Autosensibilisierungsprozesse das Auslösungsmoment für das krankmachende Geschehen sein.

5.6.14.1. Mechanismen der Autosensibilisierung

Die Bildung von Antikörpern bzw. von spezifisch sensibilisierten Lymphozyten gegen körpereigenes Material läßt sich auf nur wenige Mechanismen zurückführen.

● **Fehlende Immuntoleranz.** Die Nichtausbildung einer Immuntoleranz kann auftreten bei körpereigenen Substanzen, die während der Entwicklungsperiode des Immunsystems oder im anschließenden frühen Stadium post partum erst gebildet werden und somit keinen Kontakt mit dem Immunsystem bekommen (sog. *neugebildete Antigene*), oder bei Substanzen, die zu diesem Zeitpunkt völlig abgekapselt vorliegen und erst durch anderweitige Krankheiten oder Traumen freigelegt, mit dem Immunsystem in Berührung kommen (z. B. Schilddrüsenkolloid, Linseneiweiß, Spermatozoen, Myelinscheiden des zentralen Nervensystems u. a.). Die immunologische Ausschaltung dieser Substanzen führt nur in den seltensten Fällen zu krankhaften Auswirkungen, sie kann aber in diagnostischer Hinsicht eine bedeutsame Rolle spielen. Der gleiche Mechanismus bedingt die *Überwachungsfunktion des Immunapparats*, wenn durch Fehler in der genetischen Steuerung Zellmutationen auftreten, die neue, dem Immunsystem unbekannte Determinanten besitzen.

● **Bruch der Immuntoleranz.** Körpereigenes Material, das im Laufe des Lebens abgebaut wird oder verschwindet – das somit dem Immunsystem zwar bekannt ist, aber lange Zeit keinen Kontakt mit ihm hatte – kann der Immuntoleranz beim

Wiederauftauchen entzogen sein und somit eine immunologische Reaktion auslösen (z. B. *embryonale Antigene* – Gewächswachstum).
Weiterhin können aus der frühen Entwicklung des Immunsystems sensibilisierte, aber nicht eliminierte Lymphozyten liegenbleiben, die beim möglichen Kontakt mit dem Material, gegen das sie ehemals sensibilisiert waren, zu proliferieren beginnen und Klone bilden (sog. *forbidden clons*) und damit eine Abwehr gegen körpereigenes Material einleiten. Durch bestimmte Einflüsse (endogen oder exogen) kann körpereigenes Material *alteriert* oder *denaturiert* werden und so verändert antigene Eigenschaften bekommen. Auch Medikamente und andere Substanzen, die sich als *Haptene* mit körpereigenen Strukturen (Zellmembran) zu Immunogenen vereinigen, können eine Immunreaktion gegen den Träger (Zelle oder Faser) auslösen.
Wenn körperfremde Antigene (z. B. Streptokokken vom Typ A) sehr *ähnliche* oder *gleiche Determinanten* besitzen wie *körpereigene* Strukturen (z. B. Sarkolemm oder Herzmuskelzellen), dann kann eine *immunologische Kreuzreaktion* zustande kommen, wie sie in der Pathogenese des akuten rheumatischen Fiebers von Bedeutung ist.

● **Wirkung von Supressor-T-Zellen.** Ein Aspekt sollte hierbei nicht außer acht gelassen werden, dem wahrscheinlich bei der Entstehung von Autoimmunreaktionen eine wesentliche Bedeutung zukommt, die Wirkung der Supressor-T-Zellen. Sie wirken allgemein dämpfend auf immunologische Reaktionen. Beim *Versagen ihrer Funktion* fällt dieser Dämpfungseffekt weg und möglicherweise werden nun immunologische Antworten gegen körpereigenes Material induziert. Die in solchen Fällen zu machenden Feststellungen eines abnormen Proliferationsmusters der Thymuslymphozyten, der Nachweis von Lymphokinen gegen die Thymuslymphozyten und die deutlich geringere Konzentration von Thymosin scheinen diese Möglichkeit zu untermauern. Vielleicht spielt auch eine Stimulation von Helfer-T-Zellen zur verstärkten Abgabe von Autoantikörpern dabei mit eine Rolle.

5.6.14.2. Klinische Formen der Autoaggressionskrankheiten

Sicher ist die Auslösung einer Autosensibilisierung im einzelnen Fall ein *komplexer Vorgang*, der niemals auf einen einzigen der angeführten Entstehungsmechanismen zurückzuführen ist. Auch dürfen *genetische Faktoren* und eventuelle *Immundefekte* bei dieser Betrachtung nicht außer acht gelassen werden.
Auf dieser Grundlage können organspezifische und nichtorganspezifische Formen der Autoaggressionskrankheiten unterschieden werden, denen sowohl zelluläre als auch humorale Reaktionen zugrunde liegen.
Krankheiten mit *organspezifischer Autoimmunität* beruhen auf Autoantigenen, die organspezifische immunologische Reaktionen auslösen. Das sind Reaktionen, die sich gegen das Organ oder gegen eine bestimmte Komponente dieses Organs und nicht gegen die Spezies (von der des Antigen stammt) richten. Sie wirken auch nicht gegen andere Bestandteile des Organismus.
Beispiele: Struma lymphomatosa, Thyreotoxikose, primäre Nebennierenrindenatrophie, perniziöse Anämie (?), sympathische Ophthalmie u. a.
Krankheiten mit *nichtorganspezifischer* Autoimmunität beruhen auf Reaktionen, die

sich gegen verschiedene gewebliche Bestandteile der gleichen oder einer anderen Spezies richten.
Beispiele: Lupus erythematodes, rheumatoide Arthritis, einige Fälle der erworbenen hämolytischen Anämie u. a.
Zusätzlich gibt es Autoaggressionskrankheiten, bei denen *beide Kategorien gemeinsam* auftreten. Die immunologische Reaktion ist zwar nicht organspezifisch, aber nur gegen ein Organ oder einzele Organe bzw. Gewebsanteile gerichtet.
Beispiele: Colitis ulcerosa, aggressive Hepatitis, primär biliäre Leberzirrhose, atrophische Gastritis, Sjögrensche Krankheit, viele Fälle erworbener hämolytischer Anämie u. a.

5.6.15. Tumorimmunologie

5.6.15.1. Die Antigene bei Tumoren

Es wird heute als sicher angesehen, daß fast alle Zellen eines malignen Tumors auf ihrer Membran und/oder im Zytoplasma bzw. im Kern *tumorspezifische* oder *tumorassoziierte Antigene* tragen und somit Antigendifferenzen mit den normalen Zellen des Wirtsorganismus bzw. mit den Mutterzellen des Tumors aufweisen. Sie können deshalb vom Immunsystem als Fremdgewebe betrachtet werden. Dabei spielt es keine Rolle, ob es eigene Antigene sind, die wahrscheinlich aus der wechselseitigen Beeinflussung zwischen Karzinogen und Genom hervorgehen (sog. *private Antigene*), oder ob sie durch das Karzinogen (Viren, chemische Substanzen) entstanden sind. Auch können im Rahmen der Entdifferenzierung von malignen neoplastischen Zellen embryonale antigene Strukturen wieder auftauchen *(embryonale Antigene)*.

5.6.15.2. Immunologische Reaktionen gegen Tumoren

Im Organismus der Träger von malignen Tumoren lassen sich in den meisten Fällen humorale und zellvermittelte Immunreaktionen gegen die *neoplastischen Zellen* nachweisen, wobei die *Immunantworten* offensichtlich *komplexer Natur* sind und sich nicht auf einen Typ reduzieren lassen. Allerdings ist die Frage noch nicht geklärt, ob es sich bei diesen Immunreaktionen um neutrale Begleitreaktionen handelt oder ob *echte Abwehrversuche* gegen die tumorspezifischen Antigene vorliegen.
Bei der Übertragung maligner Tumoren auf allogenische oder xenogenische Individuen sind die überpflanzten Zellen der Abstoßung bzw. Vernichtung unterworfen. Auf dieser Basis wird die Vermutung diskutiert, daß im Organismus durch Fehler im genetischen Apparat öfter neoplastische Zellen entstünden, die aber üblicherweise durch eine **immunologische Überwachung** *(immune surveillance)* ausgemerzt werden, so daß die Entstehung von Tumoren verhindert wird. Als Erklärung, daß trotzdem bösartige Tumore entstehen, werden mehrere Hypothesen diskutiert.

5.6.15.3. Mögliche Faktoren, die zum Versagen der immunologischen Abwehr führen

- **Immuntoleranz.** Kanzerogene Substanzen (besonders Viren) treffen in der embryonalen, fetalen oder neonatalen Periode auf den Organismus und bringen das sich entwickelnde Immunsystem mit den neuen (tumorspezifischen) Antigenen in Berührung. Damit entsteht eine Immuntoleranz gegen die *tumorspezifischen Transplantationsantigene*, so daß der Tumor später wachsen kann.
- **Enhancement.** Infolge der schneller einsetzenden humoralen Abwehr können Antikörper die Determinanten der tumorspezifischen Transplantationsantigene besetzen und maskieren, so daß die später auftauchenden sensibilisierten Lymphozyten keinen Angriffsort mehr finden.
- **Schwache Immunogenität.** Die tumorspezifischen Transplantationsantigene sind zu schwach, um eine Immunantwort auszulösen (= low-dose-Toleranz).
- **Variation der Antigene.** Anzahl und Dichte der Antigene auf den Gewächszellen wechseln während der Proliferation. Zellen mit reichlichem und dichtem Antigenbesatz werden ausgemerzt, während die mit geringem Antigenbesatz weiterwachsen können.
- **Schnelles Wachstum.** Sehr schnell wachsende neoplastische Zellpopulationen haben in kurzer Zeit eine so große Zellmasse erzeugt, daß humorale und zellvermittelte Abwehrmechanismen nicht mehr zur (vollen) Wirkung (= high-dose-Toleranz?) kommen.
- **Funktionsstörung des Immunsystems.** Unbekannte Immundefekte.
- **Immunstimulation.** Humorale und zellvermittelte Immunreaktionen gegen tumorassoziierte Antigene führen zur *Stimulation neoplastischer Zellen*. Das trifft wohl besonders für milde zellvermittelte Immunreaktionen zu, so daß sie einen stimulierenden Einfluß auf antigentragende Zielzellen haben.
- **Blockierende und deblockierende Serumfaktoren.** Solche Faktoren, die bei der Entwicklung maligner Tumoren im Serum der Träger auftauchen und nach chirurgischer Entfernung des Tumors wieder verschwinden, sind gelegentlich nachzuweisen. Sie werden mit der zellvermittelten Immunreaktion in Verbindung gebracht.

5.6.16. Transplantationsreaktion

Transplantation bedeutet die Übertragung von Geweben und Organen von ihrem entwicklungsmäßig bestimmten Platz auf eine andere Stelle des gleichen Individuums oder auf ein anderes Individuum. Die Einheilung bzw. das Überleben des Transplantats hängt, abgesehen von der Vitalität, von der Bereitung des Transplantatbettes mit Gefäßanschluß, in erster Linie von der *Wirksamkeit der Immunreaktion* gegen das neue Gewebe (Fremdgewebe?) ab.

5.6.16.1. Formen der Gewebsübertragung

- **Autotransplantation.** Übertragung von Gewebe von einer Körperstelle auf eine andere im gleichen Organismus = keine Immunreaktion.
- **Isotransplantation** (syngene Transplantation). Übertragung von Gewebe eines

Individuums auf ein genetisch identisches anderes Individuum *(monozygote Zwillinge)* = praktisch keine Immunreaktion.
- **Allotransplantation.** Übertragung von Geweben oder Organen von einem genetisch differenten auf ein anderes genetisch differentes Individuum der gleichen Spezies (Mensch zu Mensch) = Abstoßung des Transplantats.
- **Xenotransplantation.** Übertragung von Gewebs- oder Organmaterial zwischen Individuen verschiedener Spezies (z. B. Affe – Mensch) = Abstoßung des Transplantats.

5.6.16.2. Transplantationsreaktion

Bei der *Transplantationsreaktion* stehen neben der humoralen Abwehr die zellvermittelten Vorgänge im Vordergrund. Sie ist aber kein eigentliches pathogenes Phänomen, da die Vernichtung bzw. Abstoßung allogenen und heterogenen Zell- und Gewebsmaterials zu den protektiven Aufgaben des Immunsystems gehört. Sie kann im klinisch-therapeutischen Sinne allerdings dann pathogene Wirkung haben, wenn ein Transplantat einheilen und damit *lebensrettend* wirken soll.

Genetische Steuerung. Ebenso wie die humorale steht auch die zellvermittelte Immunreaktion unter der Kontrolle der genetischen Steuerung. Zwischen Empfänger und dem Transplantat des Spenders bestehen genetische Unterschiede, die in den Differenzen der sog. *Transplantationsantigene* ihren Ausdruck finden. Diese Transplantationsantigene werden von den *Histokompatibilitätsgenen,* beim Menschen vor allem von dem auf Chromosom 6 lokalisierten HLA-Komplex (histocompatibility leucozyte antigen) kodiert und gesteuert. Die Histokompatibilitätsunterschiede sind je nach den genetisch bedingten Eigenarten zwischen Spender und Empfänger sehr unterschiedlich in ihrer Stärke. Ebenso unterschiedlich wirkt sich die Immunantwort des Empfängers aus. So werden *„high- and low-responder"* mit allen möglichen Zwischenstadien voneinander unterschieden. Damit soll die vor der Transplantation zu bestimmende Abwehrreaktion des Empfängers gegen das mögliche Antigen (Hapten) gekennzeichnet werden. Daraus ergeben sich Hinweise, welche Rolle immunologische Vorgänge bei möglichen Auto- und Isotransplantationen spielen.

Die Gene, die für eine Immunantwort zuständig sind, liegen dicht neben den Histokompatibilitätsgenen, welche die Transplantationsantigene kodieren. Somit können gegen Transplantationsantigene gerichtete Seren auch die zellulären Reaktionen hemmen, die einer Immunantwort entsprechen.

Transplantationsantigene. Die Transplantationsantigene befinden sich auf der *Zellmembran kernhaltiger Zellen* (auch im Membranenbereich von B- und T-Lymphozyten) sowie in Thrombozyten des Spenders. Beim Menschen scheint ihre Konzentration in Lymphozyten und Zellen der Epidermis am höchsten zu sein. Der HLA-Locus ist für die Weitergabe (Mitose) und Vererbung sowie Kontrolle dieser spezifischen Antigene verantwortlich. Sie zeigen von Individuum zu Individuum grundsätzlich Unterschiede, nur eineiige Zwillinge stimmen in allen Histokompatibilitätsgenen überein. Auch die *Antigene des ABO-Blutgruppensystems,* die nicht nur auf den Erythrozyten zu finden sind, sind dazu zu rechnen.

Reaktion gegen das Transplantat. Bei allogener Transplantation heilt das Fremdgewebe zunächst ein und wird auch vom Empfänger mit durchblutet. Nach etwa 6–8 Tagen bildet sich aber eine an Stärke zunehmende *Infiltration von Lymphozyten und Monozyten* (Makrophagen) im Transplantat, die besonders um die Blutgefäße herum auffällig ist. Anschließend thrombosieren die Blutgefäße, die Zellen des Transplantats schwellen an und werden nekrotisch. Im Transplantatbett kommt es zum Ödem und zu Blutungen und etwa am 12. Tag wird das Transplantat abgestoßen (= *Primärphänomen* oder *first set reaction*). Erfolgt innerhalb der nächsten Monate eine Zweittransplantation vom gleichen Spender, wird das Transplantat ohne Einheilung in den kommenden 2 Tagen mit einer dichten rundkernigen Zellinfiltration im Spendergewebe abgestoßen (= *Sekundärphänomen* oder *second set reaction*). Diese Transplantationsimmunität kann mit Lymphozyten eines sensibilisierten Empfängers passiv auf nichtsensibilisierte Empfänger übertragen werden.

Erfolgt vor der Transplantation über längere Zeit eine *Immunisierung des Empfängers* mit sehr kleinen oder auch sehr großen Dosen der Transplantationsantigene des beabsichtigten Spenders, dann kann eine wirksame low-dose-Toleranz oder high-dose-Toleranz erzeugt werden. Andererseits kann vor der Transplantation eine aktive Immunisierung des Empfängers mit den HLA-Antigenen des Spenders die Bildung spezifischer humoraler Antikörper veranlassen. Diese Antikörper können dem Empfänger auch passiv verabfolgt werden. Damit kann die Überlebenszeit des Transplantats verlängert werden, indem durch die Antikörper eine spezifische Immunsuppression, das aktive oder passive **immunologische Enhancement** erzeugt wird. Dabei besetzen die vorher gebildeten Antikörper die Antigendeterminanten des Transplantats so, daß die später an das Transplantat herankommenden Lymphozyten ihre zytolytische Funktion nicht mehr ausüben können.

Reaktion gegen den Empfänger. Ist aber der Empfänger eines Allotransplantats durch *immunsuppressive Maßnahmen* (Immunsuppression, Röntgenstrahlen) immuninkompetent gemacht worden, dann besteht die Gefahr der „*Transplantat-anti-Wirt-Reaktion* **(Graft versus Host (GVH) reaction)**. Dabei reagieren die mit dem Transplantat des Spenders mitübertragenen immunkompetenten Zellen gegen die fremden Membranantigene des Empfängers und führen zu ihrer Vernichtung im Transplantationsbett.

Ähnliches kann auch bei Neugeborenen eintreten, wenn sie Fremdgewebe transplantiert bekommen, das immunkompetente Zellen enthält, während das eigene Immunsystem noch nicht voll funktionstüchtig ist. Dann richten sich die immunkompetenten Zellen des Transplantats (Spender) gegen den Empfängerorganismus und es entsteht die sog. *Kümmerkrankheit* (Runt-Disease).

Mögliche Ausschaltung der immunologischen Abwehr. Um Allotransplantate langfristig im Empfänger einheilen zu lassen, müssen in dessen Organismus Bedingungen geschaffen werden, die zu einer immunologischen Toleranz führen. Das kann mit niedrigen (low dose) oder mit hohen Dosen (high dose) der Antigene des beabsichtigten Spenders erreicht werden. Eine weitere Möglichkeit ist in der Präsensibilisierung mit Spenderantigenen gegeben, die zunächst die humorale Abwehr in Gang setzt. Nach der erfolgten Transplantation besetzen die dabei gebildeten Antikörper die Determinante der Gewebszellmembranen und maskieren somit den später auftauchenden Lymphozyten ihren spezifischen Angriffsort. Auf diese Weise sind die gegen die Gesamtdeterminanten sensibilisierten Lymphozyten nicht mehr in der Lage, ihren Angriffsort zu finden *(immunologisches Enhancement)*.

5.7. Das gestörte Wachstum

5.7.1. Das normale Wachstum und seine Regulation

Das Wachstum ist eine wesentliche Eigenschaft der lebenden Materie und spiegelt wie kaum ein anderer biologischer Grundprozeß der Zelle die untrennbare Einheit von Struktur und Funktion wider.

Bei der *lebenden Materie* sprechen wir von einem *biologischen Wachstum* und grenzen es damit gegenüber dem „Wachstum" anorganischer Materie ab, wie es uns z. B. beim Wachstum von Kristallen entgegentritt.

Wachstum ist eng an die Desoxyribonucleinsäure (DNA) des Kernes als Sitz der genetischen Information, ihrer identischen Reproduktion sowie der Informationsübertragung an die Zellorganellen gebunden.

> Als *biologisches Wachstum* fassen wir jede Größenveränderung eines Lebewesens, eines Organs oder einer Zelle auf, die mit einer identischen Reproduktion von DNA einhergeht.

Allerdings kann ein Wachstum auch ohne eine solche identische Reproduktion der DNA erfolgen. Die kritische Begrenzung des Wachstums ist durch den Energiestoffwechsel gegeben (Bildung von ATP); denn wie alle Lebensprozesse ist auch das Wachstum ein energieabhängiger Vorgang. So läßt sich z. B. eine Hypertrophie des Myokards (s. dort) durch die Zufuhr von Dinitrophenol, eines Entkopplers der oxydativen Phosphorylierung, einschränken.

Das **normale Wachstum** im Verlaufe der prä- und postnatalen Entwicklung ist ein harmonisches, abgestimmtes Wachstum und eng verknüpft mit Differenzierungsvorgängen. *Das pränatale Wachstum ist ein Teilungswachstum*, d. h. es beruht auf einer Zunahme der Zellzahl durch mitotische Teilung bis über die Geburt hinaus. Beim *postnatalen Wachstum* haben wir es vorzugsweise mit einem *Volumenwachstum bei konstanter Zellzahl* zu tun. Die DNA-Reduplikation steht hier nicht im Vordergrund. Doch verlieren in der postnatalen Periode nicht alle Zellen die Fähigkeit zur mitotischen Teilung. Entsprechend dem unterschiedlichen Verhalten der Fähigkeit zur Zellteilung lassen sich unterscheiden:

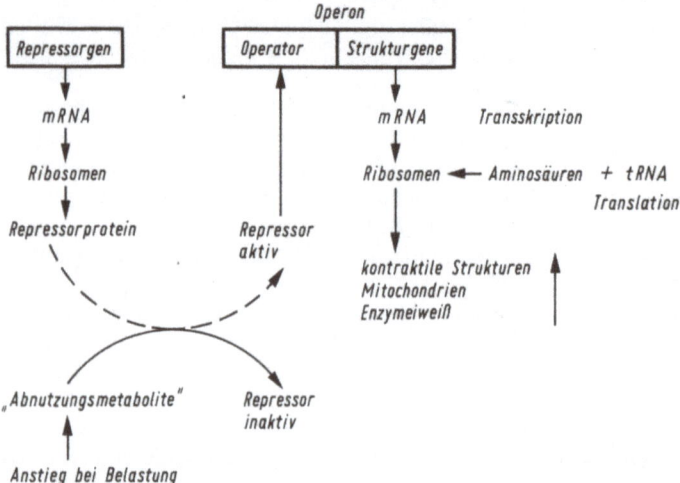

Abb. 5.32 Schema der molekularen Regulation der Proteinsynthese (nach Jacob und Monod)

- **Zellen mit intermitotischem Wachstum.** Hierzu gehören z. B. alle Oberflächenepithelien wie die der Haut und des Magen-Darm-Traktes, die mesenchymalen Zellen und die des hämopoetischen Systems.
- **Zellen mit reversiblem postmitotischem Wachstum.** Als Beispiel sei auf die Leber verwiesen. Normalerweise treten hier keine Mitosen auf. Sie sind aber z. B. nach Teilhepatektomie im Tierexperiment oder bei entzündlichen Lebererkrankungen nachweisbar.
- **Zellen mit fixiertem postmitotischem Wachstum.** Zu dieser Gruppe gehören vor allem die Ganglienzellen und die Zellen der Herz- und Skelettmuskulatur. Sie erlangen selbst unter pathologischen Bedingungen die Fähigkeit zur mitotischen Zellteilung nicht wieder zurück. Nach Abschluß des prä- bzw. unmittelbaren postnatalen Wachstums zeichnen sich die entsprechenden Organe durch eine Zellkonstanz aus.

Die **Regulation** des Wachstums geschieht auf molekularer Ebene, wie sie möglicherweise durch das Regulationsmodell von Jacob und Monod charakterisiert wird (Abb. 5.32). Humorale Mechanismen spielen hierbei eine wichtige Rolle. Wir verweisen in diesem Zusammenhang auf die Hormone der Schilddrüse, der Hypophyse und der Nebennieren. Für das *harmonische Wachstum* in der prä- und postnatalen Phase ist eine Dominanz der zentralen Regulationsvorgänge charakteristisch, und sie überwiegen im Zusammenspiel die örtlichen. Anders wäre das harmonische Wachstum des Gesamtorganismus nicht zu verstehen. Örtliche Besonderheiten muß man für das *allometrische Wachstum* fordern. Letzteres bedeutet, daß ein Organ im Vergleich zum Gesamtorganismus schneller oder langsamer wächst.

Unter pathologischen Bedingungen kann das Wachstum gestört verlaufen. Die Störung kann örtlicher, aber auch allgemeiner Natur sein, sie kann nur einzelne Organe oder den ganzen Organismus betreffen.

5.7.2. Allgemeine Wachstumsstörungen

Allgemeine Wachstumsstörungen treten uns z. B. als **Zwergwuchs** entgegen. Dieser kann hormonaler Genese sein (z. B. *hypophysärer* oder *hypothyreotischer Zwergwuchs*), als Folge *primärer Stoffwechselstörungen* eintreten (z. B. *renaler* und *rachitischer Zwergwuchs*), schließlich kann er als ererbter Zwergwuchs bei der *Chondrodystrophie* und *Osteogenesis imperfecta* imponieren. Andererseits kennen wir den **hypophysären Riesenwuchs**, z. B. beim **eosinophilen Hypophysenadenom** (Einzelheiten s. Spezielle Pathologie).

5.7.3. Wachstum als Anpassungsreaktion

> Das Anpassungswachstum stellt eine Reaktion auf eine gegenüber der Norm gesteigerte Leistungsanforderung an ein Organ dar.

Es ist immer dann zu beobachten, wenn die funktionelle Leistungssteigerung nicht ausreicht, um eine vermehrte Anforderung zu bewältigen, vor allem, wenn der Leistungsreiz in Form eines Dauerreizes auftritt, paßt sich das Organ durch eine Zunahme seiner funktionellen Strukturen an. Dies geschieht als **Adaptation** an eine veränderte Norm oder als **Kompensation** zum Ausgleich eines pathologischen Zustands (s. 5.2.3.6.). Der morphologische Ausdruck des Anpassungswachstums ist die Größenzunahme eines Organs. Diese kann durch eine Volumenzunahme der einzelnen Zellen erfolgen; wir sprechen dann von einer **Hypertrophie**. Nimmt dagegen die Zahl der Zellen selbst zu, dann handelt es sich um eine **Hyperplasie**. Ob ein Organ in dieser oder jener Form reagiert, hängt weitgehend davon ab, ob es ein intermitotisches, reversibles postmitotisches oder fixiertes postmitotisches Wachstum (s. 5.7.1.) aufweist. Bei dieser Betrachtungsweise gehen wir von der Zelle insgesamt aus und lassen das möglicherweise isolierte Verhalten einzelner ihrer Organzellen außer acht.

Wenn diese Prozesse auch an den einzelnen Organen unterschiedlich ablaufen können, so liegt ihnen doch stets ein gemeinsames Prinzip zugrunde. Wesentliche Probleme des Wachstums als Anpassungsreaktion sollen deshalb am Modell des Myokards dargestellt werden. Die Berechtigung dazu, gerade dieses Organ zu wählen, ergibt sich aus der Bedeutung, die Wachstumsvorgänge des Herzens in der menschlichen Pathologie haben.

Unter normalen Voraussetzungen stellt der Herzmuskel kurz nach der Geburt sein Teilungswachstum ein. Dies betrifft vor allem seine muskulären Elemente und stimmt überein mit dem Abschluß der funktionellen und strukturellen Ausreifung des Organs. Bis zum Abschluß des Gesamtwachstums des Organismus wächst der Herzmuskel dann proportional mit über den Mechanismus der Größenzunahme der Einzelfaser, bedingt durch eine Zunahme der Zahl der Myofilamente je Zelle. Das Wachstum des Herzens schließt ab mit dem Ende der Wachstumsvorgänge im Organismus überhaupt. Der Herzmuskel ist dann in der Lage, die erforderliche Kreislaufarbeit zu leisten und sich kurzdauernden Mehranforderungen durch eine gesteigerte funktionelle Leistung (erhöhte Intensität) anzupassen. Bemerkenswert ist, daß im Gegensatz zu den Muskelzellen die Bindegewebszellen des Myokards auch nach Abschluß des prä- und unmittelbaren postnatalen Wachstums auf Grund eines Teilungswachstums noch zunehmen.

5.7.3.1. Kausale Genese

Bei einer länger bestehenden physiologischen Mehrbelastung oder bei einer Mehrbelastung auf Grund pathologischer Vorgänge reagiert der Herzmuskel mit einem erneuten Wachstum. Reize der erwähnten Art bestehen z. B. in einer *erhöhten physischen Anforderung* an den Gesamtorganismus, wie wir sie bei *körperlich schwerer Arbeit* oder beim *Leistungssport* finden. Unter diesen Voraussetzungen ist u. a. eine gesteigerte Kreislaufarbeit zu leisten mit entsprechender Belastung des Myokards. *Pathologisch bedingte Mehranforderungen* an das Myokard resultieren aus *angeborenen und erworbenen Herzfehlern* sowie aus einer *Blutdrucksteigerung* im großen und/oder kleinen Kreislauf (Hypertonie). Unter diesen Bedingungen kommen die Wachstumsprozesse im Myokard wieder in Gang. Auch jetzt ist das Wachstum durch ein Volumenwachstum gekennzeichnet, d. h. durch eine Vergrößerung der Einzelfaser, der eine Zunahme der Zahl der Myofilamente zugrunde liegt. Diese Zunahme an kontraktiler Substanz geht mit einer Vermehrung der interstitiellen Bindegewebszellen und auch einem Wachstum der Koronararterien einher. Es bestehen somit keine grundsätzlichen Unterschiede zum postnatalen Wachstum des Herzmuskels. **Der hypertrophierte suffiziente Herzmuskel entspricht morphologisch und funktionell einem vergrößerten normalen Herzen.** Auf die pathologische Hypertrophie sei hier nur verwiesen.

5.7.3.2. Formale Genese

Die formale Genese der Hypertrophie, d. h. vor allem die Vorstellungen über die molekularen Regelmechanismen, auf die das erneute Wachstum zurückzuführen ist, ist unklar. Sicher ist, daß die örtlichen Regelmechanismen jetzt überwiegen. Es handelt sich um ein isoliertes Organwachstum bei einem unverändert bleibenden Gesamtorganismus, jedenfalls unter dem Aspekt des Wachstums. Es wird diskutiert, daß es infolge vermehrter Belastung mit erhöhter Anfangsspannung der Einzelfaser durch stärkere „Abnutzung" des Myokards zu einem vermehrten Auftreten von Eiweißzerfallsprodukten kommt, die ihrerseits stimulierend auf die Eiweißsynthese einwirken (s. Abb. 5.32). Interessanterweise bewirkt auch ein chronischer Sauerstoffmangel eine Hypertrophie des Myokards.

Wenn jetzt auch vorwiegend örtliche Prozesse für das Wachstum entscheidend sind, so werden sie trotzdem durch zentrale Regulationsmechanismen beeinflußt. Diese sind bevorzugt hormonaler Natur. Wir erinnern an das Thyroxin, das Wachstumshormon sowie Hormone der Nebenniere. Es werden vor allem Einwirkungen auf die Eiweißsynthese vermutet, durch die sich das Wachstum des Myokards stimulieren läßt (auch ohne funktionelle Mehrbelastung), die aber auch im Sinne einer Inhibition, trotz einer funktionellen Mehranforderung, ein Anpassungswachstum verhindern können.

Ein Wachstum als Anpassungsreaktion beobachten wir auch an anderen Organen, wenn ein entsprechender funktioneller Reiz vorliegt. Dies ist z. B. an der Skelettmuskulatur (Sportler), an der Muskulatur der Harnblase (Prostatahypertrophie) oder des Uterus (Schwangerschaft) und bei der Niere (als kompensatorische Hypertrophie bei einseitiger Nephrektomie) der Fall.

5.7.3.3. Reversibilität des Anpassungswachstums

Eine Hypertrophie ist rückbildungsfähig, sobald der auslösende Reiz wegfällt. Diesen Vorgang können wir z. B. an der Herz- und Skelettmuskulatur eines Sportlers beobachten, wenn er sein Training einstellt. Auch nach Beseitigung einer experimentellen Aortenstenose beim Tier bildet sich die Herzhypertrophie in kurzer Frist (etwa 3 Wochen) wieder zurück.

5.7.4. Das Tumorwachstum
5.7.4.1. Definition des Tumors

Gewächse, auch als *Geschwülste, Neoplasie* (Neubildungen) oder *Tumoren* bezeichnet, stellen den folgenschwersten Ausdruck gestörter Wachstumsprozesse dar. Diese Wachstumsprozesse sind zugleich mit schweren Differenzierungsstörungen vergesellschaftet. Entsprechend ihrer biologischen Dignität (Wertigkeit) unterscheiden wir zwischen gut- und bösartigen Tumoren. Die nachfolgend gegebene Definition bezieht sich in ihren wesentlichen Aussagen auf die bösartigen Tumoren, die vor allem Gegenstand unserer Darstellung sind.

> Ein Tumor ist das Ergebnis eines örtlichen, irreversiblen und autonomen Wachstumsexzesses körpereigener Zellen, und er verhält sich in Beziehung zum übrigen Organismus parasitär.

Durch diese Defintion sind folgende Besonderheiten zum Ausdruck gebracht, die den Tumor gegenüber allen anderen echten und scheinbaren Wachstumsformen abgrenzen:
- Der Tumor entsteht aus **körpereigenen Zellen** und beginnt örtlich mit Ausbreitung in die Nachbarschaft.
- Dieser Wachstumsprozeß ist **irreversibel** und hält nach Wegfall des auslösenden Reizes an, im Gegensatz z. B. beim Wachstum bei Hypertrophie. Diese ist rückbildungsfähig, sobald der auslösende Reiz erlischt.
- Während das normale Wachstum reguliert ist, erfolgt das Geschwulstwachstum weitgehend **autonom**, d. h. losgelöst von allen übergeordneten Regulations- und Steuerungsmechanismen des Organismus. Diese Autonomie äußert sich in der sog. *Regulationstaubheit,* der *Aufhebung der Kontakthemmung* sowie dem *Auftreten neuer antigener Eigenschaften* der Zelle. Dieses andersartige Verhalten der Tumorim Vergleich zur gesunden Zelle ist auf Veränderungen ihrer Membraneigenschaften zurückzuführen.
- Irreversibilität und Autonomie in Einheit mit einem infiltrativen und destruierenden Wachstum (s. u.) bedingen das **parasitäre Verhalten** eines Tumors, der sich ohne Rücksicht auf seine Nachbargewebe und -organe sowie den Gesamtorganismus ausbreitet.

Tumoren sind von anderen Wachstumsvorgängen, die ebenfalls als Tumor imponieren, zu unterscheiden. Der Begriff Tumor bedeutet so viel wie Schwellung und beinhaltet ganz allgemein eine umschriebene Vergrößerung im Vergleich zur Umgebung. Der Begriff Tumor sollte eigentlich wegen seiner Vieldeutigkeit auf bösartige Formen des Wachstums keine Anwendung finden, er hat sich allerdings im Sprachgebrauch durchgesetzt.

Das Tumorwachstum ist somit gegenüber entzündlich bedingten proliferativen Veränderungen, tumorartigen Granulomen, regeneratorischen Prozessen sowie der Hyperplasie und Hypertrophie abzugrenzen.

Ein scheinbares Wachstum kann auch bei Retentionszysten, Hämatomen und Aneurysmen vorliegen, die auch als Tumoren imponieren können. Ihre Größenzunahme ist natürlich nicht auf Wachstumsprozesse im eigentlichen Sinne zurückzuführen.

Für gutartige Tumoren trifft die gegebene Definition nur begrenzt zu, da sich diese Tumoren nur durch eine relative Autonomie auszeichnen und kein parasitäres Verhalten aufweisen.

Tumoren unterscheiden sich von ihrem Muttergewebe durch einen abweichenden strukturellen Bauplan und durch veränderte funktionelle Eigenschaften. Dies bedeutet z. B., daß ein sich von der Magenschleimhaut ableitender Tumor eine Differenzierung in Haupt- und Belegzellen nicht mehr aufweist und nicht in der Lage ist, Salzsäure und Pepsin zu bilden.

5.7.4.2. Epidemiologie

Die bösartigen Tumoren stehen in der Todesursachenstatistik an zweiter Stelle hinter den Erkrankungen des Herz-Kreislauf-Systems. Unbehandelt sterben nahezu 100% aller an einem bösartigen Tumor Erkrankten. In 20% aller Todesfälle ist der

Tod auf ein Malignom zurückzuführen, d.h., es ist die Todesursache jedes 5. Bürgers der DDR. Unter Berücksichtigung der Lokalisation, der Frühdiagnostik wie auch einer adäquaten Therapie können die Heilungsquoten unter Beachtung der 5-Jahres-Heilung beträchtlich sein und bis zu 80% betragen. Dabei sterben 90% der Tumorkranken nicht an ihrem Primärtumor, sondern an den Folgen der Metastasierung.

Eine vieldiskutierte Frage stellt die nach der Zunahme der Häufigkeit bösartiger Tumoren dar, die sich scheinbar aus zahlreichen Krebsstatistiken ablesen läßt. Es hat sich jedoch gezeigt, daß die Sterblichkeit an bösartigen Tumoren in den letzten 100 Jahren weitgehend konstant geblieben ist. Die scheinbare Zunahme ist auf eine Veränderung der Altersstruktur (höhere Lebenserwartung), auf eine verbesserte Diagnostik und in den letzten Jahren auf eine bessere Durchführung der Meldepflicht zurückzuführen. Ebenso spielt die Sektionsquote eine Rolle, da eine nicht geringe Zahl von Tumoren klinisch unentdeckt bleibt. **Der prozentuelle Anteil von Tumorerkrankungen in allen Altersgruppen ist konstant geblieben.** Die Zunahme von bestimmten Lokalisationsformen wird durch die Abnahme anderer ausgeglichen. Dies spricht dafür, daß für die Entstehung eines bösartigen Tumors neben exogenen Reizen auch determinierende innere Faktoren bedeutsam sind und die exogenen Faktoren den Charakter von *Selektionsfaktoren* tragen.

Bösartige Tumore, vor allem Karzinome, sind vor dem 30. Lebensjahr selten. Geht man von dem Nationalen Krebsregister der DDR aus, so ist ein Anstieg der Krebsinzidenz bei folgenden Lokalisationsformen festzustellen: Kolon und Rektum, Bronchus (besonders bei der Frau), Mamma der Frau, Endometrium, Haut (malignes Melanom), Prostata, Harnblase, Hoden und Nieren. Eine Abnahme ist bei folgenden Lokalisationsformen zu beobachten: Lippe, Ösophagus, Magen, extrahepatische Gallenwege, Gallenblase und Cervix uteri. Es sind demzufolge vorerst alle Äußerungen bezüglich eines Zusammenhangs zwischen einer Zunahme bösartiger Erkrankungen und einem Anstieg von Schadstoffaktoren in der Umwelt mit Zurückhaltung zu bewerten. Das schließt jedoch nicht aus, daß wir in Zukunft mit entsprechenden Gefährdungen rechnen müssen.

Zwischen beiden Geschlechtern ergeben sich deutliche Unterschiede des Organbefalls, auch wenn die geschlechtsspezifischen Organe wie Uterus und Prostata ausgeklammert werden. Wie die Abbildung 5.33 zeigt, steht beim Mann das Bronchus-

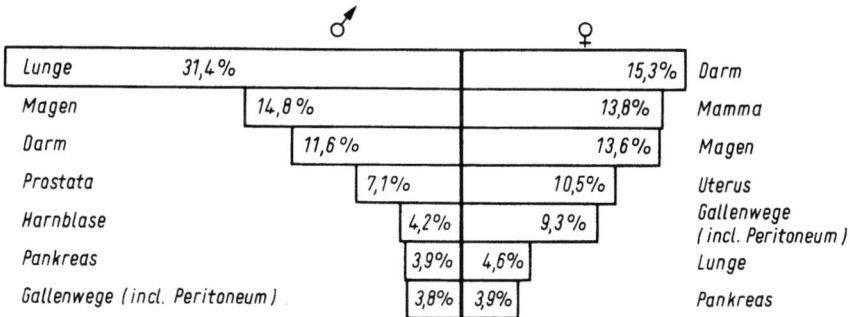

Abb. 5.33 Organbezogene Häufigkeitsverteilung bösartiger Tumore bei Mann und Frau in der DDR

karzinom an der Spitze, gefolgt vom Magenkarzinom. Beim weiblichen Geschlecht überwiegt schwach das Darmkarzinom, auf Grund neuester Statistiken soll aber das Mammakarzinom an die Spitze gerückt sein. Bemerkenswert ist die größere Häufigkeit des Rektumkarzinoms beim Mann, während bei der Frau Rektum- und Kolonkarzinom etwa gleich oft auftreten.

5.7.4.3. Kriterien der Malignität

Wie bereits hervorgehoben, unterscheiden wir auf Grund der biologischen Dignität zwischen gut- und bösartigen Tumoren. Außerdem findet auch der Begriff der klinischen Dignität Anwendung.
Während die **biologische Dignität** von den Wachstumseigenschaften eines Tumors bestimmt wird, hängt die **klinische Dignität** von der Lokalisation eines Tumors ab. So können biologisch gutartige Tumore auf Grund ihrer Lokalisation oder funktioneller Eigenschaften klinisch bösartig wirken. Als Beispiel sei auf das Meningiom mit Hirndruck, das Uterusmyom mit Blutungen, das Phäochromozytom mit Hochdruck oder eine Struma mit Behinderung der Atmung verwiesen.

Infiltrationswachstum. Zu den Kriterien der Malignität gehören die Wachstumseigenschaften wie das infiltrative und destruierende Wachstum. Im Gegensatz zu den gutartigen Tumoren, die ein expansives, verdrängendes Wachstum zeigen (wie eine Kartoffel), zeichnen sich bösartige Tumore durch ein **infiltratives Wachstum** aus, indem sie wie die Wurzel eines Baumes in die Umgebung wachsen (Abb. 5.34 und 5.35). Dieses maligne Wachstum beruht auf einer *Histolyse, Lokomotion* und bis zu einem gewissen Grade auch auf dem *Wachstumsdruck*. Die Invasion erfolgt in drei Etappen:
– Anhaftung an die Basalmembran,

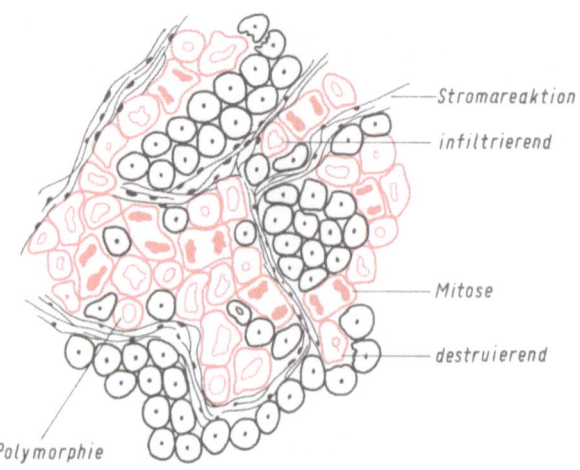

Abb. 5.34 Schematische Darstellung eines bösartigen Tumors mit einem infiltrierenden und destruierenden Wachstums (rot: Tumorzellen)

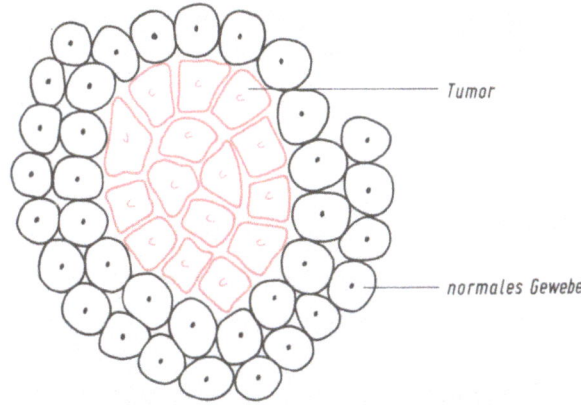

Abb. 5.35 Schematische Darstellung eines gutartigen Tumors mit expansivem Wachstum (rot: Tumorzellen)

- Auflösung der Basalmembran,
- Durchwanderung in das umliegende Gewebe.

Die Tumorzellen besitzen eine proteolytische Enzymaktivität gegen das in der Basalmembran enthaltene Typ-IV-Kollagen und damit einen Mechanismus zur Zerstörung der Basalmembran. Diese Eigenschaft bewirkt das infiltrative Wachstum in gesunde Nachbarorgane, wie z.B. des Ösophaguskarzinoms in die Trachea, des Zervixkarzinoms in das Rektum oder des Gallenblasenkarzinoms in die Leber. Da bei einer Operation das Ausmaß des infiltrativen Wachstums mit dem bloßen Auge nicht erkennbar ist, macht sich die Resektion eines Tumors jeweils auch im Gesunden erforderlich. Gelingt dies nicht, so entwickelt sich später im Operationsgebiet ein Rezidiv (s. u.).

Destruierendes Wachstum. Das **destruierende (zerstörende) Wachstum** beruht ebenfalls auf der Eigenschaft der Tumorzellen, mit Hilfe ihrer Enzyme das umgebende Gewebe zu zerstören. Neben dieser Wirkung hydrolytischer Tumorenzyme können auch Tumoreinbrüche in kleine Gefäße vorliegen. Damit treten Ernährungsstörungen und Nekrosen der Umgebung auf. Schließlich sind noch der Wachstumsdruck mit mechanischer Wirkung und Druckatrophie zu beachten. Das infiltrative und destruierende Wachstum bilden die entscheidenden Malignitätskriterien.

Wachstumsgeschwindigkeit. Die **Wachstumsgeschwindigkeit**, insbesondere bösartiger Tumore ist sehr groß, wenn auch von Fall zu Fall unterschiedlich. Sie äußert sich im Auftreten zahlreicher, meist atypischer Mitosen. Gutartige Tumore wachsen in der Regel wesentlich langsamer und zeigen kaum Mitosen.

Zytologische Kriterien der Malignität. Weiter gibt es **zytologische Kriterien der Malignität**, die sich in *Atypien* und *Dysplasien* äußern und die wesentlich sind für die histologische Diagnostik bösartiger Tumore.
- Unter einer **Atypie** sind Struktur und Formabweichungen von einzelnen Zellen zu verstehen. Sie beruhen auf einer Vielgestaltigkeit der Kerne (Kernpolymorphie)

und einer gestörten Kern-Plasma-Relation. Diese ist in der Regel zu Gunsten des Kernes verschoben. Weiter besteht eine Vermehrung der DNA in Form einer *Polyploidie* und vor allem einer *Aneuploidie*. Der unterschiedliche DNA-Gehalt hat eine differente Anfärbbarkeit der Kerne zur Folge. Sie äußert sich bei Anfärbung mit Hämalaun in einer *Polychromasie* und häufig einer *Hyperchromasie*. Auffällig ist auch eine Vielgestaltigkeit der Nucleoli. In der Gesamtheit führen diese Veränderungen zum Bild der *Anisozytose* und *Anisonukleose* (unterschiedliche Gestalt und Größe von Zellen und Kernen). In bezug auf die Mutterzelle bestehen zu dieser z. T. beträchtliche strukturelle Unterschiede, die häufig die Herkunft der Tumorzellen nicht mehr erkennen lassen. Man spricht auch von einer *Anaplasie*, die Ausdruck einer Entdifferenzierung ist.

● Die **Dysplasie** betrifft die bei der Atypie beschriebenen Veränderungen der Einzelzelle in bezug auf einen Zellverband. Während Atypien auch im Ergebnis entzündlicher Vorgänge auftreten können, sind Dysplasien in der Regel bereits der Ausdruck eines präneoplastischen oder neoplastischen Geschehens.

Vorhandensein von Nekrosen. Als relatives Kriterium der Malignität ist das Auftreten von **Nekrosen** anzusehen. Zu diesen kommt es in Geweben mit hoher Wachstumsgeschwindigkeit. Ursächlich spielt ein sich entwickelndes Mißverhältnis zwischen der Zunahme zu versorgender Gewebsmasse und dem Wachstum der Gefäße eine Rolle. Die Folge sind Ernährungsstörungen mit Nekrosen. Doch können Nekrosen auch bei gutartigen Tumoren auftreten. Nekrosen können bei bösartigen Tumoren die Ursachen von Fistelbildungen und Blutungen sein.

Entzündliche Umgebungsreaktion. Einen Hinweis auf Malignität gibt auch die **entzündliche Umgebungsreaktion** (Stromareaktion) in der Nachbarschaft des Tumors. Sie ist bei bösartigen Tumoren häufig stark ausgeprägt. Sie wird als Ausdruck einer örtlichen immunologischen Abwehr im Sinne der zellvermittelten Immunität angesehen. Gutartige Tumore zeigen demgegenüber eine normale Umgebung.

Metastasierung. Die Ausbildung von **Metastasen** ist ein wichtiges Kriterium der Malignität.

> Unter Metastasierung versteht man die Verschleppung von Tumorzellen im Organismus mit Anwachsen an einem dem Primärtumor fernen Ort.

In der formalen Pathogenese der Metastasierung unterscheidet man drei Etappen:
– Invasion,
– Embolisation,
– Implantation.

Die **Invasion** beinhaltet die Ablösung (Detachment) von Tumorzellen mit Hilfe lysosomaler Hydrolasen und Hyaluronidase sowie auf Grund einer abnehmenden Oberflächenadhärenz mit Eindringen in Blut- oder Lymphgefäße. Nach dem Eindringen in die Blutbahn erfolgt die **Embolisation** mit Verschleppung auf dem Blutwege, wobei sich ein Komplex aus Tumorzellen, Fibrin und Thrombozyten bildet, der dann an der Gefäßwand verhaftet mit Invasion der Tumorzellen und **Implantation** in das Gewebe (Tabelle 5.12). Von den Millionen von Zellen, die sich von einem Tumor ablösen und die im Blute kreisen, wird nur ein verschwindend klei-

Tabelle 5.12 Formaler Ablauf der Metastasierung

Invasion:	besonders maligne Klone, Ablösung aus dem Zellverband, Lokomotion, Penetration der Membranen und des Endothels, Gefäßeinbruch
Embolisierung:	vaskulärer Transport, Zellvernichtung, Bildung des Komplexes Tumorzellen/Fibrin/Thrombozyten, Endotheladhärenz
Implantation:	Penetration von Membranen und Endothel, Lokomotion, Gewebsinfiltration, Metastasenprogression

ner Teil zur Metastase. 99% der eingeschwemmten Tumorzellen werden vernichtet.
Die metastasierenden Zellen zeichnen sich in der Regel durch eine höhere Malignität und Wachstumskinetik aus als der Primärtumor. Generell besteht der Primärtumor aus verschiedenen Zellklonen, von denen der am stärksten maligne metastasiert. Die **Lokalisation der Metastasen** ist bei verschiedenen Tumoren unterschiedlich und wird bestimmt von
- der Durchblutungsgröße eines Organs,
- dem anatomischen Abflußgebiet aus dem Primärtumor,
- einem nicht geklärten Organotropismus,
- der Vaskularisation des Tumors (Tumor-Angiogenese-Faktor).

Die verschiedenen Metastasen in den einzelnen Organen gehen in der Regel nicht vom Primärtumor aus. Vielmehr breiten sie sich von dem Organ aus, das als erstes metastatisch befallen wird.
Entsprechend dem Zeitpunkt der Metastasierung unterscheidet man zwischen den Früh- und Spätmetastasen sowie den latenten Metastasen. **Frühmetastasen** sprechen für eine hohe Malignität. Von **Spätmetastasen** spricht man dann, wenn die klinische Manifestation frühestens 5 Jahre nach der Feststellung des Primärtumors erfolgt. Zu Spätmetastasen neigen vor allem das Mamma-, Nieren-, differenzierte Schilddrüsenkarzinom und das maligne Melanom. **Latente Metastasen** sind solche, die klinisch stumm sind und erst bei der Sektion erfaßt werden.
Folgende Metastasierungswege werden unterschieden, von denen der hämatogene und der lymphogene Weg die wichtigsten sind:
- **Hämatogene Metastasierung.** In der Regel erfolgt zunächst ein Einbruch in das Lymphgefäßsystem mit Befall der Lymphknoten. Nach Walther unterscheidet man die in Tabelle 5.13 angeführten Metastasierungstypen.
- **Lymphogene Metastasierung.** Befallen werden die örtlichen Lymphknoten, wobei sich die Tumorzellen zuerst in den Randsinus finden. Die Kenntnis der normalen Lymphabflüsse erlaubt einmal aus dem Lymphknotenbefall einen Rückschluß auf den Sitz des Primärtumors, zum anderen ist sie erforderlich, um bei Entfernung

Tabelle 5.13 Metastasierungstypen nach Walther

Sitz des Primärtumors	Metastasierungsweg	Lokalisation der prim. Metastasen
Lungentyp (Bronchialkarzinom)	Lungenvenen → gr. Kreislauf	Gehirn, Leber, Knochen u. a.
Lebertyp (Leberkarzinom)	V. hepatica → V. cava inf.	Lunge
Kavatyp (Nierenkarzinom)	V. cava inferior	Lunge
Portadertyp (Dickdarmkarzinom)	V. portae	Leber
Zysternentyp	D. thoracicus → V. cava	Lunge

des Primärtumors eine sachgerechte Ausräumung der zugehörigen Lymphknoten zu ermöglichen und einer Fernmetastasierung auf dem Blutwege entgegen zu wirken.

- **Intrakanalikuläre Metastasierung.** Sie kann z. B. innerhalb des Bronchialsystems oder auch des Magen-Darm-Traktes erfolgen. Die Tumorzellen werden z. B. durch die Peristaltik in tiefer gelegene Darmabschnitte verschleppt.

- **Abklatschmetastase.** Sie findet sich z. B. bei einem Primärtumor der Oberlippe an der Unterlippe, oder es bestehen entsprechende Beziehungen zwischen Vorder- und Hinterwand des Magens.

- **Impfmetastasen.** Sie entstehen bei der mechanischen Verschleppung von Tumorzellen, z. B. bei einer Operation. Die Metastase kann sich dann z. B. in der Operationsnarbe finden.

- **Liquorgene Metastasen.** Diese seltene Möglichkeit existiert bei Hirntumoren.

Die Metastasierung hängt vom Alter des Patienten und dem Differenzierungsgrad des Tumors ab: **Eine größere Metastasierungsfreudigkeit findet sich bei jüngeren Patienten und bei geringen Graden der Tumordifferenzierung.**
Tumormetastasen lassen häufig eine Bevorzugung bestimmter Organe erkennen *(Organotropie)*. So metastasieren Bronchialkarzinome häufig in die Nebennieren, in das Zentralnervensystem und in das Knochensystem. Im Knochensystem kommt es auch häufig zu Metastasen bei Sitz des Primärtumors in der Mamma, im Magen, in der Schilddrüse oder in der Prostata. Doch gibt es keine für eine Lokalisationsform in jedem Fall typische Metastasierung. Auch ist die Metastasierungsfreudigkeit verschiedener Tumoren unterschiedlich. So metastasieren Karzinome der Haut, des Ösophagus, des Kolon und des Gallengangs selten. Es handelt sich hier häufig um differenzierte Karzinome. Metastasierungsfreudig sind dagegen Karzinome des Magens, der Mamma, des Bronchus oder der Cervix uteri. Auffällig ist, daß große Tumoren seltener metastasieren, während kleinere sich nicht selten durch große Metastasen und Metastasierungsfreudigkeit auszeichnen. Möglicherweise hängt das mit einer unterschiedlichen Antigenität der Tumoren und mit sich daraus ableitender unterschiedlicher Effektivität der Immunantwort zusammen. Die oft aufgestellte Behauptung, daß die chirurgische Biopsie eines Tumors eine Metastasierung begünstigt, entspricht nicht der Realität.

Unter Beachtung der morphologisch-strukturellen Charakterisierung erfahren bösartige Tumoren eine Klassifikation im Sinne eines **Typing** (= histologischer Typ), **Grading** (= Differenzierungsgrad) und **Staging** (Größe und Ausdehnung des Tumors) nach dem TNM-System (Tumor-Nodules-Metastases) (Tabelle 5.14).

Tabelle 5.14 Klassifizierung der bösartigen Tumoren nach dem TNM-System

Typing	Grading	Staging
Adenokarzinom Plattenepithelkarzinom usw.	G_1 = hoch differenziert G_2 = mittelgradig differenziert G_3 = entdifferenziert	T_0 = präinvasiver Tumor T_1 = auf Organ beschränkt, verschieblich T_2 = Verschieblichkeit eingeschränkt T_3 = Organgrenze überschritten, fixiert T_4 = Infiltration in die Umgebung N_0 = keine LK-Metastasen N_1 = regionaler LK, aber noch beweglich N_2 = entfernter LK, beweglich N_3 = LK fixiert M_0 = keine Fernmetastasen M_1 = Fernmetastasen

Rezidiv. Bösartige Tumoren neigen zum **Rezidiv**. Darunter versteht man ein lokales Wiederauftreten des Tumors im Operations- bzw. Bestrahlungsgebiet infolge zurückgebliebener oder nicht irreversibel geschädigter Tumorzellnester. Man unterscheidet das *Früh-* und *Spätrezidiv*. Entsprechend ist der Begriff der 5- oder 10-Jahres-Heilung zu verstehen. Erst wenn innerhalb dieses Zeitraums keine Metastasen oder kein Rezidiv auftreten, kann man von einer Heilung des Tumors sprechen.

Lokale und Allgemeinwirkungen.
- **Örtliche Wirkungen** maligner Tumoren bestehen in Perforationen, Gefäßarrosionen, Fistelbildungen, Stenosen, Infektionen und Neuralgien.
- **Allgemeinwirkungen** eines Tumor sind zu sehen in einer *Kachexie*. Diese kann auf einer mechanischen Behinderung der Nahrungsaufnahme, z.B. bei einem Ösophaguskarzinom bestehen. Auch werden sog. Krebstoxine angeschuldigt sowie das parasitäre Verhalten des Tumors, das mit einem hohen Eigenbedarf des Tumors an Energie einhergeht. Adipositas eines Patienten spricht jedoch nicht gegen das Vorliegen eines Karzinoms; im Gegenteil, das Mammakarzinom und das Karzinom des Corpus uteri zeigt eine Korrelation zur Adipositas.
- Eine **Anämie** kann auch für ein Tumorleiden sprechen. Sie kann zurückzuführen sein auf eine toxische Wirkung auf das Knochenmark, auf Knochenmetastasen oder in der Regel auf okkulte, unter Umständen auch massive Tumorblutungen. Letztere gehen jedoch in der Regel mit einem hämorrhagischen Schock einher.
- **Paraneoplastische Syndrome** sind solche, die auf spezifische und unspezifische Wirkungen eines Tumors beruhen. Zu ihnen gehören *endokrine Störungen* wie das Cushing-Syndrom, Hyper- und Hypoglycämie, Hypercalcämie, Hypertonie u. a. Störungen auf Grund einer Hormoninaktivität der Tumoren, *hämatologische Störun-*

gen wie Polyzythämie, hämolytische Anämien, Thrombozytose, Koagulopathien mit z. B. gehäuft auftretenden venösen Thrombosen und auch *neurologische Symptomenkomplexe* und *rheumatoide Beschwerden*.
Auf Grund der histologischen Charakteristika (s. dort) ist eine gewisse Prognose hinsichtlich des Verlaufs einer Krebserkrankung möglich. **Je unreifer eine Geschwulst ist, desto rascher wächst sie, um so eher und ausgedehnter metastasiert sie und um so größer ist im allgemeinen die Rezidivgefahr** nach einer chirurgischen oder anderweitigen Behandlung. So metastasieren die häufig reifen Karzinome der Haut und des Dickdarms selten, während unreife Tumore anderer Lokalisation eine ausgedehnte Metastasenneigung aufweisen (z. B. kleinzelliges Bronchialkarzinom oder entdifferenziert wachsendes Magenkarzinom).
Semimaligne Tumore wie das *Basaliom, Zylindrom* oder die *Speicheldrüsenmischtumore* zeigen ein infiltrierendes und auch destruierendes Wachstum, neigen zu Rezidiven, metastasieren aber nur im Ausnahmefall.
Tumore mit fraglicher Dignität sind solche, deren biologisches Verhalten sich histologisch nicht sichern läßt (z. B. *Chondrom, Osteoklastom* oder *Granulosazelltumor* des Ovar).

5.7.4.4. Morphologische Einteilung der Tumoren

Zusätzlich zur Differenzierung hinsichtlich Gut- oder Bösartigkeit unterteilen wir die Tumore danach, ob sie **epithelialer** oder **nichtepithelialer** Natur sind.

Nichtepitheliale Tumore. Zu den **gutartigen nichtepithelialen Tumoren** gehören z. B. das Fibrom, das Osteom, das Lipom, das Neurinom, das Chondrom u. a. m.
Zu den **bösartigen nichtepithelialen Tumoren** rechnen die undifferenzierten Sarkome (wie die Riesenzellsarkome und die polymorphzelligen Sarkome), das Fibrosarkom, das Myxosarkom, das Neurosarkom, das Osteosarkom, das Hämangioendotheliom, das Rhabdomyosarkom (von der quergestreiften Muskulatur abstammend), das Leiomyosarkom (von der glatten Muskulatur abstammend).

Epitheliale Tumore. Zu den **gutartigen epithelialen Tumoren** gehören z. B. das Adenom und das Kystadenom.
Die **bösartigen epithelialen Tumore** werden generell als **Karzinome** bezeichnet, und entsprechend dem Herkunftsgewebe differenzieren wir das *Plattenepithelkarzinom*, das *Adenokarzinom*, das *solide Karzinom* (= Adenokarzinom ohne Lumenbildung), das *Gallertkarzinom* (= Adenokarzinom mit Schleimbildung) und das *papillär wachsende Karzinom*. Ähnlich dem Adenokarzinom unterscheidet man auch beim Plattenepithelkarzinom solche mit verschiedenem Differenzierungs- und Reifegrad, wie das verhornende, das nicht verhornende und das entdifferenziert wachsende Plattenepithelkarzinom.
Die Karzinome werden weiter unterschieden entsprechend der Relation vom Krebszellanteil zum Stromaanteil. Unter *Stroma* ist das bindegewebige Stützgerüst eines Karzinoms zu verstehen, das zusammen mit den in ihm verlaufenden Gefäßen aus der Umgebung des Gewächses stammt. Entsprechend sind voneinander abzugrenzen (Abb. 5.36) das *Carcinoma medullare* mit nur gering ausgebildetem Stromaanteil, das *Carcinoma simplex*, bei dem sich Krebszell- und Stromaanteil wie 1:1 verhalten, das *Carcinoma scirrhosum*, das sich durch ein Überwiegen des Stromaanteils auszeichnet (wie z. B. der Scirrhus des Magens).

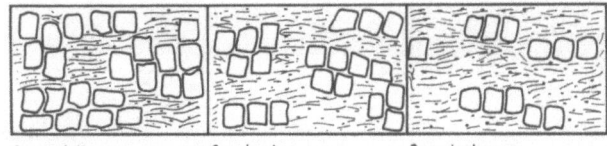

Ca. medullare   *Ca. simplex*   *Ca. scirrhosum*

Abb. 5.36 Schematische Darstellung der Relationen zwischen Tumorzellen und Stroma beim Karzinom

Als **Sonderformen** bösartiger Tumore ist zu verweisen auf
- das maligne Melanom,
- das Chorionepitheliom,
- das Teratom mit seinen reifen (z. B. Dermoidzyste des Ovars) und unreifen Formen (z. B. solides Teratom des Hodens),
- embryonale Tumoren wie das Nephroblastom, Neuroblastom, Medulloblastom und Retinoblastom sowie die gutartigen Hamartome,
- Misch- und Kollisionstumore. Erstere setzen sich aus einem epithelialen und einem nichtepithelialen Anteil zusammen. Bei letzteren handelt es sich um das Ineinanderwachsen zweier Tumoren.

5.7.4.5. Kausale Genese der Tumorentstehung

Die kausale Genese der Tumorbildung ist außerordentlich vielgestaltig. Die Vorstellungen zur Wirkungsweise der zahlreichen kausalen Faktoren gehen im wesentlichen auf die *Virchowsche Irritationstheorie* zurück, die im Grunde nichts weiter besagt, als daß lang anhaltende, chronische Reize zur Herausbildung eines Tumors führen können. Wir unterscheiden die in Tabelle 5.15 aufgeführten kausalen Ursachengruppen.

Exogene Faktoren.
Chemische Faktoren. Als erster durch **chemische Einwirkungen** induzierter Krebs wurde von dem englischen Arzt Pott im Jahre 1775 der *Skrotalkrebs* bei Schornsteinfegern beschrieben, der auf der chronischen Einwirkung der im Ruß enthaltenen polyzyklischen Kohlenwasserstoffe beruht. Dies wurde durch zahlreiche, später durchgeführte tierexperimentelle Untersuchungen bestätigt, z. B. die Erzeugung eines Hautkrebses durch langzeitige Teerpinselung. Als kanzerogene Kohlenwasserstoffe wurden z. B. das 3,4-Benzpyren, das 1,2-Benzanthracen oder das Methylcholanthren nachgewiesen. Kanzerogen wirken auch Azofarbstoffe wie das Dimethylaminoazobenzen (= Buttergelb), das Dimethylnitrosamin (eine alkylierende Substanz) und auch das o-Aminotoluol. Arsen, Chrom und Nickel entfalten gleichfalls eine krebsauslösende Wirkung. Hinzuweisen ist weiter auf den Anilinkrebs der Haut bei Winzern. Gegenwärtig sind mehr als 3 000 kanzerogen wirkende chemische Substanzen bekannt. Auf Grund ihrer chemischen Beschaffenheit lassen sich diese zu folgenden Gruppen zusammenfassen:
- polyzyklische aromatische Kohlenwasserstoffe,
- aromatische Amide und Amine,

Tabelle 5.15 Übersicht über einige der wichtigsten ätiologischen Faktoren bei der Krebsentstehung

Faktoren				Viren	Vererbung
chemische	physikalische	biologische	endogene		
Anilin, Anthracen, 3,4-Benzpyren, Methylcholanthren, Dibenzanthracen, o-Aminotoluol, N-Dimethylamino-azobenzen, (Buttergelb), Dimethylnitrosamin, Arsen, Chromatverbindungen u. a. m.	mechanische Reize, Röntgenstrahlen, radioaktive Strahlen, UV-Strahlen	Magenkrebs, durch Verfütterung von Nematoden bei Ratten, Blasenkarzinom bei Bilharziose	Artdisposition (Mammakarzinom beim Hund, Seminom beim Pferd), Altersdisposition, Geschlechtsdisposition, Organdisposition	onkogene DNA- und RNA-Viren bei Tier und Menschen (s. Tabelle 5.16)	Retinogliom, Polyposis intestini, Xeroderma pigmentosum, Akustikusneurinom

- Azofarbstoffe,
- alkylierende Agenzien (einschließlich von Nitrosoverbindungen),
- 4-Nitrochinolin-N-oxid und entsprechende Derivate,
- natürlich vorkommende kanzerogene Verbindungen wie die Aflatoxine (z. B. in Orangen, Paranüssen und Speck).

Hinsichtlich der Wirksamkeit chemischer Substanzen bestehen Beziehungen zwischen
- Mutagenität und Kanzerogenität sowie
- Reaktivität und Kanzerogenität.

Je reaktiver und mutagener eine chemische Substanz ist, um so stärker ist ihre Kanzerogenität.

Das **wirksame Kanzerogen** wird vielfach erst im Organismus aus ursprünglich harmlosen Substanzen synthetisiert. So wird z. B. aus den für sich unwirksamen Substanzen Ethylharnstoff und Natriumnitrit im Organismus der krebsauslösende Ethylnitrosoharnstoff gebildet. Auch in der Vielzahl anderer Fälle entsteht die kanzerogene Wirkform erst im Organismus entsprechend folgender Ablaufkette: Präkanzerogen → proximales Kanzerogen (aktiviertes Stoffwechselprodukt) → ultimales Kanzerogen (reaktive Wirkform).

Bei den *proximalen Kanzerogenen* handelt es sich besonders häufig um N-hydroxylierte Verbindungen (s. Beispiel des Acetylaminofluoren, Abb. 5.37).

Es werden weiter die *Solitärkarzinogene* von den *Kokarzinogenen* unterschieden. **Solitärkarzinogene** führen bei alleiniger Einwirkung nach mehr oder weniger langer Latenzzeit zum bösartigen Wachstum. **Kokarzinogene** verstärken die unterschwellige Wirkung von vorangegangenen Solitärkarzinogenen. Sie sind also allein nicht kanzerogen.

Die Folgen der Einwirkung von Solitärkarzinogenen sind **irreversibel**, und bei wiederholtem Einfluß tritt ein Summationseffekt ein. Dagegen sind die Effekte von Kokarzinogenen **reversibel**.

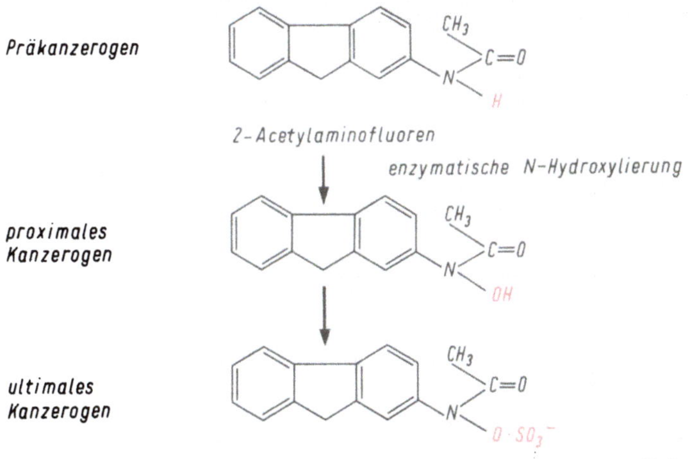

Abb. 5.37 Weg vom Präkanzerogen zum ultimalen Kanzerogen am Beispiel des 2-Acetylaminofluorens

Voraussetzungen für die Wirksamkeit eines Kanzerogens sind:
- Penetrationsfähigkeit,
- Aktivierung zur reaktiven Wirkform,
- Überwindung der entgiftenden Zellfunktionen,
- Einwirkung in einer sensiblen Phase der Zelle,
- Überwindung der Immunabwehr.

Zur Entgiftungsfunktion der Zelle ist festzustellen, daß ein *mikrosomales Enzymsystem* existiert, das in der Lage ist, wirksame Stufen eines Kanzerogens zu inaktivieren. Es übt so eine Schutzfunktion aus. Die wesentlichen **Angriffspunkte eines chemischen Kanzerogens** in der Zelle sind zu sehen in
- einem Auftreten elektrophiler Gruppen, die mit nucleophilen Gruppen des Kernes und der DNA reagieren,
- der Bindung an zelluläres Eiweiß mit Deletion (Zerstörung) sog. h-Proteine, die wachstumsregulierende Eigenschaften besitzen (es wurde eine enge Beziehung zwischen der Kanzerogenität einer chemischen Substanz und ihrem Eiweißbindungsvermögen gefunden),
- einer Reaktion mit der tRNA,
- einer Störung der zellulären Reparaturmechanismen, insbesondere der DNA,
- einer Aktivierung latenter Viren.

Physikalische Faktoren. Unter diesen sind einmal **mechanische Reize** zu erwähnen. So tritt z.B. das *Ösophaguskarzinom* vor allem an den physiologischen Engen des Ösophagus auf. Von besonderer Bedeutung sind **Strahleneinwirkungen**. Wir verweisen auf die Röntgenstrahlen. Besonders in der Frühära der Röntgendiagnostik traten bei Ärzten in Unkenntnis der kanzerogenen Wirkung von *Röntgenstrahlen* strahleninduzierte Hautkarzinome auf.
Eine große Rolle spielt die *radioaktive Strahlung*. So ist seit langem der Schneeberger Lungenkrebs als Folge der Radiumeinwirkung bekannt. Zum Teil heute noch zu beobachten sind die Folgen einer *Thorotrastschädigung*, eines Thorium enthaltenden, heute nicht mehr verwendeten Röntgenkontrastmittels, das zu verschiedenen Organkrebsen führt. Vielfach beschrieben sind die *Folgen des verbrecherischen Atombombenabwurfs über Nagasaki und Hiroshima* durch die USA, die u. a. in dem gehäuften Auftreten von bösartigen Bluterkrankungen bestehen.
Die chronische Einwirkung von *UV-Strahlen* hat ebenfalls einen kanzerogenen Effekt. Bekannt sind die Hautkrebse bei Seeleuten und Landarbeitern, die einer ständigen Sonnenstrahlung ausgesetzt sind.
Die Strahlenwirkung kann beruhen
- in einer direkten Wirkung auf das Genom mit Ausbildung von Mutationen,
- in einer Dissoziation des Wassers in aktive H^+- und OH^--Ionen mit Peroxidbildung und Entstehung von Radikalen, die ihrerseits auf die Gene einwirken,
- in einer Aktivierung latenter Viren.

Wirkung von Viren. Eine zunehmende Bedeutung in der Diskussion um die Entstehung bösartiger Tumoren gewinnen die **Viren**. Von Wichtigkeit scheinen sie vor allem bei *lymphoretikulären Erkrankungen* und solchen des *hämopoetischen Systems* zu sein. Im Tierexperiment gelang es, virusinduzierte Tumore nachzuweisen, während sie beim Menschen noch umstritten sind. Viele Befunde sprechen jedoch dafür, daß Viren beim *Burkitt-Lymphom* sowie beim *Mamma- und Zervixkarzinom* bedeutsam sind. Insbesondere der Nachweis der für RNA-Viren charakteristischen 70-S-Ribonucleinsäure und der reversen Transkriptase (auch als Revertase bezeichnet) deuten auf eine Virusgenese. In der Tabelle 5.16 sind einige wichtige kanzerogene Viren und die von ihnen induzierten Tumoren zusammengestellt. Entsprechend der Einteilung in 2.3.2.1. unterscheidet man onkogene DNA- und RNA-Viren.

Tabelle 5.16 Einige der wichtigsten in der experimentellen Onkologie bedeutsamen Viren und solche, die mit größter Wahrscheinlichkeit auch in der menschlichen Onkogenese eine Rolle spielen

Virus	Größe	Gewächs	Nucleinsäure
Polyoma-Virus	40 nm	verschiedene	DNA
SV-40	45 nm	Sarkom beim Hamster	DNA
Shope-Virus	50 nm	Papillom beim Kaninchen	DNA
Burkitt-Lymphom-Virus	110 nm	Lymphom beim Menschen	DNA
Rous-Sarkom-Virus	70–110 nm	RSV-Sarkom beim Huhn	RNA
Leukämie-Virus		Leukämie der Maus	RNA
Bittner-Faktor	110 nm	Mammakarzinom der Maus	RNA
C-Partikel	100 nm	Mammakarzinom der Frau	RNA

In der Auseinandersetzung Virus/Zelle sind zwei Mechanismen zu unterscheiden. Einmal erfolgt eine Vermehrung der Viren auf Kosten der Wirtszelle, die stirbt. Hierbei handelt es sich um den in 2.3.2.1. angeführten *zytopathischen Effekt.* Zum anderen findet keine Virusreplikation statt, sondern die Wirts-DNA wird so transformiert, daß in sie die virale Nucleinsäure eingebaut wird. Das Ergebnis ist eine Transformation der Wirtszelle mit dem Auftreten von
– viraler mRNA,
– virusspezifischem Tumorantigen (T-Antigen) im Zellkern,
– virusinduziertem TST (= tumorspezifischem Transplantationsantigen) in der Zellmembran.

Diese **Transformation** erfordert wahrscheinlich mehrere Zellteilungszyklen, um sich zu manifestieren. Bei den DNA-Viren wird die virale DNA direkt in die Wirtszelle eingebaut (Abb. 5.38). Bei den RNA-Viren dient die RNA als Matrize für den Aufbau einer DNA mit Hilfe der *reversen Transkriptase.* Es bildet sich ein Doppelstrang aus der viralen RNA und der neu gebildeten komplementären DNA. Letztere wird durch die DNA-Polymerase zu einem DNA-Doppelstrang komplettiert, und mit Hilfe von Nucleasen und Ligasen erfolgt dann der Einbau ins Wirtszellgenom (Abb. 5.39).

Durch die Inhibition der reversen Transkriptase wird die Zelltransformation verhindert. Hieraus können sich therapeutische Konsequenzen für den Einsatz von Revertasehemmern ergeben.

Biologische Faktoren. Hierunter verstehen wir vor allem chronische Entzündungsprozesse, die mit einer gesteigerten Zellproliferation einhergehen. Über derartige Prozesse wirken wahrscheinlich Parasiten wie Schistosoma haematobium oder die Leberegel, die für das Auftreten von Harnblasen- bzw. Gallengangskarzinomen verantwortlich gemacht werden, krebsauslösend. Durch den Entzündungsprozeß werden sensible Phasen der DNA provoziert, in denen Kanzerogene die DNA mutieren können.

Endogene Faktoren. Dabei handelt es sich um Veränderungen im Organismus selbst, die Anlaß für eine maligne Transformation der Zelle sein können. Hier wäre das *endogene Fehlregenerat* nach Büchner einzuordnen. An Stellen, an denen in einem chronischen Prozeß regeneratorische und destruierende Vorgänge in einem

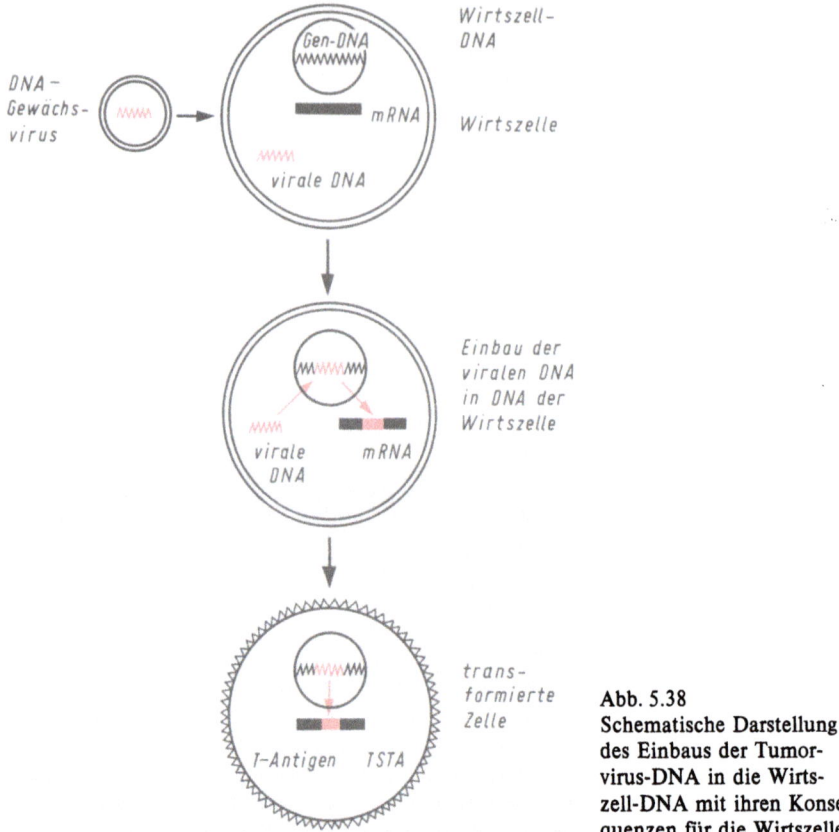

Abb. 5.38 Schematische Darstellung des Einbaus der Tumorvirus-DNA in die Wirtszell-DNA mit ihren Konsequenzen für die Wirtszelle

ständigen Wechsel miteinander stehen, kann es zu einer malignen Entartung kommen. Als Beispiele seien angeführt das Karzinom bei Magenulkus (das sog. Ulkuskarzinom), das primäre Leberkarzinom bei Leberzirrhose, das Gallenblasenkarzinom bei Cholelithiasis.

Bei der Häufigkeit dieser Erkrankungen und der Seltenheit eines komplizierten Karzinoms muß man jedoch annehmen, daß neben der chronischen Entzündung weitere kanzerogene Faktoren von Bedeutung sind.

Zu dem Komplex der endogenen Störungen sind auch die Tumoren zu rechnen, deren Genese entsprechend der Keimversprengungstheorie von Cohnheim gedeutet wird. Danach neigen versprengte embryonale Zellen zur Ausbildung von Tumoren, die zur Gruppe der *dysontogenetischen Tumoren* gehören. Zu ihr werden z. B. gerechnet:
- das Kraniopharyngeom (Hypophysenzellen),
- das Adamantinom (Malassez-Zellen),
- die branchiogenen Tumoren (vom Kiemengangsmaterial ausgehend).

Die **Vererbung** ist in der Tumorgenese sicher nicht zu vernachlässigen. Nicht der Tumor selbst wird vererbt, sondern die Bereitschaft, an einer Geschwulst zu erkranken. Bekannt sind die sog. Tumorfamilien, in denen Tumore gehäuft auftreten. Sol-

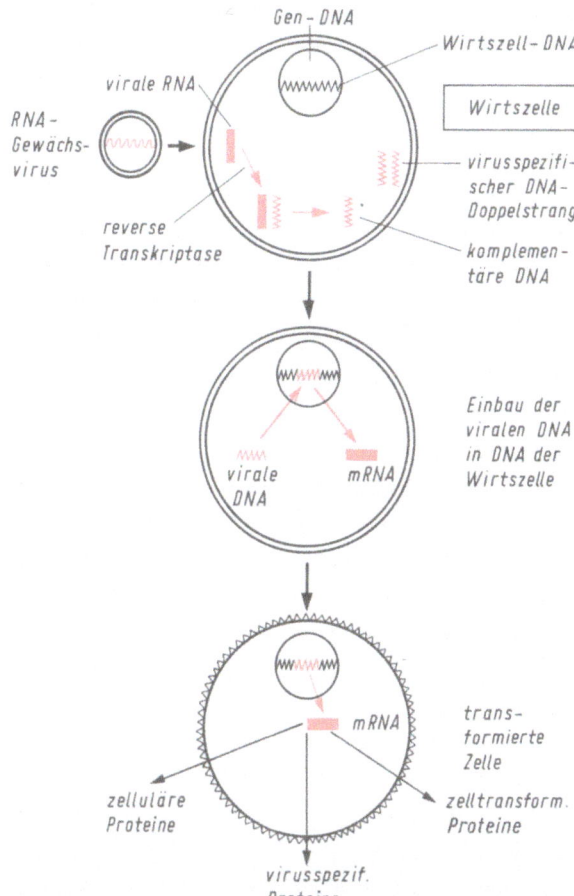

Abb. 5.39 Schematische Darstellung des Einbaus von Tumorvirus-RNA in die Wirtszell-DNA mit Hilfe der reversen Transkriptase sowie die Konsequenzen für die Wirtszelle

che Beziehungen sind bekannt beim Retinogliom, Neuroblastom, Wilms-Tumor, malignen Melanom, bei der Polyposis intestini und beim Akustikusneurinom. In diesem Zusammenhang ist auf den Begriff der *Disposition* zu verweisen, der eine Krankheitsbereitschaft zum Ausdruck bringt.

Nicht jeder Mensch, der einer kanzerogenen Noxe ausgesetzt ist, erkrankt auch an einem Tumor.

Als Beispiel sei auf die Beziehung Rauchen und Bronchialkarzinom verwiesen. Nicht jeder Raucher erkrankt an einem solchen Karzinom, aber auch Nichtraucher können an den Folgen eines Bronchialkarzinoms versterben. Die Bereitschaft, an einem Karzinom zu erkranken, ist also unterschiedlich ausgebildet. Sicher verbergen sich hinter dem verschwommenen Begriff der Disposition auch in diesem Fall noch nicht geklärte pathogenetische Prinzipien auf genetischer Ebene (s. 2.2.1.).

In der **Histogenese** der Tumore wird versucht nachzuweisen, daß es ganz bestimmte Zellen sind, aus denen sich bösartige Geschwülste entwickeln. Dabei werden folgende Zellen als besonders gefährdet angesehen:

- sog. *omnipotente Zellen*, aus denen sich Teratome entwickeln;
- *versprengte embryonale Zellen* mit der Entwicklung dysontogenetischer Tumore;
- *Zellen an Orten mit gehäuften Metaplasien* (Umwandlung einer Epithelart in eine andere), wie wir sie im Bronchialbaum beobachten, wo sich das normalerweise vorhandene Zylinderepithel in ein Plattenepithel umwandeln kann (Bronchialkarzinome sind häufig Plattenepithelkarzinome);
- *Zellen im Bereich von Wachstums- und Indifferenzzonen;*
- *hyperplasiogene Tumore*, z.B. bei der Entwicklung einer Struma maligna aus einer Hyperplasie der Schilddrüse.

Bezüglich der Histogenese von Tumoren läßt sich generell sagen, daß vor allem Zellen aus Organen mit einem intermitotischen Wachstum die größte Bereitschaft zu einer malignen Entartung aufweisen (z. B. Darmepithel, Portioepithel, Bronchialschleimhaut), während diese Bereitschaft bei Zellen mit einem fixierten postmitotischen Wachstum am geringsten ausgeprägt ist (Seltenheit der Tumore von Herz- und Skelettmuskulatur).

Diese von morphologischer Seite erarbeiteten Vorstellungen deuten bereits darauf hin, daß bei der Beurteilung der Wirkung eines Kanzerogens auch Besonderheiten des Wirtes, wie z.B. spezielle Zellrezeptoren, zu berücksichtigen sind. Insgesamt zeigt die kurze Übersicht, daß die kausale Genese der bösartigen Tumore außerordentlich vielgestaltig ist. *Neben dem kanzerogenen Reiz muß auch die Zelle Beachtung finden.* Erst im Wechselspiel beider Seiten entscheidet sich, ob es zu einer malignen Entartung kommt oder nicht. Es ist nicht zu erwarten, daß jede der erwähnten Entstehungsursachen über ihren eigenen, spezifischen Weg zum Karzinom führt. Vielmehr ist anzunehmen, daß sie auf molekularer Ebene über einen oder zumindest über sehr wenige Mechanismen die Kanzerisierung der Zelle bewirken.

5.7.4.6. Kanzerogenese

Unter der Kanzerogenese ist der Prozeß der Zellveränderungen von der Normalzelle bis zum malignen Tumor zu verstehen, der über die *molekulare* und *zelluläre Transformation*, die *maligne Transformation*, die *Präkanzerose* bis zum *metastasierenden Tumor* führt.

Die Vorstellungen zum Kanzerisierungsprozeß sind noch nicht voll gesichert. Doch ist der Mehrzahl der anschließend darzustellenden Theorien im Prinzip ein **einheitlicher Mechanismus** gemeinsam. Dieser beruht auf der Änderung des funktionellen und strukturellen Verhaltens genetisch aktiver Nucleinsäuren, sei es im Sinne eines Informationsverlustes oder Auftretens neuer, unphysiologischer Informationen. Diese Informationen beeinflussen Wachstum und Vermehrung der Zellen entscheidend und verleihen den Zellen eine neue, von der Norm abweichende

Qualität. Die molekulare und zelluläre Transformation kann auf eine abweichende *Genexpression* oder eine *Mutation* (s. 2.2.1.) zurückzuführen sein. Ausgehend von der Virustheorie der Tumorentstehung spielen gegenwärtig die *Onkogen-* und *Protovirustheorie* eine wichtige Rolle bei der Deutung der Kanzerogenese.

- **Onkogentheorie.** Diese Theorie der Krebsentstehung beruht auf der Annahme, daß bei fast allen Vertebraten in der DNA jeder Zelle eine genetische Information lokalisiert ist, die die Zelle befähigt, komplette RNA-Viren oder Teile von ihnen zu bilden. Ein Abschnitt dieser vertikal übertragenen und als Provirus bezeichneten Information soll als **Onkogen** für die Transformation der Zelle verantwortlich sein. Dieses Onkogen wird nach dieser Vorstellung im Ergebnis verschiedener Einflüsse, wie chemischer und physikalischer, oder auch durch Tumorviren aktiviert. Es handelt sich um eine *epigenetische Theorie*. Die Aktivierung besteht danach in der *Derepression der Information „Krebs"*, die normalerweise der Kontrolle eines Repressors unterliegt (Abb. 5.40). Diese Auffassung entspricht der alten Derepressionstheorie (s. 5.7.4.6.) mit Berücksichtigung molekularbiologischer Erkenntnisse.

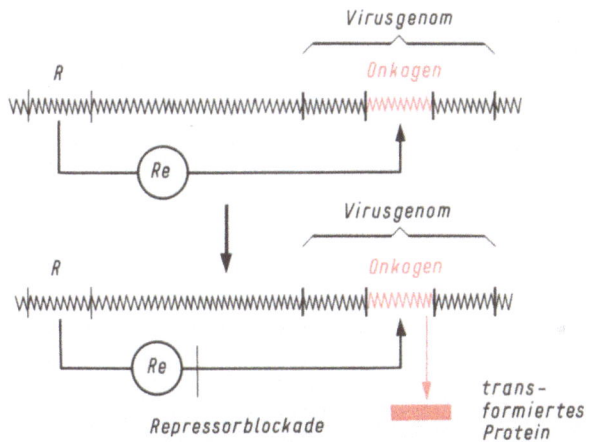

Abb. 5.40 Molekularer Mechanismus der Entstehung einer transformierten Zelle entsprechend der Onkogenhypothese
R Repressorgen, *Re* Repressor

- **Protovirustheorie.** Diese von Temin inaugurierte Theorie geht von der Annahme aus, daß die Information für Krebs *neu* gebildet wird. Voraussetzung ist das Vorhandensein von Mechanismen, die es der somatischen Zelle erlauben, ihren Genotypus zu erweitern (= Genamplifikation). Die Übertragung der Information Krebs erfolgt danach vertikal, obwohl die normale genetische Linie diese Information nicht enthält. Normalerweise dient dieses Protovirus in der Kern-DNA der Differenzierung und dem Wachstum, in dem es mit Hilfe der Revertase auf andere somatische Zellen übertragen wird. Zur Zelltransformation soll es dann kommen, wenn die der normalen Entwicklung dienende Protovirus-DNA verändert wird, z. B. durch eine Änderung der Basensequenz, durch den Einbau an ungünstiger Position in die DNA der somatischen Nachbarzelle oder durch beides. Diese Veränderungen, in die die DNA, RNA und das Eiweiß einbezogen sind, können durch die Einwirkung chemischer oder physikalischer Faktoren hervorgerufen werden (Abb. 5.41).

Der Unterschied zwischen der Onkogen- und Protovirustheorie besteht darin, daß

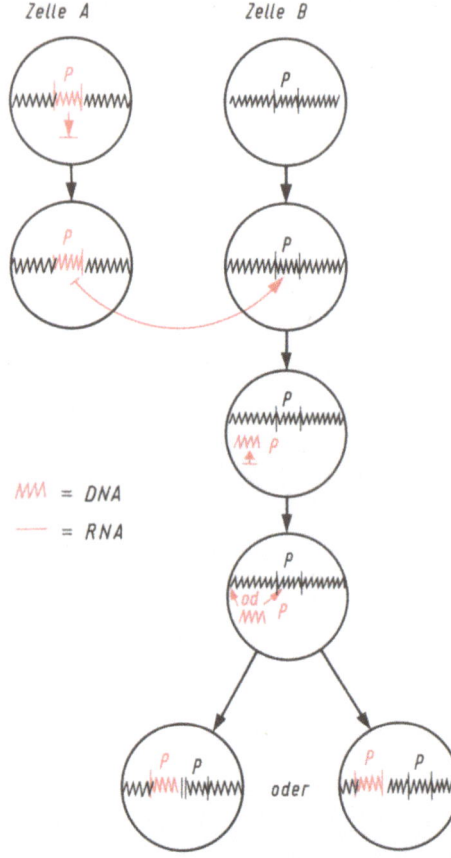

Abb. 5.41
Die Entstehungsweise der transformierten Zelle entsprechend der Protovirushypothese (nach Temin)
P Protovirus

bei der ersteren die Information Krebs von Geburt an im Genom der Zelle verankert ist, während sie im zweiten Fall das Resultat spezieller Ereignisse ist.
- **Mutationstheorie nach K. H. Bauer.** Diese Theorie beruht auf der Vorstellung, daß wie bei der *physikalischen Treffertheorie* der kanzerogene Reiz eine Mutation der DNA-Struktur hervorruft, an der die Information für den Wachstumsvorgang der Zelle sitzt („Mutation wachstumsregulatorischer Erbstrukturen somatischer Zellen"). Diese *Genmutation* soll zu einer Enthemmung der Zellvermehrung Anlaß geben. Die Vorstellung der Genmutation wird ergänzt durch die der *Genom-* und *Chromosomenmutation.*
- **Deletionstheorie.** Diese, besonders auch von Büchner inaugurierte Vorstellung geht von der Annahme aus, daß der kanzerogene Reiz im Bereich des endoplasmatischen Retikulums der Zelle, an den ribosomalen Strukturen, angreift. Dieser Annahme liegt die Beobachtung zugrunde, daß sich z. B. kanzerogene Kohlenwasserstoffe in der Mäusehaut vor allem an die zytoplasmatischen Strukturen der Zelle anlagern. Damit verbunden ist eine Vermehrung der Proteine sowie der DNA und RNA. Durch den Abbau bzw. die Blockierung zellspezifischer Bausteine wird nach

dieser Vorstellung die Hemmwirkung auf die DNA-Synthese beseitigt. Die DNA-Synthese wird gleichsam entkoppelt, und es erfolgt eine Umwandlung der spezifischen Zell-DNA in die unspezifische DNA des Gewächses.
- **Derepressionstheorie.** Die mit dieser Theorie verknüpften Vorstellungen verlagern ebenfalls den Angriffspunkt der kanzerogenen Noxe an die zytoplasmatische Struktur der Zelle. Doch im Gegensatz zur Deletionstheorie ist hier der Angriffspunkt des Kanzerogens definiert.

Die eine Variante dieser Theorie geht von der Annahme der Existenz eines *Polyoperons „Cancer"* aus, das normalerweise durch ein Repressorgen inaktiviert ist. Bei Wegfall der Repressorwirkung unter dem Einfluß eines krebserzeugenden Agens wird das Polyoperon freigegeben und dadurch der Kanzerisierungsprozeß eingeleitet.

Das *Kanzerogen vermindert die Repressorwirkung eines Regulatorgens.* Dadurch wird ein Operatorgen freigegeben, und die Folge ist eine ungehemmte Eiweißsynthese (Abb. 5.42). Auch bei der Derepressionstheorie liegt wie bei der Deletionstheorie der Hauptangriffspunkt des Kanzerogens in der zellulären RNA.
Störungen der genetischen Information spielen vor allem bei der Wirkungsweise onkogener Viren (s. dort) eine wichtige Rolle. Aber auch chemische Kanzerogene greifen an der zellulären DNA an.

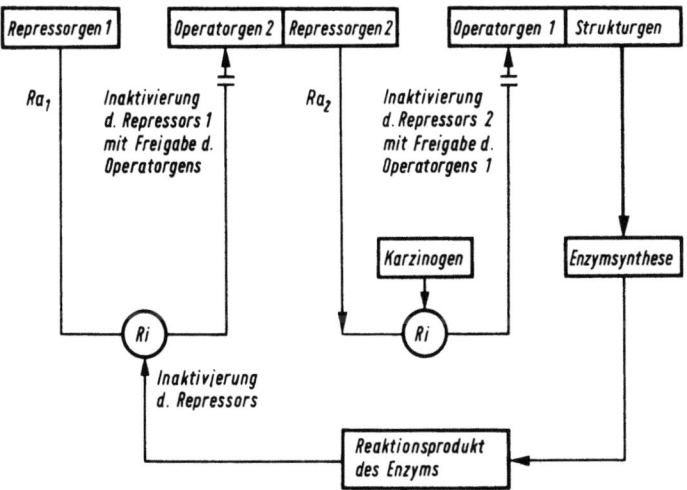

Abb. 5.42 Schematische Darstellung des gestörten Mechanismus der Enzymsynthese bei der Kanzerogenese entsprechend der Derepressionstheorie
normaler Regelmechanismus: Das Reaktionsprodukt des Enzyms inaktiviert (Ri) Ra_1 (aktiver Repressor). Dadurch wird über Operatorgen 2 und Repressorgen 2 der Repressor Ra_2 gebildet – Hemmung von Operatorgen 1 mit dadurch verminderter Enzymsynthese – das Reaktionsprodukt des Enzyms wird verringert gebildet, dadurch Repressor Ra_1 aktiviert. Es erfolgt eine Blockierung des Operatorgens 2, die Bildung von Ra_2 wird geringer und damit die Enzymsynthese gesteigert;
Wirkung des Karzinogens: Der Repressor Ra_2 wird durch Bindung an das Karzinogen inaktiviert. Die Folge ist eine gesteigerte Enzymsynthese mit vermehrt gebildetem Reaktionsprodukt. Ra_1 wird inaktiviert, was aber nicht zur gewünschten Repressorwirkung führt, da Ra_2 durch das Karzinogen in seiner Wirkung gehemmt wird. Das Resultat ist eine ungehemmte Eiweißsynthese

Mutagene Effekte oder Störungen der zellulären Reparaturmechanismen sind zu diskutieren. Die mutagenen Effekte können z. B. in *Chromosomenbrüchen* und *Chromosomendeletionen* bestehen.

Stoffwechseltheorie nach Warburg. Die von Warburg entwickelte Vorstellung, die nur noch historisches Interesse besitzt, geht von der Beobachtung aus, daß im Gegensatz zur normalen Zelle des Säugetierorganismus, die sich durch einen hohen *oxydativen* Stoffwechsel auszeichnet, die *Krebszelle vielfach eine anerobe Glycolyse, also einen Gärungsstoffwechsel,* aufweist. Warburg sieht in der Umwandlung des oxydativen Stoffwechsels in die anaerobe Glycolyse den entscheidenden Schritt der Malignisierung der Zelle. Damit ist jedoch keine Aussage getroffen, wann und wie diese Umstellung des Zellstoffwechsels erfolgt und in welcher Weise die so abgewandelten Stoffwechselmechanismen genetisch fixiert und auf die Tochterzellen übertragen werden.

> Charakteristisch für alle diese Theorien ist die Annahme, daß eine Änderung im Bestand der genetischen Information der Zelle und ihre Vererbung auf die jeweils nächste Tochtergeneration der Krebszelle eintritt.

Dies gilt, wie bereits erwähnt, auch für die Stoffwechseltheorie von Warburg. Unter Zugrundelegung dieser Vorstellungen wirken alle kanzerogenen Reize letztlich auf die eiweißsynthetisierenden Prozesse der Zelle ein. Dabei besteht die Möglichkeit, primär an der DNA wirksam zu werden oder über die gestörten ribosomalen Strukturen einzugreifen. Wahrscheinlich werden beide Möglichkeiten realisiert.

5.7.4.7. Formaler Ablauf der Kanzerogenese

> Die Entstehung einer bösartigen Geschwulst ist kein plötzliches Ereignis. Sie ist als ein chronisches, sich häufig über Jahrzehnte hinziehendes Geschehen anzusehen, das mehrstufig verläuft.

Aus bisherigen, vor allem experimentell erarbeiteten Ergebnissen lassen sich folgende Stufen der Tumorentstehung abgrenzen:
- Initiierungsphase,
- Promotionsphase,
- Progressionsphase (Abb. 5.43).

Initiierungsphase. In dieser ersten Phase erfolgt eine bleibende Modifikation des genetischen Materials der Zelle durch Reaktion des initiierenden Kanzerogens mit der DNA. Das Ergebnis ist eine Mutation mit dem Auftreten neuer Informationen. Diese sind jedoch äußerlich nicht erkennbar, weil mit dieser *molekularen Transformation* keine Veränderung des Phänotyps der Zelle einhergeht. Dabei können große Dosen des Kanzerogens auch direkt bis zur Entwicklung einer malignen Geschwulst führen.

In der Regel handelt es sich aber um kleine Dosen, die das Genom weniger Zellen permanent verändern und die zur Ausprägung auch eines neuen Phänotyps der Mitwirkung zusätzlicher Faktoren bedürfen. Die Initiierung ist ein rasches Ereignis und tritt häufiger an proliferierenden Geweben auf. Dieser Schritt der molekularen Transformation ist **irreversibel**.

Trotzdem ist es möglich, daß das so geschaffene neoplastische Potential im Rah-

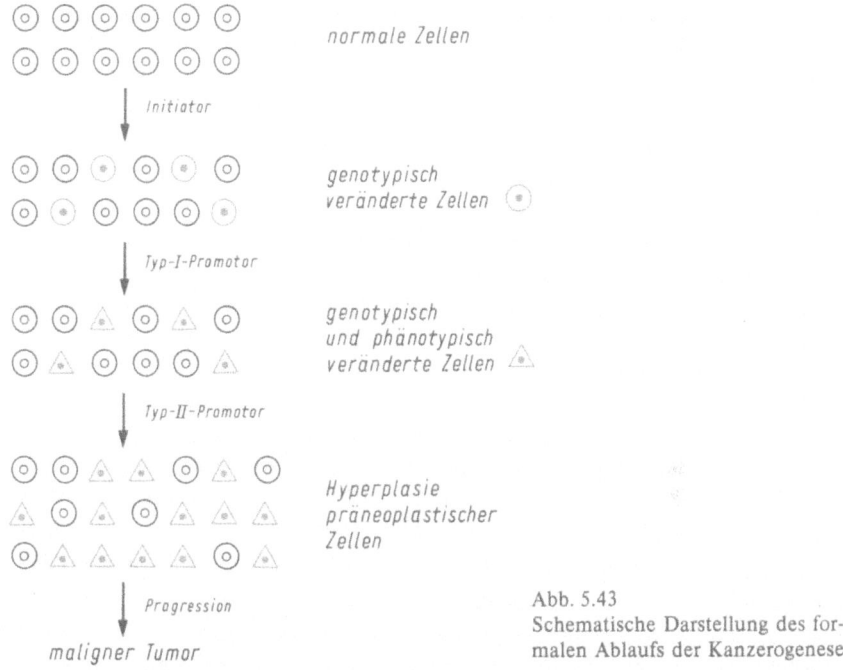

Abb. 5.43
Schematische Darstellung des formalen Ablaufs der Kanzerogenese

men des physiologischen Turnover wieder eleminiert wird. Als derartige Initiatoren wirken die bereits genannten Kanzerogene wie chemische Faktoren, physikalische Einflüsse und Viren. Im Ergebnis dieses Vorgangs liegt also eine in ihrem **Genotyp veränderte, aber noch nicht maligne Zelle** vor.

Promotionsphase. Unter einem **Promotor** (identisch mit dem erwähnten Kokarzinogen) versteht man eine Substanz, die für sich allein nicht in der Lage ist, eine maligne Zelle zu schaffen. Nur in einer bereits initiierten Zelle ruft sie in der ersten Phase der Promotion eine Genexpression hervor, d. h. die präneoplastischen Zellen zeichnen sich nun durch einen neuen Phänotyp aus. Biochemisch und morphologisch erscheint das Gewebe aber auch jetzt noch normal. Frühe Stadien der Promotion sind noch **reversibel**, und man spricht in dieser Phase auch vom *Typ-I-Promotor*.
In der zweiten Phase der Promotion, man spricht auch vom *Typ-II-Promotor*, wird durch die gleiche Substanz oder auch eine andere eine Hyperplasie bewirkt, indem der Promotor Enzyme induziert, deren Produkte die Zellteilung stimulieren. Jetzt ist infolge der Zunahme der Zahl der Zellen der Prozeß auch bei der histologischen Untersuchung zu erkennen.

Progressionsphase. In der Progressionsphase erfolgt die eigentliche **maligne Transformation.** Diese ist dadurch zu erklären, daß der Promotor auf die Zellmembran wirkt und sich so die regulative Funktion der Zelle verändert. In dieser Entwicklungsphase bilden sich die neuen Merkmale der Zelle aus, wie die bereits erwähnte Regulationstaubheit, die Aufhebung der Kontakthemmung und die neuen antigenen Eigenschaften. Auch hier bestehen vermutlich noch Unterschiede, indem es zuerst zu Veränderungen kommt, die als präkanzerös anzusehen sind und die sich entsprechend in Atypien und Dysplasien äußern. Auch in dieser Phase ist noch die Möglichkeit einer Rückbildung gegeben. Erst wenn es infolge einer völligen regulativen Autonomie der Zelle zu einer ungehemmten Proliferation kommt, ist das Stadium des eigentlichen bösartigen Tumors erreicht. Als **Promotoren** oder **Kokarzinogene** sind *Hormone, Entzündungsmediatoren, chemische Substanzen, Ernährungsfaktoren,* wie z. B. eine erhöhte Fettzufuhr, oder auch der *Prozeß des Alterns* anzusehen.

Präkanzerose.

Unter der **Präkanzerose** sind morphologische Veränderungen mit potentieller Malignität zu verstehen. Sie kann in einen bösartigen Tumor übergehen, muß es aber nicht.

Präkanzerosen können nicht nur auf einer bestimmten Stufe ihrer Entwicklung stehenbleiben, sondern sich auch zurückbilden. Morphologisch weisen sie bereits viele Kennzeichen der Malignität auf, aber noch kein entdifferenziertes Wachstum mit hoher Mitoserate. Es wird z.T. die Auffassung vertreten, daß jeder Krebs seine Präkanzerose hat, aber nicht jede sich zum Krebs entwickelt. Präkanzerosen sollen oft multizentrisch entstehen und sind unter Beachtung der zuerst getroffenen Aussage häufiger als die Tumoren. Leider sind wir über Häufigkeit und Charakter von Präkanzerosen als einem unabdingbaren Vorstadium des bösartigen Tumors nur wenig unterrichtet. Wir können sie z. B. an der Haut oder auch der Portio beobachten, wissen aber kaum etwas über ihre Existenz an inneren Organen, da ihre Entdeckung hier einen Zufallsbefund darstellt. Morphologisch zeigt die Präkanzerose Veränderungen, wie sie für die transformierte Zelle in einem späten Stadium ihrer Entwicklung beschrieben wurden. Wie und warum der Übergang zum enthemmten Wachstum des bösartigen Tumors erfolgt, ist nicht bekannt.
Als praktisch wichtiges Beispiel präkanzeröser Veränderungen, die über verschiedene harmlose Befunde schließlich zum Karzinom führen können, sei das Zervixkarzinom genannt. Dieses macht bis zu seiner endgültigen Ausprägung folgende Etappen durch:
- komplette oder inkomplette Plattenepithelmetaplasie,
- verschiedene Grade der Dysplasie,
- Carcinoma in situ,
- invasives Karzinom.

Die Kenntnis derartiger Zusammenhänge ist deshalb von so großer Bedeutung, weil sie entscheidenden Einfluß auf therapeutische Konsequenzen haben. **Eine Präkanzerose muß nicht die operative Entfernung des ganzen Organs nach sich ziehen** (z. B. Uterusexstirpation bei präkanzerösen Veränderungen der Zervix). Es genügt ein lokales Vorgehen mit anschließender Beobachtung!

Weitere Beispiele präkanzeröser Veränderungen sind die proliferierende Mastopathia cystica mit Atypien und zahlreiche präkanzeröse Dermatosen wie der M. Bowen, der Verruca senilis, das Cornu cutaneum, das Xeroderma pigmentosum (das z. B. auf Störungen von DNA-Reparaturmechanismen zurückzuführen ist), die Röntgen-, Teer- und Arsenhaut sowie die Landmanns- und Seemannshaut.

Zusammenfassend läßt sich somit sagen, daß der Vorgang der Kanzerogenese kein plötzlicher ist. Vielmehr entsteht ein bösartiger Tumor im Verlauf von oft Jahr-

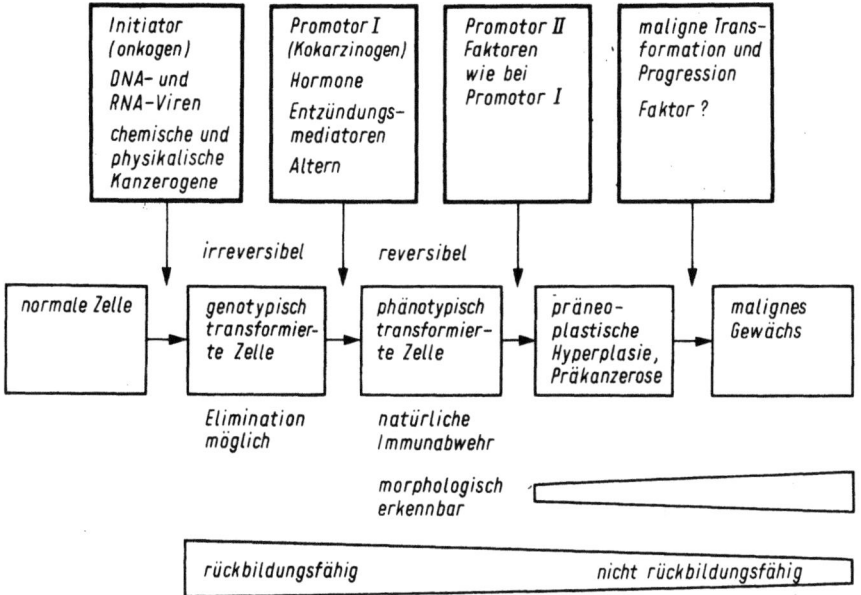

Abb. 5.44 Komplexer, zeit- und faktorenabhängiger Prozeß der Kanzerogenese

zehnten im Resultat der Summation schädigender Einflüsse. Dieses Geschehen verläuft nicht „schicksalhaft" von der ersten Phase der molekularen Transformation bis zum bösartigen Tumor. Es kann nicht nur auf jeder Stufe stehenbleiben, sondern ist im Ergebnis körpereigener Schutzmechanismen auch rückbildungsfähig (Abb. 5.44).

5.7.4.8. Tumorimmunologie

Werden bei Inzuchtmäusen durch lokale Methylcholanthrengabe Tumoren erzeugt, diese Tumore exstirpiert und den Tieren dann Zellfiltrate von einem gleichen Tumor genetisch identischer Mäuse transplantiert, so ist im Gegensatz zu Kontrollen ein Anwachsen der Tumorzellen nicht zu beobachten (Abb. 5.45). Es ist zu einer Immunabwehr gekommen, d. h., es müssen Tumorantigene aufgetreten sein, die vom Organismus als fremd empfunden werden. Es konnte gezeigt werden, daß die Tumorzellen tatsächlich antigenen Charakter annehmen. Diese Antigene verhalten sich bezüglich der immunkompetenten Zellen der vom Tumor befallenen Organismen wie Transplantationsantigene und werden deshalb als *tumorspezifische Transplantationsantigene* (= TSTA) bezeichnet. Sie provozieren die Bildung kleiner Lymphozyten, d. h., es handelt sich um eine immunpathologische Reaktion vom Spättyp (s. 5.6.9.). Daneben können auch Antigene gegen Kern- und Plasmaproteine nachgewiesen werden (sog. *Isoantigene*) und Oberflächenantigene, wie sie für die normale Körperzelle charakteristisch sind *(organspezifische Antigene)*. **Antigenität** ist nachzuweisen bei

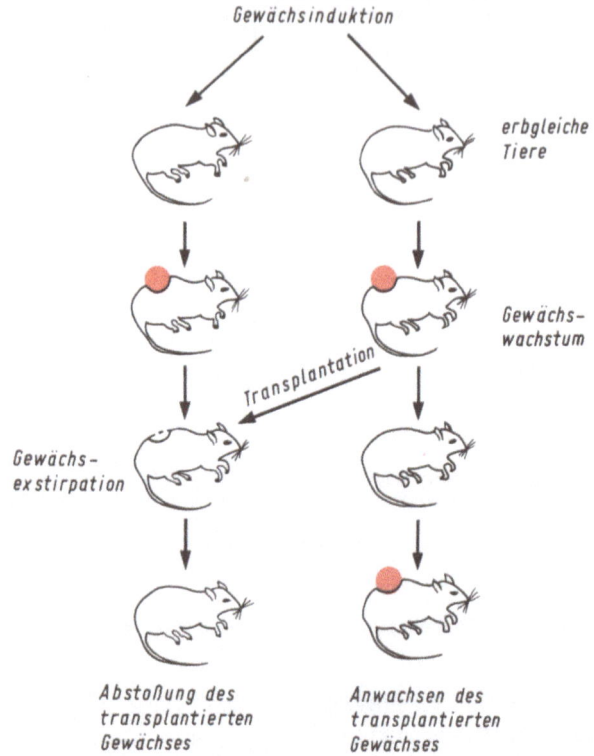

Abb. 5.45 Die Bedeutung immunologischer Abwehrmechanismen für das Anwachsen von Transplantationstumoren
Auf der linken Seite kein Anwachsen des transplantierten Tumors, da Aktivierung der immunologischen Abwehr durch vorher exstirpierte Geschwulst. Bei den Kontrolltieren (rechts) dagegen Angehen des transplantierten Tumors

- chemisch induzierten Tumoren. Diese weisen eine Antigenität hoher Spezifität auf;
- physikalisch induzierten Tumoren. Hier zeichnen sich nur UV-induzierte Tumore durch eine starke Antigenität aus;
- virusinduzierten Tumoren (s. 5.7.4.5. Exogene Faktoren). Das Antigen trägt einen kreuzreaktiven Charakter und ist virusspezifisch;
- Spontantumore des Menschen wie dem Melanoblastom, Neuroblastom, Bronchialkarzinom, Schilddrüsenkarzinom, Mammakarzinom und Speicheldrüsenkarzinom. Von besonderem Interesse ist das *karzinofötale Antigen* bei Tumoren des Magen-Darm-Trakts. Dieses ist identisch mit dem fötalen Antigen vom Entoderm abstammender Gewebe. Doch weisen nicht alle Darmtumore dieses Antigen auf, weshalb seine diagnostische Bedeutung fraglich ist.

Als **Ursachen** der unterschiedlichen Antigenität von Tumoren sind zu diskutieren:

- **Dauer der Latenzzeit.** Kurze Latenzzeit = starke Antigenität, lange Latenzzeit = schwache Antigenität;
- immunologischer Selektionsdruck. Dies betrifft Tumore mit schwachem Antigen. Schnell wachsende Tumore entwickeln infolge des Selektionsdrucks antigenreiche Zellrasen, und die Proliferationsgeschwindigkeit übertrifft die immunologische Abwehr.

Neben der zellulären Abwehr werden auch spezifische Antikörper gebildet, die für das *Enhancement* = gesteigertes Tumorwachstum trotz immunologischer Abwehr verantwortlich zu machen sind (s. 5.6.16.2. Mögliche Ausschaltung der immunologischen Abwehr). Die Immunabwehr ist durch spezifisch sensibilisierte Lymphozyten zu übertragen. Im Sinne einer wirksamen Immunabwehr sprechen folgende Befunde:
- neonatale Thymektomie fördert die Entstehung von Tumoren,
- Immunsuppressiva wirken häufig kanzerogen,
- Antilymphozytenserum fördert das Tumorwachstum,
- immunologisch reife Organismen erweisen sich als resistenter,
- eine negative immunologische Abwehr, wie z. B. Immunmangelkrankheiten, wirken fördernd auf die Tumorentstehung,
- Spontanremission nicht behandelter, eindeutig bösartiger Tumor, wie z. B. beobachtet beim Neuroblastom, Hypernephrom, Chorionepitheliom oder Melanoblastom.

Trotzdem ergibt sich die Frage, warum es trotz Bestehens einer immunologischen Abwehr zum Auftreten von Tumoren kommt. Hierfür sind folgende Gründe heranzuziehen:
- Immuntoleranz bei Virusinfekten in der embryonalen oder perinatalen Entwicklungsphase,
- Ausbildung eines Enhancement,
- Vorgang der Immunselektion,
- Funktionsstörungen des Immunsystems,
- Immunosuppression,
- schwache Antigenität von Tumorantigenen,
- Escape-Phänomen.

Bei der Bewertung dieser Befunde ist zu berücksichtigen, daß sie überwiegend Ergebnisse der Grundlagenforschung und der experimentellen Forschung darstellen. Sie sind gegenwärtig noch nicht voll auf den Menschen übertragbar, trotzdem können sie in naher Zukunft die Voraussetzungen für eine wirksame *Immuntherapie* bestimmter Krebsformen bilden.

Im Zusammenhang mit der Kanzerogenese ist bedeutsam, daß viele kanzerogene Substanzen auch das Immunsystem blockieren.

In diesem Fall besteht eine *Doppelwirkung des Kanzerogens*:
- Transformation von Normalzellen in Tumorzellen,
- Erhöhung der Überlebenschance dieser Tumorzellen durch Immunsuppression.

Bei vorhandenen latenten Tumorzellen wäre die Ausbildung der Geschwulst unter diesem Aspekt deshalb nicht möglich, weil eine ständige Abwehr durch das Immunsystem erfolgt. Die kanzerogene Wirkung einer Noxe würde dann nicht in einem unmittelbaren Effekt auf die Zelle, sondern in immunsuppressiven Mechanismen zu suchen sein.

Eine **Immuntherapie** bietet sich im Experiment vor allem bei virusinduzierten Tumoren an. Prinzipiell bestehen folgende Möglichkeiten:
- *unspezifische Stimulierung* des Immunsystems des Tumorträgers, z. B. durch eine BCG-Impfung,
- *aktive Immunisierung* als Folge des Vorhandenseins eines Tumors,
- *passive Immunisierung*, z. B. durch die Injektion „immuner Lymphozyten".

Wichtig ist die Beobachtung, daß als *paradoxer Effekt einer Immunisierung* auch eine Beschleunigung des Tumorwachstums erfolgen kann (Enhancement). Möglicherweise besetzen in diesem Fall lösliche Antikörper die Membranstruktur der Tumorzellen und verhindern dadurch die Wirkung der Lymphozyten.

Hinsichtlich der *Diagnose von Tumoren* und ihrer Metastasen sind Versuche bedeutsam, die sich mit der *radioaktiven Markierung von tumorspezifischen Antikörpern* befassen.

Es ist jedoch festzuhalten, daß die Nutzung immunologischer Mechanismen sowohl für die Diagnostik als auch die Therapie noch nicht über das Versuchsstadium hinausgekommen ist und noch keinen breiten klinischen Anwendungsbereich gefunden hat. Trotzdem erfordern diese Mechanismen weiter unsere Aufmerksamkeit.

Interessante Möglichkeiten zur Erfassung der Histogenese bösartiger Tumore bieten sich durch die immunologische Darstellung von **Strukturen des Zytoskeletts** an (s. 3.9.1.). Bei diesen Strukturen handelt es sich bekanntlich um ein Netzwerk zytoplasmatischer Fasern, aus *Mikrofilamenten, Mikrotubuli* und *intermediären Filamenten* bestehend. Letztere haben einen Durchmesser von etwa 10 nm und ein Molekulargewicht von 40 000–70 000. Verschiedene Zellen lassen sich auf Grund ihrer Filamente immunologisch differenzieren, wobei diese Filamente auch nach maligner Umwandlung und auch bei entdifferenzierten Tumoren nachweisbar sind. So besteht bei Tumoren, die histologisch nicht mehr zu differenzieren sind, die Möglichkeit, dies über die Darstellung von Bestandteilen ihres Zytoskeletts zu tun. So zeichnen sich Epithelien durch *Zytokeratin*, mesenchymale Zellen durch *Vimentin*, quergestreifte Muskelfasern durch *Desmin*, Neuronen durch *Neurofilamente* und Gliazellen durch das *Glial acidic fibrillary protein* (GFAP) aus.

5.7.4.9. Chemotherapie von Tumoren

Die **Chemotherapie** bösartiger Tumore hat in den beiden letzten Jahrzehnten zunehmend an Bedeutung gewonnen, wenn sie auch den **chirurgischen Eingriff** und die **Strahlenbehandlung** nicht ersetzen kann. Trotzdem stellt sie eine *sinnvolle Ergänzung* der beiden zuletzt genannten therapeutischen Maßnahmen dar. Dies vor allem dann, wenn es sich um *inoperable Tumore und/oder um solche mit bereits eingetretener Metastasierung* handelt. Für *bösartige Systemerkrankungen* (Leukämien, bösartige Retikulosen) bietet sich diese Therapieform geradezu an.

Die Chemotherapie von Tumoren beruht auf der Anwendung
- von Antimetaboliten,
- von Substanzen, die die Matrizenaktivität der DNA hemmen.

Antimetabolite. Unter Antimetaboliten versteht man Substanzen, die die Biosynthese von Monomeren bzw. ihren Einbau in Polymere (z.B. Nucleinsäuren) blockieren. Sie hemmen somit die Nucleinsäurensynthese. Hierzu gehören *Pyrimidinanaloga* wie das *Fluoruracil* und *Purinanaloga* wie das *6-Mercaptopurin.* Auch die *Asparaginase* ist dieser Gruppe zuzurechnen. Ihre Wirkung beruht darauf, daß manche Tumore nicht in der Lage sind, die für sie lebensnotwendige Asparaginsäure selbst zu bilden. Sie sind auf eine Zufuhr von den anderen Zellen angewiesen. Die Zufuhr von Asparaginase unterbindet somit die Asparaginsäureversorgung des Tumors.

Hemmer der DNA-Aktivität. Auf der Ebene der Biopolymeren sind Substanzen zu fordern, die **spezifische Angriffspunkte** bei der DNA-Reduplikation, der Transkription und der Translation besitzen. Zu nennen sind hier in erster Linie *alkylierende Substanzen wie das Cyclophosphamid* (ein Stickstofflostderivat). Alkylierende Agenzien führen zu Kettenbrüchen und Vernetzungen der DNA und damit zu schwerwiegenden Strukturveränderungen derselben, so daß eine Reduplikation unmöglich wird.

Nachdem das Dogma von Watson und Crick, daß für alle biologischen Prozesse ein irreversibler Informationsfluß von der DNA über die RNA zum Protein erfolgt, durchbrochen ist (umgekehrte Transkription), sind therapeutische Konsequenzen in der Tumorbehandlung auch von einer Hemmung der RNA-abhängigen DNA-Synthese zu erwarten (s. 5.7.4.5. Endogene Faktoren).

Einwände gegen eine umfassende Chemotherapie von Tumoren lassen sich z. Z. noch damit begründen, daß in mehr oder minder großem Ausmaß auch die *normalen Körperzellen in Mitleidenschaft gezogen werden* und daß die angewandten Chemotherapeutika meist auch eine *immunsuppressive Wirkung* entfalten und ihrerseits die Entstehung von Tumoren begünstigen.

5.8. Fehlbildungen

5.8.1. Definition

Fehlbildungen, auch als *Entwicklungsstörungen* oder *Mißbildungen* bezeichnet, sind bekannt seit die Menschheit existiert. Ihre Ätiologie wurde jedoch erst in den letzten Jahrzehnten einer prinzipiellen Klärung zugeführt. Vor dieser Zeit bezeichnete man diese Veränderungen deshalb auch als *Terata* (= Wunder), wovon sich der Begriff Teratologie ableitet. Diese ursprüngliche Charakterisierung entsprechender Beobachtungen liegt darin begründet, daß diese in der vorwissenschaftlichen Ära der Medizin nicht hinsichtlich ihrer Entstehungsweise gedeutet werden konnten. Man bediente sich daher theurgischer und mystischer Erklärungsversuche und sah Fehlbildungen als Ausdruck einer Strafe Gottes oder einer Inkarnation des Bösen an. Im Mittelalter waren Fehlbildungen u.a. die Begründung für Hexenverbrennungen. Besonders die experimentelle Teratologie der letzten 40 Jahre hat wesentlich zur Aufklärung der Ursachen von Fehlbildungen beigetragen.

Fehlbildungen sind als das Resultat einer genetisch bedingten oder peristatisch verursachten Störung der embryonalen Entwicklung aufzufassen. Sie sind angeboren und irreversibel und äußern sich in Störungen der Morphogenese mit Abweichungen der Form oder in Störungen des Metabolismus, die außerhalb der normalen Variationsbreite liegen (Abb. 5.46).

Die *Abweichungen der Form* sind als die Fehlbildungen im engeren Sinne aufzufassen. Die Kenntnis der *Störungen des Stoffwechsels* als Ausdruck einer funktionellen Fehlbildung ist erst das Resultat der wissenschaftlichen Arbeit der letzten 3 Jahrzehnte.

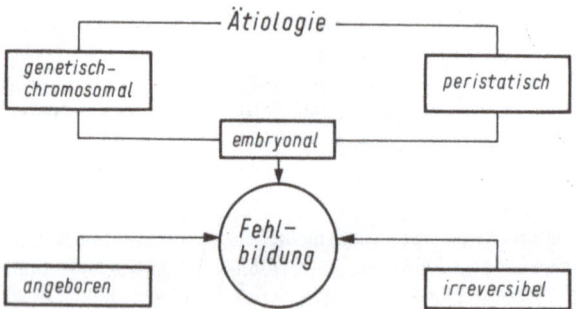

Abb. 5.46 Schematische Darstellung der wesentlichen Charakteristika einer Fehlbildung

Fehlbildungen sind damit gegenüber Krankheiten abzugrenzen, die in der Regel nicht angeboren sind und sich vor allem durch Reversibilität mit der Möglichkeit der Ausheilung in eine Restitutio ad integrum auszeichnen. Doch sind nicht alle angeborenen Veränderungen als Fehlbildungen anzusehen. Es gibt auch intrauterin erworbene Krankheiten, die als *Fetopathien* (s.u.) zusammengefaßt werden. Sie treten, wie der Name aussagt, im Gegensatz zu den Fehlbildungen in der Fetalzeit auf. In der Fetogenese sind zwar die Differenzierungsprozesse im wesentlichen abgeschlossen, doch kann es zu exogen bedingten Reifungshemmungen und -störungen kommen.

5.8.2. Häufigkeit

Definitive und verbindliche Aussagen zur **Häufigkeit** von Fehlbildungen stoßen auf große Schwierigkeiten. Die Angaben hierzu sind unterschiedlich in Abhängigkeit davon, ob sie sich nur auf die unmittelbar bei der Geburt erkennbaren Fehlbildungen beziehen oder ob auch die Fehlbildungen einbegriffen werden, die erst im Verlauf des weiteren Lebens erkannt werden. Außerdem sind Aussagen zur Häufigkeit der Fehlbildungen deshalb schwierig, weil ein großer Teil von ihnen bereits zu einem Absterben des befruchteten Eies oder zum intrauterinen Fruchttod mit Abort führt. In diesem Zusammenhang spricht man auch von *Letalfaktoren*. Wahrscheinlich sterben 25–30% solcher Keime in utero ab, bevor die Schwangerschaft überhaupt erkannt wird. Nur 45% dieser Zygoten überhaupt sollen das fortpflanzungsfähige Alter erreichen. Unter **Letalfaktoren** sind somit solche Gen- und Chromosomenstörungen zu verstehen, die zu einem vorzeitigen Absterben von der

Embryonalperiode bis gegen Ende des 2. Lebensjahrzehnts führen. Besonders *Gametopathien* (s. u.) sind häufig die Ursache für ein vorzeitiges Absterben im Sinne von Letalfaktoren. Der Prozentsatz der Fehlbildungen, die auf Grund ihrer morphologisch erkennbaren Abweichungen zum Zeitpunkt der Geburt sichtbar sind bzw. in der Nachgeburtsperiode erkannt werden, ist mit etwa 2% aller Neugeborenen anzunehmen. Rechnet man die Fehlbildungen hinzu, die erst im Laufe des weiteren Lebens und nach dem Tod bei der Autopsie erfaßt werden, so erhöht sich ihre Zahl auf etwa 5–6%. Noch größer wird die Zahl, wenn man die Chromosomenanomalien mit einbezieht. Man glaubt außerdem, daß bei etwa 50% aller Erkrankungen im Erwachsenenalter genetische Faktoren mitbestimmend sind (Abb. 5.47).

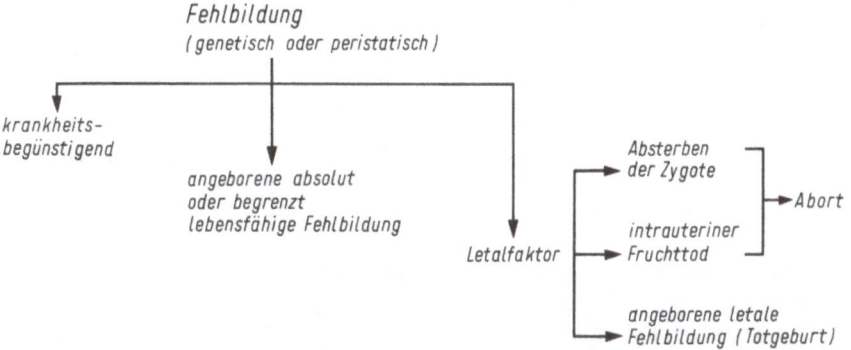

Abb. 5.47 Schematische Darstellung der sich aus einer Fehlbildung ergebenden möglichen Folgen

Dabei existieren *Organ- und geschlechtsbedingte Häufigkeitsunterschiede.* Zahlenangaben hierzu unterliegen großen Schwankungen. Einmal treten bei bestimmten Organen häufiger Fehlbildungen auf als bei anderen, und zum anderen lassen die Fehlbildungen mancher Organe eine Geschlechtsbevorzugung erkennen. So überwiegen z. B. die *Lippen-Kiefer-Gaumen-Spalte* und der *Klumpfuß* bei Knaben, während die *angeborene Hüftgelenksluxation* und die *Spina bifida* ebenso wie die *Anenzephalie* beim weiblichen Geschlecht häufiger sind. Da das Geschlecht genetisch bestimmt ist, spricht die Geschlechtsbevorzugung verschiedener Fehlbildungen für sich schon für eine Mitwirkung von Erbfaktoren.

5.8.3. Ätiologie – kausale Teratogenese

Insbesondere die letzten 4–5 Jahrzehnte experimenteller Teratologie haben wichtige Erkenntnisse zur **Ätiologie** der Fehlbildungen gebracht. Mit ihnen wurde die Vorstellung überwunden, daß alle Fehlbildungen genetisch bedingt sind und damit vererbt werden.

Es besteht heute kein Zweifel, daß die Umwelt mit ihren vielfältigen Störungen eine wichtige Rolle auch bei der Erzeugung von Fehlbildungen spielt.

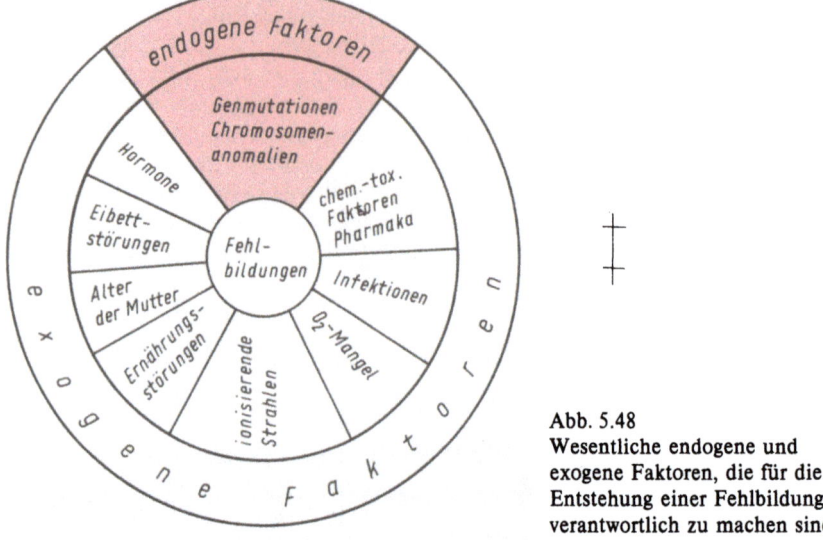

Abb. 5.48
Wesentliche endogene und exogene Faktoren, die für die Entstehung einer Fehlbildung verantwortlich zu machen sind

Dabei ist es zweifellos so, daß eine Fehlbildung in der Regel das Resultat von gestörten Beziehungen zwischen Gen und Umwelt ist, also wie bei der Krankheit endogene und exogene Ursachen zu unterscheiden sind (Abb. 5.48). Über den Anteil der *genetischen* (endogenen) und *umweltbedingten* (exogenen) Ursachen an der Entstehung von Fehlbildungen lassen sich nur Vermutungen anstellen. Etwa 20% werden als erbbedingt angesehen, und etwa die gleiche Zahl führt man auf Störungen aus der Umwelt zurück. Die restlichen 60% sind das Ergebnis des Zusammenwirkens von endogenen und exogenen Faktoren. In diesem Fall ist die Umwelt wohl als *Selektionsfaktor* für die genetische Disposition anzusehen. Für das Zusammenwirken endogener und exogener Ursachen spricht auch die Tatsache, daß Umweltfaktoren nicht in jedem Fall eine Fehlbildung induzieren. Man muß drei Möglichkeiten bei den Folgen der Einwirkung teratogener Faktoren unterscheiden:
• die Zygote bzw. der Embryo stirbt ab,
• es entsteht eine Fehlbildung,
• die Entwicklung des Embryos erfolgt normal.

Im Einzelfall sind wir gegenwärtig kaum in der Lage, die konkrete Ursache einer menschlichen Fehlbildung nachzuweisen, es sei denn, es handelt sich um einen derart unmittelbaren Zusammenhang zwischen teratogenem Reiz und dem Auftreten einer Fehlbildung, wie z.B. bei der Contergan-Affäre (s.u.). Grundsätzlich müssen wir somit zwischen endogenen und exogenen Ursachen einer Fehlbildung unterscheiden.

5.8.3.1. Endogene Ursachen

Zu den **endogenen Ursachen** sind die *Abweichungen der Genstruktur* zu rechnen, die definitionsgemäß als Mutationen zu bezeichnen sind mit einer gestörten Information. Dabei können wir Fehlbildungen unterscheiden, die auf die Störung nur eines Gens zurückzuführen sind, von solchen, bei denen mehrere Gene einbezogen sind (*monogene* und *polygene Fehlbildungen*). Weiterhin rechnen zu den endogenen Ursachen auch die *chromosomalen Abweichungen* in bezug auf ihre Zahl und ihre Struktur.

Genanomalitäten (s. 2.1.1.1.).
Chromosomenanomalitäten (s. 2.1.1.1. Chromosomenmutationen).

Genetisch bedingte Fehlbildungen. Zu den durch **Genmutation** verursachten Fehlbildungen gehören vor allem die *Immundefekte* (s. 5.6.4.) und die angeborenen metabolischen Störungen, die auf *Enzymdefekte* zurückzuführen sind. Formal pathogenetisch kommen bei letzteren folgende Störungen in Frage:
- Bildung atypischer Proteine der Enzyme,
- Mangel oder Insuffizienz des Enzyms.

Störungen des Kohlenhydratstoffwechsels. Bei der **Galactosämie** handelt es sich um einen autosomal rezessiv vererbten Enzymdefekt der Galactose-1-phosphat-Uridyltransferase. Das Enzym fehlt vor allem in der Leber. Bei Aufnahme von Galactose mit der Nahrung häuft sich Galactose und Galactose-1-phosphat im Gewebe an. Aus der Galactose wird der toxisch wirkende Zuckeralkohol Galactit gebildet. Wesentliche Folgen bestehen in einem Katarakt (Linsentrübung), einer Leberzirrhose und Intelligenzschäden. Die Therapie besteht in einer lactosefreien Ernährung.
Die **hereditäre Fructoseintoleranz** wird ebenfalls autosomal rezessiv vererbt. Es liegt ein Defekt der Fructose-1-phosphat-Aldolase-Aktivität mit einer Akkumulation von Fructose-1-phosphat in der Leber vor. Die Folgen äußern sich in einer fortschreitenden Leberdystrophie mit Ausbildung einer Leberzirrhose. Die Behandlung besteht in der Verabreichung einer fructosearmen Diät.
Glycogenosen sind Störungen, die auf einer Insuffizienz verschiedener am Glycogenstoffwechsel beteiligter Enzyme beruhen. Sie werden ebenfalls autosomal rezessiv vererbt. Grundsätzlich handelt es sich hier um eine *gesteigerte Glycogensynthese* oder um eine *Störung des Glycogenabbaus*. Je nach dem beteiligten Enzym werden verschiedene Typen der Glycogenose unterschieden.

Typ I (v. Gierke) zeichnet sich durch eine Glucose-6-phosphatase-Insuffizienz aus. Es erfolgt eine Glycogenspeicherung vor allem in der Leber mit Ausbildung einer Hepatomegalie. Der Tod ist vor allem auf Infekte zurückzuführen.
Beim **Typ II** (Pompe-Krankheit) besteht ein Mangel an lysosomaler Amylo-1,4-α-glucosidase. Damit ist der Glycogenabbau eingeschränkt. Die Folge ist eine Glycogenablagerung, vor allem im Herzmuskel (kardiale Form), aber auch in der Lunge und im Zwerchfell.
Beim **Typ IV** (Andersen-Krankheit) findet sich ein Defekt der Amylo-1,4-1,6-transglucosidase. Infolge der Ablagerung abnormen Glycogens in der Leber entwickelt sich eine Leberzirrhose.
Beim **Typ V** (McArdle) ist die Muskelphosphorylase vom Defekt betroffen. Die Glycogenanreicherung wirkt sich damit vorwiegend am Skelettmuskel aus, aber auch am Myokard. Charakteristischer klinischer Befund ist eine leichte Ermüdbarkeit schon bei geringen Anstrengungen.

Störungen des Eiweiß- und Aminosäurenstoffwechsels. Bei der **Phenylketonurie** handelt es sich um einen Mangel an Phenylalanin-Hydroxylase. Dadurch wird das Phenylalanin nicht zum Tyrosin umgewandelt und Phenylalanin und Phenylpyruvat

häufen sich an. Infolge gestörter Myelinisierung der Markscheiden des ZNS treten frühzeitig geistige Störungen auf (Oligophrenia phenylpyruvica). Durch eine phenylalaninarme Diät können diese Folgen weitgehend verhindert werden.
Die **Alkaptonurie** ist eine dominant vererbte Störung. Es besteht ein Mangel an Homogentisinsäure-Oxidase. Charakteristisch sind degenerative Gelenkveränderungen. Im Bereich des Knorpels und im kollagenen Bindegewebe lagert sich ein schwärzliches Pigment ab (Polymerisationsprodukt der Homogentisinsäure). Dieser Befund wird als *Ochronose* bezeichnet.
Bei der **Ahornsirupkrankheit** (Leuzinose) wird durch eine Enzyminsuffizienz die oxydative Decarboxylierung der Aminosäure Leucin blockiert. Mit ihrer Anhäufung nimmt der Harn den Geruch von Ahornsirup an. Das klinische Krankheitsbild ist durch degenerative zerebrale Veränderungen gekennzeichnet.

Störungen des Lipidstoffwechsels. Zu den angeborenen Veränderungen dieser Krankheitsgruppe gehört insbesondere eine Reihe von Speicherkrankheiten, die auf Lipidablagerungen im Ergebnis von Enzymdefekten zurückzuführen sind. Sie werden auch unter dem Begriff der Sphingolipidosen zusammengefaßt. Es handelt sich bei ihnen um rezessive Erbkrankheiten. Der **M. Gaucher** (Glucocerebrosidose) wird autosomal rezessiv vererbt. Die Störung beruht auf einem β-Galactosidasemangel. Charakteristisch ist eine Ablagerung von Glucocerebrosiden, vor allem in den Zellen des retikuloendothelialen Systems der Milz (Milzhyperplasie), des Knochenmarks und der Leber. Auf eine Beteiligung der Ganglienzellen des ZNS ist die vorhandene Intelligenzschädigung mit Idiotie zurückzuführen.
Die **Niemann-Pick-Krankheit** (Sphyngomyelinose) ist ebenfalls durch einen autosomal rezessiven Erbgang ausgezeichnet. Betroffen ist das Enzym Sphyngomyelinase. Das sich anhäufende Sphyngomyelin wird ebenfalls in den retikuloendothelialen Zellen von Leber, Milz und Knochenmark gespeichert. Außerdem erfolgt eine Ablagerung der Speichersubstanz in den Glia- und Ganglienzellen. Sie ist vor allem für das klinische Krankheitsbild verantwortlich zu machen. Es ist durch Idiotie, Taubheit und Blindheit gekennzeichnet. Die Speicherung in der Leber hat eine Hepatomegalie zur Folge.
Zu den **Gangliosidosen** gehören verschiedene Krankheitsbilder wie z. B. die Tay-Sachsche Krankheit und die Sandhoffsche Krankheit. Bei dem betroffenen Enzym handelt es sich um die Hexosaminidase. In den Speicherungsprozeß ist besonders das ZNS einbezogen. Die Speichersubstanz sind Ganglioside. Die Folge ist eine Zerstörung des ZNS. Die Tay-Sachsche Erkrankung ist gekennzeichnet durch eine Speicherung von Gangliosiden in den Neuronen, aber auch in den Leberzellen und Makrophagen. Die Folge der ZNS-Beteiligung ist die amaurotische Idiotie (Amaurose = Blindheit).
Die **metachromatische Leukodystrophie** (Sulfatidose) beruht auf einem Mangel an Cerebrosid-Sulfatase A. Dadurch werden Sulfatide angestaut, die sich vor allem im ZNS, aber auch in der Niere ablagern. Klinisch ist ein zunehmender geistiger Abbau charakteristisch.
Beim **Fabry-Syndrom** (Ceramidtrihexosidose) ist die lysosomale Galactosidase A betroffen. Die Folge ist eine Speicherung von Ceramidtrihexosid. Insbesondere beobachtet man eine Lipidspeicherung in den Endothelzellen der Kapillaren, auf die möglicherweise das klinische Krankheitsbild des Angiokeratoma corporis diffusum zurückzuführen ist. Dieses ist durch eine Kombination von Hyperkeratose mit

Angiomen gekennzeichnet. Außerdem finden sich Veränderungen in Leber, Milz und Niere. Infolge der Speicherung von Lipiden in den Endothel- und Epithelzellen der Niere kommt es häufig zum Tod unter dem Bild eines Nierenversagens.

Störungen des Mucopolysaccharidstoffwechsels. Hier ist vor allem auf den **M. Hurler** zu verweisen. Diese Erkrankung wird durch einen Mangel an β-Galactosidase hervorgerufen und geht mit einer Skelettdeformation sowie geistiger Retardation einher. Die Erkrankten zeigen eine charakteristische Facies in Form des sog. Wasserspeiergesichts (= Gargoylismus).
Bei allen diesen Stoffwechselerkrankungen ist bedeutsam, daß sie sich z.T. pränatal durch transabdominale Amnionzentese nachweisen lassen. Durch diesen Eingriff werden fetale Zellen gewonnen, in eine Zellkultur gebracht und der Enzymdefekt an den kultivierten Zellen nachgewiesen.

Chromosomenanomalien. Sie sind eine häufige Ursache von Fehlbildungen. Der Tabelle 5.17 ist zu entnehmen wie hoch ihr Anteil bei den verschiedenen Störungen ist. Da an den Abweichungen in der Regel mehrere Chromosomen beteiligt sind, führen sie zu sehr komplexen Fehlbildungen und stellen oft Letalfaktoren dar. Entsprechend der Beteiligung von Geschlechtschromosomen und Autosomen unterscheidet man zwischen gonosomalen und autosomalen Ursachen.

Tabelle 5.17 Häufigkeit der Chromosomenanomalien beim Menschen (nach Stengel)

Syndrom	Aberration	Häufigkeit	auf 1 000 Geburten
Down-Syndrom	G21-Trisomie	1:600	1,7
Patau-Syndrom	D13-Trisomie	1:7 500 bis 1:9 000	0,15
Edwards-Syndrom	E18-Trisomie	1:3 500 bis 1:6 500	0,2–0,3
Klinefelter-Syndrom	XXY	1:500 bis 1:1 000	auf 1 000 männl. Geb. 1–2
Turner-Syndrom	XO	1:3 000	auf 1 000 weibl. Geb. 0,3
Triple-X-Syndrom	XXX	1:1 000	1

Gonosomale Ursachen. Eine Reduktion der Gonosomen infolge einer *Non-disjunction* (s. 2.1.1.1.), z. B. Monosomie X, ist ein wichtiger Letalfaktor und läßt sich z. B. in 10 % von Spontanaborten nachweisen. Lebendgeborene Kinder zeichnen sich in der Regel durch Sterilität und schwere organische Fehlbildungen aus.
Bei der **Monosomie X** (Turner-Syndrom) ist der Chromosomensatz durch die Konstellation 45 XO gekennzeichnet. Es bestehen ein Kleinwuchs, eine Unterentwicklung der Gonaden, Infertilität und ein sog. Pterygium (Bindehautverdickung).
Im Falle des **Klinefelter-Syndroms** liegt eine Trisomie XXY vor. Der Phänotyp ist männlich mit unterentwickelten Hoden, Aspermie, Gynäkomastie und einem eunuchoiden Hochwuchs. Häufig besteht außerdem ein Intelligenzmangel.
Autosomale Ursachen. Häufigster Vertreter dieser Gruppe ist das **Down-Syndrom**. Es kommt zum *Kleinwuchs.* Das Aussehen ist mongoloid, bedingt durch einen *Epikanthus* (schräge Lidspalte). Häufig bestehen *Pigmentflecken* der Haut. Auch liegen *Fehlbildungen innerer Organe* vor, die vor allem das Herz betreffen. Meist tritt ein *Ventrikelseptumdefekt* auf. Die *Intelligenz ist vermindert*, und es besteht eine verrin-

gerte Infektresistenz, was häufig die Todesursache ist. Auffällig sind gehäufte *akute Leukosen*. Dem Down-Syndrom können folgende chromosomale Abweichungen zugrunde liegen:
- in 94% der Fälle besteht eine Trisomie 21,
- in 2% der Fälle findet sich eine Mosaikbildung mit Zellen mit 47 Chromosomen und solchen mit einem normalen Karyotyp,
- bei 4% handelt es sich um eine Translokation des überzähligen Chromosoms. Scheinbar liegen vier Chromosomen vor, funktionell handelt es sich jedoch um eine Trisomie.

Das **Edwards-Syndrom** ist durch eine Trisomie 18 gekennzeichnet. Es bestehen multiple Fehlbildungen mit *kraniofazialen Anomalien* und *dysplastischen Ohrmuscheln*. Außerdem finden sich *Herzfehler*, ein *Kryptorchismus* und eine *geistige Retardation*. Der Tod tritt meist innerhalb der ersten Lebensmonate ein.

Das **Patau-Syndrom** mit einer Trisomie 13 betrifft häufiger Mädchen als Knaben. Es bestehen eine *Mikrophthalmie, Taubheit, Fehlbildungen des Genitale, angeborene Herzfehler* und *Spaltbildungen* des Gesichtsschädels.

Beim **Cri-du-chat-(Katzenschrei-)Syndrom** liegt eine Deletion am kurzen Arm des Chromosom 5 vor. Die Neugeborenen fallen durch ein *niedriges Geburtsgewicht* auf, eine *Mikrophthalmie* nebst *Strabismus* und eine *geistige Retardation*. Die Bezeichnung des Syndroms leitet sich von einem eigenartigen katzenähnlichen Schreien der Neugeborenen ab.

Wichtig für Chromosomenanomalien ist die Tatsache, daß sich die vorhandenen zahlenmäßigen Abweichungen sowie *Strukturanomalien* histologisch nachweisen lassen. Die Klärung derartiger Krankheiten ist Aufgabe der Zytogenetik. Es besteht so die Möglichkeit einer pränatalen Diagnostik bei Risikofällen, und die Erfassung derartiger Befunde stellt gleichzeitig eine wichtige Grundlage für die Familienberatung dar.

Zur *Charakterisierung der Chromosomenveränderungen* bedient man sich der folgenden Schreibweise: Der normale Chromosomensatz wird mit 46 XY (männl.) oder 46 XX (weibl.) gekennzeichnet. Die Bezeichnung 45 XX^{-16} z. B. bringt das Fehlen eines Autosoms, und zwar des Autosoms 16 zum Ausdruck. Ist dasselbe vermehrt, so wird das mit 47 XX^{+16} ausgedrückt. Ein Mosaik wird mit 46 X/47 XY^{+21} gekennzeichnet.

Bei Veränderungen am kurzen Arm des Chromosoms findet sich der Zusatz p, ist der lange Arm betroffen, wird q angefügt.

5.8.3.2. Exogene Ursachen

Während man in der Vergangenheit genetische Störungen im Sinne der Vererbung als entscheidend für die Entstehung von Fehlbildungen hielt, hat sich zunehmend die Erkenntnis durchgesetzt, daß **exogene** (peristatische) **Ursachen** eine sehr wesentliche Rolle spielen. Diese Auffassung wurde besonders durch die Erkenntnisse des australischen Arztes Gregg (1941) gefördert. Er beobachtete, daß es im Zusammenhang mit einer Rötelnepidemie zu einem gehäuften Auftreten von Fehlbildungen bei Kindern von Frauen kam, die an Röteln erkrankt waren. Es fanden sich neben Katarakten vor allem Herzfehler. Diese Beobachtung wird gestützt durch

experimentelle Untersuchungen, in denen es gelang, durch exogene Einflüsse Fehlbildungen zu erzeugen. Die ersten derartigen Beschreibungen gehen bereits auf Geoffroy Saint-Hilaire (1772–1844) zurück, ohne daß er seine Befunde am Hühnchenkeim infolge noch nicht vorliegender entwicklungsgeschichtlicher Erkenntnisse zufriedenstellend interpretieren konnte. In der neueren Zeit verdanken wir im deutschsprachigen Raum vor allem Büchner und seiner Schule wichtige Erkenntnisse zur Ätiologie und Genese von Fehlbildungen auf Grund von Untersuchungen am Hühnchenkeim. Als teratogenes Modell wurde der Sauerstoffmangel gewählt. Mit diesem gelang es, wesentliche Einblicke in den Entstehungsmechanismus von Fehlbildungen zu erhalten. Da die Befunde denen entsprechen, die man auch bei genetischen Störungen finden kann, faßte man die *peristatisch bedingten Fehlbildungen* auch unter dem Begriff der *Phänokopien* zusammen. Diese umweltbedingten Fehlbildungen lassen sich auf Grund ihres Erscheinungsbildes nicht von den erbbedingten unterscheiden. Für die menschliche Teratogenese ergaben sich wichtige Hinweise auch aus der Thalidomid-(Contergan-)affäre. Bei Frauen, die während der Schwangerschaft das Schlafmittel Contergan einnahmen, kam es zu einer großen Anzahl von Fehlbildungen. Auch das gehäufte Auftreten von Fehlbildungen in bestimmten Jahreszeiten spricht für die Mitwirkung peristatischer Faktoren. Es sind zwar heute somit viele Faktoren bekannt, die im Experiment und auch beim Menschen teratogen wirken, trotzdem ist die Entscheidung über die tatsächliche Ursache einer Fehlbildung beim Menschen nur in Ausnahmefällen möglich. Meist gelingt diese Aussage nicht. Das beruht u. a. auf der Tatsache, daß das teratogene Agens zu einem Zeitpunkt auf den Embryo wirkt, zu dem den Frauen ihre Schwangerschaft meist noch gar nicht bekannt ist. Die Folgen eines teratogenen Agens hängen von verschiedenen Faktoren ab:
– genetische Disposition (z. B. speziesbedingt),
– Qualität des Faktors,
– Einwirkungsdauer des Faktors,
– Dosis bzw. Intensität der Einwirkung,
– Stadium der Keimesentwicklung,
– Differenzierungsstadium eines Organs.

Chemische Faktoren. Als bedeutendste Ursache für die Entstehung von Fehlbildungen sind **chemische Faktoren** anzusehen. Aus dem Experiment sind mehr als 600 teratogene Substanzen bekannt, von denen aber nur ein kleiner Teil auch beim Menschen wirksam ist. Ihr Effekt ist *dosisabhängig*, ebenso spielt die *Einwirkungsdauer* eine Rolle. Diese Faktoren können in vielfältiger Form über die Mutter auf den sich entwickelnden Keimling einwirken, da die Plazenta keine absolute maternofetale Grenzschicht darstellt. Vielmehr ist sie als aktives Stoffwechselorgan für viele Substanzen und Metabolite durchgängig. Unter diesen Substanzen spielen auch Pharmaka eine wichtige Rolle, so daß eine *iatrogene* Verursachung von Fehlbildungen sicher nicht selten in Betracht zu ziehen ist. Als beeindruckendes Beispiel ist auf die angeführte Thalidomidschädigung in der BRD in den Jahren 1959–1962 zu verweisen. Als Ergebnis der Einnahme des Medikaments Contergan durch schwangere Frauen kam es zu Fehlbildungen, besonders im Bereich der Gliedmaßen. Diese bestanden vor allem in Amelien und Phokomelien (s. u.). Die Problematik dieses Ereignisses ist nicht in dem Auftreten der Fehlbildungen an sich zu sehen, sondern in der Tatsache, daß nach Bekanntwerden des Zusammenhangs das Medikament aus kapitalistischem Profitinteresse weiter in den Handel gebracht wurde.

Vor allem aus dem Tierexperiment wissen wir über die Teratogenität von Pharmaka, da sie hier hinsichtlich dieser Eigenschaften getestet werden. Die erzielten Resultate sind allerdings mit Zurückhaltung zu bewerten und vor allem in bezug auf nachweisbare wie auch fehlende Zusammenhänge nicht ohne weiteres auf den Menschen zu übertragen. Es hat sich nämlich herausgestellt, daß Fehlbildungen, die durch ein Pharmakon bei einer Spezies erzeugt werden können, bei einer anderen unter sonst gleichen Voraussetzungen nicht auftreten. Es besteht also auch eine *Artspezifität*. Trotzdem ist es, gerade wegen der vielen bestehenden Unsicherheiten, empfehlenswert, nach Möglichkeit in den ersten 3 Monaten der Schwangerschaft auf die Anwendung von Pharmaka zu verzichten. Von besonderer Bedeutung sind natürlich solche Pharmaka, die in den DNA-Stoffwechsel eingreifen. Hierzu gehören in erster Linie *Zytostatika, Immunsuppressiva* und *Chemotherapeutika*. Weiter sind zu vermeiden Antibiotika, Analgetika, Antineuralgika, Analeptika, Sedativa und Narkotika. Ebenso muß man bei der Anwendung von *Hormonen* an eine mögliche teratogene Wirkung denken. Bedeutungsvoll scheint auch das Nicotin. Insbesondere bei akuten chemischen Belastungen, wie z. B. durch Dioxin, ist mit einem gehäuften Auftreten von Fehlbildungen zu rechnen.

Bei der Anwendung von Pharmaka ist auch die sog. Pharmakogenetik zu beachten. Darunter verstehen wir genetisch bedingte Besonderheiten im Stoffwechsel von Patienten. Diese sind dafür verantwortlich zu machen, daß ein Pharmakon schädlich wirkt. Als Beispiel sei auf die *maligne Hyperthermie* verwiesen. Hierbei handelt es sich um eine myopathische Erkrankung, bei der es unter Narkose zur Ausbildung einer malignen Hyperthermie mit Körpertemperaturen bis zu 42 °C kommt mit bretthartem Muskeltonus und Kontraktion der gesamten Skelettmuskulatur. Es besteht ein Succinylcholindefekt, wobei die Anästhesiefolgen ätiopathogenetisch bisher nicht überzeugend geklärt sind.

Infektionen. Besonders **virale Infektionen** im Stadium der Embryogenese sind mit einem deutlichen Anstieg der Fehlbildungsrate vergesellschaftet. Neben den bereits erwähnten *Röteln* sind auch *Masern, Windpocken, Hepatitis epidemica, Mumps, Zytomegalie* und *Coxsackie-Infektion* zu berücksichtigen. Die Wirkung der Viren kann man sich derart vorstellen, daß das Virusgenom in das Wirtszellgenom eingebaut und das letztere dadurch mutiert wird. Damit entstehen andersartige Informationen, die die Entwicklung einer Fehlbildung bedingen.

Ionisierende Strahlen. Sie rufen bekanntlich ebenfalls Veränderungen der DNA und so beim Embryo Fehlbildungen hervor. Derartige Zusammenhänge sind uns sowohl aus dem Tierexperiment als auch aus der menschlichen Pathologie bekannt. So können z. B. *strahlentherapeutische Maßnahmen* wie auch eine große Zahl von *Durchleuchtungen* bei Schwangeren Fehlbildungen des Embryo induzieren. Besonders ist man auf die Bedeutung ionisierender Strahlen durch den verbrecherischen Atombombenabwurf der US-Amerikaner in Hiroshima und Nagasaki in den letzten Kriegstagen des 2. Weltkrieges aufmerksam geworden. Eine der vielfältigen Folgen war das gehäufte Auftreten von Fehlbildungen bei den Kindern von Frauen, die zum Zeitpunkt des Atombombenabwurfs schwanger und den Strahlen exponiert waren. Ein Viertel dieser Frauen zeigte Aborte und bei einem weiteren Viertel gab es bei den Kindern vor allem Fehlbildungen des ZNS.

Sauerstoffmangel. Im Experiment lassen sich durch Sauerstoffmangel Fehlbildungen hervorrufen. Die Bedeutung dieses Befunds für die menschliche Teratogenese ist umstritten. Immerhin existieren einige Hinweise dafür, daß er unter bestimmten Voraussetzungen auch beim Menschen wirksam ist. Es ist bekannt, daß bei *Tubargraviditäten* gehäuft Fehlbildungen auftreten. Auch *Insertionsanomalien* der Nabelschnur, *Blutungen in der Frühschwangerschaft* sowie *Kreislaufstörungen, Anämien* und *angeborene Herzfehler der Mutter* sind mit einer höheren Fehlbildungsrate korreliert. So überwiegt bei normal geborenen Kindern der zentrale Ansatz der Nabelschnur, bei der Insertio velamentosa sind dagegen häufiger Fehlbildungen vorhanden. Ebenso findet sich die Placenta praevia häufiger bei Fehlbildungen. Auch treten diese in größerer Zahl bei Zwillingsgeburten auf. In diesem Zusammenhang werden auch *Eibettstörungen* diskutiert, und die Insertionsanomalien werden als Ausdruck einer Eibettstörung aufgefaßt. Das gehäufte Auftreten von Fehlbildungen bei *älteren Müttern* wird u. a. auf eine unzureichende Blut- und Sauerstoffversorgung des alternden Uterus infolge von Gefäßveränderungen zurückgeführt.

Alimentäre Schäden. Eine besondere Bedeutung hat offensichtlich ein *chronischer Eiweißmangel.* Insbesondere aus den Hungerjahren nach dem 2. Weltkrieg und vor allem aus Beobachtungen an Frauen, die KZ-Insassinnen in Nazi-Deutschland waren, wissen wir, daß unter diesen Voraussetzungen Fehlbildungen vermehrt auftreten. Sicher ist es vor allem der Mangel an essentiellen Aminosäuren, der zu einer gestörten Proteinbiosynthese mit ihren Folgen führt. Es kommt so zu Störungen von Wachstums- und Differenzierungsprozessen.

Im Tierexperiment lassen sich auch durch *Vitaminmangel* Fehlbildungen hervorrufen. Bekannt ist dies von einem Mangel an Vitamin A, B_1, B_2-Komplex, B_6, B_{12}, D, E und K. Ebenso kann man durch eine *Hypervitaminose A* Fehlbildungen erzeugen. Spurenelementen wird ebenfalls eine teratogene Wirkung zuerkannt. Zu verweisen ist auf einen Kupfermangel.

Alter der Mutter. Es ist eine bekannte Tatsache, daß mit steigendem Alter der Mutter die Zahl der Fehlbildungen zunimmt. Die Häufigkeit der Totgeburten steigt nach dem 40. Lebensjahr der Mutter auf etwa das 5fache an. Ebenso erhöht sich die Zahl der Fehlgeburten deutlich. Das kann verschiedene Ursachen haben. Im Gegensatz zum Mann, bei dem im Rahmen der Spermiogenese die Keimzellen ständig erneuert werden, sind bei der Frau schon bei der Geburt alle Eizellen in Form der Primärfollikel vorhanden. Damit besteht die Möglichkeit der kumulativen Wirkung äußerer Schädigungsfaktoren auf die Eizelle mit der Auslösung von Mutationen. Auch ist vorstellbar, daß es mit dem Alternsprozeß der Eizellen zu genetischen Veränderungen derselben kommt. Damit wächst die Wahrscheinlichkeit, daß beim Eisprung eine geschädigte Eizelle freigesetzt und befruchtet wird. Außerdem hatten wir darauf verwiesen, daß Alternsvorgänge an den arteriellen Uterusgefäßen möglicherweise zu einer gestörten Durchblutung des Uterus führen. Es wirken sich somit auch alternsbedingte Rückbildungsvorgänge am Genitale negativ aus.

Mechanische Faktoren. Umstritten ist die Bedeutung **mechanischer Faktoren.** Diskutiert wird die teratogene Wirkung von *Traumen, Abtreibungsversuchen* und *Amnionsträngen,* die zu Abschnürungen führen. Wahrscheinlich ist das Zusammentreffen von Trauma und Fehlbildung nur zufällig und die eigentlichen Ursachen der Fehlbildung liegen in den diskutierten Faktoren.

Weiterhin ist zu berücksichtigen, daß die erwähnten Umweltfaktoren, zumindest zum Teil, nicht nur auf den sich entwickelnden Embryo wirken, sondern auch zu einer *Schädigung der mütterlichen und der männlichen Keimzellen* führen können. Es werden so induzierte Mutationen bewirkt. Dies ist besonders bei akuten Ereignissen von hoher Intensität zu erwarten. So ist von den Folgen des Atombombenabwurfs über Japan bekannt, daß bei Frauen, die den Strahlen ausgesetzt waren, auch in den nachfolgenden Jahren gehäuft Fehlbildungen auftraten im Vergleich zu nicht exponierten Frauen. Hier kann es sich nur um die Folge einer Keimzellschädigung handeln.

Im Zusammenhang mit der exogenen Induzierung von Fehlbildungen wird heute vielfach, meist mehr emotionell als sachlich begründet, die Frage diskutiert, ob es infolge der chemischen Belastung unserer natürlichen Umwelt zu einer Zunahme von Fehlbildungen gekommen sei. Hierzu sei festzustellen, daß es bis jetzt keine gesicherten Hinweise in dieser Richtung gibt. Ausnahmen stellen extrem hohe Umweltbelastungen dar, wie bei der Freisetzung von Dioxin in Seveso und dem Einsatz entsprechender Entlaubungspräparate (Agent orange) durch die US-Amerikaner in Vietnam. Das bedeutet allerdings nicht, daß nicht alle Maßnahmen ergriffen werden müssen, um zu verhindern, daß es infolge einer weiteren Belastung der Umwelt zu einer Zunahme von Fehlbildungen kommt.

Bei der experimentellen Teratogenese ist auch zu beachten, daß es in der Mehrzahl der Fälle die Wechselbeziehungen zwischen Umwelt und Genen sind, die erst zu einer Fehlbildung führen. Dafür spricht auch die relative Seltenheit von Fehlbildungen trotz vielfältiger Umweltbelastungen.

5.8.4. Einteilung

Die **Einteilung** von Fehlbildungen läßt sich nach zwei Gesichtspunkten vornehmen. Einmal kann man von der *Entwicklungsphase des Keimlings* ausgehen, in der der teratogene Reiz einwirkt, und zum anderen vom *morphologischen Erscheinungsbild* der Fehlbildungen und der ihnen zugrundeliegenden *formalen Störung* der Morphogenese.

5.8.4.1. Einteilung entsprechend dem Stadium der Keimesentwicklung

Bei der Einteilung nach der **Entwicklungsphase** des Keimlings differenzieren wir zwischen den *Gametopathien* und den *Kyematopathien*. Erstere betreffen Schädigungen der Keimzellen vor ihrer Vereinigung. Die **Kyematopathien** umfassen den Zeitraum von der Entstehung der Zygote bis zum Ende des 3. Monats. Zu ihnen gehören die Blastopathien und die Embryopathien (s. Tabelle 5.18). Die Embryogenese mit dem Auftreten von **Embryopathien** ist durch Differenzierungs- und Wachstumsvorgänge gekennzeichnet sowie durch Prozesse der Morphogenese. Es finden sich Vorgänge der *Zellmigration, Induktion* des *Zelltodes* und der *Regression* wie auch die *Zellproliferation*, die die Vielfalt und Komplexität der embryonalen Wachstums- und Differenzierungsprozesse ausmachen.

Daher ist eine Entwicklungsstörung um so schwerer, je früher der teratogene Reiz den sich entwickelnden Keimling trifft.

Aus diesem Grund sind Gametopathien und Blastopathien in der Regel mit einer großen Letalität behaftet. Sie sind eine häufige Ursache von Aborten. Nicht nur die Schwere einer Fehlbildung, sondern auch ihre Art hängen von dem Zeitpunkt ab, zu dem der auslösende Reiz auf den Keimling trifft. So ist die *Blastogenese* der *teratogenetisch sensibelste* Abschnitt der Keimesentwicklung. In dieser Phase einwirkende Störungen rufen besonders schwere Fehlbildungen hervor, die die Ursache für die erwähnte Aborthäufigkeit darstellen. Der Grad der Schwere einer Fehlbildung hängt von dem bereits erreichten Stand der Differenzierung eines Organs ab. Die Ausprägung der Störungen in verschiedenen Organen hat ihre Ursache darin, daß sich die Organe zu unterschiedlichen Zeitpunkten der Keimesentwicklung herausbilden (Abb. 5.49). Dadurch, daß sich andererseits die Entwicklungs- und Differenzierungsphasen der Organe überschneiden, erklärt sich das Auftreten von *Mehrfachfehlbildungen*. **Nur in der Phase der Organogenese, die durch eine besonders hohe Stoffwechselaktivität und mitotische Aktivität gekennzeichnet ist, wird der teratogene Reiz wirksam.** Es bestehen Intensitätsverschiebungen des Stoffwechsels im zeitlichen Ablauf der Entwicklung von Anlagefeld zu Anlagefeld.

Die gegenüber teratogenen Reizen sensible Phase wird auch als **teratogenetische Terminationsperiode** bezeichnet. Der spätestmögliche Zeitpunkt, zu dem ein Reiz wirksam werden muß, um eine Fehlbildung auszulösen, ist der **teratogenetische Terminationspunkt**. Wirkt ein Reiz vor Beginn oder nach dem Ende der teratogenetischen Terminationsperiode ein, so kann er nicht zu einer Fehlbildung des betreffenden Organs führen (Abb. 5.50). Dabei ist es zwar möglich, genau den Endpunkt der teratogenetischen Terminationsperiode zu bestimmen, jedoch nicht

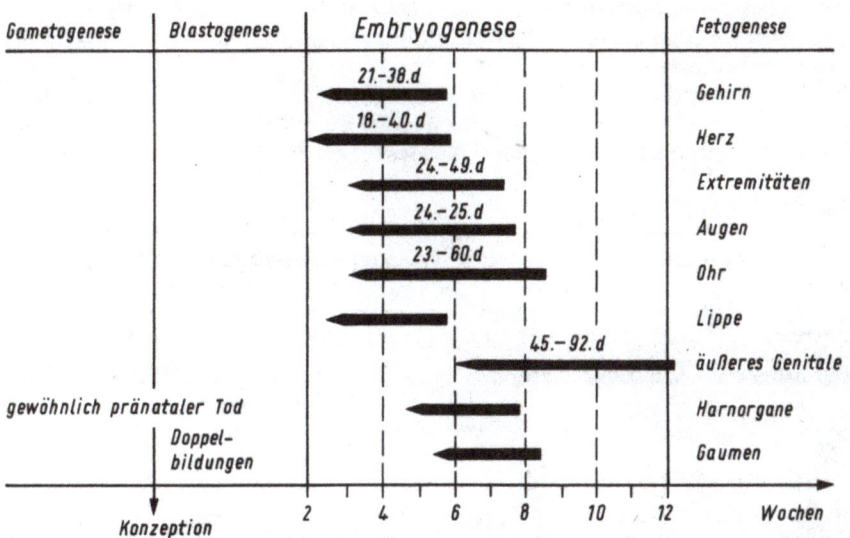

Abb. 5.49 Beziehungen zwischen dem Stadium der Keimes- und Organentwicklung und dem Charakter der Fehlbildung

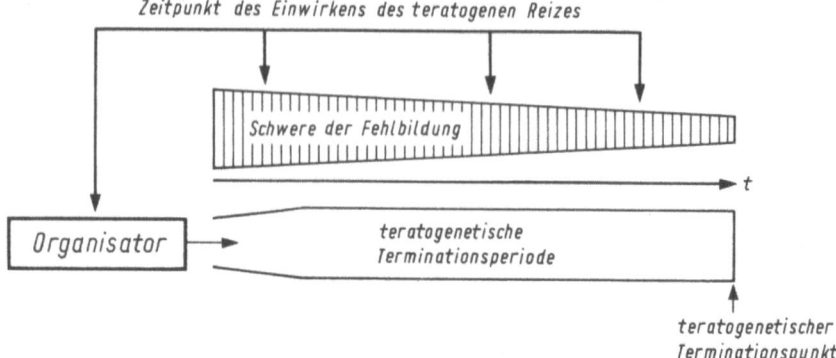

Abb. 5.50 Beziehungen zwischen teratogenetischer Terminationsperiode und teratogenetischem Terminationspunkt und Einwirkung des teratogenen Reizes sowie Schwere der Fehlbildung

ihren Anfang. Dies hängt damit zusammen, daß es sog. **Organisationsbezirke** gibt, die die Differenzierung anderer Organe induzieren. So stellen z. B. die prächordale Platte und die mesodermale Chorda den Induktor für die Ausbildung der Neuralplatte im darüber gelagerten Ektoderm dar. Ohne diesen Organisator, der sich im Experiment ausschalten läßt, bildet das Ektoderm keine neuralen Strukturen. Es können somit bereits Störungen des Organisators Fehlbildungen des Neuralrohres bedingen. Analoge Zusammenhänge zwischen Organisator und Organ existieren auch an anderen Stellen. Neben der primären Induktion grenzt man noch eine sekundäre und tertiäre ab. Einwirkungen in dieser Phase der Entwicklung bedingen Störungen der zeitlichen Koordination der einzelnen Entwicklungsphasen. Für eine normale Differenzierung ist deshalb die zeitgerechte Wirkung des Organisators Voraussetzung.

Wenn verschiedene Reize unabhängig von ihrem Charakter zum gleichen Zeitpunkt auf den Keim einwirken, so rufen sie in der Regel die gleiche Störung hervor. Man spricht deshalb auch von einer **Phasenspezifität** der Fehlbildungen. Es hat

Tabelle 5.18

Entwicklungs- phase	Zeit	Entwicklungsvorgang	Schädigung
Progenese	präkonzeptionell	1. u. 2. Reifeteilung	Gametopathie
Kyematogenese	postkonzeptionell	Differenzierungs-, Reifungs- u. Wachstumsvorgänge von der Befruchtung bis zur Geburt	Kyematopathie
Blastogenese	0–15. Tag	Zygote → Blastula	Blastopathie
Embryogenese	15.–75. Tag	Nidation → Differenzierung der Organe	Embryopathie
Fetogenese	75. Tag bis zur Geburt	Reifung und Wachstum	Fetopathie

sich jedoch gezeigt, daß es neben der Phasenspezifität auch eine **Faktorenspezifität** gibt, d. h., die Art der Fehlbildung hängt nicht allein von dem Zeitpunkt ab, zu dem der Reiz einwirkt, sondern auch von der Art des Reizes. In der Tabelle 5.18 sind die Entwicklungsphasen einiger Organe zusammengestellt. **Morphologisch** lassen sich die Fehlbildungen nach den in Tabelle 5.19 angegebenen Gesichtspunkten einteilen.

5.8.4.2. Doppelbildungen

Doppelbildungen sind auf Störungen der Blastogenese zurückzuführen. Im Grunde genommen handelt es sich hier um verschiedenartige Formen der Zwillingsbildung. Es wird zwischen *zusammenhängenden* und *freien Doppelbildungen* und bei diesen jeweils zwischen *asymmetrischen* und den *symmetrischen* unterschieden.

Zusammenhängende asymmetrische Doppelbildungen. Bei dieser Art der Doppelbildungen ist der eine Zwilling durch eine weitgehend normale Entwicklung gekennzeichnet, während sich der andere durch ausgeprägte Störungen der Formgestaltung auszeichnet. Der erstere wird auch als **Autosit** und der andere als **Parasit** bezeichnet. Je nach der Lokalisation des Parasiten unterscheidet man den *Epignathus* (der Parasit findet sich in der Mundhöhle), den *Thoracopagus parasiticus* (Parasit am Thorax gelegen), den *Notomelus* (Parasit am Rücken) und den *Sakralparasiten*. Auch das Teratom wird hierher gerechnet. Es handelt sich bei ihm gleichsam um einen Zwilling, der in den anderen eingeschlossen ist (= fetale Inklusion).

Zusammenhängende symmetrische Doppelbildungen. Diese treten als *unvollständige* (Duplicitas incompleta) und als *vollständige* (Duplicitas completa) in Erscheinung. Als **Duplicitas incompleta** ist der *Diprosopus* mit einer Verdopplung des Gesichts und der *Dipygos* mit einer Verdopplung des kaudalen Körperendes anzusehen.

Die **Duplicitas completa** entspricht dem bekannten Befund der **Siamesischen Zwillinge**, wobei die Zwillinge im Bereich unterschiedlicher Körperregionen miteinander verbunden sein können. Entsprechend unterscheidet man den *Kephalopagus, Prosopagus, Thorakopagus, Ischiopagus* und den *Iliopagus*. Heutzutage nimmt man eine chirurgische Trennung der Zwillinge vor. Dies gestaltet sich einfach, wenn die Verbindung nur eine knöcherne ist. Wesentlich problematischer gestaltet sich ein solcher Versuch, wenn beide Zwillinge auch über den Kreislauf miteinander verbunden sind, und er scheitert praktisch bei gemeinsamen Organen.

Freie asymmetrische Doppelbildungen. Bei dieser Doppelbildung ist der eine Keimling völlig normal entwickelt, während der andere hochgradig verformt ist. Als Ursache wird der sog. Schatzsche Kreislauf diskutiert. Hierbei geht man von der Vorstellung aus, daß bei den kommunizierenden Plazentarkreisläufen der beiden Zwillinge infolge einer Funktionsschäche des Herzens des einen Zwillings in seinem arteriellen Kreislauf eine Stromumkehr erfolgt und so eine Versorgung mit dem verbrauchten Blut des anderen erfolgt. Das Ergebnis ist ein hochgradig mißgestalteter Zwilling in Form eines *Hemi-* oder *Holoacardiacus*. Bei letzterem unterscheidet man den *Holoacardiacus acephalus, acormus* und *amorphus*.

Freie symmetrische Doppelbildungen. Bei diesen handelt es sich um normal gestaltete eineiige Zwillinge.

Tabelle 5.19

Doppelfehlbildungen		Einzelfehlbildungen				Chorestien u. Hamartien
		Spaltbildungen	Hemmungsfehlbildungen	Überschußbildungen	Sonstige	
freie	*symmetrische* Zwillinge *asymmetrische* Hemiacardiacus Holoacardiacus acephalus acormus amorphus	*ventrale* Cheiloschisis Cheilognathopalatoschisis Meloschisis (schräge Gesichtsspalte) Makrostomie (quere Gesichtsspalte)	Agenesie Aplasie Atresie Hypoplasie (z. B. Magen-Darm-Trakt, Ösophagus, Trachea, Gallenwege, Harnwege) Zwerchfelldefekte	Polydaktilie doppelter Ureter überzählige Lappung der Lungen	Fehlbildungen d. Gliedmaßen wie Amelie Phokomelie Mikromelie Peromelie Syndaktilie Symmelie	Epidermiszysten Endometriose Nebennierenkeim dystop. Magenschleimhaut aberrierende Mamma Markkegelfibrom Hämangiom Nävus
zusammenhängende	*symmetrische* Duplicitas completa Kephalopagus Prosopagus Sternopagus Thorakopagus Ischiopagus Iliopagus Duplicitas incompleta Diorosopos Dipygos *asymmetrische* Epignathus Thoracopagus Notomelus Sakralparasit fetale Inklusion = Teratom	*dorsale* Akranie Anenzephalie Hemikranie Hemizephalie Enzephalozele Rachischisis Spina bifida occulta u. aperta Meningozele Meningomyelozele Meningomyelozystozele	Zystenniere angeb. Hüftgelenksluxation		Fehlbildungen d. Kopfes wie Zyklopie Arhinenzephalie Otozephalie	

5.8.4.3. Einzelfehlbildungen

Bei dieser Art der Einteilung geht man vom morphologischen Bild der Fehlbildungen aus unter Berücksichtigung der formalen Genese dieser Störungen, soweit das möglich ist.

Spaltbildungen (Dysraphien). Diese Gruppe der Störungen beruht darauf, daß sich im Verlauf der Embryogenese vorübergehend auftretende Spaltbildungen nicht schließen, wie z. B. die Neuralrinne mit Hirnfehlbildungen und solchen des Schädeldaches (s. u.). Im Prinzip handelt es sich um Hemmungsfehlbildungen (s. u.). Es wird zwischen den *ventralen* und den *dorsalen Spaltbildungen* differenziert.
Ventrale Spaltbildungen. Diese Gruppe der Spaltbildungen betrifft die ventrale Körperseite. Im Gesicht sind derartige Störungen als *Cheiloschisis* (Gaumenspalte) und *Cheilognathopalatoschisis* (Wolfsrachen) vorhanden. Hierbei handelt es sich um sekundäre Spaltbildungen. Insbesondere die letztgenannte Fehlbildung führte früher durch eine Aspirationspneumonie in der Regel zum Tode. Bei operativer Korrektur sind heutzutage Menschen mit dieser Fehlbildung lebensfähig.
Im Bereich des Rumpfes kann sich eine Thoraxspalte mit Fehlen oder Spaltung des Sternums und einer *Ectopia cordis* (das Herz liegt außerhalb des Thorax) finden. Fehlt auch das Perikard, dann spricht man von einer *Ectopia nuda*. Es handelt sich um eine in der Regel nicht lebensfähige Fehlbildung. Bei der Bauchspalte besteht eine *Ectopia viscerum*, d. h. die Bauchorgane sind nach außen verlagert.
Dorsale Spaltbildungen. Diese Störungen sind häufiger als die ventralen Dysraphien. Im Bereich des Schädels treten sie als *Kranioschisis* (Spaltung), *Akranie* (Fehlen des Schädeldaches), *Anenzephalie* (vollständiges Fehlen des Großhirns und der Schädelkalotte) und *Hemizephalie* (Fehlen des Schädeldaches mit rudimentärer Hirnanlage) auf. Bei dem letzten Fall spricht man auf Grund der äußeren Formgestaltung auch von einem sog. *Krötenkopf*. Dieser ist mit einer Unterentwicklung oder auch einem völligen Fehlen der Nebennieren verbunden. Bei einer *Hemikranie* ist das Schädeldach unvollständig entwickelt. Eine Verlagerung von Teilen des Großhirns nach außen nennt man *Enzephalozele*. Diese Fehlbildungen sind alle nicht lebensfähig.
Häufig sind Spaltbildungen unterschiedlichen Schweregrads im Bereich der Wirbelsäule. Ein Fehlen der Wirbelbögen wird als *Rachischisis* bezeichnet. In diesem Fall liegt der gesamte Rückenmarkkanal frei da. Defekte des Wirbelkanals mit Offenbleiben von Wirbelkanal und Dura spinalis treten als *Spina bifida aperta* (offen) oder *occulta* (versteckt) in Erscheinung. In letzterem Fall wird der Defekt von Haut überzogen, wobei hier eine *Hypertrichosis* auffällig ist. Sind Anteile vom Inhalt des Wirbelkanals bei einer Spina bifida nach außen verlagert, bilden sich *Meningozelen, Meningomyelozelen* oder *Meningomyelozystozelen*. Im ersteren Fall sind nur mit Flüssigkeit gefüllte Anteile der Dura mater nach außen verlagert. Im zweiten Fall betrifft die Verlagerung auch das Rückenmark. Bei der Meningomyelozystozele schließlich besteht zusätzlich eine Erweiterung des Rückenmarkkanals (Abb. 5.51).

Hemmungsfehlbildungen. Bei dieser Art der Fehlbildung bleibt die Organogenese auf verschiedenen Stufen stehen. Die schwerste Form dieser Störung ist die *Agenesie*, bei der eine Organanlage überhaupt nicht vorhanden ist. Bei der Aplasie fehlt ein Organ bei existenter Organanlage, bei der *Hypoplasie* ist es unterentwickelt. Die Hypoplasie ist von der Atrophie (s. 3.16.4.) abzugrenzen. Auch *angeborene Ste-*

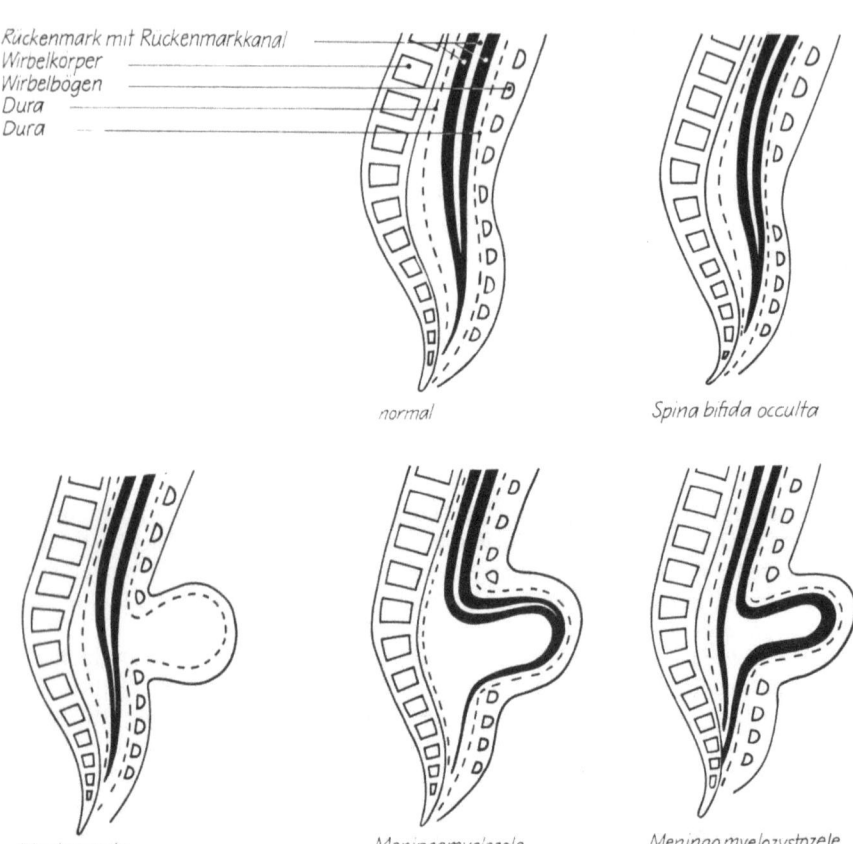

Abb. 5.51 Spaltbildungen und ihre unterschiedlichen Erscheinungsformen im Bereich der Wirbelsäule

nosen werden zu dieser Gruppe von Störungen gerechnet. Bei ihnen bleibt bei soliden Organanlagen die vollständige oder teilweise Hohlraumbildung aus. Derartige Veränderungen treten besonders im Bereich des Bronchialsystems, des Magen-Darm-Traktes und der Gallenwege auf. Wir verweisen als Beispiel auf die Analatresie, auf Tracheo-Bronchial-Fisteln und auf Stenosen und Atresien (angeborener Verschluß von Hohlorganen und Körperöffnungen) der Gallenwege (s. Lehrbücher der Speziellen Pathologie).

Chorestien. Hierbei handelt es sich um embryonal bedingte Versprengungen von Keimmaterial an Orte, wo es normalerweise nicht hingehört. Hierzu sind zu rechnen die *Epidermiszysten* der Haut, *Endometriosen* mit Verlagerung des Endometriums an die verschiedensten Stellen wie Haut, Ovar oder Mamma und die *Nebennierenkeime* der Niere.

Nicht klassifizierbare Einzelfehlbildungen. Neben den bereits erwähnten Einzelfehlbildungen gibt es noch weitere, über deren formale Genese wenig bekannt ist.

Hier sei verwiesen auf die *Otozephalie* (Fehlen des Unterkiefers mit Verschmelzen der Ohren), auf die *Zyklopie* (Einäugigkeit), die *Arhinenzephalie* und die *Mikrozephalie*. An den Extremitäten finden sich die *Amelie* (völliges Fehlen), die *Phokomelie* (Robbengliedrigkeit), die *Mikromelie* (zu kleine Gliedmaßen), die *Peromelie* (Spalthände und -füße), die *Polydaktilie* (ein Zuviel an Finger oder Zehen = Überschußbildung), die *Syndaktilie* (Verschmelzen von Fingern oder Zehen) und die *Symmelie* oder *Sympodie* (Sirenenbildung mit Verschmelzung der unteren Extremitäten). Weitere Fehlbildungen innerer Organe sind den Lehrbüchern der Speziellen Pathologie zu entnehmen.

5.8.5. Folgen von Fehlbildungen

Die Folgen von Fehlbildungen hängen von ihrem *Grad* und von ihrer *Lokalisation* ab. Es gibt solche, die unerkannt bleiben, weil sie zu keiner Beeinträchtigung der Lebensqualität führen. Sie stellen Zufallsbefunde dar, wie z. B. die abnorme Lappung der Lungen, die Hufeisenniere oder ein doppelter Ureter. Andere Fehlbildungen sind mit einem weiteren Leben vereinbar, wenn sie rechtzeitig diagnostiziert und chirurgisch korrigiert werden. Hierzu gehören z. B. Atresien und Stenosen des Magen-Darm-Traks, des Bronchialsystems, Zwerchfellhernien und verschiedene Herzfehler. Stoffwechseldefekte lassen sich z. T., wie bereits erwähnt, durch eine angepaßte Nahrungszufuhr korrigieren. Letalfaktoren führen bereits zum intrauterinen Fruchttod und Abort. Spaltbildungen des Schädeldachs sind nicht lebensfähig. Andere Fehlbildungen bedingen eine kürzere Lebenserwartung wie Dysraphien, Zystennieren und manche angeborenen Herzfehler.

5.8.6. Fetopathien

Bei den **Fetopathien** handelt es sich ebenfalls um angeborene Störungen. Diese sind jedoch nicht als Fehlbildungen zu klassifizieren.

Sie sind prinzipiell reversibel, können aber auch als Fehlbildungen imponieren. Unterschieden werden die *entzündlichen*, die *hämolytischen* und die *diabetischen* Fetopathien.

5.8.6.1. Entzündliche Fetopathien

Sie stellen eine entzündliche Erkrankung des sich in utero entwickelnden Feten dar. Als Beispiel ist einmal auf die bei uns praktisch nicht mehr anzutreffende *Lues connata* zu verweisen, zum anderen spielen die *Zytomegalie*, die *Toxoplasmose* und die *Listeriose* eine wichtige Rolle. Auch *virale Infektionen* des Feten besitzen eine nicht zu unterschätzende Bedeutung.
Lues connata. Die Lues connata tritt auf, wenn sich die Mutter zur Zeit der Fetogenese infiziert hat. Die Veränderungen bei dem Neugeborenen äußern sich in der *Hutchinsonschen Trias* mit *Labyrinthschwerhörigkeit, Keratitis parenchymatosa* und *Tonnenzähnen*. Außerdem sind Veränderungen an inneren Organen vorhanden, z.B.

die *interstitielle Pneumonie* (Pneumonia alba) und eine *interstitielle Hepatitis* (Feuerstein-Leber). Dazu finden sich Störungen der Knochenbildung.
Zytomegalie. Sie wird durch Viren hervorgerufen. In den Speicheldrüsen, in der Leber, im Pankreas und auch in der Lunge treten zytoplasmatische Riesenzellen auf. Es finden sich Einschlußkörperchen. Im ZNS kommt es zu Nekrosen mit Verkalkung, und es besteht vielfach eine Mikrozephalie.
Listeriose. Der Erreger der Listeriose ist Listeria monocytogenes. Man findet *tuberkuloseähnliche* Knötchen in fast allen Organen, besonders bevorzugt ist das Gehirn. Zu Beginn liegen areaktive Nekrosen vor, später vor allem aus Histiozyten bestehende Granulome. Als Restzustand bleiben feine Narbenbezirke zurück.
Toxoplasmose. Der Erreger der Toxoplasmose ist das in der Tierwelt verbreitet anzutreffende Protozoon Toxoplasma gondii. Die Infektion des Foeten erfolgt über die Mutter auf dem Blutwege. Die Folge sind Fehl- und Totgeburten, und die meisten Kinder sterben Tage bis Monate nach der Geburt. Selten findet sich eine Generalisation mit Beteiligung von Leber, Herzmuskel, Lunge und Darm. Bei überlebenden Kindern kommt es häufiger zu einer *Enzephalitis* mit *Nekrosen* und *Granulomen* im Gehirn. Die Nekrosen sind in der Regel verkalkt. Bei Verschluß des Aquädukts ist ein *Hydrocephalus internus* die Folge. Außerdem ist häufig eine *Chorioretinitis toxoplasmotica* vorhanden. Die Diagnose erfolgt histologisch durch den Nachweis von Erregerkolonien. Die klinische Diagnose beruht heutzutage auf der Anwendung einer Komplementbindungsreaktion.

5.8.6.2. Hämolytische Fetopathien

Diese Gruppe von Störungen beruht auf einer Blutgruppenunverträglichkeit, die das AB0-, aber vor allem das Rh-System betrifft. Bei der **Rh-Inkompatibilität** ist die Mutter rh-negativ und der Vater Rh-positiv. Während das erste Kind in der Regel normal geboren wird, treten bei den nachfolgenden Störungen in Form von *Hämolyse, Erythroblastose* und einem *Kernikterus* auf. Die Erkrankung wird deshalb auch als *Morbus hämolyticus neonatorum* oder *fetale Erythroblastose* bezeichnet. Der formale Pathomechanismus der Störungen ist folgender: Im mütterlichen Blut werden Antikörper gegen die Erythrozyten des Kindes gebildet. Bei der ersten Schwangerschaft treten Erythrozyten des Rh-positiven Kindes durch Plazentadefekte auf die Mutter über. Vor allem werden im Zusammenhang mit der Geburt zahlreiche Blutgefäße des Endometriums eröffnet. Über diese kommt es zu umfangreicheren Einschwemmungen von Erythrozyten in die Blutbahn der Mutter. Diese bildet jetzt Antikörper, die bei einer zweiten Gravidität durch die Plazenta in den kindlichen Kreislauf gelangen und hier eine Hämolyse verursachen. Diese bedingt eine gesteigerte Blutbildung. **Folge der Hämolyse** sind der *Icterus gravis* sowie eine *Erythroblastose*. Letztere ist durch eine ausgedehnte extramedulläre Blutbildung gekennzeichnet, die sich vor allem in der Leber und der Milz nachweisen läßt. Der Ikterus führt zu einem *Kernikterus* im Gehirn unter Beteiligung vor allem des Putamens und des Pallidums. Als Folge einer anämischen Schädigung treten im Gehirn mit Bilirubin beladene Nekrosen auf. In etwa 5% der Fälle mit einem M. hämolyticus findet sich ein *Hydrops universalis congenitus*. Als Folge einer Gefäßwandschädigung ist eine *Anasarka* der Haut, ein *Hydrops der Körperhöhlen* und ein solcher der Plazenta zu beobachten. Der Tod des Foeten tritt in schweren Fällen meist schon intrauterin ein. Heute lassen sich diese Schäden klinisch durch eine Austauschtransfusion oder noch besser durch eine Immunprophylaxe vermeiden, indem eine Desensibilisierung durchgeführt wird.

5.8.6.3. Diabetische Fetopathie

Bei diabetischen Müttern, sofern sie nicht behandelt werden, beobachtet man außer einer größeren Zahl von Fehlbildungen, auch eine Häufung von Totgeburten und sog. Riesenkindern.

5.9. Die Regeneration und ihre Störungen

Den Ersatz zugrundegegangener Körpersubstanz durch Gewebsneubildung bezeichnet man als *Regeneration*. Sie beruht auf der Fähigkeit der meisten Organzellen zur mitotischen Teilung auch nach der Ausreifung des Organismus. Zu unterscheiden sind die *physiologische Regeneration* (= Zellerneuerung nach physiologischem „Verschleiß") und die *reparative Regeneration* (= Zell- und Gewebsersatz nach Substanzverlust durch pathogene Einwirkungen; Abb. 5.52). Die Regenerationsfähigkeit ist von Organ zu Organ unterschiedlich und hängt außerdem von der Stellung der betreffenden Spezies in der phylogenetischen Reihe sowie vom Alter und Ernährungszustand ab.

Die biologische und ärztliche Bedeutung der Regeneration liegt in ihrer Rolle bei der Ausheilung von krankheitsbedingten Zellverlusten. Unabhängig davon sichert der unbemerkt ablaufende physiologische Zellersatz den Fortbestand des Lebens, indem das ständig erfolgende Zellaltern und der Zelluntergang durch neugebildete Zellen kompensiert werden. Andererseits ist die örtliche Begrenzung der Regenerationsvorgänge eine wichtige Voraussetzung für die Erhaltung der Formkonstanz des Organismus.

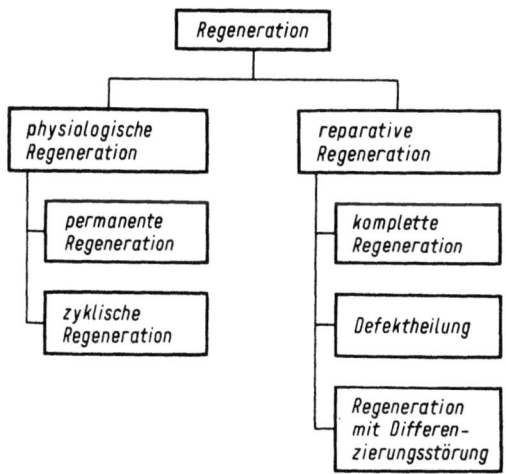

Abb. 5.52
Formen der Regeneration

Zum Verständnis des normalen und des gestörten Ablaufs der Regeneration benötigen wir Kenntnisse über die Zellkinetik, worunter der zeitliche Ablauf der Proliferation (= Zellvermehrung), der Differenzierung (= Änderung morphologischer und funktioneller Eigenschaften von Zellen) und der Migration (= Zellwanderung) zu verstehen ist.

5.9.1. Prinzipien des Zellersatzes

In den *Wechselgeweben* geht der Zellersatz von besonderen Proliferationszonen aus, in denen die Zellerneuerungsrate besonders hoch ist. Die hier lokalisierten intermitotischen Zellen unterliegen dem auf Seite 69 charakterisierten Mitosezyklus. Nach der Teilung verbleibt die eine Tochterzelle in der Proliferationszone, während die andere Tochterzelle unter Verlust der Teilungsfähigkeit in das Differenzierungskompartiment abwandert (Abb. 5.53). Beispiele für Wechselgewebe (Synonym: labile oder Mausergewebe) sind die Epidermis (Proliferationszone in den basalen Zellschichten) und das Epithel der Darmschleimhaut (Proliferationszone in den Lieberkühnschen Krypten) sowie die Zellen des Knochenmarks und der Spermiogenese. Manche Wechselgewebe, z. B. das Knochenmark, zeigen eine ausgesprochen starke Kompartimentierung (Abb. 5.54), wobei das Stammzellkompartiment in eine multipotente Fraktion und in eine solche mit bereits festgelegter Differenzierungsrichtung (z. B. erythropoetische Stammzellen) aufzugliedern ist (Bedeutung: nur erythropoetische Stammzellen reagieren auf die Einwirkung von Erythropoetin mit verstärkter Proliferation, nicht hingegen die multipotenten

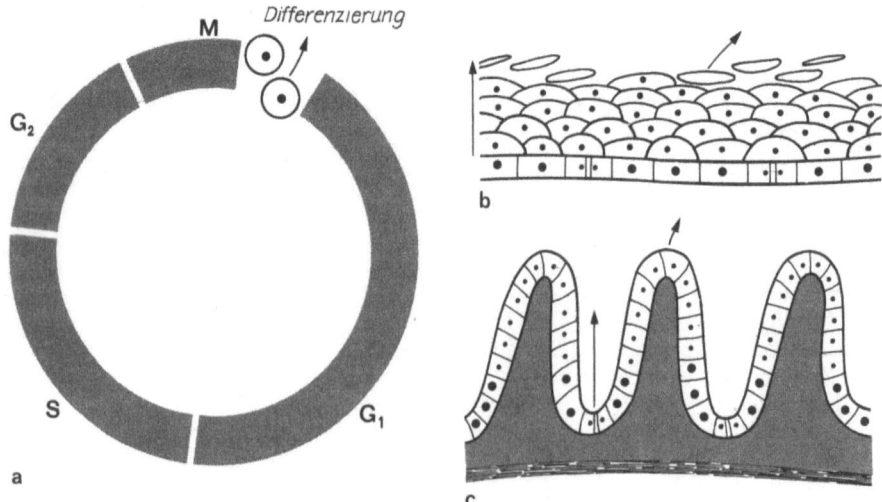

Abb. 5.53 Physiologischer Zellersatz in Wechselgeweben mit Ausbildung einer Proliferationszone
a) schematische Darstellung der inäquaten Zellteilung mit einer im Zellzyklus verbleibenden Stammzelle und einer sich differenzierenden postmitotischen Zelle;
b) Beispiel der Epidermis (Zellteilung hier nur in den basalen Schichten);
c) Beispiel der Darmschleimhaut mit Lokalisation der Stammzellen an der Kryptenbasis

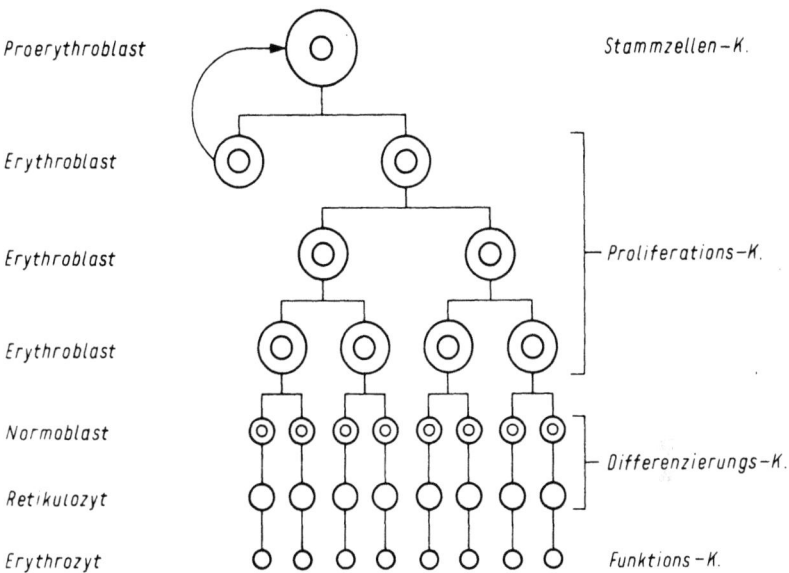

Abb. 5.54 Zellersatz im Knochenmark (Wechselgewebe) am Beispiel der Erythropoese

Stammzellen). Auf Grund ihrer hohen Zellerneuerungsrate sind Wechselgewebe stärker von schädigenden Einflüssen auf den Gesamtorganismus (z. B. Strahlen, Pharmaka) betroffen als andere Gewebe.
Die *stabilen* oder bedingt regenerationsfähigen *Gewebe* (Leber, Niere, endokrine Drüsen, lymphatisches Gewebe, Bindegewebe, glatte Muskulatur u. a.) besitzen ebenfalls intermitotische Zellen, jedoch keine besonderen Proliferationszonen. Bei der Mehrzahl der Zellen dieser Gewebe handelt es sich um postmitotische, d. h. in Proliferationsruhe befindliche Zellen ($= G_0$-Fraktion oder non-growth-fraction), von denen ein verschieden großer Anteil nach entsprechender Stimulation erneut in den Zellzyklus eintreten kann (Abb. 5.55). Die beträchtliche Heterogenität der stabilen Gewebe (Bindegewebe und lymphatisches Gewebe reagieren z. B. auf einen Proliferationsreiz wesentlich schneller als endokrine Organe und glatte Muskulatur; die Leber verfügt über ein größeres regeneratorisches Potential als die Niere) hat ihre Hauptursache im differenten Charakter ihrer nicht proliferierenden Zellen, d. h., die Regenerationsfähigkeit dieser Gewebe läuft dem relativen Anteil der reversiblen postmitotischen Zellen an der G_0-Fraktion parallel.
Altern bedeutet u. a. (s. 2.4.) eine Vergrößerung des Verhältnisses der irreversibel postmitotischen zu den reversibel postmitotischen Zellen in den parenchymatösen Organen, woraus die verminderte regeneratorische Kapazität bei älteren Patienten resultiert. Hierzu trägt auch die Zellzyklusverlängerung der proliferierenden Zellen im Alter bei.

Dauergewebe (Skelett- und Herzmuskulatur, Nervenzellen) verfügen nicht über intermitotische Zellen. Schädigungen dieser Gewebe können daher nicht durch einen

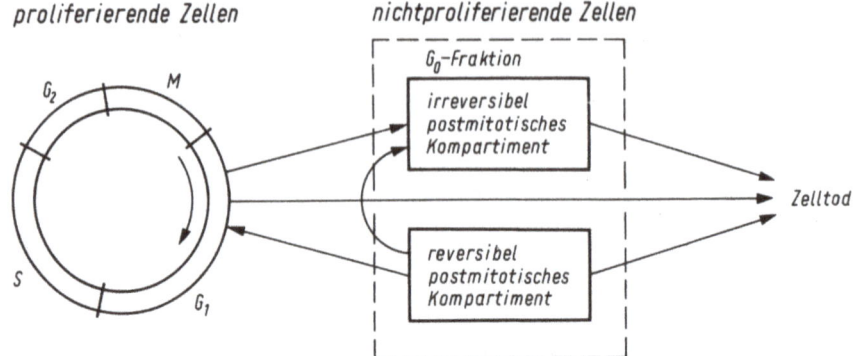

Abb. 5.55 Schematische Darstellung der zellkinetischen Kompartimente stabiler Zellpopulationen

Ersatz organspezifischer Zellen ausgeglichen werden. Kardiomyozyten können bei einen regeneratorischen Impuls noch in die S-Phase eintreten, wodurch es zur Polyploidisierung (= Vervielfachung des DNA-Bestands mit Hyperchromasie und Vergrößerung der Zellkerne) kommt. Herz- und Skelettmuskelzellen sowie Nervenzellen sind jedoch nicht teilungsfähig; bei Schädigungen resultiert deshalb eine Defektheilung. Auch in Wechselgeweben und stabilen Geweben kommt es zur Ersatzgewebsbildung, wenn durch starke pathogene Noxen zuviel funktionstüchtiges Parenchym zerstört wurde.

5.9.2. Physiologische Regeneration

Die unbemerkt ablaufende ständige Erneuerung der Körpersubstanz wird als physiologische Regeneration bezeichnet.

Sie erfolgt hauptsächlich permanent, selten – wie im Falle des Endometriums – zyklisch. Moleküle, Zellorganellen und Zellen sind diesem Erneuerungsprozeß unterworfen. Dabei bestehen starke organabhängige Unterschiede. Die steuernden Faktoren sind nur ungenügend bekannt. Das regeneratorische Potential eines Gewebes ist jedoch für den Ablauf pathologischer Prozesse von ausschlaggebender Bedeutung, indem es den Ausgang reparativer Vorgänge nach einer Organschädigung entscheidend mitbestimmt (s. Abb. 5.52).

Die Regeneration von hochmolekularen Substanzen, z. B. von Proteinen und RNA, erfolgt auch bei nicht proliferierenden Zellen ständig, wobei variabel ablaufende Synthese- und Abbauvorgänge die Zelle in die Lage versetzen, sich wechselnden funktionellen Anforderungen anzupassen. Demgegenüber verhält sich die DNA unter diesen Bedingungen metabolisch stabil, und nur bei Schädigungen, z. B. durch Einwirkung von UV-Strahlen oder alkylierenden Zytostatika, werden die betroffenen DNA-Abschnitte enzymatisch eliminiert und durch DNA-Neusynthese ersetzt (= DNA-Reparatur).

Die Regeneration von Zellorganellen ist noch nicht in allen Punkten aufgeklärt;

doch ist erwiesen, daß Membranen, Ribosomen und Mitochondrien in manchen Zelltypen, z. B. Hepatozyten, einem schnellen Umsatz unterliegen. Teile der Oberflächenmembran nach Endozytose oder der Membran von Sekretgranula nach Ausschleusung des Granuluminhalts (z. B. Insulin) aus der Zelle sollen intrazytoplasmatisch zur Membranneubildung wiederverwendet werden können (= membrane recycling). Zellkerne können demgegenüber nicht regeneriert werden. Das Ausmaß des physiologischen Zellersatzes hängt entscheidend davon ab, ob es sich um labile, stabile oder Dauergewebe handelt. Im Unterschied zu den zahlreichen experimentell ermittelten Daten sind beim Menschen noch nicht viele quantitative Angaben möglich (Tabelle 5.20). Das Epithel der Wechselgewebe ist hinsichtlich der Erneuerungsrate heterogen. Epidermiszellen und Darmschleimhautepithelien regenerieren viel schneller als Urothelzellen und Flimmerepithelien des Respirationstrakts. Große Unterschiede bestehen auch bei den stabilen Geweben. Der Umsatz der Parenchymzellen von Leber und Niere ist z. B. deutlich höher als der von endokrinen Organen. Mesenchymale Zellen, z. B. die Chondrozyten des Gelenkknorpels, lassen lediglich eine minimale, z.t. kaum meßbare physiologische Regeneration erkennen; andere normalerweise ebenfalls gering proliferierende Zellen des Bindegewebes, z. B. Fibroblasten, sind durch verschiedene Noxen (z. B. Infektionen, Hochdruck, Traumen, s.5.9.4.) leicht zu verstärkter mitotischer Aktivität zu stimulieren. Endothelzellen, z. B. der Aorta, weisen eine örtlich unterschiedliche, von strömungsmechanischen Faktoren abhängige Erneuerungsrate auf.
Die mit Zellneubildung verbundene Regeneration geht häufig mit einer Einschränkung der spezifischen Zellfunktion und mit einem geringeren Zelldifferenzierungsgrad einher. In gewissem Umfang ist dies auch bei der hormonabhängigen zyklischen Regeneration des Endometriums der Fall. Die sekretorische Aktivität der endometrialen Drüsen sistiert in der Proliferationsphase, während in der Sekretionsphase keine Drüsenepithelien in Mitose angetroffen werden. Doch gibt es Beispiele, die belegen, daß ausnahmsweise auch proliferierende Zellen zu spezifischen Syntheseleistungen fähig sind, wie die hämoglobinbildenden Erythroblasten oder die schnell proliferierenden Fibroblasten des Granulationsgewebes, die gleichzeitig Glycosaminoglycane synthetisieren.

Tabelle 5.20 Zellkinetische Daten beim Menschen

Prozeß	Zelle/Vorgang	Dauer (Tage)
Plattenepithelzellerneuerung (Rückenhaut eines jugendlichen Erwachsenen)	Wanderung einer postmitotischen Epidermiszelle von der Bildung in der Basalschicht bis zur Abstoßung im Stratum corneum	etwa 45
physiologischer Ersatz des Dünndarmepithels	Wanderung einer Zylinderepithelzelle von der Bildung in der Krypte bis zur Desquamation an der Zottenspitze	etwa 6–12
Spermatogenese	Bildung von Spermatozoen aus Spermatogonien	etwa 70
Lebensdauer von Blutzellen	Erythrozyt	120
	Thrombozyt	8–11
	Granulozyt	4

5.9.3. Reparative Regeneration

Als reparative Regeneration bezeichnet man den Ersatz pathologischer Zell- oder Gewebsverluste.

Hierbei sind die Größe des Gewebsdefekts und die Art seiner Entstehung (z. B. traumatisch, ischämisch, durch Nadelbiopsie) für das Ausmaß der konsekutiven reparatorischen Prozesse wichtig. Es gibt viele organspezifische Besonderheiten, so daß die Vorgänge der reparativen Regeneration für die einzelnen Gewebsarten gesondert dargelegt werden müssen. Wegen ihrer Bedeutung stehen die Heilung von Hautwunden und ihre Störungen ganz im Vordergrund.

5.9.3.1. Heilung von Hautwunden

Die Heilungsvorgänge sind davon abhängig, ob Schnittwunden, klaffende Wunden oder flächenhafte Hautdefekte vorliegen. Bei der ungestörten Wundheilung wirken hauptsächlich drei Faktoren zusammen:
- Wundkontraktur,
- Bildung von Granulationsgewebe und
- Epithelialisierung.

In der Initialphase wird die Wundhöhle innerhalb weniger Minuten mit Wundsekret (Blut, Lymphe) ausgefüllt. Durch Gerinnung des darin enthaltenen Fibrinogens bildet sich der *Wundschorf* aus, der einen Schutz gegen das Austrocknen und gegen Infektionen darstellt; es kommt dadurch auch zur Tamponade kleinerer verletzter Gefäße und so zur Verhinderung von Blutverlusten. In der Wundumgebung setzen exsudative Vorgänge ein, die zu einer demarkierenden granulozytären Entzündung, zur Insudation eines immunglobulinreichen Serums und zur Einwanderung von Monozyten ins Wundgebiet führen. Granulozyten und zu Makrophagen aktivierte Monozyten beteiligen sich an der Phagozytose von Gewebstrümmern. Die Makrophagen werden nach etwa 24 h zum dominierenden Zelltyp im Wundgebiet; sie sezernieren wahrscheinlich Substanzen mit einem stimulierenden Effekt auf Fibroblasten, Endothelzellen und andere Makrophagen. Unter dem Schorf beginnt die eigentliche Wundheilung mit der Einsprossung von Angioblasten und Fibroblasten. Parallel mit der Reinigung des Wundgebiets durch Proteasen aus aktivierten Makrophagen, die im sauren Mikromilieu besondere Wirksamkeit erlangen, entwickelt sich ein kapillarreiches Granulationsgewebe (s. 5.5.6.3.), in dem auch Lymphozyten, Plasmazellen und zahlreiche Myofibroblasten (mit hochkontraktilen intrazytoplasmatischen Myofilamenten) vorhanden sind. Mediatoren aus dem Wundsekret, wie Kinine und Prostaglandine, bewirken die Kontraktion der Myofibroblasten, wodurch es zur primären Wundkontraktur kommt. In der reparativen Phase der Wundheilung entwickeln sich immer stärker elongierte aktiv Kollagen synthetisierende Fibroblasten. Zunächst entsteht Typ-III-Kollagen, etwa vom 6. Tag ab das stabilere Typ-I-Kollagen (s. 4.1.). Mit zunehmender Vernetzung der Kollagenmoleküle, die zur Bildung kollagener Faserbündel führt, schrumpft die Wundfläche. Der Zell- und Kapillargehalt nimmt ab. Parallel mit der Entwicklung des Granulationsgewebes vollzieht sich die Reepithelialisierung des Wundgebiets.

Tabelle 5.21 Zusammenfassende Darstellung des zeitlichen Ablaufs der Wundheilung (zwischen den einzelnen Phasen bestehen fließende Übergänge)

Zeit	Vorgang
1.–4. h	Wundhämatom. Ausbildung eines Fibringerüstes unter Mitwirkung von Fibronectin. Entzündungsreaktion in der Wundumgebung. Insudation eines immunglobulinreichen Serums ins Wundgebiet
4.–12. h	Einwandern von Granulozyten und Monozyten. Hypoxiebedingte Umschaltung des Wundgebiets auf anaerobe Glycolyse (→ Lactatanstieg)
12.–36. h	Umwandlung der Monozyten zu Makrophagen → gesteigerte Phagozytose → Aktivierung von Fibroblasten, Einsetzen der Proteoglycansynthese
36.–48. h	Beginn der Proliferation von Fibroblasten, der Angiogenese und der Migration basaler Epidermiszellen
48.–72. h	Ausbildung eines Granulationsgewebes mit Ausfüllung und Reinigung des Defekts. Wundkontraktur durch Myofibroblasten
3.–6. d	Beginn der Bildung von Typ-III-Kollagen. Abbau der Wundrandnekrosen. Fortschreitende Reepithelialisierung
6.–10. d	zunehmende Bildung von Typ-I-Kollagen. Abnahme der Proteoglycane. Rückgang der proliferativen Prozesse
10.–21. d	Ausbildung einer Narbe: Kollagenreifung durch Vernetzungsreaktionen; Abnahme des Zellgehalts; Abschluß der epithelialen Rückbildungsphase

Frühzeitig werden basale Epidermiszellen des Wundrands zu verstärkter DNA-Synthese und zur Zellteilung aktiviert; unabhängig davon und wahrscheinlich stimuliert durch das O_2-reiche Mikromilieu des defektfüllenden Granulationsgewebes kommt es zur Migration von Epithelzellen unter dem Wundschorf. Bedeckt schließlich eine dünne Epithellage den Defekt, schließen sich Differenzierungsvorgänge an, bis eine normal geschichtete Epidermis mit Interzellularbrücken und Keratinbildung entstanden ist. Die nun vorliegende Narbe enthält keine Melanozyten und nur wenige elastische Fasern; Hautanhangsgebilde werden nicht regeneriert.

Der beschriebene reparative Vorgang (Tabelle 5.21.) betrifft die sekundäre Wundheilung, die in dieser Form beim Vorliegen traumatisch entstandener Gewebsdefekte abläuft. Chirurgisch versorgte Wunden mit glatten Wundrändern heilen demgegenüber viel schneller, jedoch prinzipiell gleichartig ab (= primäre Wundheilung). Über Störungen der Wundheilung orientiert Tabelle 5.22.

5.9.3.2. Reparative Regeneration in verschiedenen Geweben

Die zellkinetischen Grundlagen unserer Kenntnisse über regeneratorische Vorgänge sind im wesentlichen mit Hilfe von Markierungsversuchen im Tierexperiment erarbeitet worden. Die so gewonnenen Vorstellungen sind – mit gewissen Modifikationen, die das proliferative Potential und den zeitlichen Ablauf betreffen – auch für den Menschen gültig.

Herzmuskulatur. Ischämisch oder toxisch bedingte Myokardnekrosen werden durch Bindegewebsneubildung und Narbenbildung ersetzt. Die Defektheilung geht vom

Tabelle 5.22 Störungen der Wundheilung

Komplikationen	Ursachen
verminderte Bildung von Granulationsgewebe	Proteinmangel, Diabetes mellitus, Pharmaka (Corticosteroide, ACTH, Zytostatika, Östrogene) Hypovolämie (Schockzustände)
Wunddehiszenz, Nahtinsuffizienz, Wundruptur, Wundabszeß, Wundphlegmone	bakterielle Infektionen (bes. bei frischen Wunden; Sepsisgefahr!), infektionsbegünstigend: Ischämie (durch zu stark angezogene Fadennähte; Kältewirkung), venöse Stauung, Lymphödem
Wundnekrosen, chronische Ulzeration, gestörte Epithelregeneration, verminderte Wundreinigung	gestörte Vaskularisierung, Röntgen-Strahlen, Brandwunden (Mangel an Makrophagen)
Fremdkörpergranulome	Nahtfäden, Handschuhpuder
Fistelbildung	Einwachsen von Epithel in den Wundspalt
Bildung von Epithelzysten	traumatische oder iatrogene Verlagerung von Epidermisanteilen in die Tiefe
Wundhämatom	hämorrhagische Diathese, Verletzung einer Arterie
Serombildung	posttraumatische Anfüllung eines Hohlraums mit Blutplasma, Serum und Lymphe
gestörte Kollagensynthese und -fibrillenbildung	Vitamin-C-Mangel, chronischer Hunger
überschießende Bildung von Granulationsgewebe ("Caro luxurians") z. B. Epulis granulomatosa	Ursache unbekannt
hypertrophische Narbe (→ Narbenkontraktur)	durch Zugwirkungen auf das Wundgebiet
Keloidbildung (= wulstig verdickte Narben mit gestörter Kollagenvernetzung)	konstitutionell oder rassebedingt
Bildung von Plattenepitzelkarzinomen, Sarkomen oder Basaliomen im Wundrandgebiet (selten)	bei Keloiden, bei Brandwunden
Narbenneurome	nach Durchtrennung peripherer Nerven

präexistenten Interstitium, bei Infarkten fast ausschließlich vom Randgebiet aus. In dieser Zone finden sich häufig polyploide Muskelzellkerne als Ausdruck der Tatsache, daß Kardiomyozyten nicht proliferieren, sondern auf einen Proliferationsreiz lediglich in die DNA-Synthesephase eintreten können.

Nach Verletzungen der *Skelettmuskulatur* können vielkernige myozytäre Riesenzellen (= Hinweis für eine sog. frustrane Regeneration) nachgewiesen werden.

Blutgefäße. Endothelzelldefekte werden durch Proliferation und Migration des angrenzenden Endothels ersetzt. Rezidivierende Läsionen führen zu persistierenden Endotheldefekten, auf deren Boden sich arteriosklerotische Veränderungen entwickeln können (s. Response-to-injury-Hypothese der Arterioskloseentstehung). In gewissem Umfang heilen Mediadefekte durch komplette Regeneration aus. Nach größeren Gefäßwandnekrosen bilden sich sektorförmige Narben.

Gelenkknorpel. Traumatisch entstandene chondrale oder subchondrale Gelenkknorpeldefekte können in manchen Fällen durch ein fibrokartilaginäres Ersatzgewebe ausgeglichen werden; es stammt entweder aus dem Stratum synoviale – dann „Pannus" genannt – oder vom subchondralen Markraum. Eine den Defekt ausfüllende Chondrozytenproliferation kommt nicht zustande. Die im Rahmen einer Arthrosis deformans bei älteren Menschen häufig auftretenden Gelenkknorpeldefekte werden als „Usuren" bezeichnet.

Magen-Darm-Schleimhaut. Oberflächliche Epitheldefekte werden im Darm von den proliferierenden Kryptenzellen (s. Abb. 5.53) aus, im Magen von der im Drüsenhalsgebiet lokalisierten Proliferationszone aus reepithelialisiert. Die Drüsenepithelien der Magenschleimhaut erneuern sich hingegen durch einen langsamen Umsatz an Ort und Stelle. Nach der Ausheilung tieferer Erosionen und Ulzera bleiben strahlige Narben zurück.

Leber. Die Leberregeneration wurde gründlich am tierexperimentellen Modell der 2/3-Hepatektomie studiert. Dabei zeigte sich u. a., daß mit steigendem Lebensalter der Anteil des irreversibel postmitotischen Kompartiments an der non-growth-fraction (s. Abb. 5.55) zunimmt. Dies bedeutet, daß mit fortschreitendem Lebensalter auch bei starken Proliferationsreizen zunehmend weniger Hepatozyten in den Pool der proliferierenden Zellen übertreten. Auch bei älteren Patienten können Einzelzellnekrosen, sog. Mottenfraßnekrosen, und nicht zu ausgedehnte Brückennekrosen (z. B. bedingt durch eine Virushepatitis) durch mitotische Zellvermehrung komplett regenerieren, sofern das Retikulinfasergerüst für die Migration der neu gebildeten Leberepithelien erhalten geblieben ist. Größere nekrotische Areale sowie Leberwunden nach Verletzungen und Keilexzisionen heilen durch Vernarbung aus. In diesen Fällen zeigen die Hepatozyten in der Umgebung des Organdefekts eine Mitosewelle, und Gallengangsepithelien sprossen in den Narbenherd ein.

Niere. Ähnlich den Verhältnissen an der Leber ist für die Regeneration von Harnkanälchen das Erhaltenbleiben der tubulären Basalmembran Voraussetzung. Einseitig entstandene Tubulusschäden (z.B. bei toxischen Nephrosen) können deshalb unter Umständen komplett ausheilen; bei größeren Parenchymausfällen (z. B. bei rezidivierenden Nephritiden) kommt es zur Defektheilung (Vernarbung) mit Hinweisen für eine unvollständige Regeneration (z. B. Ausbildung sog. Strumafelder = proliferierte, dichtgelagerte, eingedickten Urin enthaltende Harnkanälchen). Nach Nierenpunktionen können sich von proliferiertem Tubulusepithel ausgekleidete Mikrozysten entwickeln.

Lunge. Bei Pneumonien und anderen pathologischen Prozessen werden geschädigte Alveolarwandzellen in die Lichtungen der Alveolen desquamiert; an ihrem Abbau sind Alveolarmakrophagen (= transformierte hämatogene Monozyten) beteiligt. Der Ersatz erfolgt über eine Neubildung von kubischen Pneumozyten Typ II, die sich anschließend teilweise in die flachen Pneumozyten Typ I umwandeln.

Knochenmark. Unter den Zellen der Erythrozytopoese sind die unreifen Vorläuferzellen empfindlicher gegenüber Schädigungen (ionisierende Strahlen, Zytostatika) als die differenzierten Zellen. Wegen der ziemlich langen Lebensdauer der differenzierten Zellen (s. Tabelle 5.20) ändert sich die Zahl der in den Gefäßen und Geweben vorhandenen Blutzellen zunächst nicht, sondern erst wenn die Nachschubinsuffizienz einsetzt. Die Normalwerte werden erst nach Monaten wieder erreicht,

nachdem die erhalten gebliebenen Stammzellen zugenommen haben und die Proliferations- und Differenzierungskompartimente (s. Abb. 5.55) durchlaufen wurden. Das lymphatische Gewebe reagiert demgegenüber auf Schädigungen mit einem sofortigen Absinken der zirkulierenden Lymphozyten, da proliferierende Lymphoblasten und differenzierte Lymphozyten gleich sensibel sind.
Nervensystem. Geschädigte Ganglienzellen können nach Erreichen des Kleinkindesalters nicht mehr durch Regeneration ersetzt werden. Sie sind teilungsunfähig. Im Bereich der Läsionen (z. B. elektive hypoxische Parenchymnekrosen, ischämisch bedingte Kolliquationsherde, 5.1.5) entwickeln sich Fettkörnchenzellen (s. 5.1.1.3.) und eine reaktive Astrozytenvermehrung, die in eine astrozytäre Fasergliose ausmündet. Sind dagegen größere Hirnareale, z. B. bei einem Schädel-Hirn-Trauma, geschädigt, proliferieren neben den faserbildenden Astrozyten auch Bindegewebszellen; es entsteht eine gemischt gliöse Narbe aus kollagenen und Gliafasern. Bei beiden Formen der reparativen Regeneration im zentralen Nervensystem sind von den Blutmonozyten abzuleitende Makrophagen, hier Mikrogliazellen genannt, beteiligt.

Wird ein peripherer Nerv durchtrennt, kommt es zum Aussprossen der Schwannschen Zellen vom proximalen Teil in den Kanal des degenerierenden peripheren Nervenanteils; in diesen Kanal wächst anschließend vom proximalen Stumpf aus der Achsenzylinder ein. Auf diese Weise kann es zur vollständigen Regeneration eines peripheren Nerven kommen. Komplikationen können dadurch entstehen, daß der Abstand zwischen beiden Enden zu groß ist oder daß die Läsionsstelle zu nahe an der Nervenzelle liegt; im letztgenannten Falle kommt es zur retrograden Degeneration (bestimmte retrograde Faser- und Zellveränderungen sollen rückbildungsfähig sein). Bei zu großer Distanz zwischen den Nervenenden oder nach einer Amputation entwickelt sich nicht selten eine kolbenförmige Wucherung aus Schwannschen Zellen, faserreichem Bindegewebe und Achsenzylindern (= Amputations- oder Narbenneurom).

5.9.3.3. Regeneration mit Differenzierungsstörungen

Beispiele hierfür sind die Schwielenbildung an mechanisch stark beanspruchten Stellen der Haut und die parakeratotische Hyperkeratose des Portioplattenepithels bei Descensus uteri. Die *Leukoplakie* (eigentlich ein klinischer Terminus: „Weißer Fleck") ist ein gelegentlich in der Mundhöhle vorkommender Herd aus hyperplastischem Plattenepithel mit Parakeratose. Differenzierungsstörungen, verbunden mit Atrophie von Haut und Schleimhäuten, sind im Alter, bei Hypovitaminosen sowie im chronischen Hungerzustand anzutreffen. Die herdförmige Umwandlung eines Gewebes in ein anderes mit veränderter Differenzierungsrichtung bezeichnet man als *Metaplasie*. Es handelt sich dabei nicht um eine direkte Umwandlung ausgereifter Zellen, sondern um eine Umdifferenzierung, ausgehend von den teilungsfähigen Vorläuferzellen. Am häufigsten finden sich metaplastische Herde in Schleimhäuten: die Umwandlung des Zylinderepithels der Tracheal-, Bronchial- und Zervixschleimhaut in mehrschichtiges Plattenepithel ist fast immer Folge chronischer Entzündungen. Plattenepithelmetaplasien können auch in der Prostata, in Speicheldrüsen und in der Gallenblasenschleimhaut (bei Cholelithiasis) vorkommen. Plattenepithelmetaplasien sind rückbildungsfähig. Doch können sich in ihnen – wie in der oben erwähnten Leukoplakie – atypische dysplastische Zellen

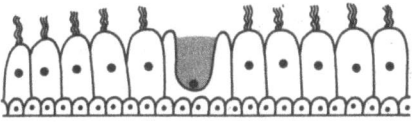

normales Bronchialepithel

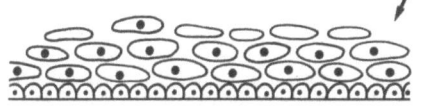 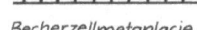

Plattenepithelmetaplasie   Becherzellmetaplasie

intestinale Metaplasie der Magenschleimhaut   ossäre Metaplasie der Skelettmuskulatur

Abb. 5.56   Beispiele für Metaplasie

entwickeln *(Dysplasie)*; deshalb wird vermutet, daß derartige Veränderungen (z.B. in der Bronchialschleimhaut) Präkanzerosen darstellen.

Eine weitere Differenzierungsstörung liegt in der **Becherzellmetaplasie** des Bronchialepithels bei Fällen von chronischem Asthma und bei schwerer chronischer Bronchitis vor. Anstelle der zugrundegegangenen Zylinderepithelien entwickeln sich hierbei aus den Basalzellen vorrangig Becherzellen.

Bei der *intestinalen* Metaplasie der Magenschleimhaut (ebenfalls Folge chronischer Entzündungen) besteht eine zottenartige Verlängerung der Leistenspitzen zwischen den deutlich vertieften Magengrübchen und ein weitgehender Ersatz des Zylinderepithels durch Becherzellen. Dabei kann sich Schleimhaut vom Dünn- oder Dickdarmtyp entwickeln. Die intestinale Metaplasie der Magenschleimhaut und andere Formen einer pathologischen Regeneration (z. B. bestimmte Polypen des Magen-Darm-Kanals und des Corpus uteri, papillomatöse Hyperplasie der Larynxschleimhaut) sind als Präkanzerosen anzusehen.

Im Bindegewebe kann man manchmal nach chronischen Muskeltraumen (sog. Reiter- oder Exerzierknochen) oder aus ungeklärter Ursache (Knochenbildung im Anulus fibrosus der Zwischenwirbelscheiben bei Spondylitis ankylopoetica = Morbus Bechterew) eine ossäre Metaplasie (Abb. 5.56) feststellen.

Man muß annehmen, daß allen Formen der Metaplasie eine Änderung der Expression der im Genom der Zellen verankerten Information zugrunde liegt. Aber sowohl die Art dieser Änderung (Aktivierung bisher ruhender, Repression vorher aktiver Gene?) als auch die hierzu führenden molekularen Vorgänge sind noch nicht erforscht.

5.9.4.   Regenerationssteuernde Faktoren

Wie aus den angeführten Beispielen hervorgeht, nimmt unter den der Regeneration zugrundeliegenden Prozessen (Zellproliferation, Differenzierung, Migration und Hypertrophie) die Zellproliferation eine herausragende Stellung ein. Die Aufklä-

rung der regenerationssteuernden Faktoren ist deshalb eng mit der Beantwortung der Frage nach dem proliferationsauslösenden Signal verbunden. Nach den bisherigen, vor allem experimentell gewonnenen Erkenntnissen ist anzunehmen, daß der Proliferationsanstieg bei der Regeneration auf zwei verschiedenen Vorgängen beruht:
- auf einer Vermehrung der an der Proliferation beteiligten Zellen (= Zunahme des Proliferationsumfangs; Proliferationssteigerung bedeutet hier Stimulierung des G_0/G_1-Übergangs, s. Abb. 5.55) und
- auf einer Verkürzung des Generationszyklus (= Zellzyklus) der proliferierenden Zellen (= Zunahme der Proliferationsgeschwindigkeit; Proliferationssteigerung bedeutet hier hauptsächlich Stimulierung des G_1/S-Übergangs, s. Abb. 5.55).

Wahrscheinlich sind beide Vorgänge bei der Regeneration ebenso wie bei anderen proliferativen Prozessen (Embryonalentwicklung, Kanzerogenese) organabhängig in variabler Weise miteinander gekoppelt. Die Stimulierung der Proliferation durch hämatogene oder lokale Faktoren erfolgt über die Aktivierung spezifischer Gene, wodurch neue Arten von RNA und Proteinen synthetisiert werden. Diese vorbereitenden Prozesse erklären die Latenzphase zwischen dem Einwirken des Regenerationsstimulus und dem Beginn der Regeneration, gemessen am ^{3}H-Thymidineinbau in die neugebildete DNA.

Proliferationsauslösende Faktoren sind entweder hämatogen oder lokal wirksam. Unter den hämatogenen Steuerungsfaktoren sind zunächst *Hormone* zu nennen: TSH und ACTH aus der Adenohypophyse regulieren beispielsweise die Zellproliferation in der Schilddrüse bzw. in der Nebennierenrinde; Estrogene und Gestagene des Ovars steuern die zyklische Regeneration des Endometriums. Der bekannte Tagesrhythmus der proliferativen Aktivität (z. B. liegt das Mitosemaximum des Plattenepithels beim Menschen in den Nachtstunden) wird auf zyklische Änderungen in der Freisetzung von Adrenalin und Corticosteroiden zurückgeführt. Daneben existieren noch nicht näher identifizierte hämatogene Einflüsse auf die Vorgänge der Zellerneuerung: Der Proliferationsanstieg in der Leber nach 2/3-Hepatektomie ist bei Parabioseexperimenten mit einer Zunahme der Mitoseanzahl in der Leber des nichtteilhepatektomierten Paarlings verbunden. Nieren und Milz zeigen nach der partiellen Hepatektomie veränderte Einbauraten von ^{3}H-Thymidin. Diese Phänomene können nicht allein aus den metabolischen Gegebenheiten nach der 2/3-Hepatektomie erklärt werden.

Zu den lokal wirksamen proliferationsfördernden Einflüssen rechnen vor allem örtliche Schwankungen der Hemmstoffkonzentration. Es handelt sich bei den Hemmstoffen um von den differenzierten Zellen der gleichen Population gebildete, gewebsspezifisch und artunspezifisch wirkende Glycoproteine, die als *Chalone* bezeichnet werden. Normalerweise blockieren Chalone die Zellproliferation, ihre Konzentrationsminderung setzt die Proliferation in Gang. Chalone können den Zellzyklus in verschiedenen Phasen abstoppen (G_1-Chalone, G_2-Chalone). Sie wurden aus der Epidermis, der Leber, dem Knochenmark und aus Fibroblastenkulturen isoliert.

Weitere Faktoren, die die Regeneration beeinflussen, sind die Größe des Gewebsdefekts, die funktionelle Beanspruchung und Blutversorgung des Regenerats, Alter und Ernährungszustand des Gesamtorganismus sowie humorale und Umweltfaktoren.

Sachwortverzeichnis

Abbauprozesse, intrazelluläre 82
Aberration, numerische 72
Abklatschmetastasen 265
Ablesefehler 35
Abmagerungszustände, endokrin bedingte 146
Abnutzungstheorie des Alterns 62
Abort, krimineller 188
Abscheidungsthrombus 184
Absorption, perkutane 251
Abszeß, 213, **215**, 217
–, Resorptionszone 217
Abszeßmembran 217
Abwehr, immunologische 229
–, spezifische 229
–, Versagen der immunologischen 254
Abwehrsystem, menschliches 229
Abweichungen, genetische 34
Adamantinom 276
Adaptabilität 39, 41, 64
Adaptation 19, 39, **41**, 174, 259
–, biologische Bedeutung 176
–, Prinzip 19
Adaptationsmängel, ontogenetische 20
–, phylogenetische 20
Adaptationsvorgänge 176
Addison-Krankheit 146
Adenokarzinom 270
Adhäsionen, fibröse 133
Adipositas 50, 141
Adriamycinschaden 53
Aflatoxine 273
Ageneration 113
Agenesie 114, 305

Agenzien, alkylierende 273
Agglutination, irreversible 185
Agonie 29
Ahornisirupkrankheit 294
AIDS 235
Akranie 305
Alkaptonurie 294
Alkoholabusus 104
Alkoholismus, chronischer 104
Allergen 241, 242
Allergie 238
Allgemeindisposition, pathologische 21
Allotransplantation 256
Alter, biologisches 66
–, kalendarisches 66
Alteration 206
Altern 22, 40, **60**, 311
–, Definition 61
–, Erscheinungsformen 63
–, primäres 63
–, sekundäres 63
–, Veränderungen, allgemeine 63
–, –, spezielle 63
Alternsprozesse 35
Alternstheorien 61
Alternsveränderungen, Beeinflussung 65
Altersatrophie, braune, des Herzens 64
Altersdisposition 21
Altersektasie 64
Altersfibrose des Herzens 64
Alterskrankheiten 65, **66**
Altersnorm 66
Altersschwäche 22
Alterstod 67
Amelie 307
Amöben 59
Amputationsneurom 318

Amyloid 125
–, seniles 126
–, Ultrastruktur 125
Amyloidose 125
–, generalisierte 125
–, hereditäre 126
–, idiopathische 126
–, kardiovaskuläre 64, 126
–, lokale 125
–, Pathogenese 127
–, primäre 126
–, sekundäre 126
Amyloidosen, Einteilung 125
Anämien, autoimmunhämolytische 245
Anaphylaxie 243
–, generalisierte 243
–, inverse passive 243
–, lokale 243
–, passive 243
–, –, kutane 243
Anaplasie 266
Anasarka **199**, 308
Anenzephalie 305
Aneuploidie 38, 266
Angiopathie, diabetische 151
Anisonukleose 266
Anisozytose 266
Ankylostoma duodenale 60
Anoxie 170
Anpassungsfähigkeit 19
Anpassungsmechanismen 16
Anpassungswachstum, Reversibilität 261
antibody-dependent cell mediated cytotoxicity 249
Antigen-Antikörper-Komplexe, lösliche 246
Antigene 229
–, embryonale 253
–, karzinofötale 286

–, organspezifische 285
–, tumorassoziierte 254
–, tumorspezifische 254
Antikörper, humorale 239
–, zytotoxische 244
Antikörpermangelsyndrom 235
Antimetabolite 289
α-1-Antitrypsinmangel 135, 140
Aplasie 114, 305
Arbeitshyperämie 178
Arboviren 57
Argyrose 98
Arhinenzephalie 307
Artdisposition 21
Arteriosklerose 144
Arthritis, rheumatoide 136
Arthus-Reaktion 246
Ascaris lumbricoides 60
Aschoff-Knötchen 136, 223
Asphyxie 166, 170
Aspiration 166
Asthma bronchiale 135, 244
Aszites 199, 202
–, chylöser 201
Atelektasen 168
Atemluft, Störungen 165
Ätiologie 24, 34
Atmung, Störungen der äußeren und inneren 164
–, – der zellulären 168
Atrophie 113, 114
–, braune 50, 115
–, einfache 114
–, entdifferenzierende 114
–, gallertige 115
–, numerische 114
–, β-Zellen 150
Atypien 265
Ausdauer, Training der physischen 175
Ausdauertraining 174
Ausheilung, narbige, der Entzündung 228
Autoaggressionskrankheiten 252
–, Formen, klinische 253
Autoantigene 229
Autoimmunität, nicht organspezifische 253
–, organspezifische 253
Autoimmunkrankheiten 252

Autolyse 160, 163
–, postmortale 118
Autophagie, zelluläre 88
Autophagieprozeß 88
Autophagozytose 97, 115
Autosit 303
Autotransplantation 255
Azidose, respiratorische 198

Bakteriämie 226
Bakterien 58
Bakterienmetastasen 226
Bandwürmer 60
Basaliom 270
Basalmembran, Kollagen 120
–, Pathologie 135
BCG-Schutzimpfung 220
Berufskrankheiten 32
Berylliose 222
Bild, morphologisches, der Entzündung 212
Bilharziose 59
Bilirubin 98
Bindegewebe, Bestandteile 119
–, Erbkrankheiten 138
–, Pathologie 119
–, Transformation, lipomatöse 143
–, Umwandlung, hyaline 124
–, Veränderungen, altersbedingte 121
–, –, regressive 122
Bindegewebserkrankungen, immunreaktiv ausgelöste 135, 138
Bindegewebstypen 119
blasige Entartung 78, 107
Blastogenese 301
Blastopathien 301
Bleomycinschaden 53
Blockmutationen 38
Blutaspiration 194
Blutdruck, Störungen 189
Blutdruckkrisen 191
Blutpfropfembolie 188
Blutungen 193
–, akute 194
–, arterielle 193
–, chronische 194
–, Erscheinungsformen 193

–, Folgen 194
–, meningeale 194
–, okkulte 194, 269
–, parenchymatöse 193
–, subdurale 194
–, Ursache 193
–, venöse 193
Blutversorgung, kollaterale 169
B-Lymphozyten 230
Brand, feuchter 159
Bronzediabetes 98
Burkitt-Lymphom 274
Bursaäquivalent 230
Bürstensaum-Membranerkrankungen 112
Buttergelb 271
B-Zellenadenom 154
B-Zellenveränderung, hydropische 150

Caissonkrankheit 188
Calcinosis circumscripta cutis 128
Calciumsalzablagerungen 127
Calor 202, 208
Carcinoma medullare 270
– scirrhosum 270
– simplex 270
Ceroid 97
Chalone 320
Cheilognathopalatoschisis 305
Cheiloschisis 305
Chiragra 129
Chlamydien 58
Chloasma 98
Cholesteatom 144
Cholesterolesterverfettung 143
Chondrome 87
Chorestien 306
Chorionepitheliom 271
Chromatin, genetisch inaktives 64
Chromosom, inkomplettes 36
–, ringförmiges 36
–, Strukturveränderung 71
Chromosomenaberrationen 56
–, numerische 36

322

Chromosomenanomalien 72
Chromosomenmutationen 35, 36
Chromosomenveränderungen, Charakterisierung 296
Chylomikrone 144
Chylothorax 201
Coeruloplasmin 156
Concanavalin A 233
Conn-Syndrom 191
Contergan 297
Cor pulmonale, akutes 189
- -, chronisches 192
Corynebakterium diphtheriae 59
Councilman-Körperchen 107
Coxsackieviren 57
Cri-du-chat-Syndrom 296
Crook-Körper 108

Darminfarkt, hämorrhagischer, und Schock 198
Daseinsweise, gesellschaftliche 15, 32
Daten, zellkinetische, beim Menschen 313
Dauergewebe 311
Defekt, genetischer 35
Defektheilung 30, 181, 210
Defektimmunopathien 235
-, angeborene 235
-, erworbene 235
Degeneration 116
-, basophile 64
-, fibrinoide 123
-, lentikuläre 156
-, mukoide 122
-, unspezifische 117
Deletion 36, 38
Dermatomykose 59
Dermatomyositis 137
Dermatosen, präkanzeröse 284
Desmin 101, 288
Determinanten, antigene 244
Determiniertheit, genetische 19
Determinismus 17
Diabetes insipidus 146
- juvenilis 149

- mellitus 102, **147**
- -, Erwachsenentyp 147, 149
- -, extrainsuläre Befunde 151
- -, insulinabhängiger 149
- -, insulinunabhängiger 149
- -, latenter 147
- -, manifester 147
- -, nicht insulinpflichtiger 149
- -, Pathogenese 150
- -, primärer 147
- -, sekundärer 147, 151
- -, Virusgenese 150
Diagnose 24
Diagnostik 24
Diapedeseblutung 194
-, Folge 1'94
Diathese, generalisierte hämorrhagische 196
-, hämorrhagische 194
Differentialdiagnose 24
Differenzierung 40, **68**
Differenzierungsphase, pränatale 44
Differenzierungsphasen, kritische, des ZNS 42
Diffusionsstörungen 167, 168
Dignität, biologische 264
-, klinische 264
Dioxin 300
2,3-Diphosphoglycerat 175
Diprosopus 303
Dipygos 303
Disposition 16, **21**, 35, 38, 39, 277
-, individuelle, konstitutionelle 21
-, konstitutionelle 22
-, zeitliche 21
DNA-Polymerase 275
-, Reparaturmechanismen 35
Dolor 202
Doppelbildungen 303
-, freie asymmetrische 303
-, freie symmetrische 303
-, zusammenhängende asymmetrische 303
-, - symmetrische 303

Down-Syndrom s. Trisomie 21
Druck, hydrostatischer 199
-, kolloidosmotischer 199, 200
Druckatrophie 265
Druckumkehr 189
Duplicitas completa 303
- incompleta 303
Duplikation 36
Dupuytren-Palmarfibromatose 133
Durcblutungsstörungen, arterielle 179
Dynamismus 17
Dysfunktion, lysosomale 93
Dyslipoproteinämie, familiäre 145
Dysplasie 113, 265, **266**, 319
Dysraphien 305
Dystrophie 113, 116

Echinococcus granulosus 60
- multilocularis 60
Echoviren 57
Ectopia cordis 305
- nuda 305
- viscerum 305
Edwards-Syndrom s. Trisomie 18
Effekt, zytopathischer **56**, 275
Effektorsysteme, immunologische 233
Ehlers-Danlos-Syndrom 138
Eibettstörungen 299
Eigenschaften, biologische, des Menschen 15
Einschlußkörperchen 56
-, asteroide 222
-, intranukleäre 57
-, intrazytoplasmatische 57
-, konchoide 222
Einzelfehlbildung 305
Einzelfehlbildungen, nicht klassifizierbare 306
Eisenstoffwechselstörungen 155
Eiter 209
Eiweißabbau, vermehrter 146
Eiweißaufnahme, unzureichende 146

21*

323

Eiweißmangel 50
–, chronischer 299
Ektasie, senile 135
Ektotoxin 58
Elastizitätshochdruck 191
Elastose, aktinische 135
–, lamelläre 135
–, senile 135
Elephantiasis 201
Embolie 179, 187, **188**
–, direkte 188
–, Folgen 189
–, Fremdkörper 188
–, indirekte oder paradoxe 189
–, Körper, fester 188
–, –, flüssiger 188
–, –, gasförmiger 188
–, Kreislauf, arterieller 189
Embolisation 266
Embolus 188
Embryopathien 300
Empfindlichkeit, unterschiedliche 157
Empyem **214**, **215**
Endokrinopathien 154
Endometriosen 306
Endomitose 71
endoplasmatisches Retikulum, Pathologie 77
Endoreduplikation 71
Endotoxin 58
Endotoxinschock 197
Energiemangelinsuffizienz 189
Energiemangelverfettung 142
Energiereserve 169
Enhancement 255, 257, 287
Entdifferenzierung 115
Enterobakterien 58
Enteropathie, exsudative 146
Entgleisung, proliferative, des Immunsystems 236
Entität, nosologische 28
Entwicklungsstörungen s. Fehlbildungen
Entzügelungshochdruck 191
Entzündung 200
–, abszedierende 215
–, akute **210**, 213
–, – rundzellige 214

–, Bedeutung, biologische 228
–, Bild, klinisches 213
–, bullöse 216
–, chronische 213, **226**
–, chronisch-rezidivierende 226
–, Definition 204
–, Durchblutungsstörungen 213
–, Einteilung 213
–, eitrige 214
–, erosive 215
–, exsudative 210, **213**
–, fibrinöse 214
–, Folgen 226
–, gangräneszierende 216
–, granulierende 216
–, granulomatöse 218
–, hämorrhagische 214
–, Heilung 227
–, – mit Defekt 227
–, Kardinalsymptome 202
–, katarrhalische 215
–, Kennzeichnung 203
–, Komplikationen 226
–, nekrotisierende 215
–, organisierende 216
–, Pathogenese, formale 205
–, –, kausale 204
–, perakute 213
–, phlegmonöse 215
–, proliferative 210, 216
–, pseudomembranöse 215
–, pseudomembranös-nekrotisierende 215
–, Reaktion, allgemeine, des Gesamtorganismus 224
–, Reize, endogene 204
–, –, exogene 205
–, Restitutio ad integrum 227
–, seröse 214
–, serös-schleimige 214
–, sog. spezifische 218
–, subakute 213
–, subchronische 213
–, ulzerierende 215, 218
–, verschorfende 215
–, Vorgänge, immunologische 226

–, Zellen, beteiligte 211
–, zellig-proliferative 216
Entzündungsbegriff 203
Entzündungsformen, besonders charakterisierte 218
Enzephalozele 305
Enzymdefekte 293
Enzymsystem, mikrosomales 274
Epidermiszysten 306
Epignathus 303
Epikanthus 295
Epitheloidzellen **218**, 219
Epitheloidzellgranulom 248
Epstein-Barr-Virus 237
Erhaltungsreiz 176
Erkrankungen, rheumatische 136
Erosion 215
Erreger, bakterienähnliche 58
Erythroblastose 308
Evolution 16, 17
Exozytose 94
Expressivität 35
Exsudat 200, **208**

Fabry-Syndrom 294
Faktoren, chemotaktische 209
–, genetische 34
–, proliferationsauslösende 320
–, regenerationssteuernde 319
Fasziitis, noduläre 134
Fäulnis 163
Fehlbildungen 35, 289
–, Alter der Mutter 299
–, Ätiologie 291
–, Chromosomenanomalien 295
–, Definition 289
–, Einteilung 300
–, Faktoren, chemische 297
–, –, mechanische 299
–, Faktorenspezifität 303
–, Folgen 307
–, genetisch bedingte 293
–, Häufigkeit 290
–, Häufigkeitsunterschiede, geschlechtsbedingte 291
–, Infektionen 298

324

-, monogene 293
-, peristatische 297
-, Phasenspezifität 302
-, polygene 293
-, Sauerstoffmangel 299
-, Schäden, alimentäre 299
-, Strahlen, ionisierende 298
-, Ursachen, endogene 292
-, -, exogene 296
Fehlernährung 50, 146
Fehlregenerat, endogenes 275
Ferritin 97, 155
Fetopathien 290, 307
-, diabetische 309
-, entzündliche 307
-, hämolytische 308
Fettembolie 188
Fettgewebsnekrosen 159
Fettkörnchenzelle 143
Fettleber 142
Fettleibigkeit, Folgen und Komplikationen 141
Fettsucht, zerebrale 141
Fettsynthese, vermehrte 142
Fettwachsbildung 164
Feuersteinleber 308
Fibringerinnung 185
Fibrinthrombus 179
Fibroelastose 135
Fibromatose, pseudosarkomatöse 134
Fibromatosen 133
Fibromatosis colli 134
Fibronectin 101
Fibrose, Ätiologie und Pathogenese 129
-, Erscheinungsformen, morphologische 129
Fibrosen 129
Fieber, akutes polyarthritisches 136
-, rheumatisches 136, 223
Filamente 85
-, intermediäre 288
Finalitätsprinzip 20
Fleckfiebergranulom 223
forbidden clons 253
Fremdkörpergranulom 223
Fremdkörperriesenzellen 73, 143, 223
Fruchtwasserembolie 188

Fructoseintoleranz, hereditäre 293
Frühinfiltrat, exsudatives 222
Frühmetastasen 267
Functio laesa 202
Fundamentaltheorie des Alterns 62
Funktionsausfall, irreversibler 173
-, reversibler 173
Funktionsphase, postnatale 44
Funktionsstoffwechsel 69
Funktionsstörung, Phase der zunehmenden 173

Galactosämie 293
Callepigment 97
Gallertkarzinom 270
Gametopathien 291, 300
Gangliosidosen 294
Gangrän 159
-, echte 159
-, trockene 159
Ganzkörperbestrahlung 52
Gargyolismus 294
Gedächtniszellen 233
Gefäßarrosion 194
Gefäßbindegewebsapparat s. Histion
Gefäßwandschädigung, hypoxämische 194
Gelenkrheumatismus, akuter fieberhafter 247
Genamplifikation 279
Genexpression 41, 279
-, Störungen 34, 38
Genmutationen 35, 38
Genotyp 34
Genrealisation 34
Gerinnung, disseminierte intravaskuläre 196
Gerinnungsfaktoren, Bildungsstörungen 194
-, Störungen der plasmatischen 194
-, Umsatzstörungen 194
Gerinnungsthrombus 184
Gerüstkollaps 132
Geschlechtschromosomen, fehlende oder überschüssige 73

Geschlechtsdisposition 21
Geschwulstwachstum 261
Gesundheit 15, 33
Gewächsmetastase 188
Gewebe, strahlenreaktive 51
-, strahlenresistente 51
-, strahlensensible 51
Gewebsdefekte, chronische 217
Gicht 94, 128
-, interkritische 129
-, polyartikuläre chronische 129
Gichtanaloge, asymptomatische 129
Gichtanfall, akuter 129
Glia Fibrillar Acidic Protein 101, 288
Glomerulosklerose, diffuse 152
-, noduläre 152
Glottisödem 201
Glucagonom 154
Glycogen 102
Glycogenmenge, Vermehrung 102
Glycogenosen 293
Glycogenschwund 155
Glycogenspeicherkrankheiten 102
Glycogenspeicherung 155
Glycolyse, anaerobe 155, 172
Glycoproteine 103
Glycosaminoglycane 103
Goldblatt-Phänomen 190
Golgi-Apparat, Pathologie 81
Gonagra 129
Goodpasture-Syndrom 155
G_1-Phase, Störungen 70
G_2-Phase, Störungen 71
Grading 269
Graft versus Host reaction 257
Granulationsgewebe 162, 209, 216, 218, 227, 314
Granulationsgewebspolyp 216
Granulom, eosinophiles 146
-, lipophages 159
-, pseudotuberkulöses 223

325

–, rheumatoides 223
–, sarkoidöses 222
–, tuberkulöses 219
Granulomatose, aggressive histiozytäre 146
Granulome 218
–, tuberkuloseähnliche 219
–, tuberkuloseunähnliche 223
Granulozyten 212
Grundplasma, Pathologie 107
Grundsubstanzentmischung 123
Guarneri-Körper 108

Hämatoidin 98, 155, 187
Hämatome 194
Hämochromatose 98, 156
Hämolyse 308
Hämosiderin 98, 155, 187
Hämosiderose 97, 98
–, allgemeine 155
–, lokale 155
Hand-Schüller-Christian-Krankheit 145
Haptene 251
Hautwunden, Heilung 314
Heinz-Innenkörper 108
Hemiacardiacus 303
Hemikranie 305
Hemizephalie 305
Hemmer, DNA-Aktivität 289
Hemmungsfehlbildung 305
Hepatitis epidemica 298
Herpesviren 57
Herzbeuteltamponade 194
Herzfehlerzellen 155
Heterochromatin 64
Heterokrasie 23
Heterologien 23, 66
Heterolyse 160
Heterometrie 23
Heterophagie 91
Heterotopie 23
Heuschnupfen 244
Hirntod 162
Histion 203, 204
Histiozyten, 234
Histiozytose, lipochrome 93
Histiozytosis X 146

Histokompatibilitätsgene 256
Histolyse 264
Hitzefolgen 52
Hitzekollaps 52
HLA-Komplex 256
Holoacardiacus acephalus 303
– acormus 303
– amorphus 303
Homogentisinsäure 99
Homöostase 19
Homozytotropie 242
Hüftgelenksluxation, angeborene 291
Hunger 146
Hungerödem 50, 201
Hutchinson-Trias 307
Hyalin 106, 124
–, bindegewebiges 124
–, epitheliales 107, 125
–, intrazelluläres 106
–, vaskuläres 125
Hyalinkörper, alkoholische 106
Hydroperikard 199
Hydrops 199, 308
– universalis congenitus 308
Hydrothorax 199
Hypalbuminämie 50
Hyperämie 177
–, aktive 177, 178
–, Folgen der passiven 178
–, kompensatorische 178
–, passive oder venöse 177, 178, 187
–, terminale 177, 178, 208
Hypercalcämie 128
Hypercholesterolämie 145
Hyperchromasie 266
Hyperfibrinolyse 194
Hyperglycämie 154
Hyperkeratose 106
–, parakeratotische 318
Hyperlipidämie 50
–, sekundäre 145
Hypermineralocorticoidismus 191
Hyperparathyreoidismus, sekundärer 128
Hyperphosphatämie 128
Hyperplasie 113, 114, 259

Hyperthyreose 191
Hypertonie, endokrine 190
–, essentielle 190, 191
–, Folgen 192
–, kardiovaskuläre 191
–, Kreislauf, großer 190
–, –, kleiner 192
–, neurogene 191
–, portale 178, 192
–, Regulationskrankheit 191
–, renale 190
–, renoparenchymale 190
–, renovaskuläre 190
–, symptomatische 190
–, Todesursachen 192
Hypertrophie 113, 114, 259
–, adaptive 114
–, Anpassungswachstum 261
–, Genese, formale 261
–, –, kausale 260
–, kompensatorische 114, 261
–, physiologische 114
D-Hypervitaminose 147
Hypoglycämie 154
Hypogonadismus 146
Hypoplasie 113, 114, 305
Hypothermie 52
Hypovitaminosen 50, 146
–, latente 147
–, manifeste 147
Hypoxie 170
Hypoxydose 170
–, histotoxische 171
–, hypoxische 171
–, Substratmangel 171
Hysterese 63

Icterus gravis 308
Idiotie, amaurotische 294
Iliopagus 303
Immotile-Zilien-Syndrom 112
Immundefekte 35, 293
Immunität 229, 238
Immunkoagulopathien 194
Immunkomplex-Glomerulonephritis 247
Immunkomplex-Reaktion 245
Immunleukopenien 245

Immunmangelsyndrom 235
Immunmangelzustände 235
Immunoblasten 232
Immunpathologie 229
Immunphänomene, Formen der pathogenen 239
–, pathogene vom zellvermittelten Typ 247
Immunproliferationskrankheiten 236
Immunselektion 287
Immunsuppression 250
Immunsystem 230
–, Funktionsstörung 255
Immuntherapie 288
Immunthrombozytopenie 245
Immuntoleranz 250, 255
–, fehlende 252
Impfmetastasen 268
Implantation 266
Individualität 21
Induktion 38
– von Enzymen 56
Infarkt 180, 189
–, anämischer 181
–, Aufbau 180
–, hämorrhagischer 181
–, inkompletter 184
–, septischer 181
–, subtotaler 181, 184
Infarktrandzone 180
Infektallergie 248
–, zellvermittelte 251
Infektionen, opportunistische 235
Informationen, Störungen der genetischen, und Kanzerogenese 281
–, Veränderungen der genetischen 35
Informationsverlust 34
Informationswandel 34
Initiierungsphase 56, 282
Inklusion, fetale 303
–, sphärische 108
Inselamyloidose 151
Inselfibrose 151
Inselzellhyperplasien 154
Insertio velamentosa 299
Insertion 38
Insertionsanomalien 299
Insulinom 154

Insulitis, lymphoidzellige 150
Interferon 247
Intermediärfilamente 100, 101
Intervall, störungsfreies 173
Invasion 264, 266
Inversion 36, 71
Involution 114
Ischämie 179
–, relative 181, 182, 187
–, –, Folgen 183
–, –, Ursachen 182
–, totale 179, 187
–, –, Folgen 179
Ischiopagus 303
Isoantigene 285
Isochromosome 36
Isotransplantation 255

Kachexie 269
–, Simmonds 146
Kalkherd, tuberkulöser 221
Kälteeinwirkung, allgemeine 52
Kälteschäden, lokale 52
Kanzerogen, proximales 273
–, ultimales 273
–, Wirkform, reaktive 273
Kanzerogene, Doppelwirkung 287
Kanzerogenese 35, 278
–, Ablauf, formaler 282
–, Deletionstheorie 280
–, Derepressionstheorie 281
–, Mutationstheorie 280
–, Treffertheorie, physikalische 280
Kanzerogenität 273
Kaposi-Sarkom 235
Kardiomegalie 154
Kardiomyopathie, idiopathische 86
Karyolyse 75, 117, 159
Karyorrhexis 75, 117, 159
Karzinom 263, 270
–, solides 270
Katzenkratzkrankheit 223
Keimversprengungstheorie 276
Keimzellmutation 35
Keloide 133
Kephalopagus 303

Keratin 101
Kernikterus 308
Kerninklusionen 76
Kern-Plasma-Relation, gestörte 266
Kernpolymorphie 265
Kernwandhyperchromatose 74, 117
Klassifikation 24
Klinefelter-Syndrom s. Trisomie XXY
Koagulationsnekrose 53, 117, 158
Kohlenhydratstoffwechsel, Störungen 147
Kohlenwasserstoffe, polyzyklische 271
Kokarzinogene 273, 284
Kollagen, atypisches 133
–, Biosynthese 119
–, interstitielles 120
Kollagenabbau, gesteigerter 124
Kollagenolyse 124
Kollagenose 136
Kollagentypen 120
Kollaps 195
Kolliquationsnekrose 118, 153, 158
Kollisionstumore 271
Koma diabeticum 154
Kompensation 177, 259
Komplement 244
Konditionierung 169, 174
Konstitution 21, 39
–, neurasthenische 22
–, rheumatische 22
Konstitutionstypen, pathologische 22
–, physiologische 22
Kontakthemmung 262, 283
Kontaktüberempfindlichkeit 248, 251
Korallenstockthrombus 185
Körper, parakristalline 85
Korpuskularstrahlen 51
Kraniopharyngeom 276
Kranioschisis 305
Krankheit 17, 22, 23, 33
–, menschliche 15, 31
Krankheiten, chronische 30
–, humanspezifische 32
–, humantypische 32

327

–, lysosomale 106
–, organische 26
–, psychische 27
–, psychosomatische 27
Krankheitsaufnahmebereitschaft 21
Krankheitsausgänge 29
Krankheitsbedingungen, innere 21, 34, 39
Krankheitsbegriff 15, 31
Krankheitsbewältigung 33
Krankheitsbewußtsein 32
Krankheitseinsicht 33
Krankheitsempfinden 24
Krankheitsentstehung 24
Krankheitserkennung 23
Krankheitserreger, opportunistische 57
Krankheitsfolgen 29
Krankheitsformen 16
Krankheitsmanifestation 26
Krankheitsmerkmale 15
Krankheitsstadien 28
Krankheitsursachen, äußere 34, 48
–, belebte äußere 54
–, chemische 53
–, innere 34
–, mechanische 51
–, strahlenbedingte 51
–, thermische 52
–, unbelebte 48
Krankheitsverlauf 27
Krebsinzidenz 261
Krebszellembolie 188
Kreislaufstörungen 177
–, allgemeine 177
–, örtliche 177
Kreuzreaktion, immunologische 253
Krinophagie 88
Krötenkopf 305
Kümmerkrankheit 257
Kupfermangel, chronischer 156
Kupferstoffwechselstörungen 156
Kwashiorkor 50, 147
Kyematopathien 300
K-Zellen 249

Langhans-Riesenzellen 73, 218, 219

Latenzstadium 28
Latenzzeit 239
Leben 17
Leberegel 59
Leberschäden, Ödem 201
LE-Faktor 138
Legionärskrankheit 58
Leiden, altersbegünstigte 67
Leistungen, biologische 18
Letalfaktoren 41, **290**
Letalität 164
Letterer-Siwe-Krankheit 146
Leukodystrophie, metachromatische 294
Leukoplakie 318
Leuzinose s. Ahornsirupkrankheit
Lidödem 201
Linksverschiebung 224
Lipide 144
Lipidspeicherungskrankheiten 106, **145**
Lipidstoffwechsel, gestörter 103, **141**
Lipofuscin 97, 115, 116
Lipogranulom 143
Lipoidgranulomatose Typ Hand-Schüler-Christian 146
Lipomatose, lokale 141
Lipomatosis cordis 50
Lipophagen 104
Lipoproteine 144
Lippe-Kiefer-Gaumenspalte 291
Listeria monocytogenes 59
Listeriose 307
Lochkerne 76
Lues connata 307
Luftembolie 188
Lunge, feuchte s. Schocklunge
Lungenembolie, massive 189
Lungenfibrose, interstitielle 133
Lungenhämosiderose 155
Lungeninfarkt, hämorrhagischer 189
Lungenödem 201
Lungentuberkulose, azinösnodöse 221

–, bronchogen-kanalikuläre Ausbreitung 221
Lupus erythematodes 137
Lymphadenopathie, angioimmunoblastische 237
Lymphknotentuberkulose 221
Lymphödem 200
Lymphogranuloma inguinale 223
Lymphogranulomatose 222
Lymphokine 247
Lymphome 237
Lymphozyten 212
–, spezifisch sensibilisierte 250
Lymphozytenproliferation, pathologische 236
Lysosomen 87

Makroangiopathie, diabetische 151
Makroglobulinämie Waldenström 238
Makrophagen 234
Maladaptation 48
Malaria 59
Malignität, Kriterien 264
–, –, zytologische 265
–, potentielle 284
Mallory-Körperchen 106
Mangelernährung 48
Manifestationsstadium 28
Marfan-Syndrom 22, 138
Maschendrahtfibrose 132
Masern 198
Mechanismen, regulative 29
Mediatoren **206**, 240
–, serogene 206
–, zytogene 206
Medizin, praktische 15
Megamitochondrien 85
Mehrbelastung, funktionelle 182
Mehrfachfehlbildungen 301
Melanin, 98
Melanom, malignes 271
Membranen, anulierte 78
–, hyaline 167, 198
Membranpotential, Zusammenbruch 173
Membranverlust 112
Meningomyelozele 305

Meningomyelozystozele 305
Meningozele 305
Metaplasie 318
–, intestinale 319
Metastase 188
–, bakterielle 188
Metastasen, latente 267
–, liquorgene 268
–, Lokalisation 267
Metastasierung 266
–, hämatogene 267
–, intrakanalikuläre 268
–, lymphogene 267
–, Organotropie 268
–, Pathogenese, formale 266
Metastasierungstypen 268
Mikroangiopathie, diabetische 135
Mikroembolie 168, 192
Mikrofilamente 100, 288
Mikromelie 307
Mikroperoxisome 100
Mikrosegregation 80
Mikrothromben 197
Mikrotubuli 100, 101, 288
Mikrovilli 110
Mikrozephalie 307
Mikrozirkulation, Störung 178
–, –, primäre 197
Milchglas-Zellen 80
Mineralstoffwechsel, Störungen 155
Mischtumore 271
Mißbildungen s. Fehlbildungen
Mitochondrien, Pathologie 82
Mitochondrienkörper, osmiophile 117
Mitochondriome 87
Mitochondriopathien 85
Mitochondriosis, alkoholische 85
Mitose, mulitpolare 71
–, Störung 71
Mitosezyklus 69
–, Störungen 69
Modell, teratogenes 297
Modulation 47
Molekularsiebeffekt 63
Mononucleosis infectiosa 237

Monosomie 37
Monosomie X 294
Monozyten 212
Morbus 26
– Alzheimer 135
– Cushing 154, 191
– Gaucher 294
– hämolyticus neonatorum 308
– Hurler 294
Mortalität 164
Mosaikbildung 37
Mucopolysaccharidose 139
Mukoviszidose 103
Multivalenz, funktionelle 39
Mumifikation 159, 164
Mumps 298
Mutagenität 273
Mutation 34, 35, 42, 279
Mutationen, induzierte 35
–, somatische 35
–, spontane 35
Mutationstheorie des Alterns 62
Myelinstrukturen 85
Myelom, multiples 238
Myeloperoxidasemangel 93
Mykoplasmen 58
Myopathie, mitochondriale 85
Myxoviren 57

Nahrungsaufnahme, Störungen 48
Nahrungsmittelallergien 244
Narbengewebe 217
Nebenkerne, ergastoplasmatische 78
Nebennierenkeime 306
Negri-Körper 108
Nekrobiose 118, 209
Nekrobiosis lipoidica 153
Nekrose 52, 117, 157, 158, 172, 174
–, anämische 159
–, Ätiologie und Pathologie 160
–, Bild, mikroskopisches 159
–, disseminierte 184
–, fibrinoide 123, 159
–, gangränöse 159
–, hämorrhagische 159, 198

–, histotoxische 160
–, hypoxämische 161
–, ischämisch bedingte 161
–, käsige 158
–, mechanisch bedingte 161
–, Morphologie 158
–, Reparatur 161
Nekrosezone, zentrale 180
Neoplasie 261
Nephrokalzinose 128
Nephropathie, diabetische 152
–, membranöse 135
Nephrose, lipämische 50
Nesidioblastose 154
Neurofilamente 101, 288
Niemann-Pick-Krankheit 294
Niemann-Pick-like-Syndrom 95
Non-disjunction 37, 71
Non-Hodgkin-Lymphom 237
Nosographie 24, 28
Nosos 26
Notomelus 303
Nucleolus, Strukturveränderungen 76
Nucleolushypertrophie 76
Null-Zellen 234

Ochronose 99, 294
Ödem 199
–, angioneurotisches 201
–, aryepiglottische Falten 166
–, Ätiologie 200
–, Ätiopathogenese 199
–, entzündliches 200, 209
–, Folgen 201
–, generalisiertes 199
–, interstitielles 167
–, –, Lunge 198
–, intraalveoläres 167
–, lokales 199
–, mechanisches 200
–, renales 201
–, toxisches 200
Ödemsklerose 132
Ökosystem 53
Ölgranulome 143
Onkogen 279

Onkogentheorie 279
Onkozytome 87
Ordnung, funktionsdienliche 18
–, Prinzip der biologischen 18
Organe, primäre lymphatische 230
–, sekundäre lymphatische 231
Organfibrosen 133
Organisation, bindegewebige 181
–, bionome 18, 20
–, –, Mängel 21
–, Redundanz der inneren 39
Organisationsperiode 302
Organismus, Reaktionsverhalten 39
Organmykose 59
Osteogenesis imperfecta 138
Osteoporose 50
Otozephalie 307
Oxydation, biologische 164
Oxyuris vermicularis 60

Pankreatitis, chronisch-obstruktive 151
Panoramawandel 28
Parakeratose 106
Parasit 303
Parenchymnekrose, elektive 183
Patau-Syndrom s. Trisomie 13
Pathibilität 18
Pathogenese 24, 26
–, formale 26
–, kausale 26
Pathogenesetyp, erster 26
–, zweiter 26
–, dritter 27
Pathologie, Zelle 68
Pathos 26
Perfusionsdruck 183
Perfusionsstörungen 168
Peromelie 307
Peroxisomen, Pathologie 99
Phagolysosomen 92
Phagozytose 91, 92
–, Störungen 92
Phänokopien 297

Phäochromozytom 154, 190
Pharmakogenetik 298
Phase, Auswirkungen der pathogenen Immunreaktion 240
–, Entzündung, biochemische, der 206
–, Leben, intermediäres 163
–, spezifische, der pathogenen Immunreaktion 240
–, unspezifische, der pathogenen Immunreaktion 240
Phenacitinabusus 135
Phenylketonurie 293
Philadelphia-Chromosom 72
Phlebolith 127, 187
Phokomelie 307
Phythämagglutinine 233
Picornaviren 57
Pickwick-Syndrom 50
Pigmente 96
–, endogene 98
Pigmentzirrhose 156
Pilze 59
Pinozytose 92
Plasmaproteinverlustsyndrom 146
Plasmaskimming 195
Plasmazellproliferation, pathologische 238
Plasma(zell)membran, Prozesse, pathologische 109
Plasmodien 59
Plättchenagglutination, reversible 185
Plattenepithelkarzinom 270
Plazentarzellembolie 188
Pneumokokken 58
Pneumonia alba 308
Pneumonie 167
–, gelatinöse 221
–, käsige 219
Pneumonosen 167
Pockenviren 57
Podagra 129
Polyarthritis, primär chronische 136, 223
Polyätiologie 24
Polychromasie 266
Polydaktilie 307
Polymorphismen 41

Polyneuropathie, diabetische 152
–, vegetative 153
Polyoperon cancer 281
Polypathie 67
Polyploidie 38, 266
Porphyrin 98
Postprimärtuberkulose 222
Poststase 179
Potential, neoplastisches 282
Prädiabetes 147
Präkanzerogen 273
Präkanzerose 284
Prästase 179, 208
Prävention 47
Primäraffekt 221
Primärherd, tuberkulöser 221
Primärinfektion 220
Primärkaverne 221
Primärkomplex, tuberkulöser 221
Primärphänomen 257
Prodromalstadium 28
Prognose 29
Proliferation 113, 209
Proliferationsphase 283
Proliferationszonen 310
Promotionsphase 283
Promotor 283
Prophylaxe 23
Prosopagus 303
Prostacyclin 185
Proteinmangel 50, **146**
–, nahrungsbedingter 146
Proteinmangelkrankheit 147
Proteinstoffwechsel, Störungen 146
Protovirustheorie 279
Protozoen 59
Prozesse, atrophische 82
–, einengende 179
Pseudohypertrophia lipomatosa 141
Pseudoinklusion 76
Pseudomelanose 163
Pseudomembran 214
Pseudoxanthoma elasticum 138
Pseudoxanthomzelle 143
Pseudozyten 162
Pterygium 295
Punktmutationen 38

Purpura cerebri 188, 189
-, idiopathische thrombopenische 194
Pyknose 75, 117, 159

Quincke-Ödem 166, 201

Rachischisis 305
Randzone, hämorrhagische 181
-, leukozytäre 181
Rassendisposition 21
Reagibilität 39, 64
Reagine 242
Reaktion, anaphylaktische 242
-, entzündliche 203
-, immunologische 229
Reaktionen, immunologische, gegen Tumoren 254
-, pathogene, durch Immunstimulation 249
-, - immunologische 229, 238
-, protektive immunologische 238
-, urtikarielle 244
-, zytotoxische 244
Raktionsfähigkeit 39
-, immunologische 250
Reaktivität 18, 273
-, individuelle 19
Realisationsfaktoren 34
Reduplikation, identische 19, 35
Regeneration 113, **309**
- und Differenzierungsstörungen 318
-, physiologische 309, **312**
-, reparative 309, **314**
-, -, Blutgefäße 316
-, -, Gelenkknorpel 317
-, -, Herzmuskulatur 315
-, -, Leber 317
-, -, Lunge 317
-, -, Magen-Darm-Schleimhaut 317
-, -, Nervensystem 318
-, -, Niere 317
-, -, Skelettmuskulatur 316
Regenerationsfähigkeit 113
Regulation, epigenetische 40

-, genetische 40, 41
-, Prinzip 19
-, systemeigene 17
Regulationskrankheit s. Hypertonie
Regulationsmechanismen 39
Regulationssystem, postnatales 44
Regulationssysteme, Organisation, hierarchische 40
Regulationstaubheit 262, 283
Reinfekt, endogener 221, 222
-, exogener 222
Reiz, teratogener 301
Reize, entzündungserregende 204
Rekonvaleszenzstadium 28
Renin-Angiotensin-Mechanismus 190
Reparation 202
Reparationsfibrose 217
Reparaturmechanismen, Störungen der zellulären 282
Repression 38
Residualkörper **94**, 116
Resistenz 16, **229**
Resorptionsstörungen, intestinale 147
Respiratorlunge s. Schocklunge
Restitutio ad integrum 28, 29, 210
- cum defectu 29
Retinitis proliferans 152
Retinopathia diabetica 152
Revertase 274
Rezidiv 28, 269
Rhabdoviren 57
Rheumaknoten s. Granulom, rheumatoides
Rheumatismus, akuter fieberhafter s. Fieber, rheumatisches
- nodosus 136
Rhexisblutungen 193
Rh-Inkompatibilität 308
Rhinoviren 57
Rickettsien 58
Riesenkinder 309

Riesenlysosome 93
Riesenmitochondrien 86
Riesenwuchs 259
Riesenzellen 73
- Ursachen 73
Rindennekrosen, Nieren 198
Rinderbandwurm 60
Ringchromosomen 71
Risikofaktoren 48
Risikofaktorentheorie 39
Röteln 296, 298
Rubor **202**, 208
Rundwürmer 60
Ruß 98
Russell-Körperchen 106

Sakralparasit 303
Sanarelli-Shwartzman-Phänomen 197
Sarkoidose 222
Sarkome 270
Sauerstoffangebot, Besonderheiten, örtliche 170
-, vermindertes 183
Sauerstoffbedarf, gesteigerter 182
Sauerstoffdruck, kritischer 170
Sauerstoffeffektivität 168
Sauerstoffkapazität 168
Sauerstoffmangel, akuter 172
-, -, Veränderungen, histochemische 172
-, -, -, histologisch-morphologische 172
-, -, -, metabolische 172
-, chronischer 174
-, Intensität 169
-, Pathogenese des Zelltodes 172
-, primärer 171
-, Reversibilität der Veränderungen 173
-, Toleranz, örtliche 173
Sauerstoffmangeladaptation 174
Sauerstofftoleranz 174
Sauerstofftransport 175
-, Störungen 168
Sauerstoffutilisation, verbesserte 174

331

Sauerstoffversorgung, Folgen einer gestörten 169
—, normale 164
Sauerstoffverwertung 175
Saugwürmer 59
Schädigung, zonale 198
Schadstoffkonzentration, Umwelt 53
Schaumzellen 104, 143, 217
Schlafkrankheit 59
Schneeberger Lungenkrebs 274
Schock 187, **195**
—, Ätiologie 196
—, anaphylaktischer 197
—, Definition 195
—, Einteilung 196
—, Elektrolyt- und Flüssigkeitsverlust 197
—, Erythrozytenagglutination, reversible 195
—, Folgen 197
—, Genese, formale 195
—, hämorrhagischer 196
—, hypovolämischer 196
—, kardiogener 196
—, Mikrothromben 196
—, neurogener 197
—, protoplasmatischer 197
—, septischer 197, 226
—, Stadium irreversibles 196
—, —, reversibles 195
—, Störungen, primäre, der Mikrozirkulation 196
—, traumatischer 51
—, Volumenmangel, relativer 197
—, Zentralisation 195
Schockleber 198
Schocklunge 198
Schockorgane **198**, 243
Schorf 159
Schweinebandwurm 60
Schwellung, trübe 107
Schwere-Ketten-Krankheit 238
Schwindsucht, galoppierende 221
Scirrhus 270
Segregation, autophagozytäre 88
Sekretion, regulierte 82

—, unregulierte 82
Sekundärphänomen 257
Selbstgefährdung, biologische 32
Selektion 42
Selektionsfaktoren 263, 292
Sensibilisierung 229, 239
Sepsis 226
— tuberculosa gravissima 219
Septikopyämie 226
Sequestrierung 162
Serumfaktoren, blockierende 255
—, deblockierende 255
Serumkrankheit 246
Sheehan-Syndrom 146
Siderin 155
Sideropenie 156
Siderophagen 155
Silikose 94
Simon-Lungenspitzentuberkulose 222
Sklerodermia circumscripta 137
Sklerodermie 137
Skleroproteine 106
Sklerose 133
Skleroseinseln 151
Skrotalkrebs 271
slow-Virus-Infektion 57
sludge, roter 195
—, weißer 196
Sludge-Phänomen 195
Smog 53
Soforttyp 239
Solitärkarzinogene 273
Sonnenstich 52
Spaltbildungen 305
—, dorsale 305
—, ventrale 305
Spätmetastasen 267
Spätrezidiv 269
Spättyp 239, 242
Speicherkrankheiten **94**, 140
—, lysosomale 94
S-Phase, Störungen 71
Sphingolipidosen 294
Spina bifida 291
— —, aperta 305
— —, occulta 305
Spindelapparat, Störungen 71

Spüleffekt 179
Stäbchenbakterien 58
Stabilität, erhöhte 63
—, Güte 39
—, innere 39
Stabilitätsbereich, Verbreiterung 176, 177
Staphylokokken 58
Staphylokokkeninfektion, granulomatöse 93
Stase 179
Stauung, chronische venöse 178
Stauungsinduration 133
Stauungsödem 200
Stenosen, angeborene 305
Sternberg-Riesenzellen 73
Steuerungssystem, pränatales 44
Stoffwechselanomalien 35
Stoffwechseldefekte 35
Stoffwechselkrankheiten, primäre 140
Stoffwechselregulation 40
Stoffwechselstörungen 140
—, sekundäre 140
Stoffwechseltheorie der Kanzerogenese nach Warburg 282
Störgröße 39
Störungen, primäre, der Mikrozirkulation bei Schock 196
—, —, — Makrozirkulation bei Schock 196
—, pulmonal restriktive 167
Strahlen, elektromagnetische 51
—, ionisierende 51
Strahlendermatitis 51
Straßeneinwirkung 274
Strahlenreaktionen, Zelle 51
Strahlentod 52
Strahlenulzera 51
Strahlung, radioaktive 274
Streptokokken 58
Streß 225
Streuung, miliare 222
Stromareaktion 266
Strömungsveränderungen 184
Strukturen, archetypische 19
Strukturiertheit, Prinzip der 18

332

Subinfarkt 184
Substanzen, antituburäre 101
–, lysosomotrope 93
–, pyrogene 224
Substratmangel 179
Substratmangelverfettung 142
Suppressor-T-Zellen 250, 253
Surface-Antigen 80
Symmelie 307
Sympodie 307
Symptomatologie 24
Symptome 16, 23
Synaptogenese 42
Syndaktilie 307
Syndrom, nephrotisches 146
Syndrome 16
–, paraneoplastische 269
System, regulatives, der Reizbeantwortung 205
–, Stabilität des lebenden 19
–, vakuoläres 87
Systeme, biologische, Wirkungsprinzipien 18
Systemsklerose, progressive 137

Tay-Sachs-Erkrankung 294
Teilungsstoffwechsel 69
Teilungswachstum 258
Telolysosome **94**, 115, 116
Terata 289
Teratogenese 35
–, experimentelle 300
–, kausale 291
–, menschliche 297
Teratom 271
Terminationsperiode, teratogenetische 301
Terminationspunkt, teratogenetischer 301
Tetraploidie 38
Thalidomid s. Contergan
Theorie, epigenetische 279
–, neurogene, des Hochdrucks 191
Theorien, molekulare, des Alterns 62
–, epiphänomenale, des Alterns 62

Therapie 20
–, kausale 29
–, Pathologie der 53
–, symptomatische 29
Thesaurismosen, erworbene 95
Thoracopagus parasiticus 303
Thorotrastschädigung 274
Thrombasthenie 194
Thromben, hyline 196
Thrombogenese 185
Thrombose 184
–, Genese, formale 184
–, obturierende 179
–, Ursachen 184
–, wandständige 182
Thromboxan 185
Thrombozytopathie, konstitutionelle 194
Thrombus, arterieller 187
–, Erweichung, puriforme 187
–, Folgen 187
–, gemischter 186
–, geschichteter 185
–, hyaliner 187
–, Kapillarisierung 187
–, obturierender 185
–, Organisation 187
–, roter 185
–, septischer 186
–, venöser 187
–, Veränderungen, sekundäre 187
–, Verkalkung 187
–, wandständiger 185
–, weißer **184**, 185
Tigerung 143
T-Lymphozyten 230, 233
–, spezifisch sensibilisierte 247
TNM-System 269
Tod 22
–, allgemeiner 29, **162**
–, biologischer 29
–, klinischer 29, **162**
–, örtlicher 29
–, pathologischer 22
–, physiologischer 22
–, Zeichen, sichere, des allgemeinen Todes 163
Toleranz 169

Tolerogen 250
Tophi 128
Totenflecke 163
Totenstarre 163
–, kataleptische 163
Touton-Riesenzelle 143
Toxoplasma gondii 59
Toxoplasmose 59, 307
Transferfaktor 251
Transferrin 156
Transformation 275
–, lipomatöse 141
–, maligne 283
–, molekulare 282
–, sphärische **107**, 117
Transition 38
Transitstrecke 119
Transkriptase, reverse s. Revertase
Translokation 36, 71
–, balancierte 36
Transplantation, autogene 256
–, syngene 255
Transplantationsantigen, tumorspezifisches 275, 285
Transplantationsreaktion 255, 256
–, Steuerung, genetische 256
Transsudat 201
Transversion 38
Trichinella spiralis 60
Triploidie 38
Trisomie 37
Trisomie 13 **296**
Trisomie 18 72, **296**
Trisomie 21 72, **296**
Trisomie XXY 295
Trypanosomen 59
Tubargravidität 299
Tuberkel 220
Tuberkulose 158, **220**
–, chronisch-produktive 222
–, indurative 221
–, indurierend-zirrhotische 222
–, postprimäre 221
–, produktive 221
–, verkäsende 219
Tubulin 102
Tubulopathie, riesenmitochondriale 85

333

Tularämie 223
Tumor 202, 209
–, Allgemeinwirkungen 269
Tumore, Antigenität, Ursachen 286
–, branchiogene 276
–, Chemotherapie 288
–, Definition 261
–, Dignität, fragliche 270
–, dysontogenetische 276
–, Einteilung, morphologische 270
–, embryonale 271
–, Epidemiologie 262
–, epitheliale 270
–, – bösartige 270
–, – gutartige 270
–, Häufigkeit 263
–, Histogenese 278
–, hyperplasiogene 278
–, nicht epitheliale bösartige 270
–, – – gutartige 270
–, semimaligne 270
–, ultrastrukturelle 172

Verätzung 53
Verbrauchskoagulopathie 194, **196**
Verbrennungen 52, 188
–, Folgen, allgemeine 52
Verfettung 172
–, lipämische 142
–, nutritive 142
Verfettungszone 181
Verhornungsprozesse, pathologische 106
Verkalkung 127
–, dystrophische **127**, 162
–, metastatische 128
Verkäsung **118**, 219
Verschluß, plötzlicher venöser 178
Verteilungsstörungen 168
Vesikelbildung 78
Vimentin 101, 288
Virämie 57
Virchow-Irritationstheorie 271
Viren 55
–, Übertragung 57
–, Wirkungsweise 56
Virus, DNA-haltig 56

–, RNA-haltig 56
Virusinfektion, generalisierte 57
–, lokalisierte 56
Viruspersistenz 57
Vitaminbedarf, vermehrter 147
Vitaminmangel 299
Vitamin-K-Mangel 194
Volumenhochdruck 191
Volumenwachstum 258

Wachstum 40
–, allometrisches 259
–, Anpassungsreaktion 259
–, biologisches 258
–, destruierendes 265
–, fixiert postmitotisches 259
–, gestörtes 258
–, harmonisches 259
–, infiltratives 264
–, intermitotisches **259**, 278
–, postnatales 258
–, pränatales 258
–, Regulation 258
–, reversibles postmitotisches 259
Wachstumsdruck 264
Wachstumsgeschwindigkeit 265
Wachstumsstörungen, allgemeine 259
Wahrscheinlichkeit, statistische 48
Waterhouse-Friderichsen-Syndrom 197
Wechselgewebe 310
Widerstandshochdruck 190
Wiederbelebungszeit 173
Wilson-Krankheit 156
Windpocken 298
Wissenschaft, medizinische 15
Wundheilung, Ablauf, zeitlicher 315
–, Störungen 316
Wundkontraktur 314
Wundschorf 314
Würmer 59

Xanthomzelle 145
Xenotransplantation 256

Yersinosen 58

Zelldifferenzierungsvorgänge, Charakterisierung 69
Zelle, Alternsveränderungen 115
–, Tod 118
Zellen, Entwicklung der immunkompetenten 230
–, immunkompetente 231
–, Immunsystem 233
–, omnipotente 278
Zellersatz, Ausmaß des physiologischen 313
–, Prinzip 310
Zellkern, Pathologie 74
Zellparasitismus, obligater 55
Zellschäden, radiogene 161
–, virusbedingte 161
Zellschwellung, hydropische 107
Zelltod 75, 157
–, intravitaler 118
–, Pathogenese 118
Zelltransformation 56
Zelluntergang 117
Zellverfettung, pathologische 142
–, resorptive 143
Zilien 112
Zonen, thymusabhängige 232
–, thymusunabhängige 232
Zoonosen 57
Zuckergußmilz 124
Zweckmäßigkeit, biologische 20
Zwergwuchs 259
Zwillinge, eineiige 301
–, siamesische 303
Zyklopie 307
Zylindrom 270
Zystenbildung 162
Zytogenese 42
Zytokeratin 288
Zytolyse 245
Zytolysosome 88
Zytomegalie 298, **307**
Zytoplasmaeosinophilie 160
Zytoplasmainklusionen 108
Zytosegresome 88
Zytoskelett 100, 288

MIX
Papier aus verantwortungsvollen Quellen
Paper from responsible sources
FSC® C105338

If you have any concerns about our products,
you can contact us on
ProductSafety@springernature.com

In case Publisher is established outside the EU,
the EU authorized representative is:
**Springer Nature Customer Service Center GmbH
Europaplatz 3, 69115 Heidelberg, Germany**

Printed by Libri Plureos GmbH
in Hamburg, Germany